国家卫生健康委员会"十四五"规划教材
全国高等中医药教育教材

供中药学类专业用

分析化学

第3版

中藥

主　编　张　梅

副主编　彭金咏　姚卫峰　贺吉香　王　巍　徐可进

编　委　（按姓氏笔画排序）

王　巍（辽宁中医药大学）　　　姚卫峰（南京中医药大学）

王新宏（上海中医药大学）　　　贺吉香（山东中医药大学）

尹　华（浙江中医药大学）　　　袁　欣（成都中医药大学）

尹　蕊（黑龙江中医药大学）　　徐可进（长春中医药大学）

张　娟（河南中医药大学）　　　彭金咏（大连医科大学）

张　梅（成都中医药大学）　　　詹雪艳（北京中医药大学）

陈　慧（湖南中医药大学）　　　廖夫生（江西中医药大学）

陈美玲（天津中医药大学）　　　戴红霞（甘肃中医药大学）

孟庆华（陕西中医药大学）

秘　书　袁　欣

人民卫生出版社
·北京·

图书在版编目（CIP）数据

分析化学 / 张梅主编 . —3 版 . —北京：人民卫
生出版社，2021.5（2025.1重印）
 ISBN 978-7-117-31601-9

 I.①分… Ⅱ.①张… Ⅲ.①分析化学 —中医学院 —
教材 Ⅳ.①065

中国版本图书馆 CIP 数据核字（2021）第 092275 号

人卫智网	www.ipmph.com	医学教育、学术、考试、健康，
		购书智慧智能综合服务平台
人卫官网	www.pmph.com	人卫官方资讯发布平台

分 析 化 学
Fenxi Huaxue
第 3 版

主　　编：张　梅
出版发行：人民卫生出版社（中继线 010-59780011）
地　　址：北京市朝阳区潘家园南里 19 号
邮　　编：100021
E - mail：pmph @ pmph.com
购书热线：010-59787592　010-59787584　010-65264830
印　　刷：北京铭成印刷有限公司
经　　销：新华书店
开　　本：850×1168　1/16　　印张：17
字　　数：446 千字
版　　次：2012 年 7 月第 1 版　　2021 年 5 月第 3 版
印　　次：2025 年 1 月第 5 次印刷
标准书号：ISBN 978-7-117-31601-9
定　　价：69.00 元
打击盗版举报电话：010-59787491　E-mail：WQ @ pmph.com
质量问题联系电话：010-59787234　E-mail：zhiliang @ pmph.com

◇◇◇ 修 订 说 明 ◇◇◇

为了更好地贯彻落实《中医药发展战略规划纲要(2016—2030年)》《中共中央国务院关于促进中医药传承创新发展的意见》《教育部 国家卫生健康委 国家中医药管理局关于深化医教协同进一步推动中医药教育改革与高质量发展的实施意见》《关于加快中医药特色发展的若干政策措施》和新时代全国高等学校本科教育工作会议精神,做好第四轮全国高等中医药教育教材建设工作,人民卫生出版社在教育部、国家卫生健康委员会、国家中医药管理局的领导下,在上一轮教材建设的基础上,组织和规划了全国高等中医药教育本科国家卫生健康委员会"十四五"规划教材的编写和修订工作。

为做好新一轮教材的出版工作,人民卫生出版社在教育部高等学校中医学类专业教学指导委员会、中药学类专业教学指导委员会和第三届全国高等中医药教育教材建设指导委员会的大力支持下,先后成立了第四届全国高等中医药教育教材建设指导委员会和相应的教材评审委员会,以指导和组织教材的遴选、评审和修订工作,确保教材编写质量。

根据"十四五"期间高等中医药教育教学改革和高等中医药人才培养目标,在上述工作的基础上,人民卫生出版社规划、确定了第一批中医学、针灸推拿学、中医骨伤科学、中药学、护理学5个专业100种国家卫生健康委员会"十四五"规划教材。教材主编、副主编和编委的遴选按照公开、公平、公正的原则进行。在全国50余所高等院校2 400余位专家和学者申报的基础上,2 000余位申报者经教材建设指导委员会、教材评审委员会审定批准,聘任为主编、副主编、编委。

本套教材的主要特色如下:

1. **立德树人,思政教育**　坚持以文化人,以文载道,以德育人,以德为先。将立德树人深化到各学科、各领域,加强学生理想信念教育,厚植爱国主义情怀,把社会主义核心价值观融入教育教学全过程。根据不同专业人才培养特点和专业能力素质要求,科学合理地设计思政教育内容。教材中有机融入中医药文化元素和思想政治教育元素,形成专业课教学与思政理论教育、课程思政与专业思政紧密结合的教材建设格局。

2. **准确定位,联系实际**　教材的深度和广度符合各专业教学大纲的要求和特定学制、特定对象、特定层次的培养目标,紧扣教学活动和知识结构。以解决目前各院校教材使用中的突出问题为出发点和落脚点,对人才培养体系、课程体系、教材体系进行充分调研和论证,使之更加符合教改实际、适应中医药人才培养要求和社会需求。

3. **夯实基础,整体优化**　以科学严谨的治学态度,对教材体系进行科学设计、整体优化,体现中医药基本理论、基本知识、基本思维、基本技能;教材编写综合考虑学科的分化、交叉,既充分体现不同学科自身特点,又注意各学科之间有机衔接;确保理论体系完善,知识点结合完备,内容精练、完整,概念准确,切合教学实际。

4. **注重衔接,合理区分**　严格界定本科教材与职业教育教材、研究生教材、毕业后教育教材的知识范畴,认真总结、详细讨论现阶段中医药本科各课程的知识和理论框架,使其在教材中得以凸显,既要相互联系,又要在编写思路、框架设计、内容取舍等方面有一定的区分度。

5. 体现传承,突出特色　本套教材是培养复合型、创新型中医药人才的重要工具,是中医药文明传承的重要载体。传统的中医药文化是国家软实力的重要体现。因此,教材必须遵循中医药传承发展规律,既要反映原汁原味的中医药知识,培养学生的中医思维,又要使学生中西医学融会贯通,既要传承经典,又要创新发挥,体现新版教材"传承精华、守正创新"的特点。

6. 与时俱进,纸数融合　本套教材新增中医抗疫知识,培养学生的探索精神、创新精神,强化中医药防疫人才培养。同时,教材编写充分体现与时代融合、与现代科技融合、与现代医学融合的特色和理念,将移动互联、网络增值、慕课、翻转课堂等新的教学理念和教学技术、学习方式融入教材建设之中。书中设有随文二维码,通过扫码,学生可对教材的数字增值服务内容进行自主学习。

7. 创新形式,提高效用　教材在形式上仍将传承上版模块化编写的设计思路,图文并茂、版式精美;内容方面注重提高效用,同时应用问题导入、案例教学、探究教学等教材编写理念,以提高学生的学习兴趣和学习效果。

8. 突出实用,注重技能　增设技能教材、实验实训内容及相关栏目,适当增加实践教学学时数,增强学生综合运用所学知识的能力和动手能力,体现医学生早临床、多临床、反复临床的特点,使学生好学、临床好用、教师好教。

9. 立足精品,树立标准　始终坚持具有中国特色的教材建设机制和模式,编委会精心编写,出版社精心审校,全程全员坚持质量控制体系,把打造精品教材作为崇高的历史使命,严把各个环节质量关,力保教材的精品属性,使精品和金课互相促进,通过教材建设推动和深化高等中医药教育教学改革,力争打造国内外高等中医药教育标准化教材。

10. 三点兼顾,有机结合　以基本知识点作为主体内容,适度增加新进展、新技术、新方法,并与相关部门制订的职业技能鉴定规范和国家执业医师(药师)资格考试有效衔接,使知识点、创新点、执业点三点结合;紧密联系临床和科研实际情况,避免理论与实践脱节、教学与临床脱节。

本轮教材的修订编写,教育部、国家卫生健康委员会、国家中医药管理局有关领导和教育部高等学校中医学类专业教学指导委员会、中药学类专业教学指导委员会等相关专家给予了大力支持和指导,得到了全国各医药卫生院校和部分医院、科研机构领导、专家和教师的积极支持和参与,在此,对有关单位和个人表示衷心的感谢!希望各院校在教学使用中,以及在探索课程体系、课程标准和教材建设与改革的进程中,及时提出宝贵意见或建议,以便不断修订和完善,为下一轮教材的修订工作奠定坚实的基础。

人民卫生出版社

2021 年 3 月

◇◇◇ 前　言 ◇◇◇

　　本教材的编写基于高等中医药教育中药学专业本科分析化学教学需求，遵循"三基、五性、三特定"的基本原则，扎根经典，围绕中药学专业培养目标，拓展数字化建设的新形态教材，力求突出课程特色。

　　本教材是在上版《分析化学》及配套教材实施4年教学实践基础上，为适应高等学校加快"双一流"建设的时代要求，进一步推动实现全面振兴本科教育，做好新一轮高等中医药教育教材建设工作需要，对原教材编写体系及内容重新疏理，充分利用网络信息化技术和平台优势，修订编写而成。全书共分13章，其中前10章为理论教学内容，包括四大滴定分析法和重量分析法等，系统地阐述了各种化学分析法的基本原理、基础知识和应用范围，后3章为紧扣理论教学的实验教学内容。本教材中，致力于推动"思政育人"与专业教育的有机融合，将思政教学元素融入专业课程教材之中；为进一步明确教材的重点、难点，提高教材的可读性和实用性，对个别内容框架进行了适当调整；基于2020年版《中华人民共和国药典》内容，对各章节中相关内容进行了及时更新；为拓展使用者的学习广度和深度，特别增加了数字资源；对上一版教材中个别错漏之处进行了修正完善。为使学生更好地学习和掌握本书内容，在各章首尾处编有学习目标、复习思考题与习题等。

　　本教材可供全国高等院校中药学类专业使用，也适合药学、制药学与化学等其他相关专业使用，同时可供相关专业教学和科研人员参阅。本教材融合了"数字资源"（包含教学课件、复习思考题与习题答案要点、扩展阅读及模拟试卷等内容），可作为本教材内容的补充与延伸，结合应用可提高学习效率，获得良好的学习效果。

　　参与本教材修订编写的有张梅（绪论）、尹蕊（定量分析的一般步骤）、詹雪艳（误差和分析数据的处理）、徐可进（滴定分析法概论）、王巍、尹华（酸碱滴定法）、姚卫峰、孟庆华（配位滴定法）、彭金咏、戴红霞（氧化还原滴定法）、张娟（沉淀滴定法）、贺吉香、王新宏（重量分析法）、廖夫生（电位分析法及永停滴定法）、袁欣（分析化学实验基础知识和基本操作）、陈美玲（实验内容）、陈慧（设计性实验、附录）。全书由主编张梅及学术秘书袁欣整理定稿。

　　在本书编写过程中，人民卫生出版社有限公司对编写的组织工作、教材的编排形式等给予了大量的指导，各编委所在的医药院校领导也都给予了大力支持，在此表示最诚挚的感谢。限于编者的水平，书中可能存在疏漏和不足，恳请读者和同行批评指正。

编者

2021年2月

◇◇◇ 目　录 ◇◇◇

上篇　分析化学理论

下篇　分析化学实验

上篇

分析化学理论

笔记栏

PPT 课件

扩展阅读 1

◆◆◆ **第一章** ◆◆◆

绪　论

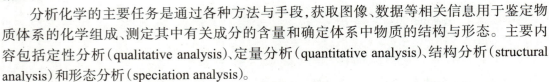

学习目标

通过学习分析化学的定义、任务及主要研究内容，为后续各章节顺利展开作铺垫，亦为中药分析等专业课程学习奠定基础。

1. 掌握分析化学的定义、任务和分类方法。
2. 熟悉定性分析的一般方法。
3. 了解分析化学的发展进程、发展趋势及相关参考文献。

第一节　分析化学的任务与作用

分析化学（analytical chemistry）是研究获取物质的组成、含量、结构和形态等化学信息的分析方法及相关理论的一门科学。欧洲化学学会联合会分析化学部定义分析化学为："发展和应用各种方法、仪器和策略获取有关物质在空间和时间方面的组成和性质的信息的一门科学。"分析化学以化学基本理论和实验技术为基础，广泛吸收融合物理学、生物学、数学、计算机学、统计学、信息学等学科知识，为科学与技术发展提供其所必需的物质信息数据源。

分析化学的主要任务是通过各种方法与手段，获取图像、数据等相关信息用于鉴定物质体系的化学组成、测定其中有关成分的含量和确定体系中物质的结构与形态。主要内容包括定性分析（qualitative analysis）、定量分析（quantitative analysis）、结构分析（structural analysis）和形态分析（speciation analysis）。

作为化学学科的重要分支，分析化学不仅对化学学科本身的发展起着重要作用，而且在国民经济、科学技术、医药卫生、学校教育等各方面均起着举足轻重的作用。

在化学学科发展中，元素的发现、各种化学基本定律（质量守恒定律、定比定律等）的确立，相对原子质量的测定，元素周期律的建立及元素特征光谱线的发现等各种化学现象的揭示，都与分析化学的卓越贡献密不可分。"人类有科技就有化学，化学从分析化学开始。"

在国民经济建设中，资源勘探如天然气、石油等矿藏储量的确定，煤矿、钢铁基地的选址，工业生产中原材料的选择及中间体、成品和有关物质的检验，农业生产中土壤成分检定、农作物营养诊断、农产品与加工食品质量检验，建筑业中各类建筑与装饰材料的品质、机械强度和建筑物质量评判，以及在商业流通领域中所有商品的质量监控等等，都需要分析化学提供相关数据和信息。分析化学在国民经济建设中起着不可替代的作用。

在科学技术研究中，分析化学已跨越化学领域，在生命科学、材料科学、环境科学及能源科学等方面发挥着重要的作用。例如,对细胞内容物脱氧核糖核酸(DNA)、蛋白质及糖类等进行定量分析,可以实现对癌症等疾病的早发现、早诊断和早治疗;对人类生存环境的各组成部分,特别是对某些危害大的污染物的性质、来源、含量及其分布状态,进行细致的监测和分析,是认识、评价和保护环境的重要基础。因此,可以说,凡是涉及化学现象的任何一种科学研究领域,分析化学都是其不可或缺的研究工具与手段。实际上,分析化学已成为"从事科学研究的科学",是现代科学技术的"眼睛"。

　　在医药卫生事业中,临床疾病诊断、病理检验,药品质量控制、新药研究,天然药物有效成分的分离、鉴定,药物构效、量效关系研究,药物体内过程研究,药物制剂稳定性研究,以及突发公共卫生事件的处理等,都离不开分析化学。分析化学不仅用于发现问题,而且参与实际问题的解决。

　　在中药学等相关专业的学校教育中,分析化学是一门重要的专业基础课,其理论知识和实验技能不仅在后续专业课(中药分析、中药化学、中药药剂、中药药理、中药鉴定等)中普遍应用,而且为学生专业能力的培养奠定重要的基础。

知识链接

分析测试与质量控制的重要性

　　1999 年,在布鲁塞尔发生的二噁英污染中毒事件引起了全球消费者的恐慌,导致比利时内阁被迫集体辞职,最后是根特大学(Ghent University)的分析化学教授 P.Sandra 弄清楚了事件中二噁英与多氯联苯的关系并提出了解决办法,因而有"分析工作者拯救了比利时"这一说法。

　　近年来,我国医药与食品行业出现个别事故,原因之一就在于分析测试水平未能达到对产品质量进行有效监测和控制的要求。例如,2005 年的苏丹红事件和孔雀石绿事件,以及 2008 年的三聚氰胺事件的起因和解决都涉及分析测试与质量控制问题。

第二节　分析化学的方法分类

　　根据分析任务、分析对象、测定原理、试样用量与待测组分含量的不同以及工作性质等,可将分析化学的方法进行多种分类。

　　1. 定性分析、定量分析、结构分析和形态分析　根据分析任务的不同,分析化学可分为定性分析、定量分析、结构分析和形态分析。定性分析的任务是鉴定物质由哪些元素、离子、基团或化合物组成。定量分析的任务是测定物质中有关成分的含量。结构分析的任务是研究物质的分子结构(包括构型与构象)、晶体结构。形态分析的任务是研究物质的价态、晶态、结合态等存在状态及其含量。

　　2. 无机分析和有机分析　根据分析对象的不同,分析化学可分为无机分析(inorganic analysis)和有机分析(organic analysis)。针对不同的分析对象,相应的分析要求和使用的方法也有较大差异。无机分析的对象是无机物,由于组成无机物的元素种类较多,通常要求鉴定物质的组成(元素、离子、原子团或化合物)和测定各成分的含量。有机分析的对象是有机物,构成有机物的主要有碳、氢、氧、氮、硫和卤素等有限的几种元素,但自然界有机物的种类

扩展阅读 2

有数百万之多且结构复杂,故分析的重点是官能团分析和结构分析。

3. 化学分析和仪器分析　根据分析方法测定原理的不同,分析化学的方法可分为化学分析(chemical analysis)和仪器分析(instrumental analysis)。

以物质的化学反应及其计量关系为基础的分析方法称为化学分析。化学分析是分析化学的基础,历史悠久,常称为经典分析法,主要有重量分析法(gravimetric analysis)和滴定分析法(titrimetric analysis)等。重量分析法和滴定分析法主要用于常量组分(待测组分在试样中的含量大于1%)测定。重量分析法准确度高,至今仍是一些组分测定的标准方法,但其操作烦琐,分析速度较慢。滴定分析法的特点是仪器设备简单,操作简便,省时快速,结果准确(相对误差 ±0.2%),是重要的例行分析方法。

仪器分析是以物质的物理或化学性质为基础的分析方法,故又称物理分析(physical analysis)和物理化学分析(physicochemical analysis)。这类方法常通过测量物质的物理或物理化学参数来进行,需要较特殊的仪器,所以常称仪器分析。

4. 常量分析、半微量分析、微量分析和超微量分析　根据分析过程中需要试样量的多少,分析化学的方法可分为常量分析(macro analysis)、半微量分析(semimicro analysis)、微量分析(micro analysis)和超微量分析(ultramicro analysis)。各种方法的试样用量情况如表1-1所示。

表 1-1　各种分析方法的试样用量

方法	试样质量	试液体积
常量分析	>0.1g	>10ml
半微量分析	0.01~0.1g	1~10ml
微量分析	0.1~10mg	0.01~1ml
超微量分析	<0.1mg	<0.01ml

化学分析中一般采用常量分析或半微量分析,而微量分析和超微量分析常在仪器分析中使用。

此外,根据试样中待测组分相对含量的多少,又可粗略分为常量组分(>1%)分析、微量组分(0.01%~1%)分析、痕量组分(<0.01%)分析和超痕量组分(约 0.000 1%)分析。须注意待测组分的含量和取样量属于不同的概念,痕量组分的分析不一定是微量分析,不能混淆。

5. 例行分析和仲裁分析　根据工作性质的不同,分析化学的方法可分为例行分析(routine analysis)和仲裁分析(arbitral analysis)。例行分析是指日常工作中所进行的常规分析,如制药厂按照药品质量标准对每批生产药品的检验。仲裁分析是指不同企业部门对某一产品的分析结果有争议时,要求权威的分析测试部门进行裁判的分析。

第三节　定性分析简介

扩展阅读3

定性分析的任务是鉴定物质的组成,可采用化学分析和仪器分析。有机定性分析的重点是官能团分析和结构分析,常采用仪器分析,应用紫外光谱、红外光谱、质谱及磁共振波谱等方法鉴定有机化合物中元素组成,测定分子式和分子量,确定化合物中含有的官能团及相对位置,最终确定化合物的基本结构。无机定性分析的内容主要是确定化合物中元素或离子的组成,多用化学分析,依据物质间的化学反应进行鉴定。在固体间进行的分析称为干法分析,如焰色反应、硼砂珠试验(熔珠试验)等,这类方法只能提供初步判断依据,一般作为辅助试验方法。在溶液中进行的分析称为湿法分析,是无机定性分析的主要方法。它是基于离子间的反应,直接鉴定的是离子;反应多在离心管、点滴板上进行,属于半微量分析。本节主要讨论湿法分析相关问题。

一、分析反应及反应条件

(一) 分析反应

用于分离或鉴定的化学反应称为分析反应。作为分析反应,必须具备明显的外观特征(如溶液颜色的变化,沉淀的生成或溶解,产生气体等);反应必须迅速、灵敏,否则无实用价值;为确保分离的彻底和有明显的鉴定反应现象产生,要求分析反应尽可能进行得完全。

(二) 分析反应的条件

和其他化学反应一样,分析反应只有在一定的外界条件下才能进行,否则反应不能发生或得不到预期的结果。

1. 反应物的浓度 根据化学平衡原理,只有当反应物浓度足够大时才能进行反应并产生明显的易于观察的现象。例如,在 Ag^+ 与 Cl^- 反应生成 $AgCl$ 沉淀的反应中,要求 $[Ag^+][Cl^-]$ $> K_{sp(AgCl)}$,否则沉淀反应不会发生,而且还需要沉淀析出的量足够多,以便于观察现象。

2. 溶液的酸度 酸度是影响分析反应的重要因素。例如 Pb^{2+} 的鉴定,可采用 K_2CrO_4 试剂与 Pb^{2+} 作用生成黄色的 $PbCrO_4$ 沉淀进行鉴别。此反应只能在中性或微酸性溶液中进行。当酸度高时,由于 CrO_4^{2-} 大部分转化为 $HCrO_4^-$,降低了溶液中 CrO_4^{2-} 浓度,以致得不到 $PbCrO_4$ 沉淀。若在碱性溶液中,则可能析出 $Pb(OH)_2$ 沉淀,甚至转化为 PbO,也不能得到 $PbCrO_4$ 沉淀。

适宜的酸度条件可以通过加入酸、碱进行调节,有时还需要采用缓冲溶液来维持一定的酸度。

3. 溶液的温度 温度对反应的速度或某些沉淀的溶解度有比较大的影响。例如,$PbCl_2$ 沉淀的溶解度随温度的升高而迅速增大,100℃时的溶解度是室温(20℃)时的 3 倍多,因此用稀盐酸沉淀分离或鉴定 Pb^{2+} 必须在低温下进行。

4. 溶剂的影响 溶剂影响反应物的溶解度和稳定性。如果在水溶液中反应物溶解度较大或不够稳定时常需加入有机溶剂以减小溶解度或增加稳定性。例如,以生成过氧化铬 CrO_5 的反应鉴定 Cr^{2+} 时,需在溶液中加入乙醚或戊醇,使 CrO_5 溶解在有机层中,观察其特征蓝色。如果在水中 CrO_5 将生成极不稳定的过铬酸 H_2CrO_6 迅速分解而无法观察到蓝色出现。

5. 干扰离子的影响 当有共存的其他离子干扰待检离子鉴定时,应将干扰离子的影响消除,否则会得出错误的结论。例如,当利用 K_2CrO_4 与 Ba^{2+} 反应生成黄色的 $BaCrO_4$ 沉淀来鉴定 Ba^{2+} 时,若溶液中有 Pb^{2+} 存在,Pb^{2+} 与 CrO_4^{2-} 反应也生成黄色的 $PbCrO_4$ 沉淀而干扰 Ba^{2+} 的鉴定。因此,需采用 H_2S 将 Pb^{2+} 沉淀分离后再用 K_2CrO_4 鉴定 Ba^{2+}。

此外,有些鉴定反应需要加入催化剂才能快速进行。例如,采用过硫酸铵 $(NH_4)_2S_2O_8$ 氧化 Mn^{2+} 为紫色的 MnO_4^- 鉴定 Mn^{2+} 时,必须加入 Ag^+ 催化剂并在加热条件下进行,否则 $S_2O_8^{2-}$ 只能将 Mn^{2+} 氧化到 $MnO(OH)_2$。

二、反应的灵敏度与选择性

当有多种鉴定反应可用于某种离子的鉴定时,选择何种鉴定反应才能得到可靠的分析结果,主要从反应的灵敏度(sensitivity)和选择性(selectivity)两方面进行评价和选择。

(一) 反应的灵敏度

如果某一鉴定反应能用来检出极少量的物质,或能从极稀的溶液中检出该物质,则这一反应就灵敏。为了比较不同鉴定反应灵敏的程度,通常用相互关联的"检出限量"和"最低浓度"来表示。

1. 检出限量 指在一定条件下,用某反应能检出某离子的最小量。以 μg 为单位,用 m 表示。

仅用检出限量表示反应的灵敏度是不全面的,因为尽管存在足够的量,但由于溶液太稀达不到发生反应所需的浓度,反应也不能发生。因此,在表示某一反应的灵敏度时还要考虑离子的浓度。

2. 最低浓度 指在一定条件下,用某种反应使待检离子能得到肯定结果的最低浓度。常用 $1:G$ 表示(G 是含有 1g 被鉴定离子的溶剂的质量)。

反应的灵敏度是由逐步降低被测离子浓度的方法求得的。例如,以 K_2CrO_4 鉴定 Pb^{2+} 时,将已知浓度的 Pb^{2+} 溶液逐级稀释,每次稀释后均平行取出数份试液(每份 1 滴,约 0.05ml)来鉴定,直到 Pb^{2+} 浓度稀释至 $1:200\,000$($1g\,Pb^{2+}$ 溶解在 $200\,000ml$ 水中)时,平行进行的实验中能得到肯定结果的概率为 50%,继续稀释得到肯定结果的概率则 <50%,鉴定反应已不可靠,因此该鉴定反应的灵敏度可表示如下:

$$最低浓度(1:G) = 1:200\,000。$$

检出限量(m)按每次取试液体积为 0.05ml 计算,即 $1g:200\,000ml = m:0.05ml$

$$m = \frac{1g \times 0.05ml}{200\,000ml} = 0.25 \times 10^{-6}g = 0.25\mu g$$

若已知某鉴定反应的最低浓度为 $1:G$,取此溶液 Vml,进行鉴定时恰能得到肯定结果,则反应的检出限量 m 计算为:

$$m = \frac{1}{G} \times V \times 10^6 \mu g \qquad\qquad 式(1\text{-}1)$$

显然,检出限量越低,最低浓度越小,鉴定反应的灵敏度越高。

通常表示鉴定反应灵敏度时,需同时标明最低浓度($1:G$)和检出限量(m),其鉴定反应所取溶液体积 V 可按式(1-1)计算,无须另外指明。

每一鉴定反应所能检出的离子都有一定量的限度。利用某一反应鉴定某一离子若得到阴性结果,不能说明此离子完全不存在,只能说明此离子存在的量小于该反应的灵敏度,所以,每一鉴定反应都包含量的含义。

(二) 反应的选择性

在实际分析过程中,往往是在多种离子共存的情况下鉴定其中某一离子,而一种试剂常常能与多种离子起反应。例如,K_2CrO_4 不仅能与 Pb^{2+} 反应生成黄色 $PbCrO_4$ 沉淀,而且也能和 Ba^{2+}、Sr^{2+} 作用生成黄色沉淀,因此当有 Ba^{2+}、Sr^{2+} 存在时,就不能断定黄色沉淀是否是 $PbCrO_4$。所以,仅仅以灵敏度来表示鉴定反应是不够的,鉴定反应的选择性有着很重要的意义。

与加入的试剂起反应的离子越少,这一鉴定反应的选择性越高。如果一种试剂只与为数不多的离子起反应,这种反应称为选择性反应(selective reaction),所用的试剂称为选择性试剂(selective agent)。如果一种试剂只与一种离子起反应,则此反应选择性最高,称为该离子的特异反应(specific reaction),所用的试剂称为特异试剂(specific agent)。特异反应一般适用于离子的鉴定和检出,选择性反应适用于离子的分离或同时检出某些离子。由于特异反应很少,故常需通过控制反应条件,如调节酸度、掩蔽或分离干扰离子等方法来提高反应的选择性以进行离子的鉴定。

在选用分析反应时,应同时考虑反应的灵敏度和选择性。应该在灵敏度能满足要求的条件下,尽量采用选择性高的反应。

三、空白试验和对照试验

鉴定反应的"灵敏"和"高选择性"是准确检出待检离子的必要条件,但下述两方面原因会影响鉴定反应的可靠性。第一,分析中所采用的试剂、蒸馏水、器皿等如果引入微量的干扰离子,它们有可能被当做待检离子鉴定出来而引起"过度检出"。第二,当试样中确实含有某种离子,但由于试剂变质、失效或反应条件控制不当,从而导致鉴定时得出否定的结论而造成"漏检"。为了防止"过度检出"和"漏检",通常需要做空白试验(blank test)和对照试验(control test)。

空白试验是在不加试样的情况下,用与试样分析相同的方法,在相同的条件下进行的试验。主要检查试剂、溶剂、器皿中是否含有待检离子或有相似反应的其他离子。当待检离子含量较低,检出结果不能完全确定时,必须做空白试验以资比较。

对照试验是用标准物质或已知离子的溶液代替试液,用与试样分析相同的方法,在相同条件下进行的试验。目的是检查试剂是否失效、反应条件是否正确以及试验方法是否可靠等。

第四节　分析化学的发展与趋势

扩展阅读4

分析化学是一门古老的科学,历史悠久,其起源可以追溯到古代炼金术。古代医药业、农业及金属冶炼等技术发展过程中对物质组成了解的需求,极大地推动了各种定性和定量检测技术的发展,然而尚未形成系统的理论。直到19世纪末,随着物质守恒定律、元素周期律及溶液平衡理论的建立和发展,才奠定了分析化学的理论基础,使分析化学由检测技术发展成为一门独立的科学。进入20世纪,伴随着现代科学技术的迅猛发展,学科间的相互融合渗透,分析化学随着化学和其他相关学科的发展而不断发展,经历了3次巨大的变革。

第一次变革 在20世纪初,由于物理化学溶液理论的发展,为分析化学提供了理论基础,溶液中四大平衡理论(酸碱平衡、氧化还原平衡、络合平衡及沉淀平衡)的建立,使化学分析的理论和方法趋于成熟和完善。

第二次变革 在20世纪40—60年代,物理学和电子学的发展,促进了以物质的物理和物理化学性质为基础的分析方法的建立,出现了以光谱分析、极谱分析等为代表的简便、快速的各种仪器分析方法。随着各种仪器分析方法的发展,使以化学分析为主的经典分析化学发展成为以仪器分析为主的现代分析化学。

第三次变革 自20世纪70年代末以来,以计算机应用为主要标志的信息时代的来临,给分析化学带来了更深刻的变革。由于生命科学、环境科学、能源科学及材料科学等发展的需要,分析化学的基础理论和测试手段逐步完善,结合计算机技术在图像、数据处理等方面的应用,为分析化学建立高灵敏度、高选择性、高准确性的新方法创造了条件。现代分析化学已经突破了纯化学领域,将化学与数学、物理学、计算机学及生物学等紧密结合,发展成为一门具有多学科交叉融合特征的综合科学。对分析化学的要求不再限于一般的"有什么"(定性分析)和"有多少"(定量分析)的范围,而是要求能够提供待测物质更多的、更全面的多维信息。从常量、微量至微粒分析,从组成至形态分析,从总体至微区分析,从宏观组分至微观结构分析,从整体至表面及逐层分析,从静态至快速反应追踪分析,从破坏试样到无损分析,从离线到在线(on-line)、实时(real-time)、原位(in situ)及在体(in vivo)等动态分析等,大量新方法与新技术不断涌现。

进入 21 世纪,科学技术迅猛发展,日新月异,分析化学将广泛汲取当代科学技术的最新成果,继续沿着高灵敏度(达分子级和原子级水平)、高选择性(复杂体系)、高信息量(处理大量甚至海量数据)及准确、快速、简便、经济的方向发展,向分析仪器微型化、自动化、数字化、计算机化、智能化和信息化纵深发展;加强联用技术与联用仪器的使用,建立各种分析新方法,以解决更多、更新、更复杂的课题,为科技发展和人类进步做出更大贡献。

第五节　分析化学文献

分析化学文献包括分析化学的理论、方法、技术、应用及其相关领域的科技文献,种类和形式多样,如专著、丛书、手册、期刊、论文、各种行业质量标准以及专利等。近年来,由于互联网的普及,使得科技文献已从以纸质文献为主过渡到以文献数据库的网络资源为主。作为一位学习者,应该学会通过多种途径和媒体查阅各种分析化学文献资料。

一、专著

1.《21 世纪的分析化学》,汪尔康主编,科学出版社 1999 年出版。

2.《定量化学分析》第 2 版,李龙泉、朱玉瑞、金谷、江万权、邵利民编著,中国科学技术大学出版社 2005 年出版。

3.《分析化学原理》第 2 版,吴性良、孔继烈主编,化学工业出版社 2010 年出版。

4.《2010 年版〈中国药典〉化学药品标准物质分析方法及应用图谱》,马双成、刘明理、黄悯嘉主编,人民卫生出版社 2014 年出版。

5.《化学分析测量不确定度评定应用实例》,郝玉林编著,中国标准出版社 2011 年出版。

6.《分析化学和定量分析》,David S.Hage、James D.Carr 著,王莹、于湛、朱永春、刘丽艳编译,机械工业出版社 2012 年出版。

7. *Analytical Chemistry*,第 7 版,Christian GD、Dasgupta PK、Schug KA 著,Wiley,2013 年出版。

8. *Quantitative Chemical Analysis*,第 10 版,Harris DC 著,Freeman,2019 年出版。

9. *Fundamentals of Analytical Chemistry*,第 9 版,Skoog DA、West DM、Holler FJ、Crouch SR 著,Harcourt College Publisher,2013 年出版。

二、丛书和手册

1.《分析化学丛书》,科学出版社 1986 年开始出版,全丛书 6 卷 29 册。

2. *Treatise on Analytical Chemistry*,Kolthoff IM,Elving PJ 著,John Wiley & Sons,1959 年开始出版,全书分三部分,共 34 卷。1978 年出版第 2 版。

3.《分析化学手册》,第 2 版(1~10 册),化学工业出版社 1997—2000 年出版。

4.《分析化学简明手册》,周春山、符斌主编,化学工业出版社 2010 年出版。

5.《分析化学数据速查手册》,李梦龙、蒲雪梅主编,化学工业出版社 2009 年出版。

6.《分析化学实验室手册》,符斌、李华昌编著,化学工业出版社 2012 年出版。

三、分析化学核心期刊

分析化学核心期刊见表 1-2。

表 1-2 分析化学核心期刊

国内刊物	国外刊物
1.《分析化学》	1. *Analytical Chemistry*（USA）
2.《分析测试学报》	2. *The Analyst*（UK）
3.《分析试验室》	3. *Analytical Methods*（UK）
4.《分析科学学报》	4. *Analytical Letters*（USA）
5.《化学学报》	5. *Journal of Chromatography*（NL）
6.《化学通报》	6. *Analytical Chimica Acta*（NL）
7.《高等学校化学学报》	7. *Analytical and Bioanalytical Chemistry*（GER）
8.《色谱》	8. *Analytical Sciences*（JPN）
9.《光谱学与光谱分析》	9. *Talanta*（UK）
10.《药物分析杂志》	10. *Trends in Analytical Chemistry*（UK）

四、常用化学网络数据库

https：//www.cnki.net　中国知网

http：//www.cqvip.com　维普网

https：//www.wanfangdata.com.cn/index.html　万方数据知识服务平台

https：//scifinder.cas.org　Chemical Abstract 网络数据库

https：//www.sciencedirect.com　ScienceDirect 数据库

https：//onlinelibrary.wiley.com　Wiley 数据库

https：//www.rsc.org/journals　RSC 数据库

https：//pubs.acs.org　ACS 数据库

（张　梅）

复习思考题与习题

1. 简述分析化学的定义、任务和作用。

2. 分析化学的分类方法有哪些? 分类依据是什么?

3. 举例说明分析化学在中药学领域的应用。

4. 用铝试剂（金黄色素三羧酸铵）检出 Al^{3+} 的最低浓度为 $3\mu g/ml$,检出限量是 $0.16\mu g$,试验时应取试液多少毫升?

5. 配制 25ml 含 K^+ 1g 的溶液,边稀释边取 0.05ml 以 $Na_3Co(NO_2)_6$ 鉴别,发现稀释至 500 倍时,反应仍有效,但进一步稀释则反应变得不可靠。求此反应的最低浓度和检出限量。

◇◇◇ 第二章 ◇◇◇
定量分析的一般步骤

学习目标

了解定量分析的一般步骤和过程,为后续各化学分析方法的学习奠定基础。
1. 掌握分析试样的采集、制备与分解方法。
2. 熟悉常用的分离富集方法和技术
3. 了解分析测定方法选择的基本原则。

第一节 概 述

分析化学的主要任务之一是定量分析。定量分析是测定物质中某种或某些组分的含量。实际分析存在明确的任务目标,有必要进行各步骤的细化。完成一项定量分析工作,通常包括以下几个步骤(图 2-1):①试样的采集和制备;②试样的分解、分离与富集;③测定方法的选择与分析测定;④分析结果的计算与评价。

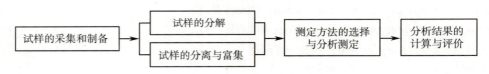

图 2-1 分析步骤一般流程

本章就试样的采集与制备、试样的分解、常用的分离与富集方法、测定方法的选择原则、分析结果的计算与评价等内容进行讨论。

第二节 分析试样的采集与制备

试样的采集(sampling)是指从大批物料中采取少量样本作为原始试样(gross sample)。原始试样经预处理后用于分析,而分析结果可以视为反映原始物料的实际含量。合理的试样采集方法是能否获得准确结果的关键操作之一。首先,需保证试样具有代表性(即试样的组成和它的整体平均组成相一致)。否则,后续分析的准确性再高,所得结果也毫无意义,甚至可能导致错误的结果和结论。实践中涉及的分析试样多种多样,按其形态来分,主要有气体、液体和固体三大类。对那些性质、形态、均匀度、稳定性不同的试样,应采取不同的采集方法。可根据试样来源、分析目的等参阅相关的国家标准或各行业制定的标准进行。以下主要介绍 3 种常见试样的采集方法。

一、气体试样的采集

气体的组成比较均匀。气体试样的采集可根据待测组分在试样中存在的状态（气态、蒸气、气溶胶）、浓度以及所采用测定方法的灵敏度等,选择不同的采集方法。常用的方法有集气法和富集法。集气法是用某一容器收集气体,以测定被测物质的瞬时浓度或短时间的平均浓度。根据所用收集器的不同,集气法有真空瓶法、置换法、采气袋法和注射器法等。此法适用于气样中被测物质的浓度较高,或测定方法的灵敏度较高,只需测定气样中待测组分瞬时浓度等情况。如烟道气、工厂废气中某些有毒气体的分析常采用此法采样。

气体试样中待测组分的浓度往往很低,在进行分析之前常需进行富集。富集法是使大量气样通过适当的收集器将待测组分吸收、吸附或阻留下来,从而使原来低浓度的组分得到浓缩,再选择灵敏度高的分析方法进行测定。如大气污染的测定常用此法采样。根据所使用的收集器的不同,富集法可以分为流体吸收法、固体吸附法、冷冻浓缩法、静电沉降法等。

二、液体试样的采集

液体试样一般比较均匀,可任意采集一部分或经混合后取一部分,即成为具有代表性的分析试样。有时还需根据试样性质和储存容器的差异,避免产生不均匀的因素。比如,装在大容器的液体试样应均匀混合后取样,或在不同深度（如上、中、下位置）取样后均匀混合后作为分析试样。对分装在小容器里的液体试样（如药液）,应抽选一定数量的小容器进行取样,然后混合均匀作为分析试样。

对于流动的液体可以间隔一定时间进行动态采集试样或在适宜的时间节点进行取样。比如,采集自来水试样时,采样前应打开水龙头放水 10~15 分钟,将留在水管中的杂质排出后,再用容器收集即可。采集不稳定的液体试样,如工业废水,应每隔一定时间采样一次,然后将在整个生产过程中所取得的水样混合后作为分析试样;又如生物样品中血样的采集,因饮食、活动和药物等影响使血液的组分发生变化,故在不同时间采取的血样各组分的含量不同。早上空腹时,因不受饮食影响,各组分较恒定,故通常空腹取样,使分析结果具有代表性。

三、固体试样的采集与制备

固体物料种类繁多,形态各异,试样的性质和均匀度差异很大。其中,组分均匀的物料有化学试剂、药物制剂、化肥、水泥等;组分不均匀的物料有矿石、煤炭、土壤等。由于均匀度的差异,它们的采样方式也各不相同。采样的基本原则为均匀、合理、有代表性。

（一）固体试样的采集

为了使所采集的试样具有代表性,应根据试样中组分分布情况和颗粒大小,从不同的部位和深度选取多个采样点。采样点的选择方法有多种:①随机采样法,即随机性地选择采样点的方法。这种方法要求有较多的采样点才有高的代表性。组成均匀的物料可以选择此方法。②判断采样法,即根据组分的分布信息等有选择地选取采样点的方法。该法选取的采样点相对较少。③系统采样法,即根据一定规则选择采样点的方法。显然,采样数量越大,准确度越高,但成本也增加,因此采样的数量应在能达到预期要求的前提下,尽可能节省。对于组分不均匀的物料,试样的采集量取决于:①颗粒的大小和比重;②试样的均匀度;

③分析的准确度。颗粒越大、比重越大，最低采集量越大；试样越不均匀、分析要求越高，最低采集量也越大。一般试样的采集量可按下列切乔特公式估算：

$$Q \geqslant Kd^2 \qquad\qquad 式(2\text{-}1)$$

式中，Q 为采取试样的最低质量（kg）；d 为试样中最大颗粒的直径（mm）；K 为经验常数，可由实验求得，通常 K 值在 0.05~1 之间。

例如，采集某矿石试样，若试样的最大直径为 1mm，$K \approx 0.2kg/mm^2$，则应采集试样的最低质量为 0.2kg，即 200g；如果研细至 0.14mm 时，采集试样的最低质量为 0.003 9kg，即 3.9g。可见，样品研得越细，颗粒越小，则需采集试样的最低质量越小。

（二）固体试样的制备

当上述方法采集的试样量很大且不均匀时，需进行粉碎、过筛、混匀、缩分等步骤进行制备，以制得少量均匀而有代表性的分析试样。

粉碎试样可用各式粉碎机。试样经粗碎、中碎、细碎以及使用研钵研磨之后，得到所需粒度。为控制试样颗粒大小均匀，需将粉碎后的样品过筛，即让粉碎后的试样通过一定筛孔的筛子，对应的筛号即网目（表 2-1）。粗碎要求粉碎后的颗粒能通过 4~6 号筛，中碎需通过 20 号筛，细碎则需进一步磨碎，能通过所要求的筛孔。分析试样要求的粒度与试样的分解难易等因素有关，一般要求通过 100~200 号筛。必须指出，每次粉碎后未通过筛子的颗粒需要进一步粉碎，直至全部通过，不可随意弃去，否则影响分析试样的代表性。

表 2-1 标准筛的筛号及孔径

筛号	3	6	10	20	40	60	80	100	120	140	200
筛孔直径/mm	6.72	3.36	2.00	0.83	0.42	0.25	0.177	0.149	0.125	0.105	0.074

每破碎一次试样后，使用机械或人工方法取出一部分有代表性的试样，继续加以破碎，使得试样量逐步减少，此过程称为缩分。缩分的目的是减少试样量，同时又不失其代表性。通常采用四分法，即将过筛后的试样混匀，堆为锥形后压成圆饼状，通过中心分为四等份，弃去对角两份，保留的两份再混匀，继续用四分法缩分，直至符合分析要求为止。

📖 知识拓展

生物样品的采集

生物样品主要来自于植物、动物等活体。对于植物样品而言，其样品分析除了受样品数量、采集方法及分析部位影响外，还需考虑适时性，即在不同生长发育阶段进行定期采样。如根茎类药材通常在秋冬季休眠期进行采样，叶或全草类药材宜在地上部分生长最旺盛或花盛开果实尚未成熟时采样。

来源于动物的生物样品主要包括血液、尿液、毛发、动物组织及内脏样品等。对于不同动物样品，采集方法差异较大。最常用的动物样品是血液和尿液。采集的血样应能代表整体血药浓度。动物采血可根据不同种类及实验需要，采取适当的方法，如大鼠和小鼠可由尾动脉、静脉、眼眶等处取血。静脉取血一般将注射器针头插入静脉血管抽取，血样量一般数毫升。而对于尿样的采集，定性检测尿液成分时应采集晨尿，定量检测尿液成分时一般采集 24 小时总排尿量。

第三节　分析试样的分解、分离与富集

一、试样的分解

（一）无机试样的分解

除了少数分析方法（干法分析）外，大多数情况下必须将试样经过分解，制成溶液后才能进行分析。试样分解时一般要求试样应分解完全；试样分解过程中待测组分不应有挥发或溅失；不应引入被测组分和干扰物质。分解试样的方法很多，可以根据试样的组成、待测组分的性质及分析目的等进行选择，常用的分解方法有溶解法、熔融法和烧结法。

1. 溶解法　溶解法（dissolution method）是将试样溶解在水、酸或其他溶剂中。溶解比较简单、快速，所以分解试样时尽可能采用此法。当试样不溶解或溶解不完全时，才考虑用其他方法。溶解试样常用的溶剂有以下几种。

（1）水：用水溶解试样最简单、快速，因此大多数定量测定是在水溶液中进行的。水易制纯，不引入干扰杂质，因此，凡是能在水中溶解的样品，应尽可能用水作溶剂，制备样品水溶液。

（2）无机酸：各种无机酸及混合酸也是常用于溶解样品的溶剂。利用酸的酸性、氧化还原性及络合性能，使样品中待测组分转入溶液。常用的酸有盐酸、硝酸、硫酸、磷酸、高氯酸、氢氟酸、混合酸如王水等。

（3）碱：常用的碱有 NaOH 和 KOH 等，常用于溶解两性金属，如铝、锌及其合金，以及它们的氧化物等。

2. 熔融法　熔融法（melting method）是将试样与酸性或碱性固体熔剂混合后，在高温条件下熔融分解，再用水或酸浸取，使其转入溶液中。

（1）酸熔法：常用的酸性熔剂有 $K_2S_2O_7$ 或 $KHSO_4$。$K_2S_2O_7$ 或 $KHSO_4$ 在高温时分解产生的 SO_3 能与碱性氧化物作用。如灼烧过的 Fe_2O_3 或 Al_2O_3 不溶于酸，但能熔于 $K_2S_2O_7$ $\left[Fe_2O_3 + 3K_2S_2O_7 \rightarrow 3K_2SO_4 + Fe_2(SO_4)_3 \right]$，且熔块易溶于水。

（2）碱熔法：常用的碱性熔剂有 Na_2CO_3、$NaOH$、Na_2O_2 等，用以分解酸性试样。例如 Na_2CO_3 常用于分解硅酸盐。如钠长石（$NaAlSi_3O_8$）的分解反应：

$$NaAlSi_3O_8 + 3Na_2CO_3 \rightarrow NaAlO_2 + 3Na_2SiO_3 + 3CO_2$$

Na_2O_2 用于分解铬铁矿，反应为：

$$2FeO \cdot Cr_2O_3 + 7Na_2O_2 \rightarrow 2NaFeO_2 + 4Na_2CrO_4 + 2Na_2O$$

用水浸取时得到 Na_2CrO_4 溶液和 $Fe(OH)_3$ 沉淀，分离后可分别测定铬和铁。

3. 烧结法　在高温下熔融分解试样的同时造成对坩埚的侵蚀，侵蚀下来的杂质可能增加分析测定的困难。烧结法（sintering method）又称半熔法，是在低于熔点下让试样与熔剂作用，由于温度低，对坩埚侵蚀小，可在瓷坩埚中作用。例如，常用 $Na_2CO_3 + MgO$ 作熔剂，用半熔法分解煤或矿石以测定硫；用 $CaCO_3 + NH_4Cl$ 分解硅酸盐以测定 K^+、Na^+ 等。

（二）有机试样的分解

欲测定有机物试样中常量或痕量的元素，一般需将试样分解。分解试样的方法有干法灰化和湿式消解法。

1. 干法灰化　干法灰化（dry ashing）适用于分解有机物和生物试样，以便测定其中的金属元素、硫、卤素等无机元素的含量。这种方法通常将试样置于马弗炉中高温(一般 400~700 ℃)分解,以大气中的氧为氧化剂,使有机物质燃烧后留下无机残余物。通常加入少量浓盐酸或热的浓硝酸浸取残余物,经定量转移并定容后进行分析测定。对于液态或湿的动植物细胞组织,在进行灰化分解前应先通过蒸气浴或轻度加热的方法干燥。

燃烧瓶法是干法灰化普遍应用的方法。将样品包在定量滤纸内,用铂金片夹牢,放入充满氧气的锥形瓶中进行燃烧,将燃烧产物用适当的吸收液吸收,然后分别测定各元素含量。

干法灰化的另一种方式是低温灰化法。该法通过射频放电产生的强活性氧游离基在低温下破坏有机物。灰化温度一般低于 100 ℃,这样可以最大限度地减少挥发损失。

干法灰化的优点是不需加入试剂,避免引入杂质,简便;缺点是因挥发或黏附而造成损失。

2. 湿式消解法 湿式消解法(wet digestion)属于氧化分解法,用于测定有机物中金属元素、硫、卤素等元素的含量。通常用硝酸和硫酸混合物与试样一起置于克氏烧瓶中,在一定温度下进行分解,其中有机物氧化成 CO_2 和 H_2O,金属转变为硝酸或硫酸盐,非金属转变为相应的阴离子,再测定有机物中的被测元素。湿式消解法常用的氧化剂有 HNO_3、H_2SO_4、$HClO_4$、H_2O_2 和 $KMnO_4$ 等。混合酸消解法是破坏生物、药物、食品中有机物的有效方法之一。常用的混合酸是 HNO_3-$HClO_4$,一般是将样品与 $HClO_4$ 共热至发烟,然后加入 HNO_3 使样品完全氧化。如药物中氮含量的测定常用此法。湿式消解法的优点是速度快,缺点是因加入试剂而可能引入杂质。

二、试样的分离与富集

(一)分离与富集的定义

理想的化学分析方法应能直接从试样中定性鉴别或定量测定某一待测组分,即所选择的方法具有高度的专属性,其他组分不产生干扰。但实际工作中常遇到比较复杂的体系,测定某一组分时常受到其他组分的干扰,这不仅影响测定结果的准确性,有时甚至导致无法测定。因此,在测定前必须选择适当的方法消除干扰。

分离(separation)即是让试样中的组分相互分开的过程。试样的处理过程中分离往往是至关重要的一步。以测定物理常数或研究结构为目的的分析,通过分离得到高纯度的被测化合物,其分离操作也称为纯化或提纯。定量分析中分离主要有两方面的作用:一是提高方法的选择性;二是将微量或痕量的组分富集使之达到测定方法的检测限以上,即提高方法的灵敏度。

若待测组分含量极微,低于测定方法的检测限而难以测定时,可以在分离的同时把待测组分浓缩和集中起来,使其有可能被测定,这一过程称为富集(enrichment)。例如,将水相中的某种组分萃取到体积较小的有机相中,这里萃取分离也起到了富集的作用。痕量组分的测定,有时虽无干扰,但仍需借助分离方法加以富集才能准确测定。

某一试样的分析是否需要分离和采用何种方法分离,在很大程度上取决于最后选用的分析测定方法、试样的性质和数量、待测组分的含量以及对分析时间的要求和分析结果所需的准确度。以下对几种常用的分离富集方法进行简单介绍。

(二)分离与富集方法简介

1. 沉淀分离法 沉淀分离(precipitation separation)是根据溶度积原理,利用各类沉淀剂将待测组分从分析的样品体系中沉淀分离出来。分离后的沉淀经适当处理后可进行待测组分的定量分析。被沉淀物质一般可分为常量组分和微量组分。常用的沉淀分离法有无机沉淀分离法、有机沉淀分离法、共沉淀分离法、盐析法、等电点沉淀法等。

2. 溶剂萃取分离法 溶剂萃取（solvent extraction）是利用待测组分在两种互不相溶（或微溶）的溶剂中溶解度或分配系数的不同，使待测组分从一种溶剂内转移到另外一种溶剂中。经过反复多次萃取，将绝大部分的待测组分提取出来。溶剂萃取又称液-液萃取，常用于元素或化合物的分离或富集。《中华人民共和国药典》（2020年版）中，多种中药及其制剂定量分析前处理过程中均采用该分离方法。例如，中药丁香中丁香酚的含量测定，将样品经正己烷提取后，用气相色谱法进行测定；丹桂香颗粒中黄芪甲苷的含量测定，将样品经甲醇溶解，用水饱和正丁醇提取黄芪甲苷后，采用高效液相色谱法进行测定。

3. 离子交换分离法 离子交换分离法（ion exchange separation process）是利用离子交换剂与溶液中的离子之间所发生的交换反应来进行分离的方法。离子交换剂种类较多，主要有无机离子交换剂和有机离子交换剂两大类。目前，分析化学中常采用有机离子交换剂，又称离子交换树脂。根据可被交换的活性基团不同，离子交换树脂可分为阴离子交换树脂和阳离子交换树脂两大类。阳离子交换树脂可分为强酸性阳离子交换树脂（—SO_3H）和弱酸性阳离子交换树脂（—COOH、—OH）。阴离子交换树脂可分为强碱性阴离子交换树脂（季铵碱≡N^+）和弱碱性阴离子交换树脂（—NH_2、—NHR、—NR_2）。

离子交换分离法主要用于微量组分的富集、纯物质的制备、阴阳离子的分离、性质相似元素的分离等。例如，生物碱盐的分离纯化，可选择磺酸基阳离子交换树脂。生物碱盐（阳离子）溶液通过阳离子交换树脂时，可与树脂上的 H^+ 进行离子交换。交换在树脂柱上的生物碱盐经碱化后转变为游离型生物碱，再用有机溶剂进行洗脱。

4. 色谱法 色谱法（chromatography）是利用混合物中各组分在固定相和流动相中具有不同的分配系数或吸附系数等而进行分离的一种方法。它是一种效率最高、应用最广的分离技术，特别适宜于分离多组分试样。常用的色谱法有柱色谱法、薄层色谱法、气相色谱法、高效液相色谱法等。

除上述分离与富集方法外，还有气态分离法、固相萃取分离法、超临界流体萃取分离法、电泳分离法、膜分离法等。根据试样中待测组分的状态、含量、性质等，可选择相应的合适的分离富集方法。

📖 **知识拓展**

分离富集新方法新技术简介

萃取分离法除了传统的液-液萃取外，还有固相萃取、固相微萃取，两者均属于非溶剂型萃取法，可实现微量甚至痕量组分的富集和分离。固相微萃取集试样预处理和进样于一体，将待测组分富集并与干扰组分分离后，与多种分析方法相结合进行测定。此外，还有微滴萃取，即使用尽可能小的水相和有机相体积的单滴微萃取，具有简单、经济、高效、极少污染和快速的特点。

新型的固定相材料也在不断发展，如分子印迹聚合物固定相、手性金属-有机骨架固定相、有机-无机杂化亲和整体柱等。新型的微波萃取分离、电分离、膜分离等亦可用于组分的富集和分离。

第四节　测定方法的选择

试样中待测组分经分离、富集后,就可通过选择合适的测定方法进行测定。一种待测组分可用多种方法测定,如铁的测定可采用氧化还原滴定法、配位滴定法等化学分析法,以及紫外 - 可见分光光度法、原子吸收法等仪器分析法。测定方法的选择必须根据不同情况予以考虑。鉴于试样的种类繁多,测定要求不尽相同,以下从测定的具体要求、试样组分的性质、试样组分的含量、共存组分的影响四方面进行讨论。

一、测定的具体要求

当接到分析任务时,首先需明确分析目的和要求,确定分析对象对准确度和完成时间等方面的要求。如仲裁分析、成品分析、标样分析等,准确度是首要保证;中药材中重金属含量或农药残留等微量组分或痕量组分分析,灵敏度是主要的考虑因素;而生产过程中的中间体控制分析,速度则是主要问题。因此,可根据分析的目的和要求建立适当的分析方法。

二、试样组分的性质

分析方法是依据待测组分的性质而建立起来的。例如,试样具有酸、碱或氧化还原的性质,可考虑酸碱滴定或氧化还原滴定分析法;如待测组分为金属离子,可利用其配位的性质,选择配位滴定分析法,或者利用其直接或间接的光学、电学、动力学等方面的性质,选择仪器分析法;对于碱金属,尤其是钠离子等,其配合物极不稳定,且不具有氧化还原性质,但该类物质能发射或吸收一定波长的特征谱线,因此可选用原子吸收或原子发射光谱法等进行测定。

三、试样组分的含量

对常量组分的测定,可采用滴定分析法或重量分析法等化学分析法,而滴定分析法因其简便、快速的特点应用更为普遍。对于微量组分的测定,常选用灵敏度较高的仪器分析法,如紫外 - 可见分光光度法、原子吸收分光光度法、色谱法等。例如中药材中含量低于1%的活性组分的定量分析,常应用高效液相色谱法或气相色谱法等进行测定。

四、共存组分的影响

在选择分析方法时,必须考虑其他组分对测定的影响,尽量采用选择性高的分析方法。如果没有适宜的方法,则应通过改变测定条件,或加入掩蔽剂消除干扰,或分离除去干扰组分后再进行测定。

综上所述,分析方法众多,各有利弊,适用于任何试样、任何组分的分析方法是不存在的。因此,测定时必须根据试样的测定要求、试样的性质、含量、干扰组分的影响等方面综合考虑,选用合适的分析方法。

第五节　分析结果的计算及评价

定量分析过程的最后一个环节是计算待测组分的含量,并对分析结果进行评价,判断分析结果的准确度、灵敏度、选择性等是否达到要求。可根据分析过程中有关反应的化学计量关系及分析测量所得数据,计算试样中待测组分的含量。对测定结果及测量误差的分析,可采用相关统计学方法进行评价,如计算其平均值、相对标准偏差、置信度,以及进行显著性检验等,具体内容将在相关章节进行介绍。

（尹 蕊）

复习思考题与习题

1. 简述定量分析的一般步骤。
2. 进行试样采集应注意哪些事项？
3. 试样分解的一般要求是什么？
4. 试说明分离在定量分析中的作用。
5. 试设计中药胆矾中硫酸铜的含量测定方法。

PPT 课件

◆◆◆ **第三章** ◆◆◆

误差和分析数据的处理

✎ **学习目标**

通过学习误差基础理论及相关知识,对定量分析结果的可靠性和准确度作出合理判断和正确表达。

1. 掌握分析误差的种类、产生的原因及其减免方法;准确度与精密度的表示方法及相互关系;有效数字及其运算规则。

2. 熟悉误差的传递规律;偶然误差的分布;可疑数据的取舍方法;置信区间的定义及表示方法;显著性检验的方法。

3. 了解相关分析和回归分析。

第一节 概 述

定量分析的目的是通过系列分析步骤测定试样中待测组分的含量,要求分析结果具有一定的准确度。但在定量分析过程中,由于测量的方法、使用的仪器、环境条件、所使用的试剂和分析工作者主观条件等的限制,使测得的结果不可能和真实值完全一致,即使由技术娴熟的分析人员,用可靠的方法和精密的仪器对同一份试样做多次平行测定,也不可能得到完全一致的结果,表明分析过程中的误差是客观存在的。因此,分析工作者需要了解分析过程中误差产生的原因及其特点,以便采取有效措施尽量减小误差,在此基础上准确测定待测组分的含量,并对分析结果的可靠性进行合理的判断和正确的表达,从而提高分析结果的准确度。

第二节 测量值的准确度和精密度

一、准确度和精密度

真实值是客观存在的。为了获得可靠的分析结果,需要通过多次平行测量来估计真值。在实际分析工作中,人们总是在相同测定条件下对同一样品进行多次平行测量得到一组平行测量值,通常从测量数据的精密度和准确度两个方面对本次测量结果的可靠性进行评价。

(一) 准确度与误差

准确度(accuracy)是指测量值与真实值接近的程度。它说明了测定结果的正确性。准

笔记栏

确度的高低用误差值的大小来衡量,误差值越小,准确度越高;反之,准确度越低。误差(error)是指测量值与真实值之间的差值。有绝对误差和相对误差两种表示方法。

1. 绝对误差(absolute error)　指测量值(x)与真实值(μ)之差值,用δ表示,即:

$$\delta = x - \mu \hspace{5em} \text{式(3-1)}$$

绝对误差常用于表示一些测量仪器的准确度,如万分之一的分析天平称量误差为± 0.000 1g,精确度为百分之一的滴定管读数误差为 ± 0.01ml 等。绝对误差以测量值的单位为单位,当测量值大于真实值时,误差为正值,反之误差为负值。

2. 相对误差(relative error)　指绝对误差相当于真实值的百分率。它是一个无单位的比值,其正负取决于绝对误差的正负。

$$\text{相对误差(\%)} = \frac{\delta}{\mu} \times 100\% \hspace{4em} \text{式(3-2)}$$

在分析工作中常用相对误差来衡量分析结果的准确度。根据相对误差的大小,还可提供正确选择分析方法的依据。

例3-1　用万分之一的分析天平分别称取两份试样,一份样品重 0.200 0g,另一份样品重 0.020 0g。采用减重法称样,读取两次平衡点估计最大称量误差为 ± 0.000 2g,计算两次称量结果的相对误差。

解:　　　第一份样品　相对误差(%) = $\dfrac{\pm 0.000\ 2}{0.200\ 0} \times 100\% = \pm 0.1\%$

　　　　　　　第二份样品　相对误差(%) = $\dfrac{\pm 0.000\ 2}{0.020\ 0} \times 100\% = \pm 1\%$

可见,当测量值的绝对误差相等时,测量值(试样量或组分含量)越大,相对误差越小,测量准确度越高;反之,则准确度越低。

3. 真实值　在实际分析工作中,真实值客观存在,但又无法准确测得。在分析化学中,常用理论真值、约定真值和相对真值来代替真实值。

(1)理论真值:化合物的理论组成,以及由其理论组成给出的化合物分子量就是理论真值。

(2)约定真值:国际计量大会定义的单位(国际单位)及我国的法定计量单位,如长度、质量、时间、物质的量、电流强度、发光强度和热力学温度 7 个国际单位制的基本单位。国际原子量委员会每年修订的元素的相对原子质量也是约定真值。

(3)相对真值:在分析工作中,常用相对真值代替真值来衡量测定结果的准确度。相对真值,是指采用可靠的分析方法和精密的测量仪器,在不同实验室(经相关部门认可)由不同人员对同一试样进行多次平行分析,然后对测得的大量测量数据用数理统计方法进行处理而求出的测量值。这种通过高精度测量而获得的更加接近真值的值称为相对真值或标准值,可用该标准值代表物质中各组分的真实含量。已知标准值的试样称为标准试样或标准参考物质。通常标准试样及其标准值需经权威机构认定并提供,作为评价准确度的基准。

(二)精密度与偏差

精密度(precision)是指一组平行测量的各测量值(试验值)之间互相接近的程度。精密度体现了测量值的重复性和再现性。精密度的高低用偏差(deviation,d)来衡量,偏差越小,精密度越高。偏差有以下几种表示方法:

1. 偏差(deviation,d)　偏差是指单次测量值(x_i)与多次测定平均值($\bar{x}$)之差。

$$d = x_i - \bar{x} \hspace{5em} \text{式(3-3)}$$

2. 平均偏差(average deviation)和相对平均偏差(relative average deviation)　各单次测定偏差的绝对值的平均值,称为单次测定结果的平均偏差,以$\bar{d}$表示。

$$\overline{d} = \frac{\sum\limits_{i=1}^{n}|x_i - \overline{x}|}{n} \qquad \text{式}(3\text{-}4)$$

式中，n 为测量次数。

平均偏差($\overline{d}$)与测量平均值($\overline{x}$)的比值称为相对平均偏差，以 $\overline{d_r}\%$ 表示。

$$\overline{d_r}\% = \frac{\overline{d}}{\overline{x}} \times 100\% \qquad \text{式}(3\text{-}5)$$

在表明一批(3 次以上)测量值与测定平均值的符合程度时，常用平均偏差($\overline{d}$)和相对平均偏差($\overline{d_r}\%$)表示精密度。

3. 标准偏差(standard deviation)与相对标准偏差(relative standard deviation)　平均偏差和相对平均偏差忽略了个别较大偏差对测定结果重复性的影响，大偏差值将得不到充分的反映，而采用标准偏差则能够突出较大偏差的影响。当进行有限次测定($n \leq 20$)时，其标准偏差(standard deviation, S)的定义式为：

$$\text{标准偏差} \quad S = \sqrt{\frac{\sum\limits_{i=1}^{n}(x_i - \overline{x})^2}{n-1}} \qquad \text{式}(3\text{-}6)$$

标准偏差(S)与测量平均值($\overline{x}$)的比值称为相对标准偏差(relative standard deviation, RSD)，又称变异系数(coefficient of variation, CV)。

$$RSD(\%) = \frac{S}{\overline{x}} \times 100\% \qquad \text{式}(3\text{-}7)$$

在实际工作中，多用 RSD 表示分析结果的精密度。

例 3-2　测定某试样中一待测组分含量，4 次测定结果分别为 21.45%、21.48%、21.42% 和 21.32%，求其平均值、绝对偏差、平均偏差、相对平均偏差、标准偏差和相对标准偏差。

解：

$$\overline{x} = \frac{21.45\% + 21.48\% + 21.42\% + 21.32\%}{4} = 21.42\%$$

$$d_1 = 21.45\% - 21.42\% = +0.03\%$$

$$d_2 = 21.48\% - 21.42\% = +0.06\%$$

$$d_3 = 21.42\% - 21.42\% = 0.00\%$$

$$d_4 = 21.32\% - 21.42\% = -0.10\%$$

$$\overline{d} = \frac{0.03\% + 0.06\% + 0.00\% + 0.10\%}{4} = 0.048\%$$

$$\overline{d_r}\% = \frac{0.048}{21.42} \times 100\% = 0.22\%$$

$$S = \sqrt{\frac{\sum(x_i - \overline{x})^2}{n-1}} = \sqrt{\frac{(0.03\%)^2 + (0.06\%)^2 + (0.00\%)^2 + (-0.10\%)^2}{4-1}} = 0.07\%$$

$$RSD = \frac{S}{\overline{x}} \times 100\% = \frac{0.07\%}{21.42\%} \times 100\% = 0.4\%$$

(三)准确度与精密度的关系

准确度和精密度是不同的概念。当有真值作比较时，两者从不同侧面反映了分析结果的可靠性。

以下例说明定量分析中准确度与精密度的关系：

甲、乙、丙、丁 4 人用相同方法测定同一样品中某成分含量。人均测定 6 次。试样的真实含量为 10.00%。测定结果如图 3-1 所示。

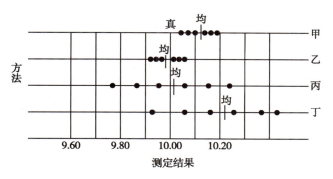

图 3-1　定量分析中的准确度与精密度

真:真实值　均:平均值　●:单个测定值

由图 3-1 可以看出:甲测定的精密度很高,但准确度并不高;乙测定的精密度和准确度都很高,结果可靠;丙测定的精密度很差,虽然其平均值接近真值,但这是由于大的正负误差相互抵消的结果,其平均值是偶然巧合在真实值附近,结果是不可靠的;丁测定的精密度和准确度都很差,结果不可靠。

上述例子表明:精密度高,准确度不一定高,因为可能存在系统误差。如上例中甲的情况。精密度低,说明各个测量值不可靠,此时考虑准确度无任何意义。因此,准确的测量结果一定来源于精密的测量数据。精密度高是准确度高的前提,是保证准确度的先决条件。在确认消除了系统误差的情况下,可用精密度表达测定的准确度。

二、系统误差和偶然误差

根据误差的性质和产生的原因,可将其分为系统误差和偶然误差两类。

思政元素

准确度与精密度的辩证关系

唯物辩证法认为,世界是一个有机的整体,世界上的一切事物都处于相互影响、相互作用、相互制约之中。如准确度与精密度的关系,二者既不相同,又相互联系。精密度体现多次平行测定时结果的接近程度,而准确度用误差来衡量分析结果与真值的符合程度。精密度高,但由于可能存在系统误差,不一定准确度就高。精密度低,说明测定结果不可靠,此时考虑准确度无任何意义。所以,精密度好是准确度高的前提,是其必要但不充分条件。

(一) 系统误差

系统误差(systematic error)又称可测误差(determinate error)。它是由分析过程中某些确定因素造成的,特点是大小、正负可以确定,且具有重复性和单向性。即在同一条件下进行测定会重复出现,使测定结果总是偏高或偏低。根据产生系统误差的来源,可将其分为方法误差、仪器或试剂误差、操作误差 3 种。

1. 方法误差　由于分析方法本身不完善所引起的误差。这类误差有时会对测定结果造成较大的影响。例如,重量分析法中,由于沉淀的溶解损失,或有共沉淀现象发生;滴定分析法中,由于滴定终点与计量点不能完全吻合;以及由于分析测定反应不完全,或者有副反应等原因,都会系统地导致测量值偏离真实值。

2. 仪器或试剂误差 由于使用的实验仪器不精确,或试剂溶剂不纯所引起的误差。例如,使用的天平、砝码、容量器皿等仪器未经校准;所用的试剂或溶剂中含有微量待测组分或杂质等,温度对容量器皿容积的影响,电压下降对仪器供电设备以及仪器信号的漂移等都会使测定结果引入误差。

3. 操作误差 由于分析工作者的操作不够正确或一些主观因素造成的误差。例如,沉淀条件控制不当;滴定管读数偏高或偏低;滴定终点颜色辨别偏深或偏浅,以及为提高实验数据精密度而产生的主观判断倾向等,均可导致操作误差。

在同一次测定过程中,以上3种误差可能同时存在。如果在多次测定中,系统误差的绝对值保持不变,但相对值随待测组分含量的增大而减小,称为恒量误差(constant error)。例如,天平的称量误差和滴定管的读数误差,以及滴定分析法中的指示剂误差都属于这种误差。如果系统误差的绝对值随试样量的增大而成比例增大,但相对值保持不变,则称为比例误差(proportional error)。例如,试样中存在的干扰成分引起的误差,误差绝对值随试样量的增大而成比例增大,而其相对值保持不变。

因为系统误差具有可测性、单向性和重复性,故可用加校正值的方法予以消除。

(二)偶然误差

偶然误差(accidental error)又称随机误差(random error),是由某些不确定的偶然因素所致,如环境温度、湿度、气压及电源电压的微小波动,仪器性能的微小变动等,而使得多次测量值不一致。偶然误差的大小和正负都不固定,所以不能用加校正值的方法减免。产生偶然误差的原因一般不易察觉,因此难以控制。但在消除系统误差后,在同样条件下进行多次测定,则可发现偶然误差的分布服从统计规律,即小误差出现的概率大,大误差出现的概率小;绝对值相同的正、负误差出现的概率大致相等。因此,可以通过增加平行测定次数,使正、负误差能相互抵消或部分抵消。

在分析过程中,除系统误差和偶然误差外,还有因为疏忽或差错引起的"过失",其实质是一种错误,不属于误差的范畴。如溶液溅失、看错刻度、记录及计算错误等。因此,需要在操作中严格认真,恪守操作规程,养成良好的实验习惯,避免出现"过失"。如发现确实因操作错误得出的测定结果,应将该次测定结果舍弃。

系统误差与偶然误差在实际操作过程中有时不能严格地区分。例如,观察滴定终点颜色的改变,有人总是习惯性偏深,产生属于操作误差的系统误差。但多次测定观察滴定终点的深浅程度又不可能完全一致,因而误差中又包括小的偶然误差。平行测量值之间的差异常常是由偶然误差引起。当人们对某些误差产生的原因尚未认识时,往往将其作为偶然误差对待。

三、误差的传递

定量分析的结果通常是经过一系列测量获得数据后,再将各测量值按一定的公式运算后得到的。每一测量步骤所产生的误差都将传递到最终的分析结果中去,影响分析结果的准确度。因此,必须了解每一步的测量误差对分析结果的影响,这便是误差传递(propagation of error)问题。系统误差与偶然误差的传递规律有所不同。

(一)系统误差的传递

系统误差传递的规律如表3-1的第2栏所示。该规律可概括为:和、差的绝对误差等于各测量值绝对误差的和、差;积、商的相对误差等于各测量值相对误差的和、差。

表 3-1 测量误差对计算结果的影响

运算式	系统误差	偶然误差	极值误差
1. $R=x+y-z$	$\delta R=\delta x+\delta y-\delta z$	$S_R^2=S_x^2+S_y^2+S_z^2$	$\Delta R=\lvert \Delta x\rvert+\lvert \Delta y\rvert+\lvert \Delta z\rvert$
2. $R=x\cdot y/z$	$\dfrac{\delta R}{R}=\dfrac{\delta x}{x}+\dfrac{\delta y}{y}-\dfrac{\delta z}{z}$	$\left(\dfrac{S_R}{R}\right)^2=\left(\dfrac{S_x}{x}\right)^2+\left(\dfrac{S_y}{y}\right)^2+\left(\dfrac{S_z}{z}\right)^2$	$\dfrac{\Delta R}{R}=\left\lvert\dfrac{\Delta x}{x}\right\rvert+\left\lvert\dfrac{\Delta y}{y}\right\rvert+\left\lvert\dfrac{\Delta z}{z}\right\rvert$

例 3-3 用减重法称得 2.963 2g $K_2Cr_2O_7$ 基准试剂,定量溶解于 500ml 容量瓶中,稀释至刻度,配制成浓度为 0.020 15mol/L 的 $K_2Cr_2O_7$ 标准溶液。已知减重前的称量误差是 -0.2mg,减重后的称量误差是 +0.3mg;容量瓶的真实容积为 499.93ml。问:配得的 $K_2Cr_2O_7$ 标准溶液浓度 c 的相对误差、绝对误差和实际浓度各是多少?

解:$K_2Cr_2O_7$ 的浓度按下式计算:

$$c_{K_2Cr_2O_7}=\frac{m}{M_{K_2Cr_2O_7}\times V}$$

因上式属乘除法运算,则系统误差对结果的影响为:

$$\frac{\delta c_{K_2Cr_2O_7}}{c_{K_2Cr_2O_7}}=\frac{\delta m_{K_2Cr_2O_7}}{m_{K_2Cr_2O_7}}-\frac{\delta M_{K_2Cr_2O_7}}{M_{K_2Cr_2O_7}}-\frac{\delta V}{V}$$

又 $\because$ $m_{K_2Cr_2O_7}=m_{前}-m_{后}$;$\delta m_{K_2Cr_2O_7}=\delta m_{前}-\delta m_{后}$。而摩尔质量 $M_{K_2Cr_2O_7}$ 为约定真值,可以认为 $\delta M_{K_2Cr_2O_7}=0$,于是:

$$\frac{\delta c_{K_2Cr_2O_7}}{c_{K_2Cr_2O_7}}=\frac{\delta m_{前}-m_{后}}{m_{K_2Cr_2O_7}}-\frac{\delta V}{V}=\frac{-0.2-0.3}{2\,963.2}-\frac{-0.07}{500}\approx-0.003\%$$

$$\delta c=-0.003\%\times0.020\,15=-0.000\,001(mol/L)$$

$$c=0.020\,15-(-0.000\,001)=0.020\,151\approx0.020\,15(mol/L)$$

标准溶液浓度一般保留 4 位有效数字,上面重铬酸钾标准溶液的实际浓度 0.020 151mol/L 修约后为 0.020 15mol/L,与理论浓度相同,表明上面分析天平称量误差和容量瓶的容积误差对标准溶液的浓度影响不大,仪器的精度符合直接法配制标准溶液的要求。

(二)偶然误差的传递

根据偶然误差分布的特性,可以利用偶然误差的统计学规律来估计测量结果的偶然误差,这种估计方法称为标准偏差法。其计算法则如表 3-1 第 3 栏所示。只要测量次数足够多,就可用本方法算出测量值的标准偏差。其规律可概括为:和、差结果的标准偏差的平方,等于各测量值的标准偏差的平方和;积、商结果的相对标准偏差的平方,等于各测量值的相对标准偏差的平方和。

例 3-4 设天平称量时的标准偏差 $S=0.10$mg,求称量试样时的标准偏差 S_A。

解:称取试样时,无论是用减重法称量,或者是将试样置于适当的称样皿中进行称量,都需要称量两次,且两次均读取称量天平的平衡点。试样重 m 是两次称量所得 m_1 与 m_2 的差值,即:

$$m=m_1-m_2 \quad 或 \quad m=m_2-m_1$$

读取称量 m_1 和 m_2 时平衡点的偏差,都要反映到 m 中去。因此,根据表 3-1 求得:

$$S_A=\sqrt{S_1^2-S_2^2}=\sqrt{2S^2}=0.14(mg)$$

在定量分析过程中,各步测量产生的系统误差和偶然误差多是混在一起的,因而分析结果的误差也包含了这两部分误差。而标准偏差只考虑了偶然误差的传递,因此当用标准偏差计算结果误差来确定分析结果的可靠性时,必须首先消除系统误差。

(三)极值误差

在分析过程中,当不需要严格定量计算,只需要粗略估计整个过程可能出现的最大误差时,可用极值误差来表示。这种方法是假设每一个测量结果各步骤测量值的误差既是最大的、又是叠加的。这样计算出的结果误差也是最大的,故称极值误差。其计算法如表3-1第4栏所示。但在实际分析工作中,各测量步骤所产生的误差可能部分相互抵消,出现这种最大误差的可能性很小,因而此种处理方法不甚合理。但因为各测量值的最大误差通常是已知的,这种方法作为一种粗略的估计在实际应用中比较方便,保险系数大。例如,分析天平的绝对误差为 ±0.000 1g,称取试样时无论是间接称量还是直接称量都需要读取两次平衡点,那么估计的最大可能误差为 ±0.000 2g。又如,滴定分析法中被测物的百分含量(ω)通常依下式计算:

$$\omega_A = \frac{T_{T/A} V_T F}{S} \times 100\%$$

式中,$T_{T/A}$ 为标准溶液对待测物的滴定度(含义见第四章),V_T 是所消耗标准溶液的体积(ml),F 是标准溶液浓度的校正因数,S 是样品质量。式中的滴定度 $T_{T/A}$ 可以认为没有误差,如果 V_T、F 和 S 的最大误差分别是 ΔV_T、ΔF、ΔS,则 ω 的极值相对误差是:

$$\frac{\Delta \omega_A}{\omega_A} = \left| \frac{\Delta V_T}{V_T} \right| + \left| \frac{\Delta F}{F} \right| + \left| \frac{\Delta S}{S} \right|$$

如果测量 V_T、F 和 S 的最大相对误差都是 1‰,则物质含量的极值相对误差应是 3‰。

知识拓展

不确定度和溯源性

不确定度是表征合理地赋予被测量值的分散性、与测量结果相联系的参数,是表征分析测量质量优劣的一个指标。不确定度的含义是指由于测量误差的存在,对被测量值的不能肯定的程度。反过来,表明该结果的可信赖程度。不确定度越小,测量结果与被测量的真值愈接近,测量数据质量越高,水平越高,其使用价值越高;不确定度越大,测量结果的质量越低,水平越低,其使用价值也越低。在报告物理量测量的结果时,必须给出相应的不确定度,一方面便于使用它的人评定其可靠性,另一方面也增强了测量结果之间的可比性。只有在得到不确定度值后,才能衡量测量数据的质量,才能指导数据在技术、商业、安全和法律方面的应用。

溯源性是"通过一条具有规定不确定度的不间断的比较链,使测量结果或测量标准的值能够与规定的参考标准,通常是与国家测量标准或国际测量标准联系起来的特性"。不确定度是由于实验室间的一致性在一定程度上受到每个实验室的溯源性链所带来的不确定的限制,因此溯源性与不确定度紧密联系。溯源性提供了一种将所有有关的测量放在同一测量尺度上的方法,而不确定度则表征了校准链链环的"强度"以及从事同类测量的实验室间所期望的一致性,因此在所有测量领域中,溯源性是一个重要的概念。

四、提高分析结果准确度的方法

要得到准确的分析结果,涉及许多因素,必须尽量设法减小和消除分析过程中的各种误差。下面结合实际情况,简要介绍减免分析误差的几种主要方法。

(一)选择适当的分析方法

不同分析方法的准确度和灵敏度不同。例如,经典化学分析法的灵敏度虽然不高,但对于高含量组分的测定,能获得比较准确的结果(相对误差≤±0.1%);仪器分析法灵敏度高、绝对误差小,虽然其测定的相对误差较大,但对于微量或痕量组分的测定可以符合要求。因此,化学分析方法主要用于常量组分的分析,而微量或痕量组分的测定,就需选用高灵敏度的仪器分析方法。

选择分析方法时,除了待测组分的含量外,还要考虑与待测组分共存的其他物质干扰问题,以便排除干扰。总之,必须综合考虑分析对象、试样性质、待测组分含量及对分析结果的要求等来选择合适的分析方法。

(二)减小测量误差

测定过程中不可避免地会产生测量误差。为保证分析结果的准确度,必须尽量减小各个分析步骤的测量误差。例如,称量过程中因分析天平的称量误差为±0.000 2g,为使测量相对误差≤0.1%,试样重量应≥0.2g;滴定分析法中,滴定管读数误差为±0.02ml,为使滴定时的相对误差≤0.1%,消耗滴定剂的体积必须≥20ml,以减小误差。

应该指出,不同的分析方法对测量准确度的要求不同,应根据具体情况控制各测量步骤的误差,使测量的准确度与分析方法的准确度相适应。例如,用比色法测定微量组分含量时,由于允许有较大的相对误差,故对各测量步骤的准确度要求就不必像重量法和滴定法那么高。如果用比色法测定某药物中某一未知成分含量,假设方法的相对误差为2%,如果需要称取0.5g试样,称量试样的绝对误差小于±0.5×2%=±0.01g,即读取至0.01g即可,而不一定要用万分之一的分析天平称量至±0.000 1g。但是,为了使称量误差可以忽略不计,最好将称量的准确度提高约一个数量级,因此本例中宜称量至±0.001g左右。

(三)减小偶然误差的影响

根据偶然误差的分布规律,在消除系统误差的前提下,平行测定次数越多,平均值越接近于真值。因此,增加平行测定次数可以减小偶然误差对分析结果的影响。然而,过多增加测定次数对提高测定精密度成效甚微,且浪费了人力、物力和时间,因此,在实际工作中,通常对同一试样平行测定3~4次,其精密度符合要求即可。

(四)检验并消除测量过程中的系统误差

在实际工作中,常常发现几次平行测量值非常接近,看起来精密度很好,可是由其他分析人员或用其他可靠的方法进行检查,就发现结果有较大的系统误差,甚至是大的错误。引起系统误差的原因很多,通常可根据具体情况,采用以下方法来检验和消除。

1. 对照试验 是检验系统误差最常用和最有效的方法。对照试验一般可分为两种。一种是用待检验的分析方法测定某含量已知的标准试样或纯物质,将测定结果与标准值或纯物质的理论值相对照,以确定该分析过程中是否存在系统误差。注意采用该法进行对照试验时,选择的标准试样组成应尽量与待分析试样组成相似。另一种是用其他可靠的分析方法进行对照,以判断分析过程中是否有系统误差。作为对照试验所用的分析方法必须可靠,一般选用国家颁布的标准分析方法或公认的经典方法。此外,也可采取不同分析人员、不同实验室用同一方法对同一试样进行对照分析,以检验分析人员之间的操作是否存在系统误差以及环境等其他因素的影响。

2. 回收试验 在无标准试样又不宜用纯物质进行对照试验,或对试样的组成不完全清楚时,则可以采用"加入回收法"进行试验。这种方法是先用选定方法测定试样中待测组分含量后,再向试样中加入已知量待测组分的纯物质(或标准品),然后用与测定试样同样的方法进行对照试验,根据试验结果,按下式计算回收率:

$$回收率(\%) = \frac{加入纯品后的测得量 - 加入纯品前的测得量}{纯品加入量} \times 100\%$$

回收率越接近 100%,说明系统误差越小,方法准确度越高。

3. 空白试验 为了检查因为试剂、溶剂不纯或实验器皿玷污所引起的系统误差,可进行空白试验。所谓空白试验,就是在不加试样的情况下,按照与测定试样相同的方法,在相同的条件下进行的平行试验。试验所得结果称为"空白值"。从试样分析结果中扣除"空白值"后,就得到比较可靠的分析结果。但需说明的是,空白值不宜过大,当空白值较大时,应通过提纯试剂、使用合格的溶剂等途径减小空白值。

4. 校准仪器 对天平、砝码、移液管和滴定管等计量和容量器皿及测量仪器进行校准,可以减免仪器误差。由于计量及测量仪器的状态可能会随时间、环境等条件变化而发生变化,因此需定期进行校准。

第三节 有效数字及其计算规则

在分析工作中,为了得到准确的分析结果,不仅要准确地进行测量,而且还要正确的记录和计算。因为分析结果不仅表示了试样中待测组分的含量,同时还反映了测量的准确程度。

一、有效数字

有效数字(significant figure)是指在分析工作中实际能测量到的数字。在科学实验中,所有物理量的测定,其准确度都是有一定限度的。例如,使用万分之一的分析天平称量同一物品,甲、乙、丙三人的称量结果分别为 8.462 5g、8.462 4g 及 8.462 6g。这 5 位数字中,前 4 位都是准确的,第 5 位是欠准的,因为分析天平在万分之一位有 ±0.000 1 的绝对误差。第 5 位数字称为欠准数字,但它并非臆造。故有效数字是由若干位准确数字和一位欠准数字组成。对于欠准数字,除非特别说明,通常有 ±1 的绝对误差。

有效数字的位数,直接影响测定的相对误差。如用上述分析天平称量某试样时,称量结果记录为 0.619 0g,表示该试样的实际质量是(0.619 0 ± 0.000 1)g,其相对误差为 $\pm \frac{0.000\ 1}{0.619\ 0} \times 100\% = \pm 0.02\%$;如果记录为 0.619g,则表示该物体实际质量为(0.619 ± 0.001)g,其相对误差为 $\pm \frac{0.001}{0.619} \times 100\% = \pm 0.2\%$,后者测量的准确度比前者低 10 倍。所以,在测量准确度的范围内,有效数字位数越多,测量也越准确。但超过测量准确度的范围,过多的位数则毫无意义,同时也是错误的。

确定有效数字位数时应遵循以下几条原则:

1. 在记录测量数据时,只允许在测得值的末位保留一位可疑数字(欠准数),其误差是末位数的 ±1 个单位。

2. 数字 1~9 均为有效数字,数字"0"是否是有效数字,要看它在数据中所处的位置。当"0"位于数字 1~9 之前,如 0.006 7g,前三个"0"不是有效数字,只起定位作用;当"0"位于数字 1~9 之间,如 25.03ml,"0"是有效数字;当"0"位于数字 1~9 之后,如 1.600 0g,"0"也是有效数字,除了表示数量值外,还表示该数值的准确程度。

3. 变换单位时,有效数字的位数必须保持不变。例如:0.003 5g 应写成 3.5mg;13.5L 应写成 1.35×10^4ml。

4. 对于很小或很大的数字,可用指数形式表示。如 0.006 7g 可记录为 6.7×10^{-3}g;又如

25 000g,若为三位有效数字,可记录为 2.50×10^4g。

5. 在分析化学计算中,常常会遇到一些非测量所得的自然数,如测量次数、计算中的倍数或分数关系、化学计量关系等,这类数字为非测量值,可认为是任意位有效数字,运算过程中不能由它来确定计算结果的有效数字的位数。

6. 对于 pH 及 pK_a 等对数值,其有效数字仅取决于小数部分数字的位数,而其整数部分的数值只代表原数值的幂次。例如:pH=11.25,对应的 [H^+]=5.6×10^{-12}mol/L,有效数字是 2 位而非 4 位。

二、有效数字的修约规则

从误差传递原理可知,凡通过运算所得分析结果,其误差总比各测量值误差大。计算结果的有效数字位数要受到各测量值(特别是误差最大的测量值)有效数字位数的限制。因此,对有效数字位数较多(即误差较小)的测量值,须将其多余的数字(称为尾数)舍弃,这个过程称为"数字修约"。其基本原则如下:

1. 采用"四舍六入五留双"的规则进行数字修约 该规则规定:当测量值尾数 ≤ 4 时,舍弃。≥ 6 时,进位。等于 5,且 5 后面数字为 "0" 时,则根据 5 前面的数字是奇数还是偶数,采取"奇进偶舍"的方式进行修约,使被保留数据的末位数字为偶数;若 5 后的数字不为 "0",则此时无论 5 前面是奇数或是偶数,均应进位。例如,将下列测量值修约为 4 位:16.024 2 → 16.02;16.026 2 → 16.03;16.015 0 → 16.02;16.025 0 → 16.02;16.025 1 → 16.03。

2. 禁止分次修约 修约数字时,只允许对原始测量值一次修约至所需位数,不能分次修约,否则会得出错误的结果。例如,将 5.314 9 修约为 3 位有效数字,不能先修约成 5.315,再修约为 5.32,应该一次修约为 5.31。

3. 标准偏差的修约 对标准偏差的修约,其结果应使准确度降低。通常取 1~2 位数字。例如,某计算结果的标准偏差为 0.213,取两位数字宜修约成 0.22。在作统计检验时,标准偏差可多保留 1~2 位数字参加运算,计算结果的统计量可多保留一位数字与临界值比较。表示标准偏差和 *RSD* 时,一般取 2 位数字。

三、有效数字的运算规则

不同位数的有效数字进行运算时,其结果有效数字位数的保留与运算类型有关。

1. 加减法 几个数相加减时,其和或差的有效数字应以各数中小数点后位数最少的数字为准,即以其绝对误差最大者为准。

例如:0.053 2 + 26.54 + 1.076 7= ?

以上 3 个数据中,小数点后位数最少者是 26.54,其绝对误差最大,故应以 26.54 为准,结果应保留到小数点后第 2 位。0.053 2 + 26.54 + 1.076 7=27.67

2. 乘除法 几个数相乘除时,所得的积或商的有效数字应以各数中有效数字位数最少者为准,即以相对误差最大者为准。

例如:$14.82 \times 0.021\ 2 \times 1.964\ 3$= ?

以上 3 个数据中,0.021 2 的有效数字位数最少,故应以 0.021 2 为准,最后结果保留 3 位有效数字。即 $14.82 \times 0.021\ 2 \times 1.964\ 3$=0.617

3. 在乘除法运算中,常遇到首数 ≥ 8 的数字,如 9.00、9.75,它们的相对误差绝对值约为 0.1%,与 10.05、11.65(4 位有效数字)数值的相对误差绝对值接近,故在运算中如果以相对误差作为有效数字的保留依据时(即该测量值参与乘除运算时)可看成 4 位有效数字。

4. 在进行大量数据运算时,为防止误差迅速累积,对所有参加运算的数据可先多保留 1

位有效数字(称为安全数),但运算的最后结果仍按上述原则取舍。使用计算器进行运算时,可以先计算、后修约,正确保留最后计算结果的有效数字位数。

5. 在计算分析结果时,高含量(>10%)组分的测定,一般要求保留 4 位有效数字;含量在 1%~10% 之间的组分通常要求 3 位有效数字;含量小于 1% 的组分只要求 2 位有效数字。分析中的各类误差计算,一般保留 1~2 位有效数字。

第四节 分析数据的统计处理

定量分析得到一系列测量值或数据,须对这些数据进行整理和统计处理后,才能对所得结果的可靠程度作出合理判断并予以正确表达。

在去除错误测量值和校正系统误差后,测量结果的不一致是由偶然误差引起的,可以运用统计学的方法来估计偶然误差对分析结果影响的大小,并较为正确地评价和表达测量结果。亦即,在对分析数据进行统计处理之前,需先进行数据整理,去除由于明显原因引起的、相差较远的错误数据,对不明原因产生的可疑数据可采取 Q 检验(或其他检验规则)决定取舍,测量值消除系统误差后,可按照所要求的置信度,求出平均值的置信区间。在检查测量数据的系统误差时,通常设计不同类型的对照试验得到两组测量数据,然后对两组数据进行显著性检验。

一、偶然误差的正态分布

在分析过程中,对同一试样在相同条件下进行多次重复测量,当测量次数(n)足够多时,所得测量值符合正态分布(高斯分布)规律:

$$y = f(x) = \frac{1}{\sigma\sqrt{2\pi}} e^{-\frac{(x-\mu)^2}{2\sigma^2}} \qquad 式(3\text{-}8)$$

式中,y 代表概率密度,x 表示测量值,μ 是总体平均值,σ 为总体标准差。以 x 为横坐标,y 为纵坐标,就得到测量值的正态分布曲线,如图 3-2 所示。

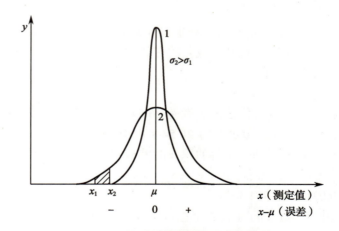

图 3-2 测量值或误差的正态分布曲线

μ 和 σ 是正态分布的两个基本参数。μ 为正态分布曲线最高点的横坐标值,表明测量值的集中趋势。当系统误差为零时,μ 即是真值。σ 是曲线两拐点之一到直线($x-\mu$)的距离。μ 决定曲线在 x 轴的位置。σ 相同 μ 不同时,曲线的形状不变,只在 x 轴平移。σ 确定曲线的形状,σ小,数据集中,曲线瘦高(曲线1);σ大,数据分散,曲线较扁平(曲线2)。

$(x-\mu)$代表偶然误差。在图3-2中,若用$(x-\mu)$取代测量值x作横坐标,就得到了偶然误差的正态分布曲线。

正态分布曲线清楚地反映出偶然误差的规律性:其曲线两侧对称,说明正负误差出现概率相同;曲线自峰值向两旁快速地下降,说明小误差比大误差出现的概率大;曲线最高点对应的横坐标$(x-\mu)$值等于零,表明偶然误差为零的测量值出现的概率最大。

由于μ和σ不同时正态分布不同,曲线的形状也随之而变化。为了使用方便,可作一变量代换,令:

$$u=\frac{x-\mu}{\sigma} \qquad \text{式(3-9)}$$

用u作变量代换后的式(3-8)转化成只有变量u的函数表达式:

$$y=\Phi(u)=\frac{1}{\sqrt{2\pi}}e^{-\frac{u^2}{2}} \qquad \text{式(3-10)}$$

这样,正态分布曲线的横坐标变为u,纵坐标为概率密度,用u和概率密度表示偶然误差的正态分布称为标准正态分布曲线,曲线的形状与μ和σ的大小无关(图3-3)。

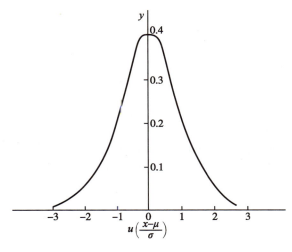

图3-3　标准正态分布曲线

在实际工作中,测量次数都是有限量的,其偶然误差的分布不服从正态分布,而服从t分布。

二、t分布

在分析测试中,通常都是进行有限次数的测量,称为小样本试验。由小样本试验无法得到总体平均值μ和总体标准差σ,因此,只能根据得到的样本平均值$\bar{x}$与样本标准差S来估算测量数据集中趋势和分散程度。由于$\bar{x}$和S都是随机变量,这种估算必然会引入误差。在处理少量试验数据时,为了校正这种误差,可用t分布对有限次数测量的数据进行统计处理(图3-4)。

t分布曲线与正态分布曲线相似,但由于测量次数少,数据的集中程度较小,离散程度较大,其形状变得平坦。t分布曲线仍以概率密度y为纵坐标,以统计量t为横坐标,用样本标准偏差S代替总体标准偏差σ,于是有:

$$t=\frac{x-\mu}{S} \qquad \text{式(3-11)}$$

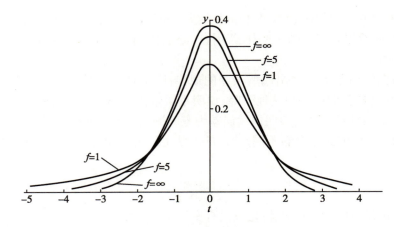

图 3-4   *t* 分布曲线

t 是以样本标准偏差 S 为单位的 $(x-\mu)$。t 分布曲线随自由度 $f(f=n-1)$ 而改变,当 $f \to \infty$ 时,t 分布曲线趋近正态分布曲线。只是由于测量次数较少,数据分散程度较大,其曲线形状将变得平坦。曲线下一定范围内的面积为该范围内测量值出现的概率。但应注意,对于正态分布曲线,只要 u 一定,相应的概率也就一定;而对于 t 分布曲线,当 t 一定时,由于 f 不同,相应曲线所包括的面积即概率也就不同,通常用置信度 P 表示在某一 t 时,测量值落在 $(\mu \pm ts)$ 范围内的概率。显然,测量值落在此范围之外的概率为 $(1-P)$,称为显著性水准,用 α 表示。由于 t 与置信度和自由度有关,故引用时需要加脚注,用 $t_{\alpha,f}$ 表示。不同 f 及概率所相应的 t 见表 3-2。

表 3-2   不同自由度及不同置信度的 t(双边)

自由度(f)	置信度		
	90%	95%	99%
1	6.31	12.71	63.66
2	2.92	4.30	9.92
3	2.35	3.18	5.84
4	2.13	2.78	4.60
5	2.02	2.57	4.03
6	1.94	2.45	3.71
7	1.90	2.36	3.50
8	1.86	2.31	3.36
9	1.83	2.26	3.25
10	1.81	2.23	3.17
20	1.72	2.09	2.84
∞	1.64	1.96	2.58

三、平均值的精密度和置信区间

(一) 平均值的精密度

平均值的精密度(precision of mean)可用平均值的标准偏差 $S_{\bar{x}}$ 表示。标准偏差 S 反映单组测量值之间的离散性。如果要反映多组平行测定时各平均值之间的离散性,则需采用平均值的标准偏差。若从同一试样得到 m 份样品,对每份样品进行 n 次测定,计算得到 m 组数据的平均值 $\bar{x}_1, \bar{x}_2, \bar{x}_3, \cdots, \bar{x}_m$,由 m 个平均值计算可得到平均值的标准偏差,用 $S_{\bar{x}}$ 表示。

笔记栏

该平均值的标准偏差 $S_{\bar{x}}$ 与单次测量结果的标准偏差 S 的关系为：

$$S_{\bar{x}} = \frac{S}{\sqrt{n}} \qquad\qquad 式(3-12)$$

可见，平均值的标准偏差与测定次数的平方根成反比，增加测定次数，平均值的标准偏差减小。说明平均值的精密度会随着测定次数的增加而提高，如图 3-5 所示。

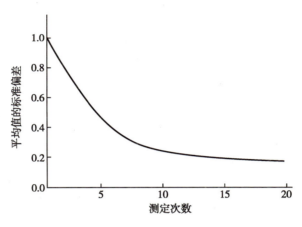

图 3-5 平均值的标准偏差与测定次数的关系

由图 3-5 可知，开始时 $S_{\bar{x}}$ 随着测定次数 n 的增加而迅速减小；但当 $n>5$ 时，减小的趋势变慢；$n>10$ 时，减小的趋势已不明显。因此，在实际分析过程中，一般平行测定 3~4 次即可；要求较高时，可测定 5~9 次。

(二) 平均值的置信区间

当对某样本进行无限次测量时，偶然误差的分布遵循正态分布规律。偶然误差(σ)或测量值(x)出现的区间与相应概率的关系见表 3-3。

表 3-3 测量值在不同误差区间出现的概率

偶然误差出现区间	测量值出现区间	相应概率/%
$-\sigma \sim +\sigma$	$x = \mu \pm \sigma$	68.3
$-1.96\sigma \sim +1.96\sigma$	$x = \mu \pm 1.96\sigma$	95.0
$-2.58\sigma \sim +2.58\sigma$	$x = \mu \pm 2.58\sigma$	99.0

由表 3-3 可知，当用单次测量结果 x 来估计总体平均值 μ 的范围时，则 μ 在区间 $x \pm \sigma$ 范围内的概率为 68.3%，在区间 $x \pm 1.96\sigma$ 范围内的概率为 95.0%，在区间 $x \pm 2.58\sigma$ 范围内的概率为 99.0% 等。它的数学表达式为：

$$\mu = x \pm u\sigma \qquad\qquad 式(3-13)$$

若用多次测量样本的平均值 $\bar{x}$ 估计总体平均值 μ 的范围，可用下式表示：

$$\mu = \bar{x} \pm \frac{u\sigma}{\sqrt{n}} \qquad\qquad 式(3-14)$$

在实际工作中，通常只能对试样进行有限次数的测定，求得样本平均值。若用少量测量值的平均值 $\bar{x}$ 估计总体平均值 μ 的范围，则必须根据 t 分布进行统计处理，按 t 的定义式可得出：

$$\mu = \bar{x} \pm \frac{tS}{\sqrt{n}} \qquad\qquad 式(3-15)$$

式(3-15)表示在某一置信度下,以平均值 $\bar{x}$ 为中心,包括总体平均值 μ 在内的可靠性范围,称为平均值的置信区间。式中,n 为测定次数,S 为标准偏差;选定某置信度后,t 可根据自由度 f 从表 3-2 中查到。

例 3-5 用气相色谱法测定某中药制剂中挥发性成分含量,9 次测定标准偏差为 0.042,平均值为 10.79%,估计真实值在 95% 置信度和 99% 置信度时应为多少?

解:(1)已知置信度为 95%,f=9–1=8 查表 3-2 得,t=2.31

根据式(3-15)得:

$$\mu = \bar{x} \pm \frac{tS}{\sqrt{n}} = 10.79 \pm 2.31 \times \frac{0.042}{\sqrt{9}} = 10.79 \pm 0.03$$

(2)已知置信度为 99%,f=9–1=8 查表 3-2 得,t=3.36

$$\mu = \bar{x} \pm \frac{tS}{\sqrt{n}} = 10.79 \pm 3.36 \times \frac{0.042}{\sqrt{9}} = 10.79 \pm 0.05$$

由上可知,总体平均值(真实值)在 95% 置信度时的置信区间为 10.76%~10.82%;在 99% 置信度时的置信区间为 10.74%~10.84%。因此,置信度越高,同组测量值的置信区间就越宽,即所估计的区间包括真值的可能性也就越大。

在实际工作中,置信度不能定得过高或过低。如置信度过低,其判断可靠性则无法保证;置信度过高会使置信区间过宽,从而导致这种判断失去意义。分析化学中通常取 95% 的置信度,有时也可根据具体情况采用 90%、99% 的置信度。

四、可疑值的取舍

在分析工作中,当重复多次测定时,常常会发现有个别数据与其他数据相差较远,这一数据称为可疑值(也称离群值或极端值)。对可疑值的取舍主要是区分该值与其他测量值的差异是由"过失"还是由偶然误差所引起。如果确定是由于实验中发生"过失"造成的,则应弃去;而在原因不明的情况下,就必须按照一定的统计方法进行检验,然后再确定其取舍。由于化学分析实验中一般测量次数都比较少(3~8 次),不适用总体标准偏差来估计。通常采用舍弃商法(Q 检验法)或 Grubbs 法(G 检验法)来检验可疑数据。

1. 舍弃商法(Q 检验法) 当测量次数不多(n=3~10)时,按下述检验步骤来确定可疑值的取舍。

(1)将各数据按递增顺序排列:$x_1, x_2, \cdots, x_{n-1}, x_n$,可疑数据将出现在序列的开头 x_1 或末尾 x_n。

(2)求出最大值与最小值的差值(极差),即 $x_{max} - x_{min}$。

(3)求出可疑值与相邻数据之差的绝对值,即 $|x_i - x_{邻}|$。

(4)用可疑值与临近值之差的绝对值除以极差,所得商称为舍弃商 Q。

$$Q = \frac{|x_i - x_{邻}|}{x_{max} - x_{min}}$$
式(3-16)

(5)根据测定次数 n 和要求的置信水平(如 95%)查表 3-4 得到 $Q_{表}$。

(6)判断:若计算 $Q > Q_{表}$,则弃去可疑值,否则应予保留。

例 3-6 测定某药物中 Ca^{2+} 含量,所得结果如下:1.25%、1.27%、1.31%、1.40%。

问:1.40% 这个数据是否应保留(置信度为 95%)?

解:

$$Q = \frac{|1.40 - 1.31|}{1.40 - 1.25} = 0.60$$

已知 n=4,由表 3-4 查得 $Q_{表}$=0.84,$Q < Q_{表}$,故 1.40% 这个数据应保留。

表 3-4　不同置信水平下的 Q 临界值表

测定次数 n	$Q(90\%)$	$Q(95\%)$	$Q(99\%)$
3	0.90	0.97	0.99
4	0.76	0.84	0.93
5	0.64	0.73	0.82
6	0.56	0.64	0.74
7	0.51	0.59	0.68
8	0.47	0.54	0.63
9	0.44	0.51	0.60
10	0.41	0.49	0.57

2. Grubbs 法（G 检验法）检验步骤

(1)计算包括可疑值在内的测定平均值 $\bar{x}$。

(2)计算可疑值 x_i 与平均值 $\bar{x}$ 之差的绝对值。

(3)计算包括可疑值在内的标准偏差 S。

(4)按下式计算 G。

$$G = \frac{|x_i - \bar{x}|}{S} \tag{式 (3-17)}$$

(5)查表 3-5,得到 G 的临界值 $G_{\alpha,n}$。当 $G > G_{\alpha,n}$,则该可疑值应当舍弃,反之则应保留。判断 G 的临界标准时,要考虑到对置信度的要求。表 3-5 提供了临界 $G_{\alpha,n}$,可供查阅。

表 3-5　G 检验临界值（$G_{\alpha,n}$）表

测定次数 n	3	4	5	6	7	8	9	10	11	12	13	14	15	20
$\alpha=0.10$	1.15	1.46	1.67	1.82	1.94	2.03	2.11	2.18	2.23	2.29	2.33	2.37	2.41	2.56
$\alpha=0.05$	1.15	1.48	1.71	1.89	2.02	2.13	2.21	2.29	2.36	2.41	2.45	2.51	2.55	2.71
$\alpha=0.01$	1.15	1.50	1.76	1.97	2.14	2.27	2.39	2.48	2.56	2.64	2.70	2.76	2.81	3.00

G 检验法的优点在于,在判断可疑值的过程中,将 t 分布中的两个最重要的样本参数 $\bar{x}$ 及 S 引入,方法的准确度高,适用范围也广;但缺点是需要计算 $\bar{x}$ 和 S,手续较麻烦。

例 3-7　上例 Q 检验法中的实验数据,用 G 检验法判断时,1.40 这个数据应否保留（置信度为 95%）？

解:已知 $n=4$,计算得到 $\bar{x}=1.31$,$S=0.066$

$$G = \frac{|x_i - \bar{x}|}{S} = \frac{|1.40 - 1.31|}{0.066} = 1.36$$

查表 3-5,得 $G_{\alpha,n}=G_{0.05,4}=1.48$,$G < G_{\alpha,n}$,故 1.40 这个数据应保留。此结论与 Q 检验法相符。

五、显著性检验

在定量分析中,常常需要对两份试样或两种分析方法的分析结果的平均值进行比较,如对照试验中两组测量数据的平均值比较。由于在测量过程中都存在着误差,因此分析结果之间不一致是必然的。判断这种差异是由系统误差还是偶然误差引起的,可应用统计学中的"显著性检验"。如果分析结果之间有"显著性差异",即可认为它们之间存在系统误差;否则就认为只是由偶然误差引起的。在定量分析化学中,最常用的显著性检验方法是 F 检验法和 t 检验法。

笔记栏

(一) F检验法

F检验法主要通过比较两组数据的方差 S^2,以确定它们的精密度是否有显著性差异。用于判断两组数据的偶然误差是否有显著不同。

F检验法的步骤是首先计算出两个样本的方差 S_1^2 和 S_2^2。它们相应代表方差较大和较小的那组数据的方差。然后按下式计算 F。

$$F = \frac{S_1^2}{S_2^2}(S_1^2 > S_2^2) \qquad\qquad 式(3\text{-}18)$$

计算时,规定方差大的 S_1^2 为分子,方差小的 S_2^2 为分母。将计算所得 F 与表 3-6 所列 F(置信度为 95%)进行比较,若 $F > F_表$,说明两组数据的精密度存在显著性差异;反之,则说明两组数据的精密度不存在显著性差异。

表 3-6 置信度为 95% 时的 F(单边)

f_2	f_1									
	2	3	4	5	6	7	8	9	10	∞
2	19.00	19.16	19.25	19.30	19.33	19.36	19.37	19.38	19.39	19.50
3	9.55	9.28	9.12	9.01	8.94	8.88	8.84	8.81	8.78	8.53
4	6.94	6.59	6.39	6.26	6.16	6.09	6.04	6.00	5.96	5.63
5	5.79	5.41	5.19	5.05	4.95	4.88	4.82	4.78	4.74	4.36
6	5.14	4.76	4.53	4.39	4.28	4.21	4.15	4.10	4.06	3.67
7	4.74	4.35	4.12	3.97	3.87	3.79	3.73	3.68	3.63	3.23
8	4.46	4.07	3.84	3.69	3.58	3.50	3.44	3.39	3.34	2.93
9	4.26	3.86	3.63	3.48	3.37	3.29	3.23	3.10	3.13	2.71
10	4.10	3.71	3.48	3.33	3.22	3.14	3.07	3.02	2.97	2.54
∞	3.00	2.60	2.37	2.21	2.10	2.01	1.94	1.88	1.83	1.00

f_1:大方差数据的自由度;f_2:小方差数据的自由度。

表 3-6 所列 F 是单边值,可直接用于单侧检验,即检验某数据的精密度是否"≥"或"≤"另一组数据的精密度,此时置信度为 95%,显著性水平为 0.05。如果进行双侧检验,判断两组数据的精密度是否存在显著性差异时,即一组数据的精密度可能"≥",也可能"<"另一组数据的精密度,显著性水平为单侧检验的 2 倍,即 $\alpha = 0.10$,此时的置信度 $P = 1 - 0.10 = 0.90$,即 90%。

例 3-8 用两种方法测定某试样中的某组分,A 法测定 6 次($n = 6$),标准偏差为 $S_1 = 0.055$;B 法测定 4 次($n = 4$),标准偏差为 $S_2 = 0.022$。问:B 法的精密度是否显著优于 A 法的精密度?

解: 已知 $n_1 = 6$ $S_1 = 0.055$

$n_2 = 4$ $S_2 = 0.022$

$f_1 = 6 - 1 = 5$ $f_2 = 4 - 1 = 3$

由表 3-6 查得 $F_{0.05,5,3} = 9.01$,根据式(3-18):

$$F = \frac{S_1^2}{S_2^2} = \frac{0.055^2}{0.022^2} = 6.25$$

$F < F_{0.05,5,3}$,故 S_1^2 与 S_2^2 间无显著性差别,即在 95% 的置信水平上,两种方法的精密度之间不存在显著性差异。

(二) t 检验法

t 检验法是检查、判断某一分析方法或操作过程中是否存在较大的系统误差的统计学方法。主要用于以下几方面：

1. 样本平均值 $\bar{x}$ 与标准值(相对真值、约定真值等) μ 的比较 根据式(3-15)知,在一定置信度时,平均值的置信区间为：

$$\mu = \bar{x} \pm \frac{tS}{\sqrt{n}}$$

可以看出,如果这一区间可将标准值 μ 包含在其中,即使 $\bar{x}$ 与 μ 不完全一致,也能做出 $\bar{x}$ 与 μ 之间不存在显著性差异的结论,因为按 t 分布规律,这些差异是偶然误差造成的,而不属于系统误差。将式(3-15)改写为：

$$t = \frac{|\bar{x}-\mu|}{S}\sqrt{n} \qquad \text{式(3-19)}$$

进行 t 检验时,先将所得数据 $\bar{x}$、μ、S 及 n 代入上式,求出 t,然后再根据置信度和自由度由 t 值表(表 3-2)查出相应的 $t_{a,f}$,两者相比较,如果计算的 $t \geq t_{a,f}$,则说明 $\bar{x}$ 与 μ 之间存在显著性差异,反之则说明不存在显著性差异。由此可得出分析结果是否正确、新分析方法是否可行等结论。

例 3-9 采用某种新方法测定中药明矾中铝的百分含量,得到下列 9 个分析结果：10.74、10.77、10.77、10.77、10.81、10.82、10.73、10.86、10.81。已知明矾中铝含量的标准值为 10.77%,问该新方法是否可靠(采用 95% 置信度)？

解：$n=9$,$f=9-1=8$,$\bar{x}=10.79\%$,$S=0.042\%$

$$t = \frac{|\bar{x}-\mu|}{S}\sqrt{n} = \frac{|10.79-10.77|}{0.042}\sqrt{9} = 1.43$$

查表 3-2 得,当置信度为 95%,$f=8$ 时,$t_{0.05,8}=2.31$。$t<t_{0.05,8}$,故 $\bar{x}$ 与 μ 不存在显著性差异,说明采用新方法后,没有引起明显的系统误差。

2. 两组平均值的比较 对以下两种情况,可采用 t 检验法判断两组平均值之间是否存在显著性差异。①同一试样由不同分析人员或同一分析人员采用不同方法、不同仪器进行分析测定,所得两组数据的平均值；②对含有同一组分的两个试样,用相同的分析方法所测得的两组数据的平均值。

设有两组分析数据,其测定次数、标准差及平均值分别为 n_1、S_1、$\bar{x}_1$ 及 n_2、S_2、$\bar{x}_2$。比较两个样本平均值 $\bar{x}_1$ 和 $\bar{x}_2$,用下式计算 t：

$$t = \frac{|\bar{x}_1-\bar{x}_2|}{S_R}\sqrt{\frac{n_1 n_2}{n_1+n_2}} \qquad \text{式(3-20)}$$

式中,S_R 称为合并标准差或组合标准差(pooled standard deviation)。可由下式求出：

$$S_R = \sqrt{\frac{\sum_{i=1}^{n_1}(x_{1i}-\bar{x}_1)^2 + \sum_{i=1}^{n_2}(x_{2i}-\bar{x}_2)^2}{(n_1-1)+(n_2-1)}} \qquad \text{式(3-20a)}$$

或

$$S_R = \sqrt{\frac{s_1^2(n_1-1)+s_2^2(n_2-1)}{(n_1-1)+(n_2-1)}} \qquad \text{式(3-20b)}$$

将 S_R、$\bar{x}_1$、$\bar{x}_2$ 及 n_1、n_2 代入式(3-20)求出统计量 t 后,与表 3-2 查得的 $t_{a,f}$ 比较,若 $t<t_{a,f}$ 说明两组数据的平均值间不存在显著差异,可以认为两个均值属于同一总体,即 $\mu_1=\mu_2$；若 $t \geq t_{a,f}$,则它们之间存在显著差异。

例 3-10　用两种方法测定某中药材中一活性成分含量，A 法测定 3 次，所得结果 $\bar{x}_A = 1.24\%$，$S_A = 0.021$；B 法测定 4 次，所得结果 $\bar{x}_B = 1.33\%$，$S_B = 0.017$。试问两种方法间是否有显著性差异（置信度 90%）？

解： $n_A = 3$　$\bar{x}_A = 1.24\%$，$S_A = 0.021$

$n_B = 4$　$\bar{x}_B = 1.33\%$，$S_B = 0.017$

由式（3-20b）求得 $S_R = 0.019$　　自由度 $f = n_A + n_B - 2 = 5$

$$t = \frac{|\bar{x}_A - \bar{x}_B|}{S_R}\sqrt{\frac{n_A n_B}{n_A + n_B}} = \frac{|1.24 - 1.33|}{0.019}\sqrt{\frac{3 \times 4}{3 + 4}} = 6.20$$

查表 3-2，当置信度为 90%，$f = 5$ 时，$t_{0.10,5} = 2.02$。$t > t_{0.10,5}$，说明两种方法之间存在显著性差异。

🔍 知识链接

采用 Excel 软件进行 t 检验（两组平均值的比较）

检验步骤：①在 Excel 表格中列出两组数据 $A_1 \sim A_6$ 及 $B_1 \sim B_6$；②在"数据"选项卡中单击"数据分析"按钮，在弹出的对话框中选择"t 检验：平均值的成对二样本分析"分析工具，单击"确定"按钮；③在对话框中的"变量 1 的区域"文本框中输入"A1：A6"，在"变量 2 的区域"文本框中输入"B1：B6"，在"假设平均差"中输入"0"，在"α"文本框中输入"0.05"，在"输出选项"中单击"输出区域"，并在后面的文本框中选择先要输出的单元格后，单击"确定"即可完成检验。

（三）使用显著性检验的注意事项

1. **显著性检验的顺序**　先进行 F 检验而后进行 t 检验，先由 F 检验确认两组数据的精密度无显著性差异后，才能使用 t 检验判断两组数据的均值是否存在系统误差。因为只有当两组数据的精密度无显著性差异时，准确度的检验才有意义，否则将会得出错误的判断。

2. **单侧与双侧检验**　检验两个分析结果间是否存在显著性差异时，用双侧检验；若检验某分析结果是否明显高于（或低于）某值，则用单侧检验。t 分布曲线两侧对称，双侧及单侧检验临界值都常见，可根据要求选择，但多用双侧检验。F 分布曲线为非对称，也有单侧检验和双侧检验的临界值，但多用单侧检验。

综合以上讨论可知，在分析过程中获得一系列实验数据后，应对数据作出评价。首先要判断数据是否有效，可采用 Q 检验法或 G 检验法对可疑数据进行取舍；其次要判断数据测定过程中是否存在偶然误差和系统误差，即进行精密度检验（F 检验）和准确度检验（t 检验）。

例 3-11　某中药制剂采用药典方法测定 4 次，结果分别为 7.89%、7.95%、8.01%、7.95%；采用分析人员建立的新方法测定 5 次，结果分别为 7.99%、7.94%、8.10%、8.06%、7.80%。试用统计检验评价所建立的新方法的可靠性。

解：（1）计算统计量

药典方法：　$n_1 = 4$，$\bar{x}_1 = 7.95\%$，$S_1 = 0.049$

新方法：　　$n_2 = 5$，$\bar{x}_2 = 7.98\%$，$S_2 = 0.12$

（2）G 检验：新方法测定结果中，测量值 7.80 与其他数据相差较远，为可疑值，对其进行 G 检验。

$$G = \frac{|x_i - \bar{x}|}{S} = \frac{|7.80 - 7.98|}{0.12} = 1.5$$

查表 3-5, $G_{0.05,5} = 1.71$, $G < G_{0.05,5}$, 故 7.80 应保留。

（3）F 检验

$$F = \frac{S_{大}^2}{S_{小}^2} = \frac{0.12^2}{0.049^2} = 6.0$$

查表 3-6 得 $F_{0.05,(4,3)} = 9.12$。

$F < F_{0.05,(4,3)}$, 说明两种方法精密度无显著性差别, 可进行 t 检验。

（4）t 检验: 将 S_1、S_2、n_1、n_2 代入式（3-20b）及式（3-20）, 求得合并标准差进行 t 检验。

$$S_R = \sqrt{\frac{S_1^2(n_1-1) + S_2^2(n_2-1)}{(n_1-1) + (n_2-1)}} = \sqrt{\frac{0.049^2 \times (4-1) + 0.12^2 \times (5-1)}{(4-1) + (5-1)}} = 0.096\,(\%)$$

$$t = \frac{|\bar{x_1} - \bar{x_2}|}{S_R} \sqrt{\frac{n_1 n_2}{n_1 + n_2}} = \frac{|7.95 - 7.98|}{0.096} \sqrt{\frac{4 \times 5}{4 + 5}} = 0.47$$

查表 3-2 双侧检验, $t_{0.05,7} = 2.36$, $t < t_{0.05,7}$, 说明新方法没有引入系统误差。

六、相关与回归

相关与回归（correlation and regression）是研究变量之间关系的统计方法, 包括相关分析和回归分析两方面。

（一）相关分析

在分析测试中, 由于各种测量误差的存在, 待测组分的含量与所测试样物理量之间往往不存在确定的函数关系, 而仅仅呈相关关系。在研究两个变量 x、y 之间的相关关系时, 最常用的直观方法是将它们画在直角坐标纸上, x、y 各占一个坐标轴, 每对数据在图上对应一个点, 将各个点连接成一条直线或曲线以显示变量间的相关关系。如果所得各点的排布接近一条直线, 表明 x、y 的线性相关性较好; 如果排布不成直线甚至杂乱无章, 则表明 x、y 的线性相关性较差。

统计学中用相关系数 r 来反映 x、y 两变量间相关的密切程度, 并定量描述两变量间的相关性。其统计学定义如下:

若两变量 x、y 的 n 次测量值为 (x_1, y_1), (x_2, y_2), (x_3, y_3), (x_4, y_4), $\cdots$, (x_n, y_n), 则相关系数 r 为:

$$r = \frac{\sum\limits_{i=1}^{n}(x_i - \bar{x})(y_i - \bar{y})}{\sqrt{\sum\limits_{i=1}^{n}(x_i - \bar{x})^2 \cdot \sum\limits_{i=1}^{n}(y_i - \bar{y})^2}} \qquad \text{式(3-21)}$$

相关系数 r 是一个介于 0 和 ± 1 之间的相对数值, 即 $0 < |r| < 1$, 当 $r = +1$ 或 -1 时, 表示 (x_1, y_1), (x_2, y_2), $\cdots$, (x_n, y_n) 所对应的点处在一直线上; 当 $r = 0$ 时, 表示 (x_1, y_1), (x_2, y_2), $\cdots$, (x_n, y_n) 所对应的点呈杂乱无章的非线性关系。实验中, 绝大多数情况为 $0 < r < 1$。$r > 0$ 时称为正相关; $r < 0$ 时称为负相关。相关系数的大小反映了 x 与 y 两个变量间相关的密切程度, r 越接近 ± 1, 表明两个变量之间的相关性越好, 两变量越密切。

（二）回归分析

判断两变量 x、y 是否具有显著相关性, 只凭目测是不准确的。同样的数据, 不同的人可能绘制出不同的标准曲线, 即使同一个人用同样数据在不同时间绘制的标准曲线也可能不完全相同。较好的办法是利用最小二乘法对数据进行回归分析（regression analysis）, 求出回归方程,从而得到对各数据误差最小的一条线,即回归线。

若以 x 作自变量,y 作因变量,对于某一 x,y 的多次测量虽会有波动,但总是服从一定的分布规律。回归分析就是通过对相关系数 r 的计算,找出 y 的平均值 $(\bar{y})$ 与 x 之间的关系。如果 $\bar{y}$ 与 x 之间呈线性函数关系,就可以简化为线性回归。用最小二乘法可解出回归系数 a(截距)与 b(斜率),即:

$$b=\frac{\sum_{i=1}^{n}(x_i-\bar{x})(y_i-\bar{y})}{\sum_{i=1}^{n}(x_i-\bar{x})^2}$$ 式(3-22)

$$a=\frac{\sum_{i=1}^{n}y_i-b\sum_{i=1}^{n}x_i}{n}=\bar{y}-b\bar{x}$$ 式(3-23)

将实验数据代入上两式,即可求出回归系数 a 与 b。回归方程的模型为:

$$y=a+bx$$

使用具有线性回归功能的计算器,或者采用相关统计软件,便可方便地得出 a、b 及 r,无须再进行复杂的运算。

例 3-12　用分光光度法测定 Fe^{2+} 含量的工作曲线,测得不同浓度 Fe^{2+} 标准溶液的吸光度 A 如下:

浓度 c:　1.00　　2.00　　3.00　　4.00　　6.00　　8.00($\times 10^{-5}$mol/L)
吸光度 A:0.114　0.212　0.335　0.434　0.670　0.868

将数据代入式(3-21)(3-22)(3-23),或输入计算器及采用相关统计软件,可得:

$$a=0.002\ 2\quad b=1.09\times 10^4\quad r=0.999\ 1$$

得回归方程:$A=0.002\ 2+1.09\times 10^4 c$。相关系数 r 接近于 1,说明在测定浓度范围内,吸光度 A 与浓度 c 呈良好的线性关系。

知识链接

采用 Excel 软件使用趋势线进行回归分析

分析步骤:①在 Excel 表格中列出两组数据自变量 $x_1\sim x_6$ 及因变量 $y_1\sim y_6$;②绘制散点图:选择数据所在区域,单击"插入"选项卡中"图表"组中的"散点图"按钮,在下拉菜单中选择"仅带数据标记的散点图"即可画出散点图;③添加趋势线:单击"布局"选项卡下"分析"组中的"趋势线"按钮,弹出下拉菜单,选择"其他趋势线选项"命令,弹出"其他趋势线"对话框,在对话框中的回归分析类型中选择"线性",勾选"显示公式"和"显示 R 平方值"复选框,单击"关闭"按钮即可得到趋势线、R^2 及回归方程。

(詹雪艳)

复习思考题与习题

1. 下列情况分别引起什么误差? 如果是系统误差,请区别方法误差、仪器和试剂误差或操作误差,并思考它们的消除办法。

（1）滴定终点与计量点不一致。

（2）砝码受腐蚀。

（3）重量分析法实验中,试样的非待测组分被共沉淀。

（4）将滴定管读数 23.65 记为 26.35。

（5）使用未经校正的砝码。

（6）称量时温度有波动。

（7）沉淀时沉淀有极少量的溶解。

（8）称量时天平的平衡点有变动。

（9）试剂含待测组分。

（10）试样在称量过程中吸湿。

（11）在滴定分析法实验中,化学计量点不在指示剂的变色区间内。

（12）在采用分光光度进行测定中,波长指示器所示波长与实际波长不符。

（13）配制标准溶液时,所用的基准物受潮。

2. 简述恒定误差和比例误差的共同点和不同点。

3. 表示测量数据精密度的统计量有哪些? 与平均偏差相比,标准偏差能更好地表示一组数据的离散程度,为什么?

4. 试述准确度与精密度、误差和偏差的区别和关系。

5. 简述提高分析结果准确度的方法。

6. 返滴定法测定某酸,加入过量 40.00ml 的 0.100 0mol/L NaOH 溶液,再用浓度相同的 HCl 标准溶液返滴定,消耗 39.10ml。请问:该体积的测量误差为多少? 该误差能否满足常量分析的要求? 如果不能,如何改进才能使测定误差达到 0.1% 左右?

7. 什么是误差传递? 系统误差和偶然误差的传递规律有什么区别?

8. 试述正态分布与 t 分布的关系和区别。

9. 试述概率、置信度和置信区间各自的含义。

10. 简述双侧检验和单侧检验的区别。什么情况下采用前者或后者?

11. 为什么统计检验的正确顺序是先进行可疑数据的取舍,再进行 F 检验,在 F 检验通过后,才能进行 t 检验?

12. 计算下列两组数值的平均值、平均偏差、相对平均偏差(% 表示)。

(a) 33.45,33.49,33.40,33.46

(b) 25.14,25.12,25.19

13. 计算下列两组数值的平均值、标准偏差、相对标准偏差。

(a) 7.45,7.32,7.48,7.50,7.68,7.39

(b) 1.52,1.55,1.64,1.33,1.56,1.70

14. 用邻苯二甲酸氢钾基准试剂标定 NaOH 溶液的浓度。4 次测定结果分别为 0.103 2、0.105 9、0.103 5、0.103 7。①用 G 检验法检验上述测量值中有无可疑值($P=0.95$);②比较置信度为 0.90 和 0.95 时平均值的置信区间,计算结果说明了什么?

15. 用有效数字计算规则计算下列各式的结果。

(1) $\dfrac{3.51 \times 3.25 \times 23.42}{4.32 \times 10^4}$　(2) $\dfrac{5.20 \times 10.52 \times 9.50}{0.000 580 0}$　(3) $\dfrac{25.0 \times 9.53 \times 10^3}{1.983 \times 0.053 27}$

(4) $\dfrac{0.067 5 \times 2.4 \times 5.03 \times 10^2}{7.200}$　　(5) $\dfrac{5.247 5 \times 3.98 + 3.05 - 3.572 0 \times 4.60 \times 10^{-3}}{4.275 2}$

(6) pH = 3.50,求 $[H^+]$ = ?

16. 甲、乙两人采用相同方法对同一标准试样进行测定,测定结果偏差如下:

(a) 0.3　−0.2　−0.4　0.2　0.1　0.4　0.0　−0.3　0.2　−0.3

(b) 0.1　−0.1　−0.6　0.2　−0.1　−0.2　0.5　−0.2　0.3　0.1

(1) 求两组数据的平均偏差和标准偏差。

(2) 哪组数据的精密度高?

17. 测定碳的原子量得到如下数据:

12.008 0,12.009 5,12.009 9,12.010 1,12.010 2,12.010 6,12.011 1,12.011 3,12.011 8 及 12.012 0。

求:①平均值;②标准偏差;③平均值的标准差;④平均值在 99% 置信水平的置信区间。

18. 某分析人员对铁矿石标准试样进行分析,4 次测定结果平均值为 62.25%,标准差为 0.12%。已知该标准试样中铁的标准值为 62.35%。试问:该分析结果是否存在系统误差 $(P=0.95)$?

19. 用分光光度法测定试样中 Fe 含量时,6 次测定的结果平均值为 54.20%;用滴定分析法 4 次测定结果的平均值为 54.02%;两者的标准偏差都是 0.08%。问:这两种方法所得的结果是否有显著性差异?

20. 甲、乙二人用同一方法测定同一试样中某组分的百分含量,所得结果如下:

甲:25.60,25.62,25.60,25.61,25.62,25.60(%)。

乙:25.64,25.67,25.63,25.66,25.64,25.63,25.67,25.61(%)。

问:①两组数据中是否有可疑值;②哪组数据的精密度好? ③两组分析结果的平均值是否存在显著性差异 $(P=0.95)$?

21. 用巯基乙酸法进行亚铁离子的分光光度法测定,在波长为 605nm 处测得不同浓度 Fe^{2+} 溶液及未知试样溶液的吸光度值,所得数据如下:

c(铁含量,μg/100ml)	10.0	20.0	30.0	40.0	50.0
A(吸光度)	0.203	0.410	0.608	0.810	1.002

试求:①铁含量与吸光度的回归方程;②相关系数;③未知试样吸光度 0.500 时,试样中 Fe^{2+} 的浓度。

第四章

滴定分析法概论

学习目标

　　通过本章的学习,全面了解滴定分析法中所涉及的基本概念及有关知识体系。通过滴定分析法有关计算的练习为后续的四大滴定分析法学习奠定基础。

　　1. 掌握滴定分析法的基本概念与有关计算。

　　2. 熟悉标准溶液的配制与标定以及浓度表示方法。

　　3. 了解滴定分析法的特点、分类和滴定方式。

第一节　概　　述

　　滴定分析法(titrimetric analysis)又称容量分析法(volumetric analysis),是将一种已知准确浓度的试剂溶液滴加到被测物质溶液中,直到所加的试剂溶液与被测组分按化学反应式计量关系恰好反应完全为止,然后根据试剂溶液的浓度和体积,计算被测组分含量的一类方法。本法属于经典的化学分析法。

　　通常将已知准确浓度的试剂溶液称为标准溶液(standard solution),又称为滴定剂(titrant)。将标准溶液滴加到被测物质溶液中的操作称为滴定(titration)。当加入的标准溶液与被测组分按化学反应的计量关系恰好反应完全时,即达到化学计量点(stoichiometric point),简称计量点(sp)。由于计量点时大多数反应不能直接观察到外部特征的变化,因此需要采用适宜的方法指示计量点的到达。常用化学方法或仪器方法(电位、电导、电流等方法)来指示。化学方法是在待滴定溶液中加入一种辅助试剂[称为指示剂(indicator)],利用指示剂颜色突变来指示计量点的到达。在滴定过程中,指示剂发生颜色变化或电位、电导、电流等发生突变之点称为滴定终点(titration end point),简称终点(ep)。在实际分析中,滴定终点与化学计量点不一定恰好符合,它们之间存在一个微小的差别,由此所造成分析的误差称为终点误差(end point error)。

知识链接

终点误差(酸碱滴定和配位滴定)的计算

可用林邦误差公式(Ringbom error formula)计算:

$$TE(\%) = \frac{10^{\Delta pX} - 10^{-\Delta pX}}{\sqrt{cK_t^\ominus}} \times 100\%$$

式中,pX 为滴定过程中发生变化的与浓度相关的参数,如 pH 或 pX;ΔpX 为终点 pX_{ep} 与计量点 pX_{sp} 之差,即 $\Delta pX = pX_{ep} - pX_{sp}$;$K_t^{\ominus}$ 为滴定反应平衡常数即滴定常数 (titration constant),c 与计量点时滴定产物的总浓度 c_{sp} 有关:

强酸强碱滴定:$K_t^{\ominus} = 1/K_w^{\ominus} = 10^{14}$(25℃),$c = c_{sp}^2$;

强酸(碱)滴定弱碱(酸):$K_t^{\ominus} = K_b^{\ominus}/K_w^{\ominus}$(或 $K_a^{\ominus}/K_w^{\ominus}$),$c = c_{sp}$;

配位滴定:$K_t^{\ominus} = K_{MY}^{\ominus\prime}$,$c = c_{M(sp)}$

由此可见,$K_t^{\ominus}$ 越大,或被测组分在化学计量点时的分析浓度越大,则终点误差越小;终点与计量点越接近,即 ΔpX 越小,则终点误差越小。

一、滴定分析法的特点和分类

滴定分析法的测定结果准确度高,一般相对误差在 ±0.2% 以内,操作简便、测定快速、仪器设备简单、用途广泛,可适用于各种化学反应类型的测定。滴定分析法在生产和科研中具有重要的实用价值,是分析化学中很重要的分析方法。

滴定分析法根据化学反应类型的不同,通常分为下列 4 类:

1. 酸碱滴定法　酸碱滴定法是以质子转移反应为基础的滴定分析法。可用于测定酸、碱以及能直接或间接与酸、碱发生反应的物质含量。其滴定反应实质可表示为:

$$HA + OH^- \rightleftharpoons A^- + H_2O$$

被滴酸　　滴定剂

$$B + H^+ \rightleftharpoons BH^+$$

被滴碱　滴定剂

2. 沉淀滴定法　沉淀滴定法是以沉淀反应为基础的滴定分析法。在这类方法中,银量法应用最广泛,可用于测定卤素(X)离子及 Ag^+、CN^-、SCN^- 等。

$$Ag^+ + X^- \rightleftharpoons AgX \downarrow$$

3. 配位滴定法　配位滴定法是以配位反应为基础的滴定分析法,可用于测定金属离子或配位剂。反应式为:

$$M + Y \rightleftharpoons MY$$

目前,应用最广泛的配位剂是氨羧配位剂,如用乙二胺四乙酸(Y)作滴定剂可以测定几十种金属离子(M)。

4. 氧化还原滴定法　氧化还原滴定法是以氧化还原反应为基础的滴定分析法。本法可用于直接测定具有氧化或还原性的物质,或间接测定某些不具有氧化或还原性质的物质。滴定反应实质可表示为:

$$Ox_1 + ne^- \rightleftharpoons Red_1$$

$$Red_2 - me^- \rightleftharpoons Ox_2$$

$$Ox_1 + Red_2 \rightleftharpoons Red_1 + Ox_2$$

式中,Red_1、Ox_1 分别表示滴定剂的还原型和氧化型;Red_2、Ox_2 分别表示被测物质的还原型和氧化型;n、m 表示反应中转移的电子数。

根据所用滴定剂的不同,氧化还原滴定法又可分为碘量法、铈(IV)量法、高锰酸钾滴定法、溴量法、重铬酸钾滴定法等。

二、滴定分析法对滴定反应的要求

各种类型的化学反应虽然很多,但不一定都能用于滴定分析法。适合于滴定分析法的化学反应必须满足以下 3 个基本要求:

1. 反应必须定量完成　要求被测物质与滴定剂之间的反应要按一定的化学反应式进行,有确定的计量关系,无副反应。反应完全程度一般应在 99.9% 以上,这是滴定分析法定量计算的基础。

2. 反应速率要快　要求滴定剂与被测物质间的反应在瞬间完成。对于速度较慢的反应,应采取适当措施加快其反应速率。

3. 有简便可靠的方法确定滴定终点　可用指示剂法或其他物理化学方法检测终点。

三、滴定方式

1. 直接滴定法　凡是能够满足上述 3 个基本要求的反应都可用滴定剂直接滴定被测物质。直接滴定法(direct titration)是滴定分析法中最常用和最基本的滴定方法。该法简便、快速,可能引入误差的因素较少。当滴定反应不能完全满足上述 3 个基本要求时,可采用下述方式进行滴定。

2. 返滴定法　返滴定法(back titration)也称回滴法或剩余量滴定法。当滴定剂与被测物质之间的反应速率慢、被测物质是固体或缺乏适合检测终点的方法等原因,不能采用直接滴定法时,常采用返滴定法。返滴定法是先在被测物质溶液中加入一定量过量的标准溶液,待其与被测物质反应完全后,再用另一种滴定剂滴定剩余的标准溶液。例如,碳酸钙含量测定,由于试样是固体且不溶于水,可先往试样中加入一定量过量的 HCl 标准溶液,加热使碳酸钙完全溶解,冷却后再用 NaOH 滴定剂滴定剩余 HCl 标准溶液。

$$CaCO_{3(S)} + 2HCl_{(过量)} \rightleftharpoons CaCl_2 + H_2O + CO_2 \uparrow$$
$$HCl_{(剩余量)} + NaOH \rightleftharpoons NaCl + H_2O$$

又如,用乙二胺四乙酸(EDTA,用 Y 表示)滴定剂滴定 Al^{3+} 时,因 Al^{3+} 与 EDTA 配位反应速率慢,不能采用直接滴定法滴定 Al^{3+},可于 Al^{3+} 溶液中先加入过量的 EDTA 标准溶液并加热促使反应加速完成,冷却后再用 Zn^{2+} 滴定剂滴定剩余的 EDTA。

$$Al^{3+} + Y_{(过量)} \rightleftharpoons AlY$$
$$Y_{(剩余量)} + Zn^{2+} \rightleftharpoons ZnY$$

3. 置换滴定法　对滴定剂与被测物质不按一定计量关系定量进行(如伴有副反应)的化学反应,不能直接用滴定剂滴定被测物质,可先用适当的试剂与被测物质反应,使之置换出一种能被定量滴定的物质,然后再用适当的滴定剂滴定,此法称为置换滴定法(replacement titration)。例如,硫代硫酸钠不能直接滴定重铬酸钾及其他强氧化剂,因为在酸性溶液中,强氧化剂将 $S_2O_3^{2-}$ 氧化为 $S_4O_6^{2-}$ 及 SO_4^{2-} 等混合物,而无确定的化学计量关系。若在 $K_2Cr_2O_7$ 酸性溶液中加入过量的 KI,定量地置换出 I_2,即可用 $Na_2S_2O_3$ 直接滴定。反应如下:

$$Cr_2O_7^{2-} + 6I^- + 14H^+ \rightleftharpoons 3I_2 + 2Cr^{3+} + 7H_2O$$
$$I_2 + 2S_2O_3^{2-} \rightleftharpoons S_4O_6^{2-} + 2I^-$$

4. 间接滴定法　对于不能与滴定剂直接起化学反应的物质,可以通过另一种化学反应,用滴定分析法间接进行测定,称为间接滴定法(indirect titration)。例如,将溶液中 Ca^{2+} 沉淀为 CaC_2O_4 后,经过滤、洗涤,沉淀溶解于 H_2SO_4 中,然后再用 $KMnO_4$ 滴定剂滴定与 Ca^{2+} 结合的 $C_2O_4^{2-}$,即可间接测定 Ca^{2+} 的含量。

返滴定、置换滴定、间接滴定等方法的应用,极大地扩展了滴定分析法的应用范围。

笔记栏

第二节　基准物质与标准溶液

滴定分析法是通过标准溶液的浓度和体积,来计算被测物质的含量。因此,正确地配制、准确地标定、妥善地保管标准溶液,对提高滴定分析法的结果的准确度有着十分重要的意义。

一、基准物质

(一) 基准物质的条件

用于直接配制标准溶液或标定标准溶液的物质称为基准物质(standard substance)。基准物质必须具备下列条件:

1. 应具有足够的纯度　即杂质含量应小于滴定分析法所允许的误差限度,通常是纯度在 99.95%~100.05% 之间的基准试剂或优级纯试剂。

2. 物质的组成要与化学式完全符合　若含结晶水,如草酸 $H_2C_2O_4 \cdot 2H_2O$ 等,其结晶水含量也应与化学式相符。

3. 性质稳定　加热干燥时不分解、称量时不吸湿、不吸收 CO_2、不被空气氧化等。

4. 具有较大的摩尔质量　以减少称量误差。

(二) 常用的基准物质(表 4-1)

表 4-1　常用基准物质的干燥条件和应用范围

基准物质	干燥后的组成	干燥温度 /℃	标定对象
Na_2CO_3	Na_2CO_3	270~300	酸
$Na_2B_4O_7 \cdot 10H_2O$	$Na_2B_4O_7 \cdot 10H_2O$	放在装有 NaCl 和蔗糖饱和溶液的干燥器中	酸
NaCl	NaCl	500~600	$AgNO_3$
$KBrO_3$	$KBrO_3$	150	还原剂
KIO_3	KIO_3	130	还原剂
$K_2Cr_2O_7$	$K_2Cr_2O_7$	140~150	还原剂
对氨基苯磺酸	$C_6H_7O_3NS$	120	$NaNO_2$
As_2O_3	As_2O_3	室温(干燥器中保存)	氧化剂
$Na_2C_2O_4$	$Na_2C_2O_4$	110	$KMnO_4$
$KHC_8H_4O_4$(邻苯二甲酸氢钾)	$KHC_8H_4O_4$	105~110	碱 /$HClO_4$
$H_2C_2O_4 \cdot 2H_2O$	$H_2C_2O_4 \cdot 2H_2O$	室温空气干燥	$KMnO_4$
$CaCO_3$	$CaCO_3$	110	EDTA
Zn	Zn	室温干燥器中保存	EDTA
ZnO	ZnO	800	EDTA

二、标准溶液

(一) 标准溶液的配制

1. 直接配制法　准确称取一定量的基准物质,溶解后定量转移到容量瓶中,稀释至一定体积,根据称取物质的质量和容量瓶的体积即可计算出该标准溶液的浓度。

2. 间接配制法　许多物质由于达不到基准物质的要求只能采用间接法配制,即先配制成近似浓度的溶液,其准确浓度必须用基准物质或另一种标准溶液来测定。这种利用基准物质或已知准确浓度的溶液来测定待标液浓度的操作过程称为标定(standardization),前者称为基准物法,后者称为比较法。

(二)标准溶液的标定

1. 用基准物质标定　准确称取一定量的基准物质,溶解后用待标定标准溶液滴定,根据基准物的质量和滴定剂消耗的体积,即可计算标准溶液的准确浓度。大多数标准溶液可用基准物质来标定其准确浓度,例如,NaOH 标准溶液常用邻苯二甲酸氢钾、草酸等基准物质来标定。

2. 与标准溶液比较　准确吸取一定量的待标液,用已知准确浓度的标准溶液滴定,或准确吸取一定量标准溶液,用待标定标准溶液滴定。这种用标准溶液浓度和体积来测定待标定标准溶液浓度的方法称为"比较法"。

3. 标定时应注意几个问题

(1)标定一般需要做 3~5 次平行试验取平均值:标定的准确度要求高于测定,一般要求相对误差 ≤ 0.1%,必要时对所用仪器进行校正。

(2)所用基准物摩尔质量要大:称样量最好不低于 0.2g,以减小称量误差。

(3)滴定时所用滴定剂的体积不宜太少:一般应在 20ml 以上。

(4)标定时应尽量采用直接滴定方式。

配制和标定好的标准溶液必须注意保存。盛放标准溶液的试剂瓶密塞要严,以防溶剂蒸发而使其浓度发生变化。易光解的溶液如 $AgNO_3$ 应于棕色瓶中暗处放置。有些标准溶液如 $K_2Cr_2O_7$ 溶液非常稳定,若密塞保存浓度可长期不变。但由于蒸发,溶剂常在瓶壁上凝集,使浓度发生变化,因此在每次使用前都应摇匀。对一些不稳定的标准溶液,应定期标定。

(三)标准溶液浓度的表示方法

1. 物质的量浓度

(1)物质的量浓度:简称浓度,是指单位体积溶液中所含溶质的物质的量,用符号 c 表示。即:

$$c = \frac{n}{V} \qquad 式(4-1)$$

式中,c 为物质的量浓度(mol/L 或 mmol/L);V 为溶液的体积(L 或 ml);n 为溶液中溶质的物质的量(mol 或 mmol、μmol)。相互换算关系为:

$$1mol = 10^3 mmol = 10^6 μmol$$

(2)物质的量与质量的关系:物质的量与质量是概念不同的两个物理量,它们之间通过摩尔质量联系起来。设物质的质量为 m,摩尔质量为 M,则物质的物质的量 n 与质量的关系为:

$$n = \frac{m}{M} \qquad 式(4-2)$$

根据式(4-1)(4-2)则有:

$$c \cdot V = \frac{m}{M} \times 1\,000 \qquad 式(4-3)$$

式(4-3)表明了溶液中溶质的质量、浓度、摩尔质量、溶液体积(ml)之间的关系。

例 4-1　欲配制 0.020 00mol/L 的 $K_2Cr_2O_7$ 标准溶液 250.0ml,应称取基准 $K_2Cr_2O_7$ 多少

克？（$M_{K_2Cr_2O_7}$＝294.18g/mol）

　　解：由式（4-3）得：

$$m_{K_2Cr_2O_7}=c \cdot V \cdot \frac{M}{1\ 000}=0.020\ 00 \times 250.0 \times \frac{294.18}{1\ 000}=1.471\,(g)$$

　　例 4-2　已知浓硫酸的相对密度为 1.84g/ml，H_2SO_4 含量为 95%，求每升浓硫酸中所含的 $n_{H_2SO_4}$ 及 $c_{H_2SO_4}$（$M_{H_2SO_4}$＝98.07g/mol）。

　　解：根据式（4-2）得：

$$n_{H_2SO_4}=\frac{m_{H_2SO_4}}{M_{H_2SO_4}}=\frac{1.84 \times 1\ 000 \times 0.95}{98.07}=17.82\,(mol) \approx 18\,(mol)$$

　　由式（4-1）得：

$$c_{H_2SO_4}=\frac{n_{H_2SO_4}}{1}=18\,(mol/L)$$

　　（3）溶液稀释的计算：当改变溶液浓度时，溶液中溶质的物质的量没有改变，只是浓度和体积发生了变化。即：

$$c_1 \cdot V_1 = c_2 \cdot V_2 \qquad\qquad 式（4-4）$$

　　式（4-4）中，c_1、V_1 和 c_2、V_2 分别为浓溶液和稀溶液的浓度和体积，注意前后单位保持一致。

　　例 4-3　浓 HCl 的浓度约 12mol/L，若配制 1 000ml 0.1mol/L 的 HCl 待标液，应取浓 HCl 多少毫升？

　　解：根据式（4-4）得：

$$V_1=\frac{c_2V_2}{c_1}=\frac{0.1 \times 1\ 000}{12} \approx 8.3\,(ml)$$

　　2. 滴定度　滴定度（titer）是指每毫升滴定剂相当于被测物质的克数，用 $T_{T/A}$ 表示。

　　即：

$$T_{T/A}=\frac{m_A}{V_T} \qquad\qquad 式（4-5）$$

　　式中，T 是滴定剂的化学式；A 是被测物的化学式；m_A 是被测组分的质量；V_T 是标准溶液的体积。

　　例如，$T_{K_2Cr_2O_7/Fe}$＝0.005 000g/ml 表示每 1ml $K_2Cr_2O_7$ 滴定剂相当于 0.005 000g 铁。在生产单位的例行分析中，使用滴定度比较方便，可直接用滴定度计算被测物质的质量或含量。

　　例如，由上述滴定度可直接计算铁的质量。如果已知滴定中消耗 $K_2Cr_2O_7$ 滴定剂 25.00ml，则铁的质量：

$$m_{铁}=T_{K_2Cr_2O_7/Fe}V_{K_2Cr_2O_7}=0.005\ 000 \times 25.00=0.125\ 0\,(g)$$

　　这种浓度表示法已涵盖了标准溶液与被测物的计量关系，对于生产单位来说，经常分析同类试样中的同一成分时可以省去很多计算。所以滴定度在《中华人民共和国药典》中经常出现，是药物分析中的常用计算方法。

　　3. 物质的量浓度与滴定度的关系　当用浓度为 c 的滴定剂滴定被测物到达计量点时，其计算关系式可由式（4-3）得到：

$$c_T \cdot V_T=\frac{t}{a} \cdot \frac{m_A}{M_A} \times 1\ 000 \qquad\qquad 式（4-6）$$

　　由于滴定度是 1ml 滴定剂（T）相当于被测物（A）的克数，因此，滴定度（$T_{T/A}$）等于当 V_T＝1ml 时被测物的质量 m_A，将 V_T＝1ml，$T_{T/A}$＝m_A 代入式（4-6）得：

$$c_T \times 1 = \frac{t}{a} \cdot \frac{T_{T/A}}{M_A} \times 1\,000$$

$$T_{T/A} = \frac{a}{t} c_T \cdot \frac{M_A}{1\,000}$$ 式(4-7)

式(4-7)为以被测物的摩尔质量表示滴定度与物质的量浓度之间的关系式。

例 4-4 试计算 0.100 0mol/L HCl 滴定剂对下列物质的滴定度。

(1)对 NH_3 的滴定度 T_{HCl/NH_3}(M_{NH_3} = 17.03g/mol)。

(2)对 $CaCO_3$ 的滴定度 $T_{HCl/CaCO_3}$(M_{CaCO_3} = 100.09g/mol)。

解:(1)滴定反应为:

$$HCl + NH_3 \cdot H_2O \Longleftrightarrow NH_4Cl + H_2O$$
$$n_{HCl} : n_{NH_3} = 1 : 1$$

根据式(4-7)得:

$$T_{HCl/NH_3} = \frac{c_{HCl} \times M_{NH_3}}{1\,000} = \frac{0.100\,0 \times 17.03}{1\,000} = 1.703 \times 10^{-3}\,(g/ml)$$

(2)HCl 与 $CaCO_3$ 的滴定反应为:

$$2HCl + CaCO_3 \Longleftrightarrow CaCl_2 + H_2CO_3$$
$$n_{HCl} : n_{CaCO_3} = 2 : 1$$

根据式(4-7)得:

$$T_{HCl/CaCO_3} = \frac{1}{2} \times 0.100\,0 \times \frac{100.09}{1\,000} = 5.004 \times 10^{-3}\,(g/ml)$$

注意:此关系式只表示滴定度与物质的量浓度之间的换算,若用 HCl 标准溶液测定 $CaCO_3$ 则应采用返滴定法。

例 4-5 在 1 000ml 0.100 0mol/L $K_2Cr_2O_7$ 溶液中需加多少毫升水,才能使稀释后的 $K_2Cr_2O_7$ 溶液对 Fe^{2+} 的滴定度为 5.000×10^{-3}g/ml?

解:$K_2Cr_2O_7$ 与 Fe^{2+} 在酸性条件下发生如下反应:

$$Cr_2O_7^{2-} + 6Fe^{2+} + 14H^+ \Longleftrightarrow 2Cr^{3+} + 6Fe^{3+} + 7H_2O$$
$$n_{K_2Cr_2O_7} : n_{Fe^{2+}} = 1 : 6$$

根据式(4-7)得: $c_{K_2Cr_2O_7} = \frac{1}{6} \times \frac{T_{K_2Cr_2O_7/Fe^{2+}} \times 1\,000}{M_{Fe^{2+}}}$

已知 $T_{K_2Cr_2O_7/Fe^{2+}} = 5.000 \times 10^{-3}$g/ml $M_{Fe^{2+}} = 55.85$g/mol

$$c_{K_2Cr_2O_7} = \frac{1}{6} \times \frac{5.000 \times 10^{-3} \times 1\,000}{55.85} = 0.014\,92\,(mol/L)$$

设将 1 000ml 0.100 0mol/L $K_2Cr_2O_7$ 溶液稀释为 0.014 92mol/L,需加水 $x$ml,则由式(4-4)稀释公式 $c_1 \cdot V_1 = c_2 \cdot V_2$ 得:

$$0.100\,0 \times 1\,000 = 0.014\,92 \times (1\,000 + x) \qquad x = 5\,702ml$$

第三节 滴定分析法中的计算

一、滴定分析法的计算基础

在滴定分析法中,滴定剂与被测物反应完全到达计量点时,两者的物质量应符合其化学反应式中所表示的计量关系,这是滴定分析法计算的依据。虽然滴定分析法的类型不同,滴定结果计算方法也不尽相同,但滴定剂物质的量 n_T 与被测物物质的量 n_A 之间的关系式,可根据两者的化学反应式得到:

$$tT + aA \Longrightarrow bB + cC$$
$$\text{滴定剂} \quad \text{被测物}$$

在滴定到达化学计量点时,t mol T 恰好与 a mol A 作用完全,即:

$$n_T : n_A = t : a$$

故:

$$n_T = \frac{t}{a} n_A \quad 或 \quad n_A = \frac{a}{t} n_T \qquad \text{式(4-8)}$$

式(4-8)为滴定剂与被测物之间化学计量的基本关系式。

例如,用 Na_2CO_3 基准物质标定 HCl 溶液浓度,其化学反应式为:

$$2HCl + Na_2CO_3 \Longrightarrow 2NaCl + H_2CO_3$$
$$n_{HCl} : n_{Na_2CO_3} = 2 : 1$$
$$n_{HCl} = \frac{2}{1} n_{Na_2CO_3}$$

得到 HCl 的 n_{HCl} 和 $n_{Na_2CO_3}$ 关系式后,可按下面讨论的方法进一步进行有关计算。

1. 两溶液之间的相互滴定 若被测溶液体积为 V_A,浓度为 c_A,滴定反应到达化学计量点时,用去浓度为 c_T 的滴定剂体积为 V_T。

由式(4-4)及式(4-8)可得到:

$$c_A \cdot V_A = \frac{a}{t} c_T \cdot V_T \qquad \text{式(4-9)}$$

式(4-9)是两种溶液间相互滴定达到化学计量点时的计算关系式,可用于被测溶液浓度的计算和标准溶液的标定(比较法)。

例 4-6 欲测定 H_2SO_4 溶液的物质的量浓度,取此溶液 20.00ml,用 0.200 0mol/L NaOH 溶液滴定至终点,消耗了 NaOH 标准溶液 25.00ml,计算 H_2SO_4 溶液的量浓度。

解:NaOH 与 H_2SO_4 的化学反应为:

$$2NaOH + H_2SO_4 \Longrightarrow Na_2SO_4 + 2H_2O$$
$$n_{NaOH} : n_{H_2SO_4} = 2 : 1$$

根据式(4-9)得:

$$c_{H_2SO_4} V_{H_2SO_4} = \frac{1}{2} c_{NaOH} V_{NaOH}$$

$$c_{H_2SO_4} = \frac{0.200\,0 \times 25.00}{2 \times 20.00} = 0.125\,0 \, (mol/L)$$

2. 用标准溶液滴定固体物质 若被测物质 A 是固体,溶解后用浓度为 c_T 的标准溶液滴定。反应到达化学计量点时,用去的滴定剂体积为 V_T。

由式(4-1)(4-2)和(4-8)可得:

$$c_T \cdot V_T = \frac{t}{a} \cdot \frac{m_A}{M_A} \qquad \text{式(4-10)}$$

式(4-10)中,m_A 的单位为 g,M_A 的单位为 g/mol,V 的单位为 L,c 的单位为 mol/L。在滴定分析法中,体积多以 ml 计量,此时,式(4-10)可写为:

$$c_T V_T = \frac{t}{a} \cdot \frac{m_A}{M_A} \times 1\,000 \qquad \text{式(4-11)}$$

式(4-11)适用于用基准物质标定标准溶液;用滴定剂滴定被测物质;估计消耗标准溶液

的体积;估计称取试样范围;被测组分质量等的计算。可见计算式(4-9)(4-11)是滴定分析法计算中的基本公式。在明确公式意义的前提下,根据具体情况灵活应用。

例 4-7 标定 HCl 溶液的浓度,称取硼砂基准物(Na₂B₄O₇·10H₂O)0.470 9g,用 HCl 溶液滴定至终点时,消耗了 HCl 溶液 25.20ml,试计算 HCl 溶液的浓度($M_{\text{Na}_2\text{B}_4\text{O}_7\cdot10\text{H}_2\text{O}}$=381.36g/mol)。

解: 硼砂与盐酸的滴定反应为:

$$\text{Na}_2\text{B}_4\text{O}_7 + 2\text{HCl} + 5\text{H}_2\text{O} \Longrightarrow 4\text{H}_3\text{BO}_3 + 2\text{NaCl}$$

$$n_{\text{硼砂}} : n_{\text{HCl}} = 1 : 2$$

根据式(4-11)得:

$$c_{\text{HCl}} \cdot V_{\text{HCl}} = \frac{2}{1} \cdot \frac{m_{\text{Na}_2\text{B}_4\text{O}_7\cdot10\text{H}_2\text{O}}}{M_{\text{Na}_2\text{B}_4\text{O}_7\cdot10\text{H}_2\text{O}}} \times 1\,000$$

$$c_{\text{HCl}} = \frac{2 \times 0.470\,9}{25.20 \times 381.36} \times 1\,000 = 0.098\,00\,(\text{mol/L})$$

例 4-8 欲标定 NaOH 溶液的浓度,称取邻苯二甲酸氢钾(KHP)基准物 0.500 0g,用近似浓度为 0.1mol/L 的 NaOH 溶液滴定,试计算大约消耗 NaOH 溶液的体积(M_{KHP}=204.22g/mol)。

解: NaOH 与 KHP 的反应为:

$$n_{\text{NaOH}} : n_{\text{KHP}} = 1 : 1$$

$$c_{\text{NaOH}} \cdot V_{\text{NaOH}} = \frac{m_{\text{KHP}}}{M_{\text{KHP}}} \times 1\,000$$

$$V_{\text{NaOH}} = \frac{0.500\,0 \times 1\,000}{0.1 \times 204.22} \approx 25\,(\text{ml})$$

例 4-9 用草酸(H₂C₂O₄·2H₂O)基准物标定约 0.2mol/L NaOH 溶液的浓度,欲消耗 NaOH 溶液的体积为 20~25ml,应称取基准物质多少克? ($M_{\text{H}_2\text{C}_2\text{O}_4\cdot2\text{H}_2\text{O}}$=126.06g/mol)

解: 草酸与氢氧化钠的反应为:

$$2\text{NaOH} + \text{H}_2\text{C}_2\text{O}_4 \Longrightarrow \text{Na}_2\text{C}_2\text{O}_4 + 2\text{H}_2\text{O}$$

$$n_{\text{NaOH}} : n_{\text{H}_2\text{C}_2\text{O}_4} = 2 : 1$$

$$c_{\text{NaOH}} \cdot V_{\text{NaOH}} = \frac{2}{1} \cdot \frac{m_{\text{H}_2\text{C}_2\text{O}_4\cdot2\text{H}_2\text{O}}}{M_{\text{H}_2\text{C}_2\text{O}_4\cdot2\text{H}_2\text{O}}} \times 1\,000$$

$$m_{\text{H}_2\text{C}_2\text{O}_4\cdot2\text{H}_2\text{O}} = \frac{0.2 \times 20 \times 126.06}{2 \times 1\,000} \approx 0.25\,(\text{g})$$

$$m_{\text{H}_2\text{C}_2\text{O}_4\cdot2\text{H}_2\text{O}} = \frac{0.2 \times 25 \times 126.06}{2 \times 1\,000} \approx 0.32\,(\text{g})$$

故应称基准物质 0.25~0.32g。

例 4-10 取 25.00ml 双氧水(过氧化氢溶液)试样于 250ml 容量瓶中,用水稀释至刻度,摇匀。移取 25.00ml 溶液,在酸性条件下,用 0.021 03mol/L 的 KMnO₄ 标准溶液滴定至终点,消耗 KMnO₄ 标准溶液 26.78ml,求试样中含 H₂O₂ 的质量。($M_{\text{H}_2\text{O}_2}$=34.01g/mol)

解: KMnO₄ 与 H₂O₂ 在酸性条件下的反应如下:

$$2\text{MnO}_4^- + 5\text{H}_2\text{O}_2 + 6\text{H}^+ \Longrightarrow 2\text{Mn}^{2+} + 5\text{O}_2\uparrow + 8\text{H}_2\text{O}$$

$$n_{\text{KMnO}_4} : n_{\text{H}_2\text{O}_2} = 2 : 5$$

$$c_{\text{KMnO}_4} \cdot V_{\text{KMnO}_4} = \frac{2}{5} \times \frac{m_{\text{H}_2\text{O}_2}}{M_{\text{H}_2\text{O}_2}} \times 1\,000$$

则稀释后双氧水中含 H_2O_2 的质量为：

$$m_{H_2O_2} = \frac{5 \times 0.021\,03 \times 26.78 \times 34.01}{2 \times 1\,000} = 0.047\,88\,(g)$$

原试样中 H_2O_2 的质量为：

$$m_{H_2O_2} = 0.047\,88 \times 10 = 0.478\,8\,(g)$$

二、滴定分析法的有关计算

假设称取试样的质量为 S，被测物的质量为 m_A，被测物的百分含量 (ω_A) 为：

$$\omega_A = \frac{m_A}{S} \times 100\% \qquad\qquad 式(4\text{-}12)$$

根据式(4-11)：

$$m_A = \frac{a}{t} c_T \cdot V_T \frac{M_A}{1\,000}$$

故：

$$\omega_A = \frac{a}{t} \cdot \frac{c_T \cdot V_T \cdot M_A}{S \times 1\,000} \times 100\% \qquad\qquad 式(4\text{-}13)$$

式(4-13)适用于直接滴定、置换滴定、间接滴定时被测物质百分含量的计算。关键是通过若干步配平的化学反应方程式确定滴定剂 T 与被测物质 A 的物质量的关系。

若用返滴定法，先加入过量的标准溶液与被测物作用，其剩余量再用另一标准溶液返滴定。故需使用两种标准溶液的物质量之差表示被测物，应注意标准溶液 T_1、T_2 与被测物质 A 的物质量比，其百分含量计算公式为：

$$\omega_A = \frac{\left[\dfrac{a}{t_1} c_{t_1} V_{t_1} - \dfrac{a}{t_2} c_{t_2} V_{t_2}\right] M_A}{S \times 1\,000} \times 100\% \qquad\qquad 式(4\text{-}14)$$

另外，用滴定度 $T_{T/A}$ 计算被测物质的百分含量比较方便，可由消耗滴定剂体积直接进行计算 $(m_A = T_{T/A} V_T)$，不必再考虑标准溶液与被测物之间的计量关系。即：

$$\omega_A = \frac{T_{T/A} V_T}{S} \times 100\% \qquad\qquad 式(4\text{-}15)$$

例 4-11 测定药用 Na_2CO_3 的含量时，称取试样 0.250 0g，用 0.200 0mol/L 的 HCl 标准溶液滴定，用去 HCl 标准溶液 23.00ml，试计算纯碱中 Na_2CO_3 的百分含量（$M_{Na_2CO_3}$ = 105.99g/mol）。

解：HCl 与 Na_2CO_3 的滴定反应为：

$$2HCl + Na_2CO_3 \Longrightarrow 2NaCl + H_2CO_3$$

$$n_{HCl} : n_{Na_2CO_3} = 2 : 1$$

据式(4-13)得：

$$\omega_{Na_2CO_3} = \frac{1}{2} \times \frac{0.200\,0 \times 23.00 \times 105.99}{0.250\,0 \times 1\,000} \times 100\% = 97.51\%$$

例 4-12 测定硫酸亚铁药物中 $FeSO_4 \cdot 7H_2O$ 的含量时，称取试样 0.500 0g，用硫酸及新煮沸冷却的蒸馏水溶解后，立即用 0.017 80mol/L 的 $KMnO_4$ 标准溶液滴定，终点时用去 $KMnO_4$ 标准溶液 20.00ml，计算药物中 $FeSO_4 \cdot 7H_2O$ 的含量。（$M_{FeSO_4 \cdot 7H_2O}$ = 278.01g/mol）

解：滴定反应为：

$$MnO_4^- + 5Fe^{2+} + 8H^+ \Longrightarrow Mn^{2+} + 5Fe^{3+} + 4H_2O$$

$$n_{MnO_4^-} : n_{Fe^{2+}} = 1 : 5$$

$$\omega_{FeSO_4 \cdot 7H_2O} = \frac{5}{1} \times \frac{0.017\ 80 \times 20.00 \times 278.01}{0.500\ 0 \times 1\ 000} \times 100\% = 98.97\%$$

例 4-13 测定某药物中的含硫量,称取该样品 1.000g,用标准 I_2 溶液滴定,消耗 I_2 溶液 22.98ml。已知 $T_{I_2/S} = 0.000\ 045\ 6g/ml$,试计算样品中硫的含量。

解: 根据式(4-15)得:

$$\omega_S = \frac{T_{I_2/S} V_{I_2}}{S} \times 100\%$$

$$\omega_S = \frac{0.000\ 045\ 6 \times 22.98}{1.000} \times 100\% = 0.104\ 8\%$$

例 4-14 取碳酸钙试样 0.198 3g,溶于 25.00ml 的 0.201 0mol/L HCl 溶液中,过量的酸用 0.200 0mol/L NaOH 溶液返滴定,消耗 5.50ml,求试样中碳酸钙的含量。($M_{CaCO_3} = 100.09g/mol$)

解:
$$2HCl + CaCO_3 \rightleftharpoons CaCl_2 + H_2O + CO_2 \uparrow$$
$$HCl + NaOH \rightleftharpoons NaCl + H_2O$$
$$n_{HCl} : n_{NaOH} : n_{CaCO_3} = 2 : 2 : 1$$

根据式(4-14)得:

$$\omega_{CaCO_3} = \frac{\left[\frac{1}{2} \times 0.201\ 0 \times 25.00 - \frac{1}{2} \times 0.200\ 0 \times 5.50\right] \times 100.09}{0.198\ 3 \times 1\ 000} \times 100\% = 99.06\%$$

如果是置换滴定、间接滴定,要从两个以上反应式中找出实际参加反应的物质的量之间的关系,即滴定剂与被测物的关系,计算也比较简单。

例如,以 $K_2Cr_2O_7$ 基准物标定 $Na_2S_2O_3$ 溶液的浓度,通常采用置换滴定法,化学反应分两步进行:

$$Cr_2O_7^{2-} + 6I^- + 14H^+ \rightleftharpoons 2Cr^{3+} + 3I_2 + 7H_2O$$
$$I_2 + 2S_2O_3^{2-} \rightleftharpoons S_4O_6^{2-} + 2I^-$$

首先以 I_2 为媒介配平反应方程式,即:

$$3I_2 + 6S_2O_3^{2-} \rightleftharpoons 3S_4O_6^{2-} + 6I^-。$$

确定 $Cr_2O_7^{2-}$ 与 $S_2O_3^{2-}$ 物质的量之间的关系为:

$$n_{K_2Cr_2O_7} : n_{Na_2S_2O_3} = 1 : 6$$
$$c_{Na_2S_2O_3} = \frac{6}{1} \times \frac{m_{K_2Cr_2O_7} \times 1\ 000}{M_{K_2Cr_2O_7} \times V_{Na_2S_2O_3}}$$

又如,采用间接滴定法测定 Ca^{2+} 含量,用 $KMnO_4$ 滴定剂进行滴定,有关化学反应如下:

$$Ca^{2+} + C_2O_4^{2-} \rightleftharpoons CaC_2O_4 \downarrow$$
$$CaC_2O_4 + 2H^+ \rightleftharpoons Ca^{2+} + H_2C_2O_4$$
$$5C_2O_4^{2-} + 2MnO_4^- + 16H^+ \rightleftharpoons 2Mn^{2+} + 10CO_2 \uparrow + 8H_2O$$

同法处理,确定 Ca^{2+} 与 $KMnO_4$ 物质的量之间的关系为:

$$n_{Ca^{2+}} : n_{KMnO_4} = 5 : 2$$
$$\omega_{Ca} = \frac{5}{2} \times \frac{c_{KMnO_4} V_{KMnO_4} M_{Ca}}{S \times 1\ 000} \times 100\%$$

● (徐可进)

复习思考题与习题

1. 什么是滴定分析法?它的主要分析方法有哪些?

2. 能用于滴定分析法的化学反应需具备什么条件？

3. 什么是基准物质？基准物质应具备哪些条件？

4. 下列物质中哪些可以用直接法配制标准溶液？哪些只能用间接法配制？

$NaOH$、H_2SO_4、HCl、$KMnO_4$、$NaCO_3$、$AgNO_3$、$NaCl$、$K_2Cr_2O_7$。

5. 以 HCl 溶液为滴定剂测定样品中 K_2CO_3 的含量，若其中含有少量 Na_2CO_3，测定结果将偏高还是偏低？

6. 已知浓硫酸的相对密度为 1.84，其中含 H_2SO_4 约为 96%，求其量浓度为多少？如欲配制 1L 0.1mol/L 的 H_2SO_4 溶液，应取这种浓硫酸多少毫升？

7. 中和下列酸溶液，需要多少毫升 0.215 0mol/L $NaOH$ 溶液？

(1) 22.53ml 0.125 0mol/L 的 H_2SO_4 溶液。

(2) 20.52ml 0.204 0mol/L 的 HCl 溶液。

8. 已知 HCl 标准溶液 $T_{HCl/Ca(OH)_2} = 0.004\,46g/ml$，求 HCl 标准溶液的浓度。($M_{HCl} = 36.46g/mol$，$M_{Ca(OH)_2} = 74.09g/mol$）

9. $Cr(\text{Ⅲ})$ 因与 EDTA 的反应缓慢而采用返滴定法。某含 $Cr(\text{Ⅲ})$ 的药物试样 2.63g 经处理后用 5.00ml 0.010 30mol/L EDTA 溶液滴定分析。剩余的 EDTA 需 1.32ml 0.012 20mol/L Zn^{2+} 标准溶液返滴定至终点。求此药物试样中 $CrCl_3$ 的百分含量。($M_{CrCl_3} = 158.35g/mol$）

10. 采用莫尔法测定粗盐中 $NaCl$ 含量。称取试样 2.000g，用水溶解后转入 250ml 容量瓶中并稀释至刻度，摇匀。移取试液 25.00ml，以 K_2CrO_4 作指示剂，用 0.110 5mol/L $AgNO_3$ 标准溶液滴定，消耗 25.36ml 至终点，试计算该粗盐中 $NaCl$ 的含量。($M_{NaCl} = 58.44g/mol$）

第五章

酸碱滴定法

学习目标

通过学习分布系数、酸碱指示剂、各类酸碱滴定曲线及相关知识,为本教材后续配位滴定法、氧化还原滴定法、沉淀滴定法等章的学习奠定基础。

1. 掌握酸碱质子理论,酸碱平衡知识;酸碱指示剂变色原理、变色区间、选择原则与常用指示剂及其在酸碱滴定法中的应用;酸碱标准溶液的配制与标定方法及其应用。

2. 熟悉酸碱滴定曲线的特点、pH 滴定突跃范围及影响因素;弱酸(碱)能被正确滴定的条件,多元酸碱能分步滴定的条件。

3. 了解非水酸碱滴定法的原理与应用。

第一节 概　　述

酸碱滴定法(acid-base titration)是以酸碱反应为基础的滴定分析法。该方法简便、快速,广泛用于测定各种酸、碱以及能与酸、碱直接或间接发生质子转移反应的物质,在中药、化学合成药及生物样品分析中应用很普遍。本章采用酸碱质子理论处理有关平衡问题,将水溶液和非水溶液中的酸碱平衡统一起来。从溶液氢离子浓度的计算方法入手,讨论水溶液中的酸碱平衡,平衡体系中有关组分浓度的计算,酸碱滴定法的理论和实际应用。

第二节　水溶液中的酸碱平衡

一、酸碱质子理论

(一) 质子理论的酸碱概念

根据酸碱质子理论,凡能给出质子(H^+)的物质是酸;凡能接受质子的物质是碱。酸碱的关系可用下式表示:

式(5-1)

式(5-1)称为酸碱半反应。酸(HA)给出质子后,所余部分即是该酸的共轭碱(A^-);而碱

（A⁻）接受质子后,即形成该碱的共轭酸（HA）。HA 和 A⁻ 称为共轭酸碱对。共轭酸碱对彼此仅相差 1 个质子。

（二）溶剂合质子概念

由于质子（H^+）的半径很小,电荷密度高,游离质子不能在溶液中单独存在,常与极性溶剂结合成溶剂合质子。例如,盐酸在水中离解时：

$$HCl + H_2O \rightleftharpoons H_3O^+ + Cl^-$$

$$\text{酸}_1 \quad \text{碱}_2 \qquad \text{酸}_2 \quad \text{碱}_1$$

盐酸离解出的 H^+ 与溶剂水形成水合质子,溶剂水起碱的作用,质子从盐酸转移到溶剂水中。形成水合质子的过程,是 $HCl\text{-}Cl$、$H_3O^+\text{-}H_2O$ 两个共轭酸碱对共同作用的结果。为书写方便,通常将水合质子 H_3O^+ 简写成 H^+,但这并不表示 H^+ 能单独存在。

（三）酸碱反应的实质

质子理论认为,酸碱反应的实质是质子的转移,而质子的转移是通过溶剂合质子来实现的。例如,盐酸与氨在水溶液中的反应为：

$$HCl + NH_3 \rightleftharpoons NH_4^+ + Cl^-$$

$$\text{酸}_1 \quad \text{碱}_2 \qquad \text{酸}_2 \quad \text{碱}_1$$

质子从 HCl 转移到 NH_3,通过水合质子而实现。

综上所述,酸的离解、碱的离解、酸碱中和反应都是质子转移的酸碱反应,是两个共轭酸碱对共同作用的结果。酸碱反应总是由较强酸、碱向生成较弱碱、酸的方向进行。按照酸碱质子理论,不存在"盐"的概念,酸碱中和反应生成的盐实质上是酸、碱或两性物质。同样,所谓盐的水解,其实质也是酸碱质子转移反应。例如：

$$Na_2CO_3 \text{ 的水解：} CO_3^{2-} + H_2O \rightleftharpoons OH^- + HCO_3^-$$

二、酸碱溶液中各组分的分布

（一）酸的浓度、酸度和平衡浓度

酸的浓度（即酸的分析浓度）指单位体积溶液中所含某种酸的物质的量（包括已离解的和未离解的酸的浓度）,常用 c 表示。酸度是指溶液中氢离子的活度,常用 pH 表示。同样,碱的浓度和碱度在概念上也是不同的,碱度常用 pOH 表示。

在弱酸水溶液中,酸离解不完全,多元酸还将分步离解。此时,溶液中的酸以多种形式存在。平衡时各组分的浓度称平衡浓度,用［ ］表示。溶液中各组分平衡浓度之和为该物质的总浓度（分析浓度）。例如在 0.100 0mol/L 乙酸（HAc）水溶液中,只有 0.001 340mol/L 的 HAc 离解成 Ac^-,其 Ac^- 和 HAc 两组分平衡浓度计算如下：

$$HAc \rightleftharpoons H^+ + Ac^- \qquad c_a = [HAc] + [Ac^-]$$

$$[Ac^-] = 0.001\ 340\text{mol/L}$$

$$[HAc] = c_a - [Ac^-] = 0.100\ 0 - 0.001\ 340 = 0.098\ 66\ (\text{mol/L})$$

（二）酸碱的分布系数

在酸碱平衡体系中，通常同时存在着多种酸碱组分。溶液中某组分的平衡浓度占其总浓度的分数称为"分布系数"，用 δ 表示。

1. 一元弱酸溶液　以 HAc 为例，它在水溶液中以 HAc 和 Ac^- 两种形式存在。HAc 和 Ac^- 的分布系数 δ_{HAc}、δ_{Ac^-} 计算如下：

$$\delta_{HAc} = \frac{[HAc]}{c_{HAc}} = \frac{[HAc]}{[HAc]+[Ac^-]} = \frac{1}{1+K_a^\ominus/[H^+]} = \frac{[H^+]}{[H^+]+K_a^\ominus} \qquad \text{式(5-2)}$$

同理得：

$$\delta_{Ac^-} = \frac{[Ac^-]}{c_{HAc}} = \frac{K_a^\ominus}{[H^+]+K_a^\ominus} \qquad \text{式(5-3)}$$

$$\delta_{HAc} + \delta_{Ac^-} = 1$$

例 5-1　计算 pH = 5.00 时，HAc 和 Ac^- 的 δ_{HAc}、δ_{Ac^-}。

解：
$$\delta_{HAc} = \frac{[H^+]}{[H^+]+K_a^\ominus} = \frac{1.0\times10^{-5}}{1.0\times10^{-5}+1.7\times10^{-5}} = 0.37$$

$$\delta_{Ac^-} = 1-\delta_{HAc} = 1-0.37 = 0.63$$

以溶液的 pH 为横坐标，HAc、Ac^- 的分布系数为纵坐标作图，得到图 5-1。由图 5-1 可见，δ_{HAc} 随 pH 的增高而减小，δ_{Ac^-} 随 pH 的增高而增大。当 $pH = pK_a^\ominus(4.76)$ 时，两曲线相交于 $\delta_{HAc} = \delta_{Ac^-} = 0.50$，溶液中 HAC 和 Ac^- 各占一半；当 $pH < pK_a^\ominus$ 时，HAc 为主要存在形式；当 $pH > pK_a^\ominus$ 时，Ac^- 为主要存在形式。

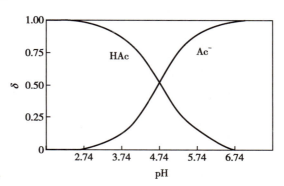

图 5-1　HAc 的 δ-pH 曲线图

2. 多元酸溶液　以二元弱酸 H_2A 为例，它在水溶液中以 H_2A、HA^- 和 A^{2-} 3 种形式存在，其总浓度：

$$c = [H_2A]+[HA^-]+[A^{2-}]$$

分别将其离解常数 $K_{a_1}^\ominus$、$K_{a_2}^\ominus$ 代入分布系数的表达式，则：

$$\delta_{H_2A} = \frac{[H_2A]}{c_{H_2A}} = \frac{[H_2A]}{[H_2A]+[HA^-]+[A^{2-}]}$$

$$= \frac{1}{1+\dfrac{[HA^-]}{[H_2A]}+\dfrac{[A^{2-}]}{[H_2A]}} = \frac{1}{1+\dfrac{K_{a_1}^\ominus}{[H^+]}+\dfrac{K_{a_1}^\ominus K_{a_2}^\ominus}{[H^+]^2}}$$

$$= \frac{[H^+]^2}{[H^+]^2+K_{a_1}^\ominus[H^+]+K_{a_1}^\ominus K_{a_2}^\ominus} \qquad \text{式(5-4)}$$

同理可得：

$$\delta_{HA^-} = \frac{K_{a_1}^\ominus[H^+]}{[H^+]^2+K_{a_1}^\ominus[H^+]+K_{a_1}^\ominus K_{a_2}^\ominus} \qquad \text{式(5-5)}$$

$$= \frac{K_{a_1}^\ominus K_{a_2}^\ominus}{[H^+]^2+K_{a_1}^\ominus[H^+]+K_{a_1}^\ominus K_{a_2}^\ominus} \qquad \text{式(5-6)}$$

$$\delta_{H_2A}+\delta_{HA^-}+\delta_{A^{2-}} = 1$$

图 5-2 为草酸溶液 3 种存在形式的分布曲线,情况较一元酸复杂些。

对于三元酸,如 H_3PO_4,可采用同样方法处理。

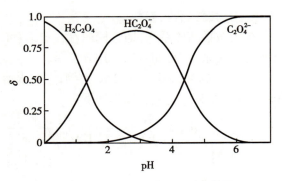

图 5-2　$H_2C_2O_4$ 的 δ-pH 曲线图

三、酸碱溶液中 H^+ 浓度的计算

(一) 质子条件式

质子理论认为,酸碱反应就是质子的传递反应,且在多数情况下,溶剂分子也参与了这种传递。因此,在处理溶液中酸碱反应的平衡问题时,应该把溶剂也考虑进去。讨论水溶液中的化学平衡,应综合溶质和溶剂,从质量平衡、电荷平衡和质子平衡等方面考虑,这是研究溶液平衡的基本知识。

1. 质量平衡(物料平衡)　指在一个化学平衡体系中,某一给定组分的总浓度应等于各有关组分平衡浓度之和。这种关系称为质量平衡(mass balance),其数学表达式称为质量平衡式(mass balance equation)。

例如,浓度为 c mol/L 的 Na_2CO_3 水溶液的质量平衡式为:

$$c = [CO_3^{2-}] + [HCO_3^-] + [H_2CO_3] \qquad c = [Na^+]/2$$

2. 电荷平衡　指在一个化学平衡体系中,溶液中正离子的总电荷数必定等于负离子的总电荷数,包括溶剂水本身离解产生的 H^+ 和 OH^-,即溶液总是电中性的。这种关系称为电荷平衡(charge balance),其数学表达式称为电荷平衡式(charge balance equation)。根据电中性的原则,由各离子的电荷和浓度列出电荷平衡式。

例如,NaH_2PO_4 水溶液的电荷平衡式为:

$$[Na^+] + [H^+] = [H_2PO_4^-] + 2[HPO_4^{2-}] + 3[PO_4^{3-}] + [OH^-]$$

式中,$[HPO_4^{2-}]$ 前面的系数 2 表示每个 HPO_4^{2-} 带有两个负电荷,$3[PO_4^{3-}]$ 也类似。

3. 质子平衡　指酸碱反应达到平衡时,酸失去的质子总数必定等于碱得到的质子总数。酸碱之间质子转移的这种关系称为质子平衡(proton balance)或质子条件,其数学表达式称为质子平衡式或质子条件式(proton balance equation)。

在书写质子条件式时可以由质量平衡和电荷平衡求得。而更为简便常用的是零水准法,通常选择溶液中大量存在并参加质子转移的物质作为零水准。

例如,HAc 水溶液,可选择 HAc 和 H_2O 作为零水准,其质子转移反应为:

$$HAc \rightleftharpoons H^+ + Ac^- \qquad H_2O \rightleftharpoons H^+ + OH^-$$

H^+(或 H_3O^+)为得质子产物,OH^-、Ac^- 为失质子产物。

质子条件式为:$[H^+] = [Ac^-] + [OH^-]$

例 5-2　写出 Na_2HPO_4 水溶液的质子条件式。

解: 选择 HPO_4^{2-}、H_2O 作为零水准,PO_4^{3-}、OH^- 为失质子产物;H^+、$H_2PO_4^-$、H_3PO_4 为得质子产物,但应注意,H_3PO_4 是 HPO_4^{2-} 得到 2 个质子后的产物,在其浓度前应乘以系数 2。Na_2HPO_4 水溶液的质子条件式为:

$$[H^+] + [H_2PO_4^-] + 2[H_3PO_4] = [PO_4^{3-}] + [OH^-]$$

(二) 强酸(碱)溶液 H^+ 浓度的计算

强酸、强碱在溶液中全部离解,故在一般情况下,酸度的计算比较简单。

1. 一元强酸 HA(浓度为 c_a mol/L)的质子条件式

$$[H^+] = [A^-] + [OH^-]$$

2. 计算[H⁺]的精确式　由于强酸在溶液中完全离解,则[A⁻]=c_a,故:

$$[H^+] = c_a + \frac{K_W^\ominus}{[H^+]}$$

即:

$$[H^+]^2 - c_a[H^+] - K_W^\ominus = 0$$

解此一元二次方程,得:

$$[H^+] = \frac{c_a + \sqrt{c_a^2 + 4K_W^\ominus}}{2} \qquad \text{式(5-7a)}$$

式(5-7a)是计算一元强酸溶液中[H⁺]的精确式。

3. 计算[H⁺]的近似式和最简式　当$c_a \geqslant 20[OH^-]$时,水的离解可忽略,故:

$$[H^+] = [A^-] = c_a \qquad \text{式(5-7b)}$$

例如,0.1mol/L 的 HCl 的水溶液[H⁺]=0.1mol/L。

对强碱溶液,用同样方法处理。如 0.1mol/L 的 NaOH 水溶液[OH⁻]=0.1mol/L。

(三) 一元弱酸(碱)溶液中 H⁺ 浓度的计算

1. 一元弱酸 HA(浓度为$c_a$mol/L)的质子条件式

$$[H^+] = [A^-] + [OH^-]$$

2. 计算[H⁺]的精确式　将离解常数$K_a^\ominus$、$K_W^\ominus$表达式代入,整理得到:

$$[H^+] = \sqrt{K_a^\ominus[HA] + K_W^\ominus} \qquad \text{式(5-8)}$$

上式中,$[HA] = \delta_{HA} \cdot c_a = \frac{[H^+]}{[H^+] + K_a^\ominus} \cdot c_a$,代入式(5-8),得:

$$[H^+]^3 + K_a^\ominus[H^+]^2 - (c_a K_a^\ominus + K_W^\ominus)[H^+] - K_a^\ominus K_W^\ominus = 0 \qquad \text{式(5-9a)}$$

3. 计算 H⁺ 浓度的近似式和最简式　根据计算酸度时的允许误差,可进行近似计算。当$c_a K_a^\ominus \geqslant 20K_W^\ominus$时,水的离解可忽略。

$$[H^+] = \sqrt{K_a^\ominus[HA]} = \sqrt{K_a^\ominus(c_a - [H^+])} \qquad \text{式(5-9b)}$$

式(5-9b)是计算一元弱酸溶液[H⁺]的近似式。若酸较弱但不很稀,即当$c_a K_a^\ominus \geqslant 20K_W^\ominus$,且$c_a/K_a^\ominus \geqslant 500$时,水和酸离解的[H⁺]对总浓度的影响可忽略,即$[HA] = c_a - [H^+] \approx c_a$,式(5-9b)可简化为:

$$[H^+] = \sqrt{c_a K_a^\ominus} \qquad \text{式(5-9c)}$$

式(5-9c)是计算一元弱酸溶液[H⁺]的最简式。

对于一元弱碱,也可用同样方法推得计算一元弱碱溶液[OH⁻]的最简式,

$$[OH^-] = \sqrt{c_b K_b^\ominus} \qquad \text{式(5-10)}$$

例 5-3　计算 0.100 0mol/L HAc 水溶液的 pH。

解:$K_a^\ominus = 1.7 \times 10^{-5}$,$c_a = 0.100\ 0$mol/L。

由于$c_a K_a^\ominus \geqslant 20K_W^\ominus$,$c_a/K_a^\ominus \geqslant 500$,故按最简式计算:

$$[H^+] = \sqrt{c_a K_a^\ominus} = \sqrt{1.7 \times 10^{-5} \times 0.100\ 0} = 1.3 \times 10^{-3}(mol/L)$$

$$pH = -lg[H^+] = 2.89$$

(四) 多元酸(碱)溶液中 H⁺ 浓度的计算

多元酸在溶液中分步离解,是一种复杂的酸碱平衡体系。

1. 质子条件式　如二元酸 H_2A 的质子条件式为:

$$[H^+] = [HA^-] + 2[A^{2-}] + [OH^-]$$

将$K_{a_1}^\ominus$、$K_{a_2}^\ominus$、$K_W^\ominus$的表达式代入上式,得:

$$[H^+]=\frac{[H_2A]K_{a_1}^{\ominus}}{[H^+]}+2\times\frac{[H_2A]K_{a_1}^{\ominus}K_{a_2}^{\ominus}}{[H^+]^2}+\frac{K_W^{\ominus}}{[H^+]}$$

整理后得到计算[H^+]的精确式：

$$[H^+]=\sqrt{[H_2A]K_{a_1}^{\ominus}\left(1+\frac{2K_{a_2}^{\ominus}}{[H^+]}\right)+K_W^{\ominus}}\qquad\text{式(5-11a)}$$

2. 计算[H^+]的近似式和最简式　通常二元酸 $K_{a_1}^{\ominus}\gg K_{a_2}^{\ominus}\gg K_W^{\ominus}$，即当 $c_aK_{a_1}^{\ominus}\geq 20K_W^{\ominus}$ 时，水的离解可忽略；又当 $\frac{2K_{a_2}^{\ominus}}{[H^+]}\approx\frac{2K_{a_2}^{\ominus}}{\sqrt{c_aK_{a_1}^{\ominus}}}\leq 0.05$ 时，其第二级离解也可忽略，则此二元酸可简化为一元弱酸处理，只需考虑其第一步离解，[H_2A]$=c_a-$[H^+]，式(5-11a)简化为：

$$[H^+]=\sqrt{K_{a_1}^{\ominus}[H_2A]}=\sqrt{K_{a_1}^{\ominus}(c_a-[H^+])}\qquad\text{式(5-11b)}$$

式(5-11b)是计算二元酸溶液[H^+]的近似式。且当 $c_a/K_{a_1}^{\ominus}\geq 500$ 时，该二元酸的离解很小，此时二元酸的平衡浓度可视为等于其原始浓度 c_a，即[H_2A]$=c_a$，式(5-11b)简化为：

$$[H^+]=\sqrt{K_{a_1}^{\ominus}c_a}\qquad\text{式(5-11c)}$$

式(5-11c)是计算二元酸溶液[H^+]的最简式。

多元碱溶液 OH^- 浓度的计算可照多元酸方法处理。

例 5-4　计算室温下 H_2CO_3 饱和水溶液（$c_a=0.040mol/L$）的 pH。

解：$K_{a_1}^{\ominus}=4.5\times10^{-7}$，$K_{a_2}^{\ominus}=4.7\times10^{-11}$，$c_a=0.040mol/L$

$\because c_aK_{a_1}^{\ominus}\geq 20K_W^{\ominus}$，$\frac{2K_{a_2}^{\ominus}}{[H^+]}\approx\frac{2K_{a_2}^{\ominus}}{\sqrt{c_aK_{a_1}^{\ominus}}}\leq 0.05$，又 $c_a/K_{a_1}^{\ominus}\geq 500$

$\therefore [H^+]=\sqrt{K_{a_1}^{\ominus}c_a}=\sqrt{4.5\times10^{-7}\times0.040}=1.3\times10^{-4}(mol/L)$　pH$=3.89$

（五）两性物质溶液中 H^+ 浓度的计算

在溶液中既起酸的作用又起碱的作用的物质称为两性物质，如 HCO_3^-、$H_2PO_4^-$、HPO_4^{2-}、NH_4Ac 等均为两性物质。

1. 质子条件式　以 NaHA 为例：

$$[H^+]+[H_2A]=[OH^-]+[A^{2-}]$$

将各离解常数表达式代入，整理得到精确式：

$$[H^+]=\sqrt{\frac{K_{a_1}^{\ominus}(K_{a_2}^{\ominus}[HA^-]+K_W^{\ominus})}{K_{a_1}^{\ominus}+[HA^-]}}\qquad\text{式(5-12a)}$$

2. 计算[H^+]的近似式和最简式　一般情况下，HA^- 给出质子和接受质子的能力都比较弱，即[HA^-]$\approx c_a$；当 $K_{a_2}^{\ominus}c_a\geq 20K_W^{\ominus}$ 时，$K_W^{\ominus}$ 可忽略；式(5-12a)简化为：

$$[H^+]=\sqrt{\frac{K_{a_1}^{\ominus}K_{a_2}^{\ominus}c_a}{K_{a_1}^{\ominus}+c_a}}\qquad\text{式(5-12b)}$$

又若 $c_a\geq 20K_{a_1}^{\ominus}$，则 $K_{a_1}^{\ominus}+c_a\approx c_a$，式(5-12b)简化为：

$$[H^+]=\sqrt{K_{a_1}^{\ominus}K_{a_2}^{\ominus}}\qquad\text{式(5-12c)}$$

式(5-12c)是计算两性物质 HA^- 溶液[H^+]的最简式。

例 5-5　计算 0.100 0mol/L NaHCO$_3$ 水溶液的 pH。

解：$c_a=0.100\ 0mol/L$，$K_{a_1}^{\ominus}=4.5\times10^{-7}$，$K_{a_2}^{\ominus}=4.7\times10^{-11}$

因为 $K_{a_2}^{\ominus}c_a\geq 20K_W^{\ominus}$，$c_a\geq 20K_{a_1}^{\ominus}$，所以可采用最简式计算：

$$[H^+]=\sqrt{K_{a_1}^{\ominus}K_{a_2}^{\ominus}}=\sqrt{4.5\times10^{-7}\times4.7\times10^{-11}}=4.6\times10^{-9}(mol/L)\quad pH=8.34$$

（六）缓冲溶液中 H⁺ 浓度的计算

缓冲溶液一般由浓度较大的弱酸及其共轭碱组成。根据无机化学中所学知识，当 c_a、$c_b \gg [H^+]$、$[OH^-]$ 时，缓冲溶液 $[H^+]$ 可用下列公式计算：

$$[H^+]=K_a^{\ominus}\frac{c_a}{c_b} \quad \text{或} \quad pH=pK_a^{\ominus}+lg\frac{c_b}{c_a} \qquad \text{式(5-13)}$$

例 5-6　计算 0.20mol/L NH₃–0.30mol/L NH₄Cl 溶液的 pH。（NH₄⁺ 的 $pK_a^{\ominus}=9.25$）

解：按最简式计算 0.20mol/L NH₃–0.30mol/L NH₄Cl 溶液 pH：

$$pH = pK_a^{\ominus}+lg\frac{c_{NH_3}}{c_{NH_4^+}}=9.25+lg\frac{0.20}{0.30}=9.07$$

第三节　酸碱指示剂

一、酸碱指示剂的变色原理

酸碱指示剂（acid-base indicator）一般是有机弱酸或有机弱碱。它们的共轭酸式和共轭碱式由于具有不同的结构而呈现不同的颜色。

例如，酚酞指示剂为有机弱酸，其 $K_a^{\ominus}=6.0\times10^{-10}$，离解平衡可表示为：

酸式（无色）　　　　　　　　　碱式（红色）

从上述平衡式可以看出，在酸性溶液中，酚酞主要以酸式结构存在，呈无色。当在溶液中加入碱时，平衡向右移动，酚酞由酸式结构逐渐转变为其共轭碱式结构，溶液显红色；反之，加入酸时，酚酞由红色转变为无色。

二、酸碱指示剂的变色区间

以弱酸指示剂 HIn 为例来讨论，其离解平衡为：$HIn \rightleftharpoons H^+ + In^-$

平衡时：
$$K_{HIn}^{\ominus}=\frac{[H^+][In^-]}{[HIn]} \qquad \text{式(5-14)}$$

$K_{HIn}^{\ominus}$ 为指示剂的离解平衡常数，又称指示剂常数（indicator constant），在一定温度下为常数。上式可改写为：

$$\frac{[In^-]}{[HIn]}=\frac{K_{HIn}^{\ominus}}{[H^+]}$$

HIn 和 In⁻ 具有不同的颜色，HIn 的颜色称为酸式色，In⁻ 的颜色称为碱式色。[HIn]、[In⁻] 不仅表示指示剂酸、碱的浓度，也表示它们所代表的颜色的浓度，所以 $\frac{[In^-]}{[HIn]}$ 的比值决定了溶液的颜色,而此比值的大小由指示剂常数 $K_{HIn}^{\ominus}$ 和溶液的 pH 决定。对某一指示剂来说,在一定温度下 $K_{HIn}^{\ominus}$ 是一常数,因此,指示剂在溶液中的颜色取决于溶液的 pH。

当 $\dfrac{[In^-]}{[HIn]} \geqslant 10$ 时,$pH \geqslant pK_{HIn}^{\ominus}+1$,只能看到 In^- 碱式色。

当 $\dfrac{[In^-]}{[HIn]} \leqslant \dfrac{1}{10}$ 时,$pH \leqslant pK_{HIn}^{\ominus}-1$,只能看到 HIn 酸式色。

因此,我们只能在一定浓度比范围内看到指示剂的颜色变化。这一范围由 $\dfrac{[In^-]}{[HIn]} = \dfrac{1}{10}$ 到 10,pH 由 $pK_{HIn}^{\ominus}-1$ 变到 $pK_{HIn}^{\ominus}+1$。指示剂的理论变色区间(color change interval)为:

$$pH = pK_{HIn}^{\ominus} \pm 1 \qquad\qquad 式(5\text{-}15)$$

不同的指示剂,有不同的 $K_{HIn}^{\ominus}$,所以它们的变色区间也各不相同。当 $[HIn]=[In^-]$ 时,$pH=pK_{HIn}^{\ominus}$,溶液中酸式色的浓度等于碱式色的浓度,是指示剂变色的最灵敏点,称为指示剂的"理论变色点"。

根据上述理论推算,指示剂的变色区间应是 2 个 pH 单位,但实际上指示剂的变色区间均小于 2 个 pH 单位(表 5-1)。这是由于人眼对各种颜色的敏感度不同,加上两种颜色互相影响而造成。

如甲基红为一有机弱酸,其 $pK_{HIn}^{\ominus}=5.1$,理论变色区间应为 pH 4.1~6.1,而实验测得其变色区间为 pH 4.4~6.2。这说明甲基红由红色变为黄色,其碱式色的浓度 $[In^-]$ 应是酸式色浓度 $[HIn]$ 的 12.5 倍(pH=6.2 时,$\dfrac{[In^-]}{[HIn]} = \dfrac{K_{HIn}^{\ominus}}{[H^+]} = 12.5$),才能看到碱式色(黄色);而酸式色的浓度只要达到碱式色浓度的 5 倍(pH=4.4 时,$\dfrac{[In^-]}{[HIn]} = \dfrac{K_{HIn}^{\ominus}}{[H^+]} = \dfrac{1}{5}$),就能观察到酸式色(红色)。

酸碱指示剂的种类很多,各有不同的变色区间。表 5-1 列出了常用的指示剂。

表 5-1　几种常用的酸碱指示剂

指示剂	变色区间 pH	颜色变化	$pK_{HIn}^{\ominus}$	浓度	用量 (滴 /10ml 试液)
甲基橙	3.1~4.4	红 ~ 黄	3.45	0.05% 的水溶液	1
溴酚蓝	3.0~4.6	黄 ~ 紫	4.1	0.1% 的 20% 乙醇溶液或其钠盐水溶液	1
溴甲酚绿	4.0~5.6	黄 ~ 蓝	4.9	0.1% 的 20% 乙醇溶液或其钠盐水溶液	1~3
甲基红	4.4~6.2	红 ~ 黄	5.0	0.1% 的 60% 乙醇溶液或其钠盐水溶液	1
酚酞	8.0~10.0	无 ~ 红	9.1	0.5% 的 90% 乙醇溶液	1~3

三、影响酸碱指示剂变色区间的因素

影响酸碱指示剂变色区间的因素主要有两方面:一是影响指示剂常数 $K_{HIn}^{\ominus}$ 的数值,从而使变色区间发生移动,如温度、电解质、溶剂等,以温度的影响较大。另一方面就是对变色区间宽度的影响,如指示剂用量、滴定程序等。现讨论如下:

（1）温度：指示剂的变色区间与 $K_{HIn}^{\ominus}$ 有关，而 $K_{HIn}^{\ominus}$ 是温度的函数，因此，温度的变化会引起指示剂常数 $K_{HIn}^{\ominus}$ 的变化，从而使指示剂的变色区间也随之改变。

（2）离子强度：溶液中大量中性电解质的存在增加了溶液的离子强度，使指示剂的表观离解常数发生变化，从而使其变色区间发生移动。某些电解质还具有吸收不同波长光波的性质，会引起指示剂颜色深度和色调的改变，影响指示剂变色的敏锐性，所以滴定溶液中不宜有大量中性电解质存在。

（3）指示剂用量：对于双色指示剂（如甲基橙、甲基红等），溶液颜色决定于 [In⁻]/[HIn] 的比值，指示剂用量的多少理论上不会影响指示剂的变色区间。但指示剂用量过多（或浓度过高），会使色调变化不明显，且指示剂本身也要消耗滴定剂而引入误差，因此在不影响指示剂变色灵敏度的条件下，一般以用量少一些为佳。对于单色指示剂，指示剂用量的多少对其变色区间有一定影响。

四、混合酸碱指示剂

在酸碱滴定中，有时需要将滴定终点限制在很窄的 pH 范围内，以保证滴定的准确度，这时可采用混合指示剂（mixed indicator）。混合指示剂主要是利用颜色的互补作用，使指示剂的变色区间变窄且变色敏锐。

混合指示剂有两种配制方法。一种是在某种指示剂中加入一种惰性染料。例如，甲基橙中加入可溶靛蓝，靛蓝作为底色，不随溶液 pH 的改变而变色。在 pH ≥ 4.4 的溶液中，显绿色（黄与蓝配合）；在 pH = 4.0 溶液中，显浅灰色；在 pH ≤ 3.1 的溶液中，显紫色（红与蓝配合），终点变色十分明显。另一种是用两种或两种以上的指示剂按一定比例混合而成。例如，溴甲酚绿（$pK_{HIn}^{\ominus}$=4.9）在 pH<4.0 时为黄色（酸式色），pH>5.6 时为蓝色（碱式色）；甲基红（$pK_{HIn}^{\ominus}$=5.0）在 pH<4.4 时为红色（酸式色），pH>6.2 时为浅黄色（碱式色）。当两者按一定比例混合后，两种颜色叠加在一起，酸式色为酒红色，碱式色为绿色。当 pH=5.1 时，接近两种指示剂的中间颜色，甲基红呈橙红色，溴甲酚绿呈绿色，两者互为补色而呈现浅灰色，此时颜色发生突变，十分敏锐，缩短了变色区间。表 5-2 列出了几种常用的酸碱混合指示剂。

表 5-2　几种常用的酸碱混合指示剂

指示剂溶液的组成	变色时 pH	颜色		备注
		酸式色	碱式色	
一份 0.1% 甲基黄乙醇溶液 一份 0.1% 次甲基蓝乙醇溶液	3.25	蓝紫	绿	pH 3.4 绿色，pH 3.2 蓝紫色
一份 0.1% 甲基橙水溶液 一份 0.25% 靛蓝二磺酸水溶液	4.1	紫	黄绿	
三份 0.1% 溴甲酚绿乙醇溶液 一份 0.2% 甲基红乙醇溶液	5.1	酒红	绿	
一份 0.1% 中性红乙醇溶液 一份 0.1% 次甲基蓝乙醇溶液	7.0	蓝紫	绿	pH 7.0 紫蓝色
一份 0.1% 甲酚红钠盐水溶液 三份 0.1% 百里酚蓝钠盐水溶液	8.3	黄	紫	pH 8.2 玫瑰红，pH 8.4 清晰的紫色

第四节 酸碱滴定曲线及指示剂的选择

在酸碱滴定中,最重要的是要判断被测物质能否被准确滴定;若能滴定,如何选择合适的指示剂确定终点。而这些都与滴定过程中溶液 pH 的变化,尤其是计量点附近的 pH 变化有关。为了解决酸碱滴定的这两个基本问题,我们首先讨论各种类型的酸碱在滴定过程中溶液 pH 随滴定剂加入的变化情况(即滴定曲线),然后再根据滴定曲线来讨论指示剂的选择原则及滴定可行性的判断。

一、强酸(碱)的滴定

强酸、强碱在溶液中完全离解,其滴定的基本反应为:$H^+ + OH^- \rightleftharpoons H_2O$

现以 0.100 0mol/L NaOH 溶液滴定 20.00ml 的 0.100 0mol/L HCl 溶液为例讨论如下。

(一) 滴定曲线

1. 滴定前 由于 HCl 是强酸,完全离解,故溶液的[H^+]等于 HCl 的初始浓度。

$$[H^+] = 0.100\ 0mol/L \quad pH = 1.00$$

2. 滴定开始至计量点前 随着 NaOH 的不断加入,溶液中[H^+]不断减小,此时溶液的[H^+]决定于剩余 HCl 的量。设 c_1、V_1 分别为 HCl 的浓度和体积,c_2、V_2 分别为 NaOH 的浓度和体积,则:

$$[H^+] = \frac{c_1V_1 - c_2V_2}{V_1 + V_2} = \frac{c_1(V_1 - V_2)}{V_1 + V_2}$$

例如:当滴入 19.98ml NaOH 标准溶液,即 99.9%$\left(\dfrac{19.98}{20.00} \times 100\% = 99.9\%\right)$的 HCl 被滴定(相对误差为 −0.1%)时:

$$[H^+] = \frac{0.100\ 0(20.00 - 19.98)}{20.00 + 19.98} = \frac{0.100\ 0 \times 0.02}{39.98} = 5.0 \times 10^{-5}(mol/L) \quad pH = 4.30$$

3. 计量点时 NaOH 与 HCl 恰好反应完全,溶液中[H^+]由溶剂 H_2O 的离解决定。

$$[H^+] = [OH^-] = \sqrt{K_W^{\ominus}} = 1.0 \times 10^{-7}(mol/L) \quad pH = 7.00$$

4. 计量点后 溶液的[OH^-]由过量的 NaOH 的量决定。

$$[OH^-] = \frac{c_2V_2 - c_1V_1}{V_2 + V_1} = \frac{c_1(V_2 - V_1)}{V_2 + V_1}$$

例如,当滴入 20.02ml NaOH 标准溶液,即过量 0.1%$\left(\dfrac{20.02 - 20.00}{20.00} \times 100\% = 0.1\%\right)$的 NaOH(相对误差为 +0.1%)时:

$$[OH^-] = \frac{0.100\ 0(20.02 - 20.00)}{20.02 + 20.00} \approx 5.0 \times 10^{-5}(mol/L) \quad pOH = 4.30 \quad pH = 9.70$$

用类似方法可以计算出滴定过程中各点的 pH,其数据列于表 5-3 中。以加入 NaOH 溶液的体积(或滴定百分率)为横坐标,以相应溶液的 pH 为纵坐标绘制的曲线,称为强碱滴定强酸的滴定曲线,如图 5-3 所示。

从表 5-3 及图 5-3 可以看出,从滴定开始到加入 19.98ml NaOH 溶液,溶液的 pH 改变很小,只改变了 3.3 个 pH 单位;而在计量点附近,当加入的 NaOH 溶液从 19.98ml 增加到 20.02ml(计量点前后各 0.1%),仅加入 0.04ml(约 1 滴溶液),溶液的 pH 却由 4.30 变化到 9.70,增加了 5.4 个 pH 单位,溶液由酸性突变为碱性。此后,再继续加入 NaOH 溶液,溶液

pH 的变化逐渐减小,曲线又趋于平坦。

表 5-3 用 0.1mol/L NaOH 溶液滴定 20.00ml 0.1mol/L HCl 溶液的 pH 变化(室温下)

加入的 NaOH 溶液		剩余的 HCl 溶液		$[H^+]/(mol/L)$	pH
百分数 /%	体积 /ml	百分数 /%	体积 /ml		
0	0	100	20.00	1.0×10^{-1}	1.00
90.0	18.00	10	2.00	5.0×10^{-3}	2.30
99.0	19.80	1	0.20	5.0×10^{-4}	3.30
99.9	19.98	0.1	0.02	5.0×10^{-5}	4.30
100.0	20.00	0	0	1.0×10^{-7}	计量点 7.00
		过量的 NaOH 溶液		$[OH^-]/(mol/L)$	
		百分数 /%	体积 /ml		
100.1	20.02	0.1	0.02	5.0×10^{-5}	9.70
101	20.20	1.0	0.20	5.0×10^{-4}	10.70

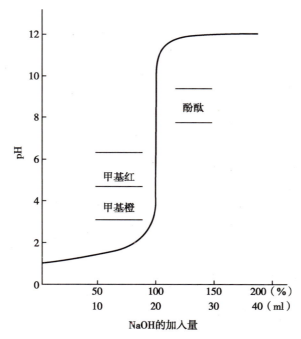

图 5-3 0.1mol/L NaOH 溶液滴定 0.1mol/L HCl
溶液的滴定曲线

这种滴定过程中计量点前后 pH 的突变称为滴定突跃(pH 突跃)。突跃所在的 pH 范围称为滴定突跃范围(pH 突跃范围),即计量点 ±0.1% 相对误差范围内溶液 pH 的变化。上述滴定的 pH 突跃范围为 4.30~9.70。滴定突跃有重要的实际意义,是衡量酸碱滴定是否可行的依据。在用指示剂方法检测终点时,滴定突跃又是选择指示剂的依据。

(二)指示剂的选择

从滴定曲线可见,凡是在滴定实跃范围内变色的指示剂,终点误差均小于 ±0.1%。因此,凡指示剂变色终端 pH 在滴定突跃范围之内均可用来指示滴定终点。用 0.100 0mol/L NaOH 溶液滴定 0.100 0mol/L HCl 溶液时,其滴定突跃范围为 4.30~9.70。甲基红及甲基橙、酚酞等均可用以指示滴定终点。

笔记栏

(三) 溶液浓度对突跃范围的影响

以上讨论的是用 0.100 0mol/L NaOH 溶液滴定 0.100 0mol/L HCl 溶液的情况,若溶液的浓度改变,计量点时溶液的 pH 仍然是 7.00,但计量点附近的 pH 突跃范围却不一样。滴定突跃范围的大小与酸碱的浓度有关。图 5-4 是不同浓度 NaOH 溶液对不同浓度 HCl 溶液的 pH 滴定曲线。从图 5-4 可知,酸、碱浓度越大,滴定曲线的 pH 突跃范围就越大,指示剂的选择就越方便。如用 0.01mol/L NaOH 溶液滴定 0.01mol/L HCl 时,由于滴定突跃范围减小,pH 为 5.30~8.70,此时,甲基橙就不能作为该滴定的指示剂。对于太稀的溶液,由于其突跃范围太窄或突跃不明显,找不到合适的指示剂而无法滴定。

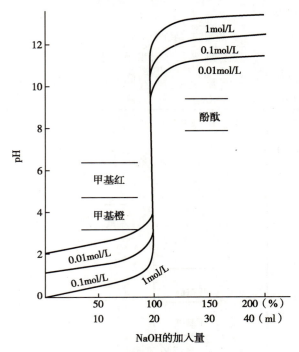

图 5-4　不同浓度 NaOH 溶液对不同
浓度 HCl 溶液的滴定曲线

如果用强酸滴定强碱,情况与强碱滴定强酸类似,但滴定曲线与强酸的滴定曲线对称,pH 变化方向相反。

二、一元弱酸(碱)的滴定

强碱滴定一元弱酸的基本反应为:$HA + OH^- \rightleftharpoons H_2O + A^-$

现以 0.100 0mol/L NaOH 溶液滴定 20.00ml 0.100 0mol/L HAc 溶液为例,讨论强碱滴定一元弱酸的滴定曲线。

(一) 滴定曲线

1. 滴定前　溶液的 $[H^+]$ 根据 HAc 在水中的离解平衡计算:

由于 $c_a K_a^\ominus \geqslant 20 K_w^\ominus, c_a/K_a^\ominus \geqslant 500$,因而可按最简式(5-9c)计算。

$$[H^+] = \sqrt{c_a K_a^\ominus} = \sqrt{1.7 \times 10^{-5} \times 0.100\ 0} = 1.3 \times 10^{-3} (mol/L) \quad pH = 2.89$$

2. 滴定开始至计量点前　溶液中未反应的 HAc 和生成的 Ac^- 同时存在,组成 $HAc\text{-}Ac^-$ 缓冲体系,溶液的 pH 可按缓冲溶液计算公式求得。

例如,当加入 19.98ml NaOH 溶液,即 99.9% 的 HAc 被滴定(相对误差为 -0.1%)时:

$$c_{HAc} = \frac{0.100\,0\times(20.00-19.98)}{20.00+19.98} = 5.0\times10^{-5}(mol/L)$$

$$c_{Ac^-} = \frac{0.100\,0\times19.98}{20.00+19.98} = 5.0\times10^{-2}(mol/L)$$

$$pH = pK_a^{\ominus}+lg\frac{c_{Ac^-}}{c_{HAc}} = -lg1.7\times10^{-5}+lg\frac{5.0\times10^{-2}}{5.0\times10^{-5}} = 7.77$$

3. 计量点时　HAc 全部与 NaOH 反应生成乙酸钠(NaAc),此时溶液 pH 由 Ac$^-$ 的离解计算:

$$K_{b(Ac^-)} = \frac{K_w^{\ominus}}{K_{a(HAc)}} = 5.9\times10^{-10}$$

$$[OH^-] = \sqrt{K_b^{\ominus}c_b} = \sqrt{5.9\times10^{-10}\times\frac{0.100\,0}{2}} = 5.4\times10^{-6}(mol/L)$$

$$pOH = 5.28 \quad pH = 8.72$$

4. 计量点后　溶液中过量的 NaOH 抑制了 Ac$^-$ 的离解,溶液的 pH 由过量 NaOH 的量决定,其计算方法与强碱滴定强酸相同。

例如,当滴入 20.02ml NaOH 溶液,即过量 0.1% 的 NaOH(相对误差为 +0.1%)时:

$$[OH^-] = \frac{0.100\,0(20.02-20.00)}{20.02+20.00} \approx 5.0\times10^{-5}(mol/L)$$

$$pOH = 4.30 \quad pH = 9.70$$

NaOH 溶液滴定 HAc 溶液的滴定曲线如图 5-5 所示。从图 5-5 可以看出以下特点:

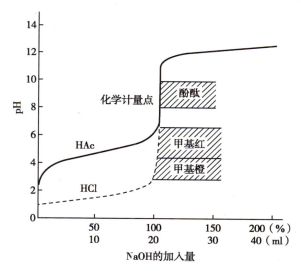

图 5-5　0.1mol/L NaOH 溶液滴定
0.1mol/L HAc 溶液的滴定曲线

(1)滴定曲线的起点高:由于 HAc 是弱酸,离解比 HCl 小,故 NaOH-HAc 滴定曲线的起点在 pH 2.89 处,比 NaOH-HCl 滴定曲线的起点高约 2 个 pH 单位。

(2)从滴定开始至计量点时 pH 变化情况不同于强酸:开始时 pH 变化较快,其后变化稍慢,接近计量点时又加快,这是由滴定的不同阶段的反应情况决定的。滴定开始后即有 Ac$^-$ 生成,由于 Ac$^-$ 的同离子效应抑制了 HAc 的离解,因而[H$^+$]迅速降低,pH 很快增大,这段曲线的斜率较大。随着滴定的进行,由于[Ac$^-$]增大,Ac$^-$ 与溶液中未滴定的 HAc 构成了共轭酸碱缓冲体系,使溶液的 pH 增加缓慢,这段曲线较为平坦。接近计量点时,由于溶液中 HAc 已很少,缓冲作用大大减弱,Ac^- 的离解作用增大,pH 增加较快,曲线斜率又迅速增大。

(3)滴定突跃范围小:由于上述原因,在计量点前后出现一较窄的 pH 突跃,较 NaOH-HCl 相比要小得多。由于生成的 Ac^- 是 HAc 的共轭碱,故计量点的 pH>7(pH=8.72),滴定突跃范围为 7.77~9.70,处于碱性区域。

(二) 指示剂的选择

由于滴定突跃范围(pH 7.77~9.70)处于碱性区域,因此,NaOH-HAc 滴定,应该选择在碱性区域内变色的指示剂,如酚酞、百里酚蓝来指示滴定终点。

(三) 滴定可行性的判断

1. 影响滴定突跃范围大小的因素　计量点附近的 pH 突跃的大小,取决于被滴酸的强度 $K_a^\ominus$ 及溶液的浓度 c。

(1)酸的强度:图 5-6 为用 0.1mol/L NaOH 溶液滴定 0.1mol/L 不同强度一元弱酸溶液的滴定曲线。从图中可以看出,当酸的浓度 c 一定时,$K_a^\ominus$ 越大,滴定突跃范围越大。当 $K_a^\ominus \leqslant 10^{-9}$ 时,计量点附近已无明显的 pH 突跃。若要测定这些极弱的酸,可采用电位滴定、非水滴定等方法。

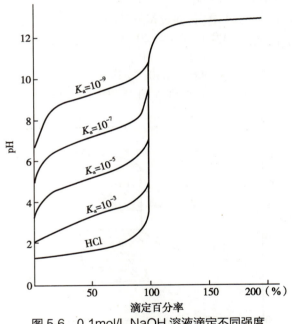

图 5-6　0.1mol/L NaOH 溶液滴定不同强度
一元弱酸溶液的滴定曲线

(2)溶液浓度:强碱滴定弱酸的滴定突跃范围的大小不仅取决于酸的 $K_a^\ominus$,而且与溶液的浓度有关。其影响与强碱滴定强酸相似。当 $K_a^\ominus$ 一定时,溶液浓度越大,其突跃范围也愈大,终点较明显,但对 $K_a^\ominus \leqslant 10^{-9}$ 的弱酸,即使溶液浓度为 1mol/L 也无明显的突跃,难以直接进行滴定。

2. 滴定的可行性条件　综上所述,如果酸的离解常数很小,或溶液的浓度很低,就不能准确进行滴定了。这个限度是多少呢? 这与所要求的准确度及检测终点的方法有关。$K_a^\ominus$ 一定时浓度越大,或浓度一定时 $K_a^\ominus$ 越大,滴定突跃(ΔpH)就越大。即 $cK_a^\ominus$ 之乘积越大,突跃范围越大。人眼借助于指示剂的变色准确判断滴定终点,滴定的 pH 突跃(ΔpH)必须在 0.3 个 pH 单位以上,此时终点误差 ≤ 0.1%。由实验可知,只有弱酸的 $cK_a^\ominus \geqslant 10^{-8}$ 才能满足滴定准确度的要求,可以用指示剂法准确滴定。

关于强酸滴定弱碱，如 HCl 滴定 NH_3，其滴定曲线与 NaOH 滴定 HAc 相似，但 pH 的变化方向相反。与强碱滴定弱酸的条件一样，只有当弱碱的 $cK_b^{\ominus} \geqslant 10^{-8}$ 时，才能直接用强酸进行准确滴定。

根据上面讨论的不同类型的酸碱滴定及指示剂的选择，小结如下：①酸碱滴定中，计量点的 pH 由所生成的产物而定，可以 pH<7、pH=7 或 pH>7。②在计量点附近形成一滴定突跃，突跃的大小与酸（碱）的强度及溶液的浓度有关。酸（碱）越强，突跃越大；溶液越浓，突跃越大。只有当酸（碱）的 $c \cdot K^{\ominus} \geqslant 10^{-8}$ 时，才能直接进行准确滴定。③选择指示剂的原则是：指示剂的变色终端落在计量点附近的 pH 突跃范围内。

三、多元酸（碱）的滴定

（一）多元酸的测定

在水溶液中，多元酸是分步离解的。如 H_2A：

$$H_2A \rightleftharpoons H^+ + HA^- \ (K_{a_1}^{\ominus}) \qquad HA^- \rightleftharpoons H^+ + A^{2-} \ (K_{a_2}^{\ominus})$$

用强碱滴定多元酸时，主要解决 3 个问题：首先，看多元酸在各计量点附近有无明显的突跃，即每一步离解的 H^+ 能否被准确滴定？其次，看多元酸相邻的两个 pH 突跃能否彼此分开，即能否进行分步滴定？再次，若多元酸能分步滴定，每一步离解的 H^+ 也可被准确滴定，应如何选择合适的指示剂来指示滴定终点？判断如下：

当 $K_{a_i}^{\ominus} \cdot c_i \geqslant 10^{-8}$ 时，这一计量点附近有一明显 pH 突跃，即这一步离解的 H^+ 可以被准确滴定。$K_{a_1}^{\ominus} / K_{a_2}^{\ominus} \geqslant 10^4$ 时，这两个计量点附近形成的 pH 突跃能彼此分开，可以分步滴定这两步离解出的 H^+。$K_{a_1}^{\ominus} / K_{a_2}^{\ominus} < 10^4$ 时，相邻两个计量点附近形成的 pH 突跃分不开，不能进行分步滴定。

例如，用 0.100 0mol/L NaOH 标准溶液滴定 0.100 0mol/L H_3PO_4 溶液时：

$$K_{a_1}^{\ominus}c_1 = 6.9 \times 10^{-3} \times 0.10 > 10^{-8}, K_{a_2}^{\ominus}c_2 = 6.2 \times 10^{-8} \times \frac{0.10}{2} \approx 10^{-8}, K_{a_3}^{\ominus}c_3 = 4.8 \times 10^{-13} \times \frac{0.10}{3} < 10^{-8}。$$

说明第一、第二计量点附近均有明显的 pH 突跃，可以准确滴定，而第三计量点附近的 pH 突跃不明显，不能直接滴定。

$$\text{又：} \frac{K_{a_1}^{\ominus}}{K_{a_2}^{\ominus}} = \frac{6.9 \times 10^{-3}}{6.2 \times 10^{-8}} > 10^4 \qquad \frac{K_{a_2}^{\ominus}}{K_{a_3}^{\ominus}} = \frac{6.2 \times 10^{-8}}{4.8 \times 10^{-13}} > 10^4$$

说明第一、第二计量点附近的两个 pH 突跃能彼此分开，第三步离解的 H^+ 不影响第二步离解的 H^+ 滴定，因此可用 NaOH 分步准确滴定 H_3PO_4 第一、第二步离解的 H^+。

NaOH 滴定 H_3PO_4 至第一、第二计量点时，其产物 $H_2PO_4^-$、HPO_4^{2-} 均为两性物质，可按两性物质溶液 pH 计算公式计算 $[H^+]$。

第一计量点时，反应产物为 $H_2PO_4^-$。

$$[H^+] = \sqrt{K_{a_1}^{\ominus}K_{a_2}^{\ominus}} \qquad pH = \frac{1}{2}(pK_{a_1}^{\ominus} + pK_{a_2}^{\ominus}) = 4.69$$

可选用甲基红、溴甲酚绿为指示剂。

第二计量点时，反应产物为 HPO_4^{2-}。

$$[H^+] = \sqrt{K_{a_2}^{\ominus}K_{a_3}^{\ominus}} \qquad pH = \frac{1}{2}(pK_{a_2}^{\ominus} + pK_{a_3}^{\ominus}) = 9.77$$

可选用酚酞、百里酚酞为指示剂。由于计量点附近滴定突跃较小，指示剂终点变色不明显，终点误差较大，如果分别改用溴甲酚绿和甲基橙、酚酞和百里酚酞混合指示剂，则变色较单一指示剂敏锐。NaOH 滴定 H_3PO_4 的滴定曲线见图 5-7。

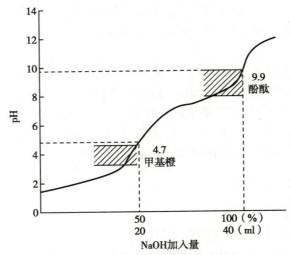

图 5-7 0.1mol/L NaOH 溶液滴定
0.1mol/L H₃PO₄ 溶液的滴定曲线

从上述讨论可以看出,分步离解常数相差较大的多元酸的滴定,实际上可以看作是不同强度一元酸混合物的滴定。

(二)多元碱的滴定

与多元酸一样,多元碱在水溶液中也是分步离解。那么,其能否分步滴定?每一步能否准确滴定?可参照多元酸的滴定进行判断。例如,用 HCl 滴定 Na_2CO_3,Na_2CO_3 是二元碱,在溶液中分两步离解,$K_{b_1}^{\ominus}=2.1\times10^{-4}$,$K_{b_2}^{\ominus}=2.2\times10^{-8}$,显然,第一、第二计量点附近均有较明显的 pH 突跃,可直接滴定。

又,$\dfrac{K_{b_1}^{\ominus}}{K_{b_2}^{\ominus}}\approx10^4$,第一、第二计量点附近的 pH 突跃能彼此分开,可分步滴定第一、第二步离解的 OH^-。第一计量点时溶液的 pH 由生成的两性物质 HCO_3^- 的离解决定。$[H^+]=\sqrt{K_{a_1}^{\ominus}K_{a_2}^{\ominus}}=\sqrt{4.5\times10^{-7}\times4.7\times10^{-11}}=4.6\times10^{-9}$(mol/L),pH=8.34,可用酚酞作指示剂。第二计量点时溶液的 pH 由滴定产物 H_2CO_3 的离解决定。$[H^+]=\sqrt{K_{a_1}^{\ominus}c_1}=\sqrt{4.5\times10^{-7}\times0.040}=1.3\times10^{-4}$(mol/L),pH=3.89,可选用甲基橙为指示剂。HCl 溶液滴定 Na_2CO_3 溶液的滴定曲线见图 5-8。

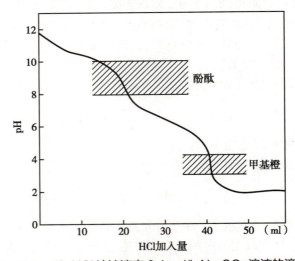

图 5-8 0.1mol/L HCl 溶液滴定 0.1mol/L Na_2CO_3 溶液的滴定曲线

四、滴定终点误差

滴定终点误差是因指示剂的变色不是恰好在计量点,滴定终点与计量点不一致时所引起的相对误差,也称为终点误差(end point error),曾称滴定误差(titration error,TE)。终点误差是一种方法误差,可用林邦公式计算。其大小由被滴溶液中剩余酸(或碱)或多加碱(或酸)滴定剂的量所决定。可表示为:

$$TE(\%)=\frac{滴定剂的过量或不足的物质的量}{被测物质的物质的量}\times100\%$$

(一)强酸(碱)的终点误差

以强碱(NaOH)滴定强酸(HCl)为例,其终点误差可表示为:

$$TE(\%)=\frac{(c_{NaOH}-c_{HCl})V_{ep}}{c_{sp}V_{sp}}\times100\%$$

式中 c_{sp}、V_{sp} 分别为化学计量点时被测酸的浓度和体积,V_{ep} 为滴定终点时溶液的体积,由于 $V_{sp}\approx V_{ep}$,代入上式得:

$$TE(\%)=\frac{c_{NaOH}-c_{HCl}}{c_{sp}}\times100\%$$

滴定中的质子条件式为:

$$[H^+]+c_{NaOH}=[OH^-]+c_{HCl},即:c_{NaOH}-c_{HCl}=[OH^-]-[H^+]$$

则滴定终点误差公式为:

$$TE(\%)=\frac{[OH^-]_{ep}-[H^+]_{ep}}{c_{sp}}\times100\% \qquad 式(5-16)$$

若滴定终点与化学计量点一致,则 $[OH^-]_{ep}=[H^+]_{ep}$,$TE=0$。若指示剂在化学计量点后变色,NaOH过量,$[OH^-]_{ep}>[H^+]_{ep}$,$TE>0$,终点误差为正值;反之,NaOH不够,$[OH^-]_{ep}<[H^+]_{ep}$,$TE<0$,终点误差为负值。滴定终点时溶液体积增加1倍,故 $c_{sp}\approx1/2c$。

同理,强酸滴定强碱时的终点误差为:

$$TE(\%)=\frac{[H^+]_{ep}-[OH^-]_{ep}}{c_{sp}}\times100\% \qquad 式(5-17)$$

例5-7　用 0.100 0mol/L 的 NaOH 溶液滴定 20.00ml 同浓度的 HCl 溶液时,用甲基橙指示终点(pH=4.0)或用酚酞指示终点(pH=9.0),终点误差各为多少?

解:pH=4.0,$[H^+]=1.0\times10^{-4}$mol/L,$[OH^-]=1.0\times10^{-10}$mol/L,$c=0.100\ 0/2$mol/L

$$TE(\%)=\frac{1.0\times10^{-10}-1.0\times10^{-4}}{0.050\ 00}\times100\%=-0.2\%$$

pH=9.0 时,pOH=5.0,$[H^+]=1.0\times10^{-9}$mol/L,$[OH^-]=1.0\times10^{-5}$mol/L,$c=0.100\ 0/2$mol/L:

$$TE(\%)=\frac{1.0\times10^{-5}-1.0\times10^{-9}}{0.050\ 00}\times100\%=+0.02\%$$

(二)一元弱酸(碱)的终点误差

用 NaOH 滴定弱酸 HA,终点时的质子条件式为:

$$[H^+]+c_{NaOH}=[A^-]+[OH^-]=c_{HA}-[HA]+[OH^-]$$

即:$c_{NaOH}-c_{HA}=[OH^-]-[HA]-[H^+]$

由于强碱滴定弱酸,终点时溶液呈碱性,$[H^+]$ 可忽略,则:

$$TE(\%)=\frac{c_{NaOH}-c_{HA}}{c_{sp}}\times100\%=\frac{[OH^-]-[HA]}{c_{sp}}\times100\%$$

由于 $[HA] = \delta_{HA}c = \dfrac{[H^+]}{[H^+] + K_a^\ominus} \times c$，代入上式得：

$$TE(\%) = \left(\dfrac{[OH^-]}{c_{sp}} - \dfrac{[H^+]}{[H^+] + K_a^\ominus} \right) \times 100\% \qquad 式(5\text{-}18)$$

同理可推得一元弱碱的终点误差公式：

$$TE(\%) = \left(\dfrac{[H^+]}{c_{sp}} - \dfrac{[OH^-]}{[OH^-] + K_b^\ominus} \right) \times 100\% \qquad 式(5\text{-}19)$$

例 5-8 用 0.100 0mol/L 的 NaOH 溶液滴定 20.00ml 0.100 0mol/L 的 HAc 溶液，用酚酞作指示剂，分别滴至 pH = 8.0 为终点、pH = 9.0 为终点，计算终点误差。

解：(1)滴至 pH = 8.0 时，$[OH^-] = 1.0 \times 10^{-6}$mol/L，$c = 0.100~0/2$mol/L。

$$TE(\%) = \left(\dfrac{1.0 \times 10^{-6}}{0.050~00} - \dfrac{1.0 \times 10^{-8}}{1.0 \times 10^{-8} + 1.7 \times 10^{-5}} \right) \times 100\% = -0.056\%$$

(2)滴至 pH = 9.0 时，$[OH^-] = 1.0 \times 10^{-5}$mol/L。

$$TE(\%) = \left(\dfrac{1.0 \times 10^{-5}}{0.050~00} - \dfrac{1.0 \times 10^{-9}}{1.0 \times 10^{-9} + 1.7 \times 10^{-5}} \right) \times 100\% = +0.014\%$$

第五节　酸碱滴定的应用

一、酸碱标准溶液的配制与标定

酸碱滴定中常用的标准溶液都是由强酸和强碱配成的，其中使用最多的是盐酸和氢氧化钠。酸碱标准溶液的浓度一般配成 0.1mol/L，常采用间接法配制。

1. 酸标准溶液　用浓盐酸间接配制法，标定时常用的基准物质是无水碳酸钠和硼砂。

无水碳酸钠易获得纯品，价格低廉，但易吸收空气中的水分，使用前应在 270~300℃ 干燥至恒重，保存在干燥器中备用。计量点产物为 H_2CO_3(pH = 3.89)，通常选用甲基红 - 溴甲酚绿混合指示剂，也可用甲基橙作指示剂确定终点。

硼砂($Na_2B_4O_7 \cdot 10H_2O$)不易吸水，摩尔质量较大，但易失去结晶水，故应保存在相对湿度为 60% 的恒温器(如装有食盐及蔗糖饱和溶液的干燥器)中。计量点时，生成极弱的 H_3BO_3，溶液的 pH 为 5.1，可选择甲基红作指示剂。

2. 碱标准溶液　用氢氧化钠配制标准溶液。NaOH 易吸潮，易吸收空气中的 CO_2 影响其纯度，因此用间接法配制。为了配制不含 CO_3^{2-} 的 NaOH 标准溶液，通常先将 NaOH 配成饱和溶液，不溶的 Na_2CO_3 沉于底部，取上清液稀释成所需配制的浓度。标定碱标准溶液的基准物质有邻苯二甲酸氢钾(KHP)、草酸($H_2C_2O_4 \cdot 2H_2O$)等。

邻苯二甲酸氢钾易于制得纯品，不含结晶水，不吸潮，容易保存，化学式量大。计量点时溶液的 pH = 9.1，可选酚酞作指示剂。其标定反应为：

$$\text{(苯环)}\begin{matrix}\text{—COOH}\\\text{—COOK}\end{matrix} + NaOH \rightleftharpoons \text{(苯环)}\begin{matrix}\text{—COONa}\\\text{—COOK}\end{matrix} + H_2O$$

二、应用示例

1. 直接滴定　对于 $cK^\ominus \geqslant 10^{-8}$ 的一元酸、碱组分，$cK^\ominus \geqslant 10^{-8}$ 和 $K_1^\ominus / K_2^\ominus \geqslant 10^4$ 的多元酸碱、混合酸碱都可用标准溶液直接滴定或分别滴定。

（1）乌头中总生物碱含量测定：乌头中的乌头碱、次乌头碱、美沙乌头碱等生物碱是乌头的药效成分，其总生物碱含量可用酸碱滴定法直接测定。

操作步骤：取约 50mg 乌头总生物碱的提取物，精密称定，加入中性乙醇（对甲基红指示液呈中性）5ml，微热使其溶解后，加入新煮沸的冷蒸馏水 30ml 及 0.1% 甲基红指示液 4 滴，用 0.02mol/L 盐酸标准溶液滴定至红色即为终点。根据消耗 HCl 标准溶液的体积及称取试样的质量，计算总生物碱的含量（总生物碱以乌头碱计，每毫升 0.020 00mol/L HCl 溶液相当于 0.129 0g 乌头碱）。

（2）混合碱的分析——双指示剂（滴定）法：例如烧碱中 NaOH、Na_2CO_3 的含量测定。烧碱（氢氧化钠）在生产和储存过程中，因吸收空气中的 CO_2 而成为 NaOH 和 Na_2CO_3 的混合物。由于滴定 Na_2CO_3 时有两个计量点，可采用双指示剂滴定法（double indicator titration），分别测定 NaOH 和 Na_2CO_3 的含量。

在被测溶液中先加入酚酞指示剂，用 HCl 标准溶液进行滴定，至酚酞红色刚褪去时为终点，指示第一计量点的到达。此时，NaOH 全部被滴定，而 Na_2CO_3 只被滴定成 $NaHCO_3$，即恰好滴定了一半，滴定反应为：

$$NaOH + HCl \rightleftharpoons NaCl + H_2O \quad (pH = 7.00)$$
$$Na_2CO_3 + HCl \rightleftharpoons NaHCO_3 + H_2O \quad (pH = 8.34)$$

设这时用去 HCl 标准溶液的体积为 V_1 ml。然后再加入甲基橙指示剂，用 HCl 标准溶液继续滴定至甲基橙由黄色变为橙红色时，指示第二个计量点的到达，$NaHCO_3$ 全部生成 H_2CO_3，滴定反应为：

$$NaHCO_3 + HCl \rightleftharpoons NaCl + CO_2 \uparrow + H_2O \quad (pH = 3.89)$$

设这次用去 HCl 标准溶液的体积为 V_2 ml，则 Na_2CO_3 所消耗 HCl 的体积为 $2V_2$ ml，NaOH 所消耗 HCl 体积应为 $(V_1 - V_2)$ ml，NaOH 和 Na_2CO_3 含量分别按下列两式计算：

$$\omega_{NaOH} = \frac{c_{HCl}(V_1 - V_2) \times M_{NaOH}}{S \times 1\,000} \times 100\%$$

$$\omega_{Na_2CO_3} = \frac{c_{HCl} \times 2V_2 \times M_{Na_2CO_3}}{S \times 2\,000} \times 100\%$$

式中，S 为称取试样的质量，M_{NaOH}、$M_{Na_2CO_3}$ 分别为 NaOH 和 Na_2CO_3 的摩尔质量。

双指示剂滴定法还可用于未知碱试样的定性分析。设 V_1 为滴定试液至酚酞变色所需要的标准酸的体积，V_2 为继续滴定试液至甲基橙变色所需增加的标准酸的体积。现以 A、B、C 分别代表 NaOH、Na_2CO_3 和 $NaHCO_3$ 为例说明如下：

依据	试样的组成	依据	试样的组成
$V_1 \neq 0, V_2 = 0$	A	$V_1 > V_2 > 0$	A + B
$V_1 = 0, V_2 \neq 0$	C	$V_2 > V_1 > 0$	B + C
$V_1 = V_2 \neq 0$	B		

2. 间接滴定　对于 $cK^{\ominus} < 10^{-8}$ 的很弱有机酸、生物碱（中药制剂中大多数有机酸、碱的 $K^{\ominus} = 10^{-9} \sim 10^{-6}$）；或水中溶解度很小的酸碱，不能直接滴定，但它们可与酸或碱作用，或通过一些反应产生一定量的酸或碱，或增强其酸性或碱性后，就能采用返滴定法、间接滴定或非水滴定法测定其含量。如多元醇存在下 H_3BO_3 的含量测定，含氮化合物中氮的测定等。再如，大山楂丸中总酸性物质的含量测定、氢溴酸山莨菪碱注射液中氢溴酸山莨菪碱的含量测定均可采用非水滴定法。

硼酸含量的测定：硼酸是一很弱的酸，$K_a = 5.4 \times 10^{-10}$，在水溶液中不能用碱标准溶液直接滴定。但硼酸与甘油或甘露醇等多元醇形成稳定的配合物后能增加酸的强度。如 H_3BO_3

与丙三醇生成的配合酸 $K_{a_i}^{\ominus}=3.0\times10^{-7}$，与甘露醇生成的配合酸 $K_{a_i}^{\ominus}=1.0\times10^{-4}$，可用 NaOH 标准溶液直接进行滴定。

📖 知识链接

有机化合物中氮含量的测定——凯氏（Kjeldahl）定氮法

蛋白质、氨基酸、生物碱等有机化合物中氮含量常用凯氏定氮法测定。该法是将含氮有机物与浓硫酸加热煮沸，使其消化分解，有机化合物被氧化为 CO_2 和 H_2O，样品中所含氮定量转变为 NH_4^+，常加入 $CuSO_4$ 或汞盐作催化剂。于反应液中加入 NaOH 至溶液呈强碱性，析出的 NH_3 随水蒸气蒸馏出来，导入饱和硼酸溶液吸收液中，再用硫酸标准溶液直接滴定所产生的硼酸盐，从而计算试样的含氮量。干酵母主要成分为含甘氨酸的蛋白质，《中华人民共和国药典》规定其蛋白质不得少于 40%。干酵母中蛋白质的含量可用凯氏定氮法定量测定，先求出干酵母中的含氮量，然后换算成蛋白质的含量。其主要反应式如下：

消化　有机含氮化合物 + 浓 $H_2SO_4 \xrightarrow[\Delta]{CuSO_4\ \text{催化}} NH_4 + CO_2\uparrow + H_2O$

蒸馏　$NH_4^+ \xrightarrow{NaOH} NH_3 + H_2O$

吸收　$H_3BO_3 + NH_3 \longrightarrow NH_4BO_2 + H_2O$

滴定　$2BO_2^- + H_2SO_4 + 2H_2O \longrightarrow 2H_3BO_3 + SO_4^{2-}$

第六节　非水溶液中酸碱滴定法

滴定分析法一般常在水溶液中进行。水对许多物质溶解能力强、价廉、安全、挥发少、易于纯化。但一些离解常数小于 10^{-7} 的弱酸、弱碱，以及混合酸碱、多元酸碱，在水溶液中没有明显的滴定突跃，不能直接滴定。另外，许多有机化合物难溶于水，也使得其在水溶液中滴定遇到了困难。为了解决这些问题，可采用非水溶剂（包括有机溶剂和不含水的无机溶剂）作为滴定介质。在水以外的溶剂中进行滴定的方法称为非水滴定法（non-aqueous titration）。利用非水溶剂的特殊性质，使上述问题得到很好的解决，扩大了滴定分析法的应用范围。其中，非水酸碱滴定在中药分析中应用较为广泛，本节就此做一简单介绍。

一、非水酸碱滴定的基本原理

（一）溶剂的分类

1. 质子性溶剂　能给出质子或接受质子的溶剂称为质子性溶剂。质子性溶剂可分为酸性溶剂（acid solvent）、碱性溶剂（basic solvent）和两性溶剂（amphototeric solvent）。

（1）酸性溶剂：给出质子较接受质子能力强的溶剂。酸性比水强。如甲酸、乙酸、丙酸、硫酸等，其中使用最多的是冰醋酸，适合作滴定弱碱时的介质。

（2）碱性溶剂：接受质子较给出质子能力强的溶剂。碱性比水强。如液氨、乙二胺、乙醇胺等，适合作滴定弱酸时的介质。

（3）两性溶剂：接受质子和给出质子能力相当的溶剂。酸碱性与水相近。如甲醇、乙醇、乙二醇等。这类溶剂的介电常数及质子自递常数比水小,适合作滴定较强酸、碱的介质。

2. 非质子性溶剂　分子中无质子自递作用的溶剂,其质子自递常数小到无法用现有的实验方法测定,一般不具有离解性。非质子性溶剂又分为惰性溶剂和显碱性的非质子性溶剂。

(1)惰性溶剂:溶剂分子不给出质子也不接受质子,不参与质子转移的酸碱反应。如苯、卤代苯、四氯化碳、己烷等。惰性溶剂常与质子性溶剂混合使用,以改善样品的溶解性能,增大滴定突跃。

(2)显碱性非质子性溶剂:分子中无质子自递作用,与水比较几乎无酸性,亦无两性特征,但有一定的接受质子的倾向及程度不同的形成氢键的能力。如吡啶、酰胺类、酮类、醚类、酯类、二甲亚砜、腈类等。这类溶剂用于弱酸或某些混合物的滴定介质。

(二) 溶剂的性质

质子理论认为,溶剂参与质子转移的酸碱反应,任一溶质溶于给定溶剂中,其酸碱性都受到溶剂性质的影响。因此,了解溶剂的性质及其与酸碱平衡的关系,有助于选择适宜的溶剂,增强溶质的酸碱强度,增大滴定突跃。

1. 溶剂的离解性　常用的非水溶剂中,能离解的溶剂称为离解性溶剂,如甲醇、乙醇、冰醋酸等;不能离解的溶剂称为非离解性溶剂,如苯、三氯甲烷、甲基异丁基酮等。在离解性溶剂中,有下列平衡存在:

$$HS \rightleftharpoons H^+ + S^- \qquad K_a^{HS} = \frac{[H^+][S^-]}{[HS]} \qquad 式(5-20)$$

$$HS + H^+ \rightleftharpoons H_2S^+ \qquad K_b^{HS} = \frac{[H_2S^+]}{[H^+][HS]} \qquad 式(5-21)$$

K_a^{HS} 为溶剂的固有酸度常数(intrinsic acidity constant),是 HS 给出质子能力的量度;K_b^{HS} 为溶剂的固有碱度常数(intrinsic basicity constant),是 HS 接受质子能力的量度。

合并(5-20)与(5-21)两式,即得溶剂分子自身离解反应(质子自递反应):

$$HS + HS \rightleftharpoons H_2S^+ - S^- \qquad K_S^{HS} = \frac{[H_2S^+][S^-]}{[HS]^2} \qquad 式(5-22)$$

可见,在离解性溶剂质子自递反应中,一分子溶剂起酸的作用,另一分子溶剂起碱的作用。自身质子转移的结果,形成了溶剂合质子(H_2S^+)和溶剂阴离子(S^-)。由于溶剂自身离解很弱,[HS]可看作定值。故质子自递反应平衡常数为:

$$K_S^{HS} = [H_2S^+][S^-] = K_a^{HS}K_b^{HS} \qquad 式(5-23)$$

K_S^{HS} 称为溶剂的自身离解常数或质子自递常数。如水的自身离解常数 $K_S^{H_2O} = [H_3O^+][OH^-]$,即为水的离子积 $K_w^\ominus = K_S^{H_2O} = 1.0 \times 10^{-14}$。同理,其他离解性溶剂与水相似。如乙醇的自身质子转移反应为:

$$2C_2H_5OH \rightleftharpoons C_2H_5OH_2^+ + C_2H_5O^-$$

则自身离解常数 $K_S^{C_2H_5OH} = [C_2H_5OH_2^-][C_2H_5O^-] = 7.9 \times 10^{-20}$

在一定温度下,不同溶剂自身离解常数不同。几种常见离解性溶剂的 K_S^{HS} 见表5-4。

表5-4　常见离解性溶剂自身离解平衡及其常数(25℃)

溶剂	自身离解平衡	K_S^{HS}
水	$2H_2C \rightleftharpoons H_3O^+ + OH^-$	1×10^{-14}
甲醇	$2CH_3OH \rightleftharpoons CH_3OH_2^+ + CH_3O^-$	2×10^{-17}

续表

溶剂	自身离解平衡	K_S^{HS}
乙醇	$2C_2H_5OH \rightleftharpoons C_2H_5OH_2^+ + C_2H_5O^-$	7.9×10^{-20}
甲酸	$2HCOOH \rightleftharpoons HCOOH_2^+ + HCOO^-$	6×10^{-7}
冰醋酸	$2HAc \rightleftharpoons H_2Ac^+ + Ac^-$	3.6×10^{-15}
乙酸酐	$2(CH_3CO)_2O \rightleftharpoons (CH_3CO)_3O^+ + CH_3COO^-$	3×10^{-15}
乙二胺	$2NH_2CH_2CH_2NH_2 \rightleftharpoons NH_2CH_2CH_2NH_3^+ + NH_2CH_2CH_2NH^-$	5×10^{-16}
乙腈	$2CH_2=C=NH \rightleftharpoons CH_2=C=NH_2^+ + CH_2=C=N^-$	3×10^{-27}

同一酸碱反应完全程度与所在溶剂的离解性密切相关。在自身离解常数小的溶剂中进行酸碱反应,比在自身离解常数大的溶剂中完成得更彻底。以在水中和乙醇中进行的强酸强碱反应为例:

在水溶液中,强酸与强碱的反应是溶剂 H_2O 自身离解反应的逆反应:

$$H_3O^+ + OH^- \rightleftharpoons 2H_2O \qquad K_t^{H_2O} = \frac{1}{K_w^\ominus} = 1.0 \times 10^{14} \qquad (25℃时)$$

在乙醇中,强酸与强碱的反应也是溶剂乙醇自身离解反应的逆反应:

$$C_2H_5OH_2^+ + C_2H_5O^- \rightleftharpoons 2C_2H_5OH \qquad K_t^{C_2H_5OH} = \frac{1}{K_s^{C_2H_5OH}} = 1.3 \times 10^{19} \qquad (25℃时)$$

$K_t^{H_2O}$、$K_t^{C_2H_5OH}$ 分别为强酸强碱反应在这两种溶剂中的平衡常数。

从上述两个平衡常数可以看出,强酸强碱反应在乙醇中进行得更完全。因此,同一酸碱滴定反应在自身离解常数小的溶剂中比在自身离解常数大的溶剂中进行得更彻底,滴定突跃范围也要大一些(表5-5)。

表5-5 在水中和乙醇中 0.1mol/L 的强碱滴定强酸的突跃范围

溶剂	$K_S^\ominus$	计量点前(-0.1%)	计量点后(+0.1%)	突跃范围
H_2O	1.0×10^{-14}	pH=4.3	pH=14-4.3=9.7	4.3~9.7
C_2H_5OH	$1.0 \times 10^{-19.1}$	$pC_2H_5OH_2=4.3$	$pC_2H_5OH_2=19.1-4.3=14.8$	4.3~14.8

从表5-5可知,$K_S^\ominus$ 越小,$pK_S^\ominus$ 就越大,计量点后(+0.1%)的 pH*[① pH* 表示:溶剂化质子浓度(如 $[H^+]$、$[C_2H_5OH_2^+]$)的负对数]也越大,因此滴定突跃范围也就越大,滴定终点越敏锐。对于在 $K_S^\ominus$ 大的溶剂中突跃小、反应不彻底的酸碱滴定有可能在 $K_S^\ominus$ 小的溶剂中进行完全并有明显的滴定突跃。可见,离解性溶剂的自身离解是影响溶液中酸碱反应的重要因素。

2. 溶剂的酸碱性 溶剂的酸碱性对溶质的酸碱度有很大影响。以 HA 代表酸,B 代表碱,根据酸碱质子理论有以下平衡存在:

$$HA \rightleftharpoons H^+ + A^- \qquad K_a^{HA} = \frac{[H^+][A^-]}{[HA]} \qquad (K_a^{HA}为酸 HA 的固有酸度常数) \qquad 式(5-24)$$

$$B + H^+ \rightleftharpoons HB^+ \qquad K_b^B = \frac{[HB^+]}{[H^+][B]} \qquad (K_b^B为碱 B 的固有碱度常数) \qquad 式(5-25)$$

若酸 HA 溶于质子性溶剂 HS 中,则发生下列质子转移反应:

$$HA \rightleftharpoons H^+ + A^-$$

$$HS + H^+ \rightleftharpoons H_2S^+$$

$$HA + HS \rightleftharpoons H_2S^+ + A^-$$

反应的平衡常数：
$$K_{a(HA)}^{\ominus} = \frac{[H_2S^-][A^-]}{[HA][HS]} = K_a^{HA} K_b^{HS}$$
　　　　式(5-26)

式(5-26)表明，酸 HA 在溶剂 HS 中的酸强度取决于 HA 的固有酸强度和溶剂 HS 的固有碱强度，即取决于溶质酸给出质子的能力和溶剂碱接受质子的能力。

同理，碱 B 在质子性溶剂 HS 中的平衡为：

$$B + HS \rightleftharpoons HB^+ + S^-$$

反应平衡常数 $K_{b(B)}^{\ominus}$ 为：
$$K_{b(B)}^{\ominus} = \frac{[HB^+][S^-]}{[HS][B]} = K_b^B K_a^{HS}$$
　　　　式(5-27)

因此，碱 B 在 HS 中的碱强度取决于 B 的固有碱强度和 HS 的酸强度，即取决于碱接受质子的能力和溶剂给出质子的能力。

例如，某酸 HA 的固有酸度常数 $K_a^{HA}=1.0\times10^{-3}$，在介电常数相同而固有碱度常数不同的 $HS_1(K_b^{HS_1}=1.0\times10^{-3})$ 和 $HS_2(K_b^{HS_2}=1.0\times10^3)$ 两种溶剂中，其表观酸强度分别为：

在 HS_1 中，$K_{a(HA)_1}^{\ominus} = K_a^{HA} K_b^{HS_1} = 1.0\times10^{-3}\times10^{-3} = 1.0\times10^{-6}$

在 HS_2 中，$K_{a(HA)_2}^{\ominus} = K_a^{HA} K_b^{HS_2} = 1.0\times10^{-3}\times10^3 = 1.0$

由此可见，酸碱强度不仅与自身的酸碱强度有关，且也与溶剂的酸碱强度有关。弱酸溶于碱性溶剂中，可增强其酸性；弱碱溶于酸性溶剂中，可增强其碱性。

3. 溶剂的极性　电解质在溶剂中的离解通常分电离和离解两步进行。

$$HA + HS \xrightleftharpoons[]{\text{电离}} (H_2S^+ \cdot A^-) \xrightleftharpoons[]{\text{离解}} H_2S^+ + A^-$$

在电离中，HA 将质子转移给溶剂分子，形成离子对；在溶剂分子的进一步作用下发生离解，形成溶剂合质子及溶剂阴离子。形成离子对时的静电引力与溶剂的介电常数成反比。常见溶剂的介电常数见表5-6。

表5-6　常见溶剂的介电常数(ε)(20℃)

溶剂	ε	溶剂	ε
环己烷	2.06	甲基乙基酮	18.97
1,4-二氧杂环己烷（二氧六环）	2.24	正丁醇	17.4
苯	2.28	乙酸酐	20.5
丙酸	3.22	丙酮	21.45
乙醚	4.34	乙醇	25.0
三氯甲烷	4.81	甲醇	32.64
乙酸	6.15	乙腈	36.0
乙二胺	12.90	乙醇胺	37.72
甲基异丁基酮	13.11	甲酸	58.5
吡啶	13.30	水	80.18

由表5-6可知，极性强的溶剂介电常数大(如甲酸的 $\varepsilon=58.5$)，溶质与溶剂形成的离子对较易离解；极性弱的溶剂介电常数小(如苯的 $\varepsilon=2.28$)，溶质与溶剂形成的离子对较难离解。

因此,同一溶质,在其他性质相同而介电常数不同的溶剂中,由于离解的难易程度不同而表现出不同的酸碱强度。例如,乙酸溶于水和乙醇中,水和乙醇的固有碱强度相近,但水的介电常数为80.18,而乙醇的介电常数为25.0,因此,乙酸在水中更易于离解,表现出比在乙醇中更强的酸度。

溶剂的介电常数对带不同电荷的酸或碱离解作用的影响不同。电中性分子的酸或碱、阴离子酸及一价阳离子碱等,在离解时伴随正负电荷的分离,其离解作用随 ε 增大而增强。二价和三价阳离子酸及二价和三价阴离子碱在离解时存在相同电荷之间的分离,相同电荷之间的斥力只有在 ε 减小时才能增强,故它们的离解常数随 ε 减小而增大。一价阳离子酸和一价阴离子碱的离解作用不存在不同电荷离子的分离,故对溶剂 ε 变化并不敏感。例如,NH_4^+、Ac^- 的离解过程中,并无离子对形成。

$$NH_4^+ + HS \underset{\text{电离}}{\overset{\text{电离}}{\rightleftharpoons}} (H_2S^+ \cdot NH_3) \underset{\text{离解}}{\overset{\text{离解}}{\rightleftharpoons}} H_2S^+ + NH_3$$

$$Ac^- + HS \underset{\text{电离}}{\overset{\text{电离}}{\rightleftharpoons}} (HAc \cdot S^-) \underset{\text{离解}}{\overset{\text{离解}}{\rightleftharpoons}} HAc + S^-$$

在酸碱滴定中,常常利用溶剂介电常数对某些酸(或碱)强度影响程度不同的性质来消除共存离子的干扰,以提高选择性。如 H_3BO_4 与 NH_4^+ 在水溶液中两者酸强度相差不大,不能在水溶液中用酸碱滴定法进行准确滴定。如果选用介电常数较水低的乙醇,H_3BO_4 的离解度减小约 10^6 倍,而 NH_4^+ 在乙醇中的离解度与在水中相近,加之乙醇的质子自递常数较水小,因此,能在 H_3BO_4 存在的乙醇溶液中准确滴定 NH_4^+。

4. 溶剂的拉平效应与区分效应 $HClO_4$、H_2SO_4、HCl、HNO_3 等 4 种矿酸,在水中都是强酸,存在以下的酸碱反应:

$$HClO_4 + H_2O \rightleftharpoons H_3O^+ + ClO_4^-$$

$$H_2SO_4 + H_2O \rightleftharpoons H_3O^+HSO_4^-$$

$$HCl + H_2O \rightleftharpoons H_3O^+ + Cl^-$$

$$HNO_3 + H_2O \rightleftharpoons H_3O^+ + NO_3^-$$

按酸碱质子理论,上述反应中水为碱,水接受 4 种矿酸给出的质子形成其共轭酸 H_3O^+,矿酸给出质子后成为相应的共轭碱 ClO_4^-、HSO_4^-、Cl^- 和 NO_3^-。这些酸碱反应向右进行得十分完全,即不论各矿酸的固有酸常数有多大区别,溶于水后,都被拉到 H_3O^+ 的强度水平,使其酸强度均相等。这种将强度不同的酸或碱拉平到同一水平的效应称为拉平效应(leveling effect),而具有拉平效应的溶剂称为拉平溶剂(leveling solvent)。水是上述 4 种矿酸的拉平溶剂。

若将上述矿酸溶于乙酸(HAc),由于 HAc 的碱性比水弱,4 种矿酸的质子转移反应不完全,并且在程度上有差别。

$$HClO_4 + HAc \rightleftharpoons H_2Ac^+ + ClO_4^-$$

$$H_2SO_4 + HAc \rightleftharpoons H_2Ac^+ + HSO_4^-$$

$$HCl + HAc \rightleftharpoons H_2Ac^+ + Cl^-$$

$$HNO_3 + HAc \rightleftharpoons H_2Ac^+ + NO_3^-$$

4 种矿酸给出质子生成 H_2Ac^+ 的反应由上至下越来越不完全,其固有的酸强度在冰醋酸中被区分。这种区分酸、碱强度的效应称为区分效应(differentiating effect),而具有区分效应的溶剂称为区分溶剂(differentiating solvent)。HAc 是上述 4 种矿酸的区分溶剂。

溶剂的拉平效应和区分效应,实际上是溶剂与溶质间发生质子转移反应的结果,与溶剂和溶质的酸碱相对强度有关。例如,水不但是上述 4 种矿酸的拉平溶剂,也是这 4 种酸与

HAc 的区分溶剂,因为在水中,HAc 的质子转移反应不完全,显弱酸性。又如,HAc 虽然是上述 4 种酸的区分溶剂,但由于其酸性较强,氨、乙二胺、乙胺等在 HAc 中夺取质子的反应进行得十分完全,其碱强度均被拉到 Ac^- 阴离子水平,因此 HAc 是这些碱的拉平溶剂。

　　溶剂的拉平效应和区分效应除与溶剂的酸碱性有关外,还与溶剂的介电常数、质子自递常数等多种因素有关。

　　若溶剂的酸碱度接近,ε 大的拉平效应较强,ε 小的区分效应较强。例如,冰醋酸的 $\varepsilon(\varepsilon=6.15)$ 较甲酸的 $\varepsilon(\varepsilon=58.5)$ 小很多,对高氯酸、硫酸、盐酸等的区分效应比甲酸强得多。

　　质子性溶剂的质子自递常数($K_S^{\ominus}$)大小也直接影响着其拉平效应与区分效应的能力。当溶剂的 $K_S^{\ominus}$ 很大时,不可能容纳强度相差很大的酸碱同时并存;$K_S^{\ominus}$ 很小时,不同强度的各种酸碱在其中能彼此分开。惰性溶剂是共存酸碱良好的区分溶剂。因此,拉平效应与区分效应都是相对的。一般来说,酸性溶剂是碱的拉平溶剂,对酸起区分作用;碱性溶剂是酸的拉平溶剂,对碱起区分作用。区分不同强度的多组分混合酸(或碱)时,还经常使用某些非质子性溶剂,它们是混合酸(或碱)的良好区分溶剂。如:在甲基异丁酮溶剂中,用氢氧化四丁基铵连续滴定 $HClO_4$、HCl、水杨酸、HAc、苯酚($K_a^{\ominus}=1.1\times10^{-10}$)5 种混合酸,在以电位分析法确定终点的滴定曲线上,观察到 5 个不同强度的酸能明显被区分滴定(图 5-9)。

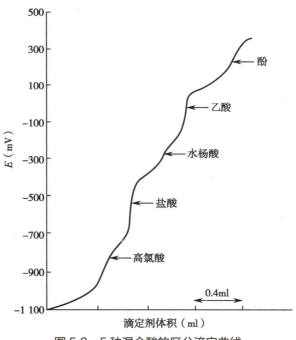

图 5-9　5 种混合酸的区分滴定曲线

(三)溶剂的选择

　　在非水酸碱溶剂的选择中,应主要考虑溶剂的上述性质,首先要考虑的是溶剂的酸碱性,因为它对滴定反应能否进行完全起决定作用。一般溶剂的选择遵循以下几个原则:

　　1. 选择的溶剂应有利于滴定反应在短时间内进行完全,能增强试样的酸性或碱性,不引起副反应。通常,滴定弱酸时选碱性溶剂;滴定弱碱时选酸性溶剂;滴定混合酸或混合碱时,选具有良好区分效应的溶剂。

　　2. 溶剂应能溶解试样及滴定产物,但允许滴定产物为不溶性晶形沉淀。通常,极性物质较易溶于质子性溶剂,非极性物质较易溶于非质子性溶剂。

3. 溶剂的极性不宜太强,即介电常数不宜太大,否则滴定产物离解度增大,滴定反应不易进行完全,滴定时突跃不明显。常使用介电常数合适的混合溶剂。

4. 一般由惰性溶剂与质子溶剂结合而成混合溶剂能改善试样溶解度和锐化终点。常用的混合溶剂可分为两类:一类是冰醋酸-乙酸酐、冰醋酸-苯、冰醋酸-三氯甲烷、冰醋酸-四氯化碳等,适用于弱碱性物质的滴定;另一类是苯-甲醇、苯-异丙醇、甲醇-丙酮、二甲基甲酰胺-三氯甲烷等,适用于弱酸性物质的滴定。通常有以下 3 种:

(1)由一系列二醇类(如乙二醇、1,2-丙二醇、二羟二乙醚等)与烃类或卤烃类所组成的混合溶剂。用于溶解有机酸的共轭碱、生物碱及高分子化合物等。

(2)由冰醋酸-乙酸酐、冰醋酸-苯、冰醋酸-三氯甲烷、冰醋酸-四氯化碳等组成的混合溶剂。适用于弱碱性物质的滴定。

(3)由苯-甲醇、苯-吡啶、苯-异丙醇、二甲基甲酰胺-三氯甲烷等组成的混合溶剂。适用于酸性物质的滴定,其中苯-甲醇是滴定羧酸、乙酸酐等很好的溶剂。

5. 溶剂的纯度要高,非水酸碱滴定时,要求溶剂中不应含有酸性或碱性杂质,否则应加以精制。存在于非水溶剂中的水分,既是酸性杂质又是碱性杂质,对滴定影响很大,应予以除去。此外,溶剂还要求黏度小,挥发性低,易于精制回收,安全,价廉。

二、非水溶液中酸和碱的滴定

(一)碱的滴定

1. 溶剂　通常滴定弱碱应选择酸性溶剂,如冰醋酸、甲酸、丙酸、硝基甲烷等,以增强弱碱的强度。由于混合溶剂能改善试样溶解性、增大滴定突跃及锐化终点等,对一些难溶试样或终点不太明显的滴定常选用由质子性溶剂和惰性溶剂组成的混合溶剂,如冰醋酸-四氯化碳溶剂。

非水酸碱
滴定法应
用示例

冰醋酸性质稳定,不受空气影响,是滴定弱碱的理想溶剂,适合用指示剂(如结晶紫)方法滴定在水中$pK_b^{\ominus} \leqslant 11$的碱。

市售冰醋酸含少量水分,影响滴定,使用前需加一定量的乙酸酐除去水分。

$$(CH_3CO)_2O + H_2O \Longrightarrow 2CH_3COOH$$

从以上反应式可知,水与乙酸酐反应的化学计量比为 1:1。若用d_{CH_3COOH}表示乙酸的比重,$H_2O\%$ 表示乙酸的含水百分率,$d_{(CH_3CO)_2O}$表示乙酸酐的比重,$(CH_3CO)_2O\%$ 表示乙酸酐的百分含量,则除去 1 000ml 冰醋酸中的水分所需要的乙酸酐毫升数(V)计算如下:
$[M_{H_2O} = 18.02g/mol, M_{(CH_3CO)_2O} = 102.09g/mol]$

$$\frac{d_{CH_3COOH} \times 1\,000 \times H_2O\%}{M_{H_2O}} = \frac{d_{(CH_3CO)_2O} \times V_{(CH_3CO)_2O} \times [(CH_3CO)_2O]\%}{M_{(CH_3CO)_2O}}$$

$$V_{(CH_3CO)_2O} = \frac{d_{CH_3COOH} \times 1\,000 \times H_2O\% \times M_{(CH_3CO)_2O}}{d_{(CH_3CO)_2O} \times [(CH_3CO)_2O]\% \times M_{H_2O}} \qquad 式(5\text{-}28)$$

2. 标准溶液和基准物质　高氯酸在冰醋酸中酸性最强,性质稳定,而用高氯酸滴定无机碱、有机碱的产物易溶于冰醋酸,故常采用高氯酸的冰醋酸溶液作滴定碱的标准溶液。

(1)0.1mol/L 的 HClO₄-HAc 溶液的配制:通常高氯酸为含 70.0%~72.0%HClO₄的水溶液,故需加入计算量的乙酸酐以除去水分。仍可按式(5-28)计算。如果配制 0.1mol/L 的HClO₄溶液 1 000ml,需要含 72.0%HClO₄、比重为 1.75 的高氯酸 8.0ml,则为除去 8.0ml 高氯酸中的水分应加比重 1.08、含量为 97.0% 的乙酸酐的体积为:

$$V_{(CH_3CO)_2O} = \frac{8.0 \times 1.75 \times (100 - 72)\% \times 102.09}{18.02 \times 1.08 \times 97.0\%} \approx 22(ml)$$

72% 高氯酸与有机物接触、遇热极易引起爆炸,和乙酸酐直接混合发生剧烈反应,同时放出大量的热。因此,在配制时应先用冰醋酸将高氯酸稀释,一边搅拌一边缓缓加入适量乙酸酐,并控制温度在 25℃ 以下才能保证安全。

测定一般试样时,乙酸酐的量可多于计算量,不影响测定结果。若所测试样易乙酰化,如芳伯胺或仲胺样品,所加乙酸酐不宜过量,否则过量的乙酸酐将与胺发生乙酰化反应,使测定结果偏低。

由于高氯酸的冰醋酸溶液在室温低于 16℃ 时会结冰而影响使用,故可采用乙酸 - 乙酸酐(9∶1)的混合溶剂配制高氯酸标准溶液,这样不仅能防止结冰,且稀释性小。有时也可在冰醋酸中加入 10%~15% 丙酸防冻。

(2)0.1mol/L 的 $HClO_4$-HAc 溶液的标定:标定高氯酸标准溶液浓度常用邻苯二甲酸氢钾为基准物质,结晶紫为指示剂。滴定反应如下:

(3)标准溶液浓度的温差校正:水的膨胀系数较小(2.1×10^{-4}/℃)。以水为溶剂的酸碱标准溶液的浓度受室温改变影响不大。而多数有机溶剂的体积膨胀系数较大,例如,冰醋酸约为 1.07×10^{-3}/℃,是水的 5 倍,即温度改变 1℃,体积就有 0.11% 的变化。所以,$HClO_4$-HAc 标准溶液滴定试样与标定时如有温差,需按下式对标准溶液的浓度进行温差校正。

$$c_1 = \frac{c_0}{1 + a(t_1 - t_0)} \tag{式(5-29)}$$

式(5-29)中,a 为冰醋酸的体积膨胀系数,t_0 为标定时的温度,t_1 为测定时的温度,c_0、c_1 分别为标定和测定时高氯酸的物质的量浓度。

3. 指示剂　以冰醋酸作溶剂,高氯酸为滴定剂滴定碱时,最常用的指示剂为结晶紫(crystal violet)。结晶紫分子中的氮原子能键合多个质子表现为多元碱,在滴定中随着溶液酸度的增加,结晶紫由碱式色(紫色)变为酸式色(黄色)。在不同的酸度下变色较为复杂,由碱区到酸区的颜色变化有紫、蓝、蓝绿、黄绿、黄。在不同酸度的介质下其电离平衡如下:

在滴定不同强度的碱时,终点颜色变化不同。滴定较强碱,应以蓝色或蓝绿色为终点;滴定较弱碱,应以蓝绿或绿色为终点。对终点的判断最好用电位滴定法作对照,以确定终点的颜色,并做空白试验以减少终点误差。

在冰醋酸中滴定弱碱的指示剂还有甲基紫(0.5% 冰醋酸溶液,酸式色为蓝色,碱式色为紫色)、α- 萘酚苯甲醇(0.2% 冰醋酸溶液,酸式色为绿色,碱式色为黄色)及喹哪啶红(0.1%甲醇溶液,酸式色为无色,碱式色为红色)等。

α-萘酚苯甲醇
(α-naphthalphenol benzyl alcohol)

喹哪啶红
(quinaldine red)

在非水溶液滴定中,有许多物质的滴定目前还无合适的指示剂,可以用电位分析法确定终点。

4. 应用示例 具有碱性基团的化合物,如胺类、氨基酸类、含氮杂环、某些有机碱的共轭酸及弱酸的共轭碱等,大都可用高氯酸溶液进行滴定。

(1)有机弱碱:有机弱碱,如胺类、生物碱类等,只要在水溶液中它们的 $K_b^{\ominus} > 10^{-11}$,一般都能在冰醋酸介质中用高氯酸标准溶液进行定量测定。

例如生物碱的含量测定:精密称取生物碱试样 40~100mg 于 100ml 的锥形瓶中,加 5ml 无水冰醋酸溶解,加结晶紫指示剂 1 滴,用 0.1mol/L 的 $HClO_4$-HAc 标准溶液滴定至绿色。由消耗 $HClO_4$ 标准溶液的毫升数可计算生物碱的含量。

$$\omega_{生物碱} = \frac{c_{HClO_4} \cdot V_{HClO_4} \cdot M_{生物碱}}{S \times 1\,000n} \times 100\%$$

式中,n 为与 1mol 生物碱反应的 H^+ 摩尔数。

(2)有机碱的氢卤酸盐:有机碱一般难溶于水,且不太稳定,因此常将有机碱与酸作用成盐后再作药用。其中大部分为有机碱氢卤酸盐($B \cdot HX$),如盐酸麻黄碱、盐酸川芎嗪、盐酸小檗碱、氢溴酸东莨菪碱等。这些药物均可在非水溶液中进行滴定。由于氢卤酸在乙酸中酸性较强,不能用 $HClO_4$ 直接滴定有机碱的氢卤酸盐。通常先加入过量的乙酸汞冰醋酸溶液,使氢卤酸形成在 HAc 中难电离的 HgX_2,而氢卤酸盐则转化为酸性较弱的乙酸盐,可用 $HClO_4$ 标准溶液进行滴定。反应式为:

$$2B \cdot HX + HgAc_2 \rightleftharpoons 2B \cdot HAc + HgX_2$$

$$B \cdot HAc + HClO_4 \rightleftharpoons B \cdot HClO_4 + HAc$$

例如盐酸麻黄碱的含量测定:盐酸麻黄碱是麻黄生物碱的共轭弱酸,其结构式如下所示。

$$M_{C_{10}H_{15}NO \cdot HCl} = 201.67g/mol$$

精密称取盐酸麻黄碱试样 0.1~0.15g,加冰醋酸 10ml,加热溶解,加乙酸汞试剂 4ml,结晶紫指示剂 1 滴,用 0.1mol/L 的 $HClO_4$-HAc 标准溶液滴定至溶液显蓝绿色为终点,并将结果用空白校正。由消耗的 $HClO_4$ 标准溶液的体积计算盐酸麻黄碱的含量。

(二) 酸的滴定

1. 溶剂　在水中难溶或酸性极弱 ($K_a^\ominus < 10^{-7}$) 的物质,不能用氢氧化钠标准溶液直接滴定。若选择碱性溶剂使其酸性增强,便可用标准碱液进行滴定。通常滴定不太弱的羧酸时,可用醇类溶剂;对弱酸或极弱酸则可选比水碱性强的碱性溶剂,如乙二胺、二甲基甲酰胺等。对混合酸中各组分的分别滴定,常选用甲基异丁基酮等显碱性的具有区分效应的溶剂。也可使用一些混合溶剂等。

2. 标准溶液与基准物质　用于滴定酸性物质的碱标准溶液有醇碱(甲醇钠、甲醇钾、甲醇锂及氨基乙醇钠等)、碱性氢氧化物(氢氧化钾、乙酸钠、邻苯二甲酸氢钾及二甲亚砜钠等)、氢氧化季铵碱(氢氧化四丁基铵、氢氧化三丁基铵及氢氧化三乙基丁基铵等)。常用的滴定剂为甲醇钠的苯 - 甲醇溶液。

(1) 0.1mol/L 甲醇钠的苯 - 甲醇标准溶液的配制:取无水甲醇(含水量在 0.2% 以下)150ml,置于冰水冷却的容器中,分次少量地加入新切的金属钠 2.5g,待完全溶解后,加适量无水苯(含水量在 0.2% 以下)使成 1 000ml,即得。

甲醇是甲醇钠的共轭酸,用量不宜过多,否则会降低标准溶液的碱度。金属钠与无水甲醇反应剧烈,配制时要充分降温,以保证安全。

$$2CH_3OH + 2Na \rightleftharpoons 2CH_3ONa + H_2\uparrow$$

(2) 0.1mol/L 甲醇钠的苯 - 甲醇标准溶液的标定:标定甲醇钠的苯 - 甲醇标准溶液常用的基准物质是苯甲酸,以百里酚蓝作指示剂,用甲醇钠溶液滴定至蓝色为终点。

$$c_{CH_3ONa} = \frac{m_{C_6H_5COOH}}{(V_{CH_3ON} - V_0) \times M_{C_6H_5COOH}} \times 1\ 000$$

式中,V_0 为滴定空白溶液所消耗的甲醇钠溶液的毫升数。

3. 指示剂

(1) 百里酚蓝 (thymol blue):适用于在苯、丁胺、二甲基甲酰胺、吡啶及叔丁醇滴定羧酸及中等强度酸时作指示剂。酸式色为黄色,碱式色为蓝色,变色敏锐。

(2) 偶氮紫 (azoviolet):用在丁胺、乙二胺、二甲基甲酰胺、乙腈、吡啶、酮类及醇类等溶剂中滴定较弱酸时的指示剂。酸式色为红色,碱式色为蓝色。

(3) 溴酚蓝 (bromophenol blue):用在苯 - 甲醇、三氯甲烷等溶剂中滴定羧酸时的指示剂。酸式色为黄色,碱式色为蓝色。

以上 3 种指示剂的结构如下:

百里酚蓝　　　　　　　　　　　　偶氮紫

$$O_2N-\underset{}{\bigcirc}-N=N-\underset{OH}{\overset{HO}{\bigcirc}}-OH$$

溴酚蓝

4. 应用示例

（1）羧酸类：在水溶液中 $pK_a^{\ominus}$ 为 5~6 的羧酸，可在醇中以氢氧化钠（或氢氧化钾）作标准溶液，酚酞为指示剂进行滴定；较弱的羧酸通常是在苯 - 甲醇溶液中，以百里酚蓝为指示剂，用甲醇钠的苯 - 甲醇标准溶液滴定。滴定反应如下：

$$RCOOH + CH_3ONa \Longleftrightarrow RCOONa + CH_3OH$$

操作步骤：取 20~30ml（4∶1）苯 - 甲醇溶液，置于锥形瓶中，加 2~3 滴 0.3% 百里酚蓝指示剂，先用甲醇钠标准溶液滴定空白溶液的酸至溶液变为蓝色，记下所消耗的标准溶液的体积，然后准确称取 0.5~0.8mol 的羧酸试样于同一滴定锥形瓶中，溶解后用甲醇钠继续滴定至纯蓝色即为终点。根据所消耗的标准溶液体积数，计算羧酸的含量。

$$\omega_{羧酸} = \frac{c_{CH_3ON}(V - V_0)M_{RCOOH}}{S \times 1\,000n} \times 100\%$$

式中，n 为 1mol 羧酸与碱发生反应的 H^+ 摩尔数，V、V_0 分别为滴定试样和空白溶液所消耗的标准溶液的体积数。

（2）酚类：酚的酸性比羧酸弱，例如在水中，苯甲酸 $pK_a^{\ominus}$ 为 4.2，而苯酚的 $pK_a^{\ominus}$ 为 9.96。在水溶液中，滴定苯酚无明显突跃。若以乙二胺为溶剂进行滴定可增强其酸性，用氨基乙醇钠（$NaOCH_2CH_2NH_2$）作滴定剂，可获得明显的滴定突跃。当酚的邻位或对位有—NO_2、—CHO、—Cl、—Br 等取代基时，酸的强度有所增大，此时，可选二甲基甲酰胺作溶剂，甲醇钠作滴定剂，用偶氮紫作指示剂指示终点。例如，棉籽及棉籽油的有效成分棉酚（gossypol）的含量测定即按此方法进行。

（王 巍 尹 华）

复习思考题与习题

1. 写出下列碱的共轭酸、酸的共轭碱。

（1）写出下列碱的共轭酸：HCO_3^-、$C_2H_3O_2^-$、H_2O、$C_6H_5NH_2$、NH_3、Ac^-、S^{2-}。

（2）写出下列酸的共轭碱：HNO_3、H_2O、$H_2PO_4^-$、HCO_3^-、$HC_2O_4^-$、H_2S、HPO_4^{2-}。

2. 用酸碱质子理论说明酸、碱的离解，盐的水解及酸碱中和反应的实质。

3. 写出下列酸碱组分在水溶液中的质子平衡式。

HNO_3、HCN、NH_3、NH_4HCO_3、NH_4Ac、Na_2HPO_4、Na_3PO_4、H_2CO_3、H_3PO_4。

4. 计算 0.10mol/L NaAc 水溶液的 pH（$K_a^{\ominus}=1.7 \times 10^{-5}$）；计算 0.10mol/L NH_4Cl 水溶液的 pH（$K_b^{\ominus}=1.8 \times 10^{-5}$）。

5. 将 0.10mol/L HAc 和 0.10mol/L NaAc 的缓冲液用水稀释 10 倍，求此稀释液的 pH（HAc 的 $pK_a^{\ominus}=4.76$）。

6. 试述酸碱指示剂的变色原理、变色区间及选择指示剂的原则。

7. 甲基橙的实际变色区间（3.1~4.4）与理论变色区间（2.4~4.4）不一致，如何解释？

8. 何谓 pH 滴定曲线和滴定突跃？试述影响滴定突跃范围的因素。

9. 为什么用 HCl 可以直接滴定硼砂，而不能直接滴定 NaAc？为什么 NaOH 可以直接滴定 HAc，而不能直接滴定硼酸？

10. 下列酸、碱能否直接用 0.10mol/L NaOH 或 HCl 标准溶液滴定？如能滴定,计算计量点的 pH,说明应选用何种指示剂？①0.10mol/L HCOOH 水溶液($K_a^\ominus$=1.8×10^{-4});②0.10mol/L NH$_4$Cl 水溶液($K_b^\ominus$=1.8×10^{-5});③0.10mol/L C$_6$H$_5$COOH 水溶液($K_a^\ominus$=6.3×10^{-5});④0.10mol/L C$_6$H$_5$COONa 水溶液;⑤0.10mol/L C$_6$H$_5$OH 水溶液($K_a^\ominus$=1.1×10^{-10});⑥0.10mol/L C$_6$H$_5$ONa 水溶液。

11. 下列酸碱水溶液能否进行分步滴定或分别滴定？①0.10mol/L H$_3$PO$_4$;②0.10mol/L H$_2$C$_2$O$_4$;③0.10mol/L H$_2$SO$_4$+0.10mol/L H$_3$BO$_3$;④0.10mol/L NaOH+0.10mol/L NaHCO$_3$。

12. 有一含 Na$_2$CO$_3$ 的 NaOH 药品 1.179g,用 0.300 0mol/L 的 HCl 滴定至酚酞终点,耗去酸 48.16ml,继续滴定至甲基橙终点,又耗去酸 24.08ml,试计算 NaOH 和 Na$_2$CO$_3$ 的百分含量。($M_{Na_2CO_3}$ = 105.99g/mol , M_{NaOH} = 40.00g/mol)

13. 某一含有 Na$_2$CO$_3$、NaHCO$_3$ 及杂质的样品 0.602 0g,用 0.212 0mol/L HCl 滴定,用酚酞指示剂,变色时用去 HCl 溶液 20.50ml,继续滴定至甲基橙变色,用去 25.88ml,求样品中各成分的百分含量。($M_{Na_2CO_3}$ =105.99g/mol,M_{NaHCO_3} =84.01g/mol)

14. 有工业用 Na$_2$CO$_3$ 碱样 1.000 0g 溶于水,并稀释至 100.0ml。取其中 25.00ml,以酚酞为指示剂,消耗 HCl 溶液(0.101 5mol/L)24.76ml。另取 25.00ml,以甲基橙为指示剂,消耗同样浓度 HCl 溶液 43.34ml。试分析该碱样中的组成,以及各组成成分的含量。($M_{Na_2CO_3}$ = 105.99g/mol,M_{NaOH} =40.00g/mol,M_{NaHCO_3} =84.01g/mol)

15. 用基准硼砂(Na$_2$B$_4$O$_7$·10H$_2$O)标定 HCl 溶液的浓度。称取硼砂 0.572 2g,溶解于水后加入甲基橙指示剂,以 HCl 溶液滴定,消耗 HCl 25.30ml,计算 HCl 溶液的浓度。($M_{硼砂}$ = 381.36g/mol)

16. 用 0.100 0mol/L 的 NaOH 标准溶液滴定 0.100 0mol/L HAc 溶液时,用中性红作指示剂,滴定至 pH=7.0 为终点;用百里酚酞作指示剂,滴定至 pH=10.0 为终点,分别计算它们的终点误差。(K_a=1.7×10^{-5})

17. 称取 0.250 0g 不纯的 CaCO$_3$ 试样,溶解于 25.00ml 0.248 0mol/L HCl 溶液中,过量的酸用 6.80ml 0.245 0mol/L NaOH 溶液回滴,求试样中 CaCO$_3$ 的百分含量？ (M_{CaCO_3}=100.09g/mol)

18. 准确称取某草酸试样 1.500g,加水溶解并定容至 250.00ml,取 25.00ml,以 0.100 0mol/L NaOH 23.50ml 滴定酚酞指示剂显微红色,计算 H$_2$C$_2$O$_4$·2H$_2$O 的百分含量。($M_{H_2C_2O_4\cdot2H_2O}$ = 126.06g/mol)

19. 乌洛托品(化学名称:六次甲基四胺)是治疗尿道感染的药品,《中华人民共和国药典》规定纯度不能小于99%。称取该药品 0.119 0g 加入 0.049 71mol/L H$_2$SO$_4$ 50.00ml,加热发生反应[(CH$_2$)$_6$N$_4$+2H$_2$SO$_4$+6H$_2$O=6HCHO↑+2(NH$_4$)$_2$SO$_4$],再用 0.103 7mol/L NaOH 回滴过量的 H$_2$SO$_4$,消耗 NaOH 15.27ml。请计算样品中乌洛托品的质量分数,并说明其纯度是否达到《中华人民共和国药典》的规定。[$M_{(CH_2)_6N_4}$=140.19g/mol]

20. 已知试样含有 Na$_3$PO$_4$、Na$_2$HPO$_4$,以及其他不与酸作用的杂质。称取试样 2.000g,溶解后用甲基橙作指示剂,以 HCl 溶液(0.500 0mol/L)滴定时消耗 32.00ml;同样质量的试样,当用酚酞作指示剂时消耗 HCl 溶液 12.00ml。求试样中各组分的含量。($M_{Na_3PO_4}$ = 163.94g/mol , $M_{Na_2HPO_4}$ = 141.96g/mol)

21. 对药物保泰松的含量进行测定。精密称取本品 0.520 0g,加中性丙酮(对酚酞中性)20ml 溶解,加新沸的冷水 6ml,酚酞指示剂数滴,用 0.101 0mol/L NaOH 标准溶液滴定至终点,用去 NaOH 16.00ml,计算其百分含量。(每毫升 0.1mol/L NaOH 相当于 30.84mg C$_{19}$H$_{20}$O$_2$N$_2$)

22. 对药物中总氮进行测定。称取试样 0.200 0g,将其中的 N 全部转化为 NH$_3$,并用 25.00ml,0.100 0mol/L HCl 溶液吸收,过量的 HCl 用 0.120 0mol/L NaOH 溶液返滴定,消耗

8.10ml,计算药物中 N 的百分含量。(M_N = 14.01g/mol）

23. 试用酸碱质子理论解释水分对非水溶液滴定酸碱的影响。

24. 何谓溶剂的拉平效应和区分效应？在下列何种溶剂中,乙酸、苯甲酸、盐酸、高氯酸的强度都相同？①纯水；②浓硫酸；③液氨；④甲基异丁酮；⑤乙醇。

25. 已知水及乙醇的质子自递常数分别为：$K_S^{H_2O}$ = 1.0×10^{-14},$K_S^{C_2H_5OH}$ = $1.0 \times 10^{-19.1}$。求：①纯溶剂的 pH、pOH 及 $pC_2H_5OH_2$、pC_2H_5O；②0.010 0mol/L 的 $HClO_4$ 水溶液和乙醇溶液的 pH、$pC_2H_5OH_2$ 及 pOH、pC_2H_5O 各为多少？

26. 指出下列溶剂中,何者为质子性溶剂？何者为非质子性溶剂？若为质子性溶剂,是酸性溶剂,还是碱性溶剂？若为非质子性溶剂,是惰性溶剂,还是显碱性的非质子性溶剂？

(1)甲基异丁酮；(2)苯；(3)水；(4)冰醋酸；(5)乙二胺；(6)二氧六环；(7)乙醚；(8)异丙醇；(9)丁胺；(10)丙酮。

27. 测定下列物质,宜选哪类溶剂？

乙酸钠、氯化铵、氨基酸、生物碱、苯甲酸 - 苯酚混合物、硫酸 - 盐酸混合物。

28. $HClO_4$-HAc 溶液在 24℃时标定的浓度为 0.108 6mol/L,计算此溶液在 30℃时的浓度。（$\alpha=1.1 \times 10^{-3}$/℃）

29. 一含 NH_2 基的生物碱试样 0.250 0g,溶于乙酸后,用 0.100 0mol/L 的 $HClO_4$-HAc 溶液滴定用去 12.00ml,请计算试样中 NH_2 基的百分含量。（M_{NH_2} = 16.02g/mol）

30. 假定在无水乙醇中 $HClO_4$、C_2H_5ONa 都完全离解。

(1)以无水乙醇为溶剂,用 0.100mol/L C_2H_5ONa 滴定 50.0ml 的 0.050mol/L $HClO_4$,计算当加入 0.00ml、12.5ml、24.9ml、25.0ml、25.1ml 和 30.0ml 碱溶液时溶液 pH（$-lg[C_2H_5OH_2]$）。（$K_S^{C_2H_5OH}$ = 7.9×10^{-20}）

(2)将(1)中体积从 24.9ml 到 25.1ml 的 pH 变化（ΔpH）同水作溶剂、NaOH 作滴定剂时的作比较,并解释。

31. 取 α- 萘酸及 1- 羟基 -α- 萘酸的固体混合物试样 0.140 2g,溶于约 50ml 甲基异丁基酮中,用 0.179 0mol/L 氢氧化四丁基铵的无水异丙醇溶液进行电位滴定。所得曲线上有两个明显的终点,第一个在加入滴定剂 3.58ml 处,第二个再加入滴定剂 5.19ml 处。求 α- 萘酸及 1- 羟基 -α- 萘酸在固体试样中的百分含量。（$M_{1-羟基-\alpha-萘酸}$=189.19g/mol,$M_{\alpha-萘酸}$=172.18g/mol）

32. 精密称取盐酸麻黄碱试样 0.149 8g,加冰醋酸 10ml 溶解后,加入乙酸汞 4ml 与结晶紫指示剂 1 滴,用 0.100 3mol/L $HClO_4$ 标准溶液 8.02ml 滴定到终点,空白消耗标准溶液 0.65ml,请计算此试样中盐酸麻黄碱的百分含量。（$M_{C_{10}H_{15}NO \cdot HCl}$ = 201.67g/mol）

第六章

配位滴定法

PPT 课件

> **学习目标**
>
> 通过学习 EDTA 滴定法的原理及滴定条件的控制、配位滴定的方式及其应用,为药物分析中含金属离子等药物的含量测定提供理论基础和实验依据。
>
> 1. 掌握 EDTA 的性质及其配合物;配合物的稳定常数和条件稳定常数;配位滴定条件的控制;金属指示剂的变色原理及选择原则。
>
> 2. 熟悉提高配位滴定的选择性的方法;常见金属指示剂的变色区间、特点和应用。
>
> 3. 了解 EDTA 标准溶液的配制与标定,配位滴定方式及其应用。

第一节 概 述

配位滴定法是以配位反应和配位平衡为基础的滴定分析法,也称络合滴定法(complexometric titration)。配位反应具有极大的普遍性,广泛应用于医药工业、化学工业、地质、环保、冶金等各个领域。

能用于配位滴定的配位反应必须具备以下条件:

1. 配位反应能定量且进行完全。即生成的配合物应具有足够的稳定性,且配位反应按一定的计量比进行(配位数一定)。这是配位滴定法定量计算的依据。

2. 配位反应必须迅速。

3. 有适当的方法确定终点。

配合物可分为简单配位化合物和多基配位体的配合物(螯合物)。前者多由无机配位体与金属离子形成,一般没有螯合物稳定,常形成逐级配合物,平衡情况复杂,可用作掩蔽剂、缓冲剂、显色剂和指示剂,极少用于滴定分析法,仅以 CN^- 为滴定剂的氰量法和以 Hg^{2+} 为滴定剂的汞量法有一定的实际意义。后者常由有机多基配位剂(螯合剂)与金属离子形成,具有稳定的环状结构。

20 世纪 40 年代起,许多有机配位剂特别是氨羧配位剂被用于滴定分析法,使配位滴定法迅速发展成为应用最广泛的滴定分析法之一。目前,最常用的有机配位剂为氨羧配位剂(含氨基二乙酸基团),其中又以乙二胺四乙酸(EDTA)的应用最为广泛,其标准溶液能够以直接、间接等滴定方式测定几十种离子。除了用于配位滴定,EDTA 还常用于药物、食品、化妆品生产的添加剂。

以 EDTA 标准溶液进行配位滴定的方法,称为 EDTA 滴定法。本章主要讨论 EDTA 滴定法。

笔记栏

 知识拓展

配位反应中的螯合剂

配位反应中常见的螯合剂有：

1. "OO型"螯合剂　配位原子均为 O,如羟基酸、多元酸、多元醇、多元酚等。

2. "NO型"螯合剂　O、N 原子同时作为配位原子,如氨羧配位剂、羟基喹啉和一些邻羟基偶氮染料等。

3. "NN型"螯合剂　配位原子均为 N,如有机胺类、含氮杂环化合物等。

4. 含硫螯合剂　包括"SS型"螯合剂、"SO型"螯合剂及"SN型"螯合剂等。

氨羧配位剂指含有氨基二乙酸结构的有机配体,配位原子为氨基 N 和羧基 O,属于"NO型"螯合剂,除常见的乙二胺四乙酸(EDTA)外,还有亚氨基二乙酸(IMDA)、氨三乙酸(ATA 或 NTA)、环己二胺四乙酸(CyDTA 或 DCTA)、乙二胺四丙酸(EDTP)、乙二醇双(2-氨基乙醚)四乙酸(EGTA)等。

第二节　乙二胺四乙酸的性质及其配合物

乙二胺四乙酸为白色结晶性粉末,无毒,在水中溶解度不大,约 0.02g/100ml(22℃)。其二钠盐(EDTA-2Na)在水中的溶解度较大,22℃时溶解度可达 11.1g/100ml,溶液的浓度约 0.3mol/L,pH 在 4.5 左右。实际工作中,常用其含两分子结晶水的二钠盐作滴定剂,一般也简称 EDTA,用 $Na_2H_2Y \cdot 2H_2O$ 表示。

一、乙二胺四乙酸在水溶液中的离解平衡

EDTA 是四元酸,用 H_4Y 表示。在水溶液中,分子中两个羧基上的 H^+ 可以转移到 N 原子上,以双偶极离子的结构存在。如下所示:

$$HOOCH_2C \diagdown \underset{\overline{}OOCH_2C}{\overset{H^+}{N}}-CH_2-CH_2-\underset{CH_2COOH}{\overset{H^+}{\diagup}}\overset{CH_2COO^-}{N}$$

在酸度较高的溶液中,EDTA 的两个羧基可再接受两个 H^+,形成 H_6Y^{2+},相当于六元酸,在水溶液中存在以下 6 级离解平衡。

$$H_6Y^{2+} \rightleftharpoons H^+ + H_5Y^+ \qquad K_{a_1}^{\ominus} = \frac{[H^+][H_5Y^+]}{[H_6Y^{2+}]} = 1.30 \times 10^{-1} \qquad pK_{a_1}^{\ominus} = 0.90$$

$$H_5Y^+ \rightleftharpoons H^+ + H_4Y \qquad K_{a_2}^{\ominus} = \frac{[H^+][H_4Y]}{[H_5Y^+]} = 2.51 \times 10^{-2} \qquad pK_{a_2}^{\ominus} = 1.60$$

$$H_4Y \rightleftharpoons H^+ + H_3Y^- \qquad K_{a_3}^{\ominus} = \frac{[H^+][H_3Y^-]}{[H_4Y]} = 1.00 \times 10^{-2} \qquad pK_{a_3}^{\ominus} = 2.00$$

$$H_3Y^- \rightleftharpoons H^+ + H_2Y^{2-} \qquad K_{a_4}^{\ominus} = \frac{[H^+][H_2Y^{2-}]}{[H_3Y^-]} = 2.14 \times 10^{-3} \qquad pK_{a_4}^{\ominus} = 2.67$$

$$H_2Y^{2-} \rightleftharpoons H^+ + HY^{3-} \qquad K_{a_5}^{\ominus} = \frac{[H^+][HY^{3-}]}{[H_2Y^{2-}]} = 6.92 \times 10^{-7} \qquad pK_{a_5}^{\ominus} = 6.16$$

$$HY^{3-} \rightleftharpoons H^+ + Y^{4-} \qquad K_{a_6}^{\ominus} = \frac{[H^+][Y^{4-}]}{[HY^{3-}]} = 5.50 \times 10^{-11} \qquad pK_{a_6}^{\ominus} = 10.26$$

因此,水溶液中,EDTA 可存在 H_6Y^{2+}、H_5Y^+、H_4Y、H_3Y^-、H_2Y^{2-}、HY^{3-}、Y^{4-} 等 7 种型体,且它们的分布系数与溶液的 pH 有关。图 6-1 是 EDTA 各种存在型体的分布系数与 pH 关系图。

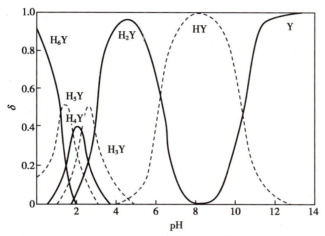

图 6-1　EDTA 各种存在型体的分布系数与 pH 关系图

由图 6-1 可知,EDTA 在 pH<1 的强酸性溶液中,主要以 H_6Y^{2+} 型体存在;在 pH 为 2.67~6.16 的溶液中,主要以 H_2Y^{2-} 型体存在;在 pH>10.26 的碱性溶液中,主要以 Y^{4-} 型体存在。各种型体中,实际与金属离子形成最稳定配合物的是 Y^{4-}。

二、金属-乙二胺四乙酸配合物的特点

EDTA 能与多种金属离子形成配合物,其特点可概括为:

1. 广泛性　EDTA 分子中含有 4 个羧基氧和 2 个氨基氮,共 6 个配位原子,几乎能与所有金属离子配位。

2. 简单性　EDTA 与不同价态的金属离子一般均按 1:1 配位,只有少数高价金属离子(如 Mo^{5+}、Zr^{4+} 等)与 EDTA 形成 2:1 的配合物。

3. 稳定性　EDTA 与金属离子(M)配位时,氮原子和氧原子与金属离子以配位键结合,生成具有多个五元环的螯合物,非常稳定。其立体构型如图 6-2 所示。

4. 水溶性　EDTA 与金属离子形成的配合物多数带电荷,水溶性好,有利于滴定。

5. 颜色继承性　EDTA 与无色的金属离子形成无色配合物,与有色金属离子形成有色配合物且颜色加深。如:

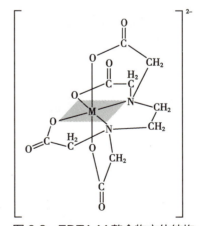

图 6-2　EDTA-M 螯合物立体结构

NiY^{2-}	CuY^{2-}	FeY^-	CoY^-	MnY^{2-}	CrY^-
蓝绿	深蓝	黄	紫红	紫红	深紫

6. 反应迅速　EDTA 与多数金属离子的配位反应速度较快,但个别离子(如 Cr^{3+}、Fe^{3+}、

笔记栏

Al^{3+} 等)反应较慢,需加热或煮沸才能定量配位。

第三节　配合物在溶液中的离解平衡

一、乙二胺四乙酸与金属离子形成配合物的稳定性

(一) 稳定常数

EDTA 能与多种金属离子形成配位比为 1:1 的配合物。为方便讨论,略去电荷,将反应式简写成:

$$M + Y \rightleftharpoons MY$$

反应达到平衡时:

$$K_{稳}^{\ominus} = K_{MY}^{\ominus} = \frac{[MY]}{[M][Y]} \qquad 式(6\text{-}1)$$

$K_{稳}^{\ominus}$($K_{MY}^{\ominus}$)为配位反应的平衡常数,即在一定温度下金属 -EDTA 配合物的稳定常数,又称形成常数。其倒数称为配合物的不稳定常数,又称电离常数(离解常数)。$K_{稳}^{\ominus}$ 或 $\lg K_{稳}^{\ominus}$ 越大,配合物越稳定;反之,配合物越不稳定。

不同的金属离子,由于其离子半径、电子层结构及电荷的差异,与 EDTA 形成的配合物稳定性则有所不同。稳定常数的大小反映了配位反应进行的程度,故可用于判断某配位反应能否用于配位滴定。

一些常见金属离子与 EDTA 形成配合物的稳定常数见表 6-1。

由表 6-1 可以看出,碱金属离子的配合物最不稳定;碱土金属离子配合物的 $\lg K_{稳}^{\ominus}$ 在 8~11 之间;二价过渡元素、稀土元素、Al^{3+} 配合物的 $\lg K_{稳}^{\ominus}$ 在 15~19 之间;而三价、四价金属离子及 Sn^{2+}、Hg^{2+} 配合物的 $\lg K_{稳}^{\ominus}$ >20。

表 6-1　部分 EDTA 配合物的 $\lg K_{稳}^{\ominus}$(25℃,I=0.1　KNO_3 溶液)

金属离子	$\lg K_{稳}^{\ominus}$	金属离子	$\lg K_{稳}^{\ominus}$	金属离子	$\lg K_{稳}^{\ominus}$
Na^+	1.66*	Mn^{2+}	13.87	Ni^{2+}	18.62
Li^+	2.79*	Fe^{2+}	14.32	Cu^{2+}	18.80
Ag^+	7.32	Ce^{3+}	15.98	Hg^{2+}	21.70
Ba^{2+}	7.86*	Al^{3+}	16.30	Cr^{3+}	23.40
Mg^{2+}	8.79*	Co^{2+}	16.31	Fe^{3+}	25.10*
Sr^{2+}	8.73*	Cd^{2+}	16.46	Bi^{3+}	27.94
Be^{2+}	9.20	Zn^{2+}	16.50	Zr^{4+}	29.50
Ca^{2+}	10.69	Pb^{2+}	18.04	Co^{3+}	41.40

* 在 0.1mol/L KCl 溶液中,其他条件相同。

(二) 累积常数

金属离子除了与 EDTA 形成 1:1 型配合物以外,还能与其他配位剂形成 ML_n 型配合物。ML_n 型配合物在溶液中存在逐级配位现象。如:

$$M + L \rightleftharpoons ML \qquad K_{稳_1}^{\ominus} = \frac{[ML]}{[M][L]}$$

$$ML + L \rightleftharpoons ML_2 \qquad K_{\text{稳}_2}^{\ominus} = \frac{[ML_2]}{[ML][L]}$$

$$\cdots$$

$$ML_{n-1} + L \rightleftharpoons ML_n \qquad K_{\text{稳}_n}^{\ominus} = \frac{[ML_n]}{[ML_{n-1}][L]}$$

要考察各级配位平衡产物的稳定性,需要将各级稳定常数依次相乘,即得到累积常数(又称累积稳定常数),用 β 表示。最后一级累积常数又称为总稳定常数。

$$\beta_1 = K_{\text{稳}_1}^{\ominus} = \frac{[ML]}{[M][L]}$$

$$\beta_2 = K_{\text{稳}_1}^{\ominus} K_{\text{稳}_2}^{\ominus} = \frac{[ML_2]}{[M][L]^2}$$

$$\cdots$$

$$\beta_n = K_{\text{稳}_1}^{\ominus} K_{\text{稳}_2}^{\ominus} \cdots K_{\text{稳}_n}^{\ominus} = \frac{[ML_n]}{[M][L]^n} \qquad \text{式(6-2)}$$

从以上关系中可得到用于计算各级配位平衡产物浓度的系列算式:

$$[ML] = \beta_1[M][L]$$

$$[ML_2] = \beta_2[M][L]^2$$

$$\cdots$$

$$[ML_n] = \beta_n[M][L]^n \qquad \text{式(6-3)}$$

二、影响乙二胺四乙酸配合物稳定性的因素

在实际的滴定过程中,配位滴定体系中存在被测金属离子、其他金属离子、缓冲剂、掩蔽剂、H^+、OH^- 等多种成分。因此,除被测离子 M 与滴定剂 Y 之间的主反应外,还可能存在多种副反应,如滴定剂 Y 在不同酸度中不同程度的离解、金属离子的水解、金属离子与其他配体 L(缓冲溶液或掩蔽剂)的配位反应等。整个反应体系的化学平衡关系可表示如下:

$$
\begin{array}{c}
\underset{ML}{\overset{L}{\diagup}}\ \underset{MOH}{\overset{M}{\diagdown}}\ +\ \underset{HY}{\overset{Y}{\diagup}}\ \underset{NY}{\overset{}{\diagdown}}\ N\ \rightleftharpoons\ \underset{MHY}{\overset{MY}{\diagup}}\ \underset{MOHY}{\overset{}{\diagdown}} \qquad \text{主反应} \\
\vdots \qquad \vdots \qquad \vdots \qquad\qquad\qquad\qquad\qquad\quad \text{副反应} \\
ML_n \qquad M(OH)_n \quad H_6Y
\end{array}
$$

上述副反应的发生都会对主反应产生影响,且副反应进行的程度越大,对主反应的影响越大,故引入副反应系数 α 来定量表示副反应的进行程度。下面分别进行讨论。

(一) 配位剂(Y)的副反应

1. 酸效应 溶液中的 H^+ 能与配位剂 Y 结合,使主反应中 Y 的平衡浓度降低,则主反应的平衡逆向移动,配合物的稳定性降低。这种由于 H^+ 的存在使配位剂 Y 参与主反应能力降低的现象称为酸效应。酸效应的大小用酸效应系数 $\alpha_{Y(H)}$ 来衡量。

$$\alpha_{Y(H)} = \frac{[Y']}{[Y]} \qquad \text{式(6-4)}$$

式中,$[Y]$ 表示游离的 Y^{4-} 的平衡浓度;$[Y']$ 表示未与金属离子 M 配位的各种型体的总浓度。

由于 EDTA 的分布系数为:$\delta_Y = \frac{[Y]}{[Y']}$

则：$\alpha_{Y(H)} = \dfrac{[Y']}{[Y]} = \dfrac{1}{\delta_Y}$

$$\alpha_{Y(H)} = \frac{[Y']}{[Y]} = \frac{[Y^{4-}] + [HY^{3-}] + [H_2Y^{2-}] + [H_3Y^{-}] + [H_4Y] + [H_5Y^{+}] + [H_6Y^{2+}]}{[Y^{4-}]}$$

$$= 1 + \frac{[H^+]}{K_{a_6}^{\ominus}} + \frac{[H^+]^2}{K_{a_6}^{\ominus}K_{a_5}^{\ominus}} + \frac{[H^+]^3}{K_{a_6}^{\ominus}K_{a_5}^{\ominus}K_{a_4}^{\ominus}} + \frac{[H^+]^4}{K_{a_6}^{\ominus}K_{a_5}^{\ominus}K_{a_4}^{\ominus}K_{a_3}^{\ominus}} + \frac{[H^+]^5}{K_{a_6}^{\ominus}K_{a_5}^{\ominus}K_{a_4}^{\ominus}K_{a_3}^{\ominus}K_{a_2}^{\ominus}} + \frac{[H^+]^6}{K_{a_6}^{\ominus}K_{a_5}^{\ominus}K_{a_4}^{\ominus}K_{a_3}^{\ominus}K_{a_2}^{\ominus}K_{a_1}^{\ominus}}$$

式(6-5)

从上式可知,溶液的 H^+ 浓度越大,酸效应系数 $\alpha_{Y(H)}$ 越大,表明 EDTA 与 H^+ 的副反应越严重,即酸效应越显著。当 $\alpha_{Y(H)} = 1$ 时,$[Y'] = [Y]$,表示 EDTA 未与 H^+ 发生副反应,全部以 Y^{4-} 形式存在。不同 pH 对应的 $\lg\alpha_{Y(H)}$ 见表 6-2。

表 6-2　EDTA 在不同 pH 时的 $\lg\alpha_{Y(H)}$

pH	$\lg\alpha_{Y(H)}$	pH	$\lg\alpha_{Y(H)}$	pH	$\lg\alpha_{Y(H)}$
0.0	23.64	3.6	9.27	7.2	3.10
0.2	22.47	3.8	8.85	7.4	2.88
0.4	21.32	4.0	8.44	7.6	2.68
0.6	20.18	4.2	8.04	7.8	2.47
0.8	19.08	4.4	7.64	8.0	2.27
1.0	18.01	4.6	7.24	8.2	2.07
1.2	16.98	4.8	6.84	8.4	1.87
1.4	16.02	5.0	6.45	8.6	1.67
1.6	15.11	5.2	6.07	8.8	1.48
1.8	14.27	5.4	5.69	9.0	1.29
2.0	13.51	5.6	5.33	9.2	1.10
2.2	12.82	5.8	4.98	9.4	0.92
2.4	12.19	6.0	4.65	9.6	0.75
2.6	11.62	6.2	4.34	9.8	0.59
2.8	11.09	6.4	4.06	10.0	0.45
3.0	10.60	6.6	3.79	11.0	0.07
3.2	10.14	6.8	3.55	12.0	0.01
3.4	9.70	7.0	3.32	12.2	0.005

例 6-1　计算 pH=2.00 时,EDTA 的酸效应系数及其对数值。

解:pH=2 时,$[H^+] = 10^{-2}$mol/L。已知 $K_{a_1}^{\ominus}$、$K_{a_2}^{\ominus}$、$K_{a_3}^{\ominus}$、$K_{a_4}^{\ominus}$、$K_{a_5}^{\ominus}$、$K_{a_6}^{\ominus}$ 分别为 $10^{-0.9}$、$10^{-1.6}$、$10^{-2.0}$、$10^{-2.67}$、$10^{-6.16}$、$10^{-10.26}$。将以上数据代入式(6-5)中,可得:

$$\alpha_{Y(H)} = \frac{[Y']}{[Y]} = 1 + 10^{8.26} + 10^{12.42} + 10^{13.09} + 10^{13.09} + 10^{12.69} + 10^{11.59} = 3.25 \times 10^{13}$$

$$\lg\alpha_{Y(H)} = 13.51$$

从表 6-2 和式(6-5)可知,$\lg\alpha_{Y(H)}$ 随着 $[H^+]$ 的增大而增大,即 pH 越小,酸效应越显著;反之,pH 越高,酸效应越小。当 pH 增大至一定程度时,$\alpha_{Y(H)} \approx 1$,可忽略 EDTA 酸效应的影响。

2. 共存离子效应 当溶液中存在 M 以外的其他金属离子 N 时,Y 可与 N 形成配合物从而使 Y 参加主反应的能力降低,这种现象称为共存离子效应。其影响大小用共存离子效应系数 $\alpha_{Y(N)}$ 来表示。

$$\alpha_{Y(N)} = \frac{[Y']}{[Y]} = \frac{[Y] + [NY]}{[Y]} = 1 + \frac{[N][Y]K_{NY}^{\ominus}}{[Y]} = 1 + [N]K_{NY}^{\ominus} \qquad 式(6\text{-}6)$$

上式表明,EDTA 与其他金属离子 N 的副反应大小取决于干扰离子 N 的浓度 $[N]$ 以及 N 与 EDTA 的反应产物的稳定常数 $K_{NY}^{\ominus}$。

3. Y 的总副反应 如果酸效应和共存离子效应同时发生,则 Y 的总副反应系数 α_Y 为:

$$\alpha_Y = \frac{[Y']}{[Y]} = \frac{[Y] + [HY] + [H_2Y] + \cdots + [H_6Y] + [NY]}{[Y]}$$

$$= \frac{[Y] + [HY] + [H_2Y] + \cdots + [H_6Y] + [Y] + [NY] - [Y]}{[Y]}$$

$$\alpha_Y = \alpha_{Y(H)} + \alpha_{Y(N)} - 1 \qquad 式(6\text{-}7)$$

当 $\alpha_{Y(H)}$ 与 $\alpha_{Y(N)}$ 相差悬殊时,可以只考虑影响大的一项副反应系数。如 $\alpha_{Y(H)} = 10^5$,$\alpha_{Y(N)} = 10^2$,$\alpha_{Y(H)} > \alpha_{Y(N)}$,此时可只考虑酸效应而忽略共存离子效应。反之亦然。

(二) 金属离子 M 的副反应

1. 配位效应 其他配位剂 L 与金属离子 M 发生副反应,使金属离子 M 与配位剂 Y 参与主反应能力降低的现象,称为配位效应。配位效应的大小用配位效应系数 $\alpha_{M(L)}$ 来衡量。

配位效应系数 $\alpha_{M(L)}$ 表示未参与主反应的金属离子 M 的总浓度 $[M']$ 是游离金属离子浓度 $[M]$ 的多少倍。即:

$$\alpha_{M(L)} = \frac{[M']}{[M]} = \frac{[M] + [ML] + [ML_2] + \cdots + [ML_n]}{[M]}$$

$$= 1 + \beta_1[L] + \beta_2[L]^2 + \beta_3[L]^3 + \cdots + \beta_n[L]^n \qquad 式(6\text{-}8)$$

上式表明,$\alpha_{M(L)}$ 是其他配位剂 L 平衡浓度 $[L]$ 的函数,$[L]$ 越大则 $\alpha_{M(L)}$ 越大,金属离子 M 与 L 发生的副反应越严重,配位效应越强。当 $\alpha_{M(L)} = 1$ 时,表示金属离子 M 不与 L 配位,不存在与 L 的配位效应。

2. 金属离子水解效应 溶液 pH 较高时,金属离子 M 可水解形成各种金属羟基配合物,甚至沉淀。这种副反应的影响称为水解效应,而水解程度的大小则由水解效应系数 $\alpha_{M(OH)}$ 表示。

$$\alpha_{M(OH)} = \frac{[M] + [MOH] + [M(OH)_2] + \cdots + [M(OH)_n]}{[M]}$$

$$= 1 + \beta_1[OH] + \beta_2[OH]^2 + \beta_3[OH]^3 + \cdots + \beta_n[OH]^n$$

3. 金属离子的总副反应 如果金属离子 M 与配位剂 L 及 OH^- 同时发生副反应,其影响可用 M 的总副反应系数 α_M 表示。

$$\alpha_M = \frac{[M']}{[M]} = \frac{[M] + [ML] + \cdots + [ML_n]}{[M]} + \frac{[M] + [MOH] + \cdots + [M(OH)_n]}{[M]} - \frac{[M]}{[M]}$$

$$= \alpha_{M(L)} + \alpha_{M(OH)} - 1$$

同理,若溶液中存在除 Y 外的多种配位剂 $L_1, L_2, \cdots, L_n$(实际上 OH^- 也可看成 L 中的一种),同时与金属离子 M 发生副反应,则 α_M 可表示为

笔记栏

$$\alpha_M = \alpha_{M(L_1)} + \alpha_{M(L_2)} + \cdots + \alpha_{M(L_n)} - (n-1) \qquad 式(6\text{-}9)$$

（三）配合物的副反应

酸度较高时，MY 可与 H^+ 生成酸式配合物 MHY，副反应系数为 $\alpha_{MY(H)}$。酸度较低时，MY 又能与 OH^- 生成碱式配合物 MOHY，副反应系数为 $\alpha_{MY(OH)}$。由于产物的副反应的发生会使主反应进行得更彻底，并且实际滴定中 MHY 与 MOHY 大多不稳定，故一般情况下可忽略不计。

（四）EDTA 配合物的条件稳定常数

理想状态下，配位滴定中只发生 EDTA 与金属离子 M 的配位反应，则达到平衡时：

$$K_{稳}^{\ominus} = \frac{[MY]}{[M][Y]}$$

$K_{稳}^{\ominus}$ 越大，反应进行得越完全。但实际滴定中，伴随着副反应的发生，主反应的平衡会向配合物离解的方向移动，配合物的实际稳定性下降，$K_{稳}^{\ominus}$ 已不能准确衡量主反应的完全程度。

设未参加主反应的 M 总浓度为 $[M']$，未参加主反应的 Y 总浓度为 $[Y']$，配位反应产物的总浓度为 $[MY']$，即可得到条件稳定常数 $K_{稳}'$：

$$K_{稳}' = \frac{[MY']}{[M'][Y']} \qquad 式(6\text{-}10)$$

条件稳定常数是在一定条件下，考虑了副反应对金属 -EDTA 配位平衡的影响时配合物 MY 的实际稳定常数，又称表观稳定常数或有效稳定常数，用 $K_{稳}'(K_{MY}')$ 表示。

若只考虑 M 与 Y 的副反应，已知：

$$[M'] = \alpha_M[M] \quad [Y'] = \alpha_Y[Y]$$

代入式(6-10)，得：

$$K_{稳}' = \frac{[MY]}{\alpha_M[M]\,\alpha_Y[Y]} = \frac{K_{稳}^{\ominus}}{\alpha_M \alpha_Y} \qquad 式(6\text{-}11)$$

两边同时取对数，得：

$$\lg K_{稳}' = \lg K_{稳}^{\ominus} - \lg \alpha_M - \lg \alpha_Y \qquad 式(6\text{-}12)$$

当滴定条件一定时，α_M 和 α_Y 为定值，故 $K_{稳}'$ 在一定条件下是常数。

若只考虑 Y 的酸效应及 M 的配位效应，则上式可写成：

$$\lg K_{稳}' = \lg K_{稳}^{\ominus} - \lg \alpha_{M(L)} - \lg \alpha_{Y(H)} \qquad 式(6\text{-}13)$$

若滴定体系中无其他配位剂 L 存在 $[\lg \alpha_{M(L)} = 0]$，仅考虑配位剂 EDTA 的酸效应对主反应的影响，式(6-13)可进一步简化为：

$$\lg K_{MY}' = \lg K_{稳}^{\ominus} - \lg \alpha_{Y(H)} \qquad 式(6\text{-}14)$$

从以上讨论可知，M 离子一定时，$\lg K_{稳}^{\ominus}$ 为定值，副反应系数越小，条件稳定常数越大，配合物 MY 越稳定；反之，配合物 MY 的稳定性越低。

例 6-2　计算 pH 为 2.0 和 pH 为 5.0 时的 $\lg K_{ZnY}'$。

解： 查表 6-1 得 $\lg K_{ZnY}^{\ominus} = 16.50$。

查表 6-2 得 pH=2.0 时，$\lg \alpha_{Y(H)} = 13.51$；pH=5.0 时，$\lg \alpha_{Y(H)} = 6.45$。

由式(6-14)得：

pH = 2.0 时，$\lg K_{ZnY}' = \lg K_{ZnY}^{\ominus} - \lg \alpha_{Y(H)} = 16.50 - 13.51 = 2.99$

pH = 5.0 时，$\lg K_{ZnY}' = 16.50 - 6.45 = 10.05$

显然，由于酸效应，配合物在 pH 为 5.0 的溶液中比在 pH 为 2.0 的溶液中更为稳定。

例 6-3　计算 pH 为 4.50 的 0.05mol/L AlY 溶液中，游离 F^- 浓度为 0.010mol/L 时的 $\lg K_{AlY}'$。

由此可得出何结论？（已知 AlF_6 ：$\beta_1=10^{6.13}$，$\beta_2=10^{11.15}$，$\beta_3=10^{15.00}$，$\beta_4=10^{17.75}$，$\beta_5=10^{19.37}$，$\beta_6=10^{19.84}$。$\lg K^{\ominus}_{AlY}=16.30$）

解： 查表 6-2 得，pH=4.50 时，$\lg\alpha_{Y(H)}=7.44$。

已知 $[F^-]=0.010\text{mol/L}$，由式（6-8）可得：

$\alpha_{Al(F)}=1+10^{6.13}\times0.010+10^{11.15}\times(0.010)^2+10^{15.00}\times(0.010)^3+10^{17.75}\times(0.010)^4+10^{19.37}$
　　　$\times(0.010)^5+10^{19.84}\times(0.010)^6=8.9\times10^9$

$\lg\alpha_{Al(F)}=9.95$

将相关数据代入式（6-13），则：

$$\lg K'_{AlY}=\lg K^{\ominus}_{AlY}-\lg\alpha_{Y(H)}-\lg\alpha_{Al(F)}=16.30-7.44-9.95=-1.09$$

与稳定常数相比，配合物 AlY 在 pH 为 4.50，游离 F^- 浓度为 0.010mol/L 的溶液中条件稳定常数非常小，说明在此条件下 AlY 配合物几乎不能存在。

EDTA 能与多种金属离子生成稳定的配合物，$K^{\ominus}_{稳}$ 最高可达 10^{40} 以上，但在实际反应中，由于各种副反应的影响，条件稳定常数大为降低。综上所述，酸效应和配位效应是影响 EDTA-M 配合物稳定性的主要因素，酸效应和配位效应越强，条件稳定常数越小，EDTA-M 配合物的稳定性越低。

第四节　配位滴定的基本原理

一、滴定曲线

配位滴定中，随着配位剂 EDTA 的不断加入，被测金属离子 M 的浓度不断减小。以滴定剂 EDTA 的加入量为横坐标，金属离子 M 浓度的负对数 pM 为纵坐标，可绘出配位滴定的滴定曲线。由于配位滴定中存在多种副反应，且 $K'_{稳}$ 会随着滴定体系中反应条件的变化而变化，其滴定过程的变化远比酸碱滴定复杂。

以 0.010 00mol/L 的 EDTA 标准溶液滴定 0.010 00mol/L 的 Ca^{2+} 溶液 20.00ml 为例，溶液 pH=12，则 $\lg\alpha_{Y(H)}\approx0$，且滴定体系中不存在其他副反应，此时 $K'_{CaY}=K^{\ominus}_{CaY}=10^{10.69}$。

将滴定过程分为 4 个阶段进行讨论。

1. 滴定前　pCa 取决于溶液中 Ca^{2+} 的分析浓度。

$$[Ca^{2+}]\approx0.010\ 00\text{mol/L}$$
$$pCa=-\lg[Ca^{2+}]=-\lg0.010\ 00=2.0$$

2. 滴定开始至化学计量点前　pCa 由剩余的 $[Ca^{2+}]$ 决定。

$$[Ca^{2+}]=\frac{V_{Ca^{2+}}-V_{Y^{4-}}}{V_{Ca^{2+}}+V_{Y^{4-}}}\times c_{Ca^{2+}}$$

当加入 EDTA 标准溶液体积为 19.98ml 时 $[TE(\%)=-0.1\%]$，则：

$$[Ca^{2+}]=0.010\ 00\times\frac{20.00-19.98}{20.00+19.98}=5.0\times10^{-6}(\text{mol/L})$$
$$pCa=5.3$$

3. 化学计量点时　加入 EDTA 标准溶液 20.00ml，Ca^{2+} 与 EDTA 恰好完全反应生成 CaY，此时溶液中的 Ca^{2+} 来自 CaY 的离解，则达到平衡时 $[Ca^{2+}]$ 可以通过平衡常数的表达式来计算。

$$[CaY^{2-}] = c_{Ca(sp)} = \frac{c_{Ca^{2+}}}{2} = 0.010\,00 \times \frac{20.00}{20.00+20.00} = 5.0 \times 10^{-3}(\text{mol/L})$$

因 $[Ca^{2+}] = [Y^{4-}]$,则:

$$K_{CaY^{2-}}^{\ominus} = \frac{[CaY^{2-}]}{[Ca^{2+}][Y^{4-}]} = \frac{[CaY^{2-}]}{[Ca^{2+}]^2} = 1.0 \times 10^{10.69}$$

$$[Ca^{2+}] = \sqrt{\frac{[CaY^{2-}]}{K_{CaY^{2-}}^{\ominus}}} = \sqrt{\frac{5.0 \times 10^{-3}}{10^{10.69}}} = 3.2 \times 10^{-7}$$

$$pCa = 6.5$$

4. 化学计量点后 计量点后,过量 EDTA 在配位平衡中抑制了 CaY 的解离,故溶液 pCa 的大小受过量 EDTA 浓度的控制。

当加入 EDTA 标准溶液体积为 20.02ml 时 $[TE(\%) = +0.1\%]$,则:

$$[Y^{4-}] = 0.010\,00 \times \frac{20.02-20.00}{20.02+20.00} = 5.0 \times 10^{-6}(\text{mol/L})$$

由 $K_{CaY^{2-}}^{\ominus} = \frac{[CaY^{2-}]}{[Ca^{2+}][Y^{4-}]}$ 得:

$$[Ca^{2+}] = \frac{[CaY^{2-}]}{K_{CaY^{2-}}^{\ominus}[Y^{4-}]} = \frac{5.0 \times 10^{-3}}{10^{10.69} \times 5.0 \times 10^{-6}} = 10^{-7.7}$$

计算得:pCa=7.7

以上述方法计算不同滴定阶段的 pM,结果列于表 6-3。

表 6-3 0.010 00mol/L EDTA 滴定 20.00ml 0.010 00mol/L Ca²⁺ 时 pCa 的变化(pH=12)

加入 EDTA 溶液		剩余 Ca²⁺ 溶液	Ca²⁺ 被配位	过量 EDTA 的	过量 EDTA	pCa
体积 /ml	百分数 /%	体积 /ml	的百分数 /%	体积 /ml	的百分数 /%	
0.00	0.0	20.00	0.0			2.0
18.00	90.0	2.00	90.0			3.3
19.80	99.0	0.20	99.0			4.3
19.98	99.9	0.02	99.9			5.3
20.00	100.0	0.00	100.0	0.00	0.0	6.5
20.02	100.1			0.02	0.1	7.7
20.20	101.1			0.20	1.0	8.7

（19.98、20.00、20.02 三行处标注：突跃）

以滴定剂 EDTA 的加入体积(或滴定百分数)对金属离子 M 浓度的负对数 pM 作图,即可得到配位滴定的滴定曲线,如图 6-3 所示。

滴定分析法一般允许的相对误差为 ±0.1%,故计量点前后 ±0.1% 范围内 pM 变化(配位滴定的滴定 ± 突跃)范围的大小十分重要,是确定滴定终点的依据。

二、影响滴定突跃大小的因素

(一) 金属离子浓度的影响

从图 6-4 可知,当 K_{MY}' 一定时,金属离子

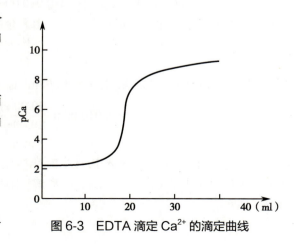

图 6-3 EDTA 滴定 Ca²⁺ 的滴定曲线

笔记栏

的初始浓度 c_M 越大,滴定曲线的起点越低,滴定突跃范围越大;反之,突跃范围越小。当被测金属离子浓度 $c_M < 10^{-4}$ mol/L 时,已无明显的滴定突跃。

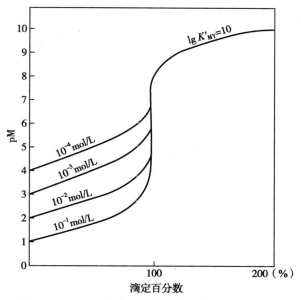

图 6-4　EDTA 滴定不同浓度金属离子的滴定曲线

(二)条件稳定常数的影响

从图 6-5 可知,当金属离子浓度 c_M 一定,配合物的条件稳定常数 K'_{MY} 越大,突跃范围越大。当 $\lg K'_{MY} < 8$ 时,已无明显的滴定突跃。影响条件稳定常数 K'_{MY} 的主要因素包括稳定常数 $K^{\ominus}_{稳}$、酸效应及配位效应等。

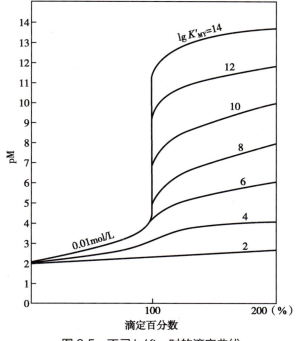

图 6-5　不同 $\lg K'_{MY}$ 时的滴定曲线

1. 稳定常数$K_稳^\ominus$ $K_稳^\ominus$越大,K'_{MY}越大,突跃范围也就越大;反之则越小。

2. 酸度 滴定体系的酸度越高(pH越小),$\lg\alpha_{Y(H)}$越大,则K'_{MY}越小,突跃范围越小。

3. 其他配位剂 用EDTA标准溶液滴定某金属离子时,常需加入掩蔽剂消除共存离子的干扰,加入缓冲溶液控制适宜的酸度范围。这些掩蔽剂、缓冲溶液的加入,可能会与被测离子发生配位反应;如果测定时溶液pH较高,金属离子M也会与OH^-发生羟基的配位反应;这两种情况下产生的配位效应均会使K'_{MY}降低。其他配位剂的浓度越大,$\alpha_{M(L)}$越大,K'_{MY}越小,滴定的突跃范围越小。

(三) EDTA 准确滴定金属离子的条件

配位滴定中,化学计量点与指示剂的变色点不可能完全一致。即使相近,由于人眼判断颜色的局限性,仍可能造成pM'±(0.2~0.5)单位的不确定性[即ΔpM'存在±(0.2~0.5)的误差范围]。

综合考虑被测金属离子的浓度c_M和配合物条件稳定常数K'_{MY}两个因素,经理论计算表明:假设终点与计量点的pM相差0.2(即ΔpM'=±0.2),要使终点误差控制在±0.1%以内,则必须满足下式:

$$\lg c_M K'_{MY} \geqslant 6 \qquad\qquad 式(6\text{-}15)$$

此式为判断能否用EDTA准确滴定金属离子M的条件式。若允许误差增大至1%,则只需满足$\lg c_M K'_{MY} \geqslant 4$。

例6-4 在pH=5.0时,能否用EDTA准确滴定0.01mol/L的Ca^{2+}或Zn^{2+}?(已知:$K_{CaY}^\ominus=10.69$,$K_{ZnY}^\ominus=16.50$)

解:查表6-2得pH=5时,$\lg\alpha_{Y(H)}=6.45$,则:

$$\lg c_{Ca^{2+}} K'_{CaY} = -2+10.69-6.45 = 2.24 < 6$$
$$\lg c_{Zn^{2+}} K'_{ZnY} = -2+16.50-6.45 = 8.05 > 6$$

故pH=5.0时,可准确滴定0.01mol/L的Zn^{2+},不能准确滴定同浓度的Ca^{2+}。

三、配位滴定中酸度的控制

(一) 缓冲溶液的作用

EDTA与金属离子反应,生成配合物的同时,由于离解平衡的移动还不断地释放H^+:

$$M + H_2Y \Longrightarrow MY + 2H^+$$

释放出的H^+使滴定体系的酸度不断增大,pH减小,K'_{MY}变小,滴定突跃范围减小,配合物的实际稳定性降低;同时,也影响到金属指示剂的颜色变化,使滴定的误差增大,甚至无法准确滴定。因此,配位滴定过程中常常需要加入适当的缓冲溶液控制溶液的酸度保持相对稳定。

在弱酸性溶液中滴定时,常用HAc-NaAc缓冲溶液(pH 3.4~5.5)或六次甲基四胺$[(CH_2)_6N_4]$-HCl缓冲溶液控制溶液的酸度。六次甲基四胺为弱碱($K_b=1.4\times10^{-9}$),在溶液中能释放出氨,可控制溶液的pH在5~6范围内。

$$(CH_2)_6N_4 + 6H_2O \Longrightarrow 6HCHO + 4NH_3$$

在弱碱性溶液中滴定时,常用$NH_3\cdot H_2O$-NH_4Cl缓冲溶液(pH 8~11)控制溶液的酸度。但NH_3能与多种金属离子间以配位键结合,会对滴定产生一定的影响。

(二) 配位滴定中的最高酸度和最低酸度

1. 最高酸度 金属离子M能被EDTA准确滴定必须满足$\lg c_M K'_{MY} \geqslant 6$,如果$c_M=1.0\times10^{-2}$mol/L,则有:

$$\lg K'_{MY} = \lg K_稳^\ominus - \lg\alpha_{M(L)} - \lg\alpha_{Y(H)} \geqslant 8 \qquad\qquad 式(6\text{-}16)$$

如果只考虑酸效应,则上式变为:

$$\lg K'_{MY} = \lg K^{\ominus}_{稳} - \lg \alpha_{Y(H)} \geqslant 8 \qquad \text{式(6-17)}$$

即:

$$\lg \alpha_{Y(H)} \leqslant \lg K^{\ominus}_{稳} - 8 \qquad \text{式(6-18)}$$

由式(6-17)可知,要用 EDTA 准确滴定浓度为 1.0×10^{-2} mol/L 的金属离子 M,$\lg K'_{MY}$ 必须大于等于 8,否则金属离子 M 无法准确滴定。由式(6-18)可求出要准确滴定金属离子 M 时所允许的 $\lg \alpha_{Y(H)}$ 最高值,查表 6-2 得相应的 pH,即为配位滴定法准确滴定金属离子 M 所允许的最高酸度(即最低 pH)。当超过此酸度时,$\lg \alpha_{Y(H)}$ 变大(酸效应增强),K'_{MY} 变小(低于8),配合物的实际稳定性下降,不满足准确滴定的条件,终点误差增大。

例 6-5　计算用 0.010 00mol/L EDTA 滴定同浓度的 Ca^{2+} 溶液时,允许的最高酸度。

解: 查表 6-1 得 $\lg K^{\ominus}_{CaY} = 10.69$,则

$$\lg \alpha_{Y(H)} = \lg K^{\ominus}_{CaY} - 8 = 10.69 - 8 = 2.69$$

查表 6-2 得 pH 为 7.6 时,$\lg \alpha_{Y(H)} = 2.68$,故滴定所允许的最高酸度(最低 pH)是 pH 为 7.6。

用上述方法可求出准确滴定各种金属离子的最低 pH。以金属离子 M 的 $\lg K^{\ominus}_{稳}$ 为横坐标,相应的 pH 为纵坐标绘制的曲线称为 EDTA 的酸效应曲线(又称林邦曲线),如图 6-6 所示。

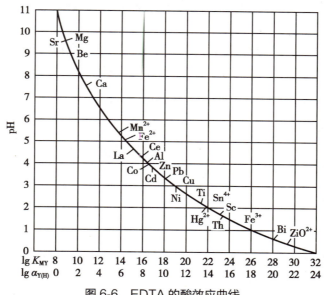

图 6-6　EDTA 的酸效应曲线

2. 最低酸度　如果提高体系 pH,酸效应的影响减弱,但金属离子的水解又成为影响滴定准确度的主要矛盾,即 M 离子可能与 OH^- 反应生成羟基配合物甚至氢氧化物沉淀。因此,对于配位滴定体系,除了最高酸度的控制以外,还应该有最低酸度的限制。

忽略辅助配位效应、离子强度及沉淀是否易于再溶解等因素的影响,最低酸度可根据 $M(OH)_n$ 的溶度积求出。如果 $M(OH)_n$ 的溶度积为 K_{sp},为控制 M 离子不生成 $M(OH)_n$ 沉淀,必须使溶液中 OH^- 的浓度满足:

$$[OH^-] = \sqrt[n]{\frac{K_{sp}}{c_M}}$$

据此即可求出滴定所允许的最低酸度(最高 pH)。

配位滴定应控制溶液的 pH 在最高酸度和最低酸度之间,此范围称为配位滴定的适宜酸度范围。同时,配位滴定的指示剂也对溶液的酸度有要求。在最高酸度和最低酸度之间,当指示剂的变色点与化学计量点的 pM 基本一致时的酸度称为配位滴定的最佳酸度。

> **思政元素**
>
> 最佳酸度的选择与辩证唯物主义
>
> EDTA 滴定法要求在滴定分析的过程中,必须把溶液酸度控制在适宜的酸度范围(配位滴定的最高酸度和最低酸度之间)。这是从两个反应物 EDTA 与待测金属离子 M 的角度出发对滴定反应提出的要求,即在金属离子 M 不水解的前提下,EDTA 的酸效应越小越好。同时考虑到金属指示剂对溶液酸度的要求,每个反应都有一个滴定的最佳酸度。最佳酸度的选择充分体现了辩证唯物主义的整体观和大局观,强调了自然科学学习中“量”的概念,突出了严谨细致科学态度的重要性。

第五节 金属离子指示剂

在配位滴定中,常用一种能与金属离子生成有色配位化合物的显色剂来指示滴定终点,这种显色剂称为金属离子指示剂,以下简称金属指示剂(metal indicator)。

一、金属指示剂的作用原理及应具备的条件

(一) 金属指示剂的作用原理

金属指示剂一般为具有配位化合物性质的有机弱酸或弱碱,在不同 pH 条件下具有不同的颜色。金属指示剂与被滴定的金属离子配位,生成一种与指示剂本身颜色不同的配合物 MIn:

$$M + In \rightleftharpoons MIn$$

颜色 A   颜色 B

滴定过程中,溶液中的金属离子 M 与 EDTA 反应生成配合物 MY,滴定至近化学计量点时,EDTA 置换出 MIn 中的指示剂 In,使其游离出来,溶液颜色发生变化,指示滴定终点的到达。

$$MIn + Y \rightleftharpoons MY + In$$

颜色 B   颜色 A

(二) 金属指示剂必备的条件

金属离子的显色剂很多,但其中只有部分能用作金属离子指示剂。通常这类指示剂应具备以下条件:

1. 在滴定的 pH 范围内,指示剂与金属离子形成的配合物(MIn)与指示剂自身(In)的颜色应达肉眼可区别的显著不同。

2. 显色反应灵敏、迅速,有良好的变色可逆性。

3. 指示剂与金属离子配合物 MIn 的稳定性应适当,既要有足够的稳定性,一般要求

$K_{MIn}^{\ominus} \geqslant 10^4$，又要比金属离子与 EDTA 配合物 MY 的稳定性小，即 $K_{MIn}^{\ominus} < K_{MY}^{\ominus}$。如果配合物 MIn 稳定性太低，则在接近化学计量点时会有较多离解，使终点提前，颜色变化不敏锐；如果 MIn 稳定性太高，则到达终点时，EDTA 不能置换出其中的指示剂，或使终点拖后，或使显色失去可逆性，无法指示滴定终点。通常要求 $K_{MY}^{\ominus} / K_{MIn}^{\ominus} \geqslant 10^2$，即 MY 的稳定常数至少是 MIn 的稳定常数的 100 倍。

4. 指示剂与金属离子的配合物应易溶于水，不能生成胶体溶液或沉淀，否则变色不明显。

5. 指示剂与金属离子的显色反应需有一定的选择性。

6. 金属离子指示剂应比较稳定，便于贮存和使用。

二、金属指示剂的选择

金属离子指示剂配合物在溶液中存在以下离解平衡：

$$MIn \rightleftharpoons M + In$$

平衡常数：

$$K_{MIn}^{\ominus} = \frac{[MIn]}{[M][In]}$$

由于配位滴定使用的指示剂一般为有机弱酸，存在着酸效应，则条件稳定常数可表示为：

$$K_{MIn}' = \frac{[MIn]}{[M][In']} \qquad \lg K_{MIn}' = pM + \lg \frac{[MIn]}{[In']}$$

当 $[MIn] = [In']$，指示剂颜色发生突变，此即指示剂的变色点，用 pM_t 表示。

$$pM_t = \lg K_{MIn}' = \lg K_{MIn}^{\ominus} - \lg \alpha_{In(H)}$$

因此，只要知道金属离子指示剂配合物的稳定常数及一定 pH 时指示剂的酸效应系数，就可求出变色点的 pM_t。但由于金属指示剂的相关常数很不齐全，所以实际工作中大多采用实验方法来选择指示剂。

由上式可知，pM_t 随着溶液 pH 的变化而变化，不同于酸碱指示剂有确定的变色点。在选择金属指示剂时，必须考虑体系的酸度，使指示剂的变色点与化学计量点尽量一致，或在其滴定突跃范围内，否则会导致较大误差。

三、指示剂的封闭、僵化及变质现象

某些金属离子可以与金属指示剂生成极稳定的配合物（例如铬黑 T 与 Co^{2+}、Ni^{2+}、Cu^{2+}、Al^{3+}、Fe^{3+} 等），即使过量的 EDTA 也不能把指示剂从其配合物 MIn 中置换出来，造成到达化学计量点时溶液中指示剂配合物不变色或变色不敏锐，使终点推迟的现象，称为指示剂的封闭现象（blocking of indicator）。例如以铬黑 T 作指示剂，用 EDTA 滴定 Mg^{2+} 和 Ca^{2+} 时，如果溶液中有少量 Fe^{3+}、Al^{3+}、Cu^{2+}、Co^{2+}、Ni^{2+} 存在，就会发生封闭现象。封闭现象一般通过加入掩蔽剂，使封闭离子不能再与指示剂作用来消除。如 Fe^{3+}、Al^{3+} 对铬黑 T 的封闭可加三乙醇胺和氰化钾作掩蔽剂予以消除；Cu^{2+}、Co^{2+}、Ni^{2+} 可用氰化钾掩蔽。

有的指示剂与某些金属离子生成难溶于水的有色配合物，虽然它们的稳定性比该金属离子与 EDTA 生成的配合物低，但置换反应的速度缓慢，使终点变色不敏锐，有拖长现象。这种现象称为指示剂的僵化现象（fossilization of indicator），可通过加入适当的有机溶剂或加热的方法来消除。如使用吡啶偶氮类指示剂 1-(2-吡啶基偶氮)-2-萘酚（PAN）时常加入乙醇或丙酮或用加热的方法，使终点时指示剂有明显的颜色变化。

　　金属指示剂大多为含双键的有色化合物,易被日光、氧化剂、空气所分解或发生聚合,特别是在水溶液中不够稳定,日久会变质,故常配成固体混合物以增强稳定性,延长保存时间。例如铬黑T和钙指示剂,常用固体NaCl或KCl作稀释剂配制。在配制某些指示剂水溶液时,可加入少量抗氧剂使其更稳定。

四、常用的金属指示剂

(一)铬黑T

　　铬黑T(eriochrome black T,EBT)用NaH_2In表示。结构中有两个酚羟基,具弱酸性,在水溶液中按下式电离:

$$H_2In^- \xleftrightharpoons{pK_{a_1}^\ominus = 6.4} HIn^{2-} \xleftrightharpoons{pK_{a_2}^\ominus = 11.5} In^{3-}$$
$$\text{红色} \qquad\qquad \text{蓝色} \qquad\qquad \text{橙色}$$

　　铬黑T在不同酸度下显不同的颜色。通过实验发现,铬黑T使用的最适宜酸度是9~10.5,因为在此酸度范围内铬黑T自身为蓝色,而其与二价金属离子形成的配合物为红色或紫红色,配合前后颜色明显不同。铬黑T常用作测定Mn^{2+}、Zn^{2+}、Hg^{2+}、Cd^{2+}、Pb^{2+}、Mg^{2+}等金属离子的指示剂,但Al^{3+}、Co^{2+}、Ni^{2+}、Cu^{2+}、Fe^{3+}等对铬黑T有封闭作用,须采取掩蔽措施。

　　铬黑T固体性质稳定,但由于聚合反应的缘故,其水溶液仅能保存几天,在pH<6.5的溶液中聚合更为严重。因此,铬黑T常用如下配制方法:

　　(1)将铬黑T与磨细的干燥NaCl按1:100研匀配成固体合剂,密闭保存。

　　(2)取铬黑T 0.2g溶于15ml三乙醇胺,待完全溶解后,加入5ml无水乙醇即得。

(二)钙指示剂

　　钙指示剂(calconcarboxylic acid,NN)的化学名称是2-羟基-1-(2-羟基-4-磺酸-1-萘基偶氮)-3-萘甲酸,又称钙羧酸指示剂。纯的钙指示剂为紫黑色粉末,水溶液或乙醇溶液均不稳定,一般与NaCl固体配成固体指示剂使用。钙指示剂与Ca^{2+}生成红色配合物,常用作pH 12~13时滴定Ca^{2+}的指示剂,终点由红色变为纯蓝色,变色敏锐。Cu^{2+}、Al^{3+}、Co^{2+}、Ni^{2+}、Fe^{3+}等能封闭指示剂,可用三乙醇胺和氰化钾掩蔽。

(三)PAN

　　PAN为吡啶偶氮类指示剂,化学名称是1-(2-吡啶基偶氮)-2-萘酚。纯PAN是橙红色结晶,难溶于水,通常配成0.1%乙醇溶液使用。PAN在pH 2~12范围内呈黄色,而PAN与金属离子的配合物为红色,因此,PAN的适宜酸度范围为pH 2~12。

　　PAN可与多种金属离子生成配合物,但大多水溶性差,易产生沉淀,变色不敏锐,发生僵化现象。Cu-PAN是可溶性的橙红色配合物,且稳定性适当,所以在实际工作中,常常利用Cu-PAN系统作为指示剂,亦可利用Cu^{2+}标准溶液回滴过量EDTA,单独使用PAN来指示终点。两种方法皆可获得较准确的结果。

(四)二甲酚橙

　　二甲酚橙(xylenol orange,XO)为紫红色粉末,易溶于水,常配成0.2%或0.5%的水溶液,可稳定数月。二甲酚橙有6级离解,在pH=5~6时,主要以H_2In^{4-}形式存在。其离解平衡为:

$$H_2In^{4-} \xleftrightharpoons{pK_a^\ominus = 6.3} H^+ + HIn^{5-}$$
$$\text{黄色} \qquad\qquad\qquad \text{红色}$$

在 pH>6.3 时呈红色,在 pH<6.3 时呈黄色,在 pH= $pK_a^\ominus$ =6.3 时,呈中间色。其与 Zn^{2+}、Hg^{2+}、Cd^{2+}、Pb^{2+}、Ti^{3+} 等金属离子形成红色配合物,因此适用酸度为 pH<6。例如,常使用二甲酚橙作为连续测定铅铋合金中的 Pb^{2+}、Bi^{3+} 含量时的指示剂,在 pH 1.4 左右滴定 Bi^{3+} 后,再在 pH 5~6 测定 Pb^{2+} 的含量。测定 Fe^{3+}、Cu^{2+}、Co^{2+}、Ni^{2+}、Sn^{4+}、Cr^{3+} 等时,可在加入一定量过量的 EDTA 标准溶液后再加入二甲酚橙指示剂,用标准 Zn^{2+} 或 Pb^{2+} 回滴至红色即可。

其他常用指示剂还有酸性铬蓝 K、磺基水杨酸、酸性铬蓝 K- 萘酚绿 B 等。

第六节　提高配位滴定的选择性

EDTA 具有很强的配位能力,能与多种金属离子形成稳定的配合物,这虽然为测定多种金属离子提供了可能性,但也给实际测定带来了一定的问题,即试液中往往不止一种金属离子,其他共存离子可能会干扰待测离子的滴定。因此,如何选择性地滴定其中一种或几种离子而使其他离子不干扰,提高配位滴定选择性,是配位滴定中的重要问题。

一、消除干扰离子影响的条件

(一) 当单独存在 M 或 N 一种离子时

按 $TE(\%) \leqslant 0.1\%$ 计算,若 $\lg c_M K'_{MY} \geqslant 6$,M 离子可直接滴定;$\lg c_N K'_{NY} \geqslant 6$,N 离子可直接滴定。

(二) 当溶液中两种离子 M 和 N 共存时

若 $K_{MY}^\ominus > K_{NY}^\ominus$,当用指示剂检测终点,准确地、选择性地滴定 M 离子而不受 N 离子干扰,必须同时满足 3 个条件:

1. $\lg c_M K'_{MY} \geqslant 6$ [M 离子准确滴定的条件,$TE(\%) \leqslant 0.1\%$]。

2. $\Delta(\lg c_M K_稳^\ominus) \geqslant 6$ [$TE(\%) \leqslant 0.1\%$],此式称为配位滴定的分别滴定判断式。若 $c_M = c_N$,则可简化为 $\Delta(\lg K_稳^\ominus) \geqslant 6$。此判断式根据要求的准确度不同而不同,如 $TE(\%) \leqslant 0.3\%$ 时,应为 $\Delta(\lg K_稳^\ominus) \geqslant 5$。

3. $\lg c_N K'_{NIn} \leqslant -1$(N 与 In 不产生干扰的条件)。

部分指示剂与金属离子配合物的 $\lg K'_{NIn}$ 见表 6-4。

例 6-6　若一溶液含 Fe^{3+}、Al^{3+} 各 0.01mol/L,假设除酸效应外无其他副反应发生,以 0.01mol/L EDTA 溶液能否选择滴定 Fe^{3+}?如果能,应如何控制溶液的酸度? [$TE(\%) = 0.1\%$]

解: 查表可得 $\lg K_{FeY}^\ominus = 25.1$,$\lg K_{AlY}^\ominus = 16.3$,且已知金属离子浓度相等,除酸效应外无其他副反应,则有:

$$\Delta(\lg K_稳^\ominus) = \lg K_{FeY}^\ominus - \lg K_{AlY}^\ominus = 25.1 - 16.3 = 8.8 > 6$$

因此,可通过控制酸度来选择滴定 Fe^{3+},而 Al^{3+} 不干扰。

根据 $\lg K'_{FeY} = \lg K_{FeY}^\ominus - \lg\alpha_{Y(H)} = 8$

$$\alpha_{Y(H)} = \lg K_{FeY}^\ominus - 8 = 25.1 - 8 = 17.1$$

此时,对应的 pH 约为 1.2(最高酸度)。而在 pH ≈ 2.2(最低酸度)时,Fe^{3+} 发生水解生成 $Fe(OH)_3$ 沉淀。所以,可控制 pH 在 1.2~2.2 滴定 Fe^{3+}。从酸效应曲线可看出,此时 Al^{3+} 不发生干扰。

如果反应体系中还存在其他副反应,则需考虑副反应对条件稳定常数的影响,将各种副反应系数代入公式中进行运算。

笔记栏

表 6-4　部分指示剂与金属离子配合物的 $\lg K'_{NIn}$

In	M	pH																
		0	1.0	2.0	3.0	4.0	4.5	5.0	5.5	6.0	6.5	7.0	8.0	9.0	10.0	11.0	12.0
铬黑T（EBT）	Ca^{2+}											0.85	1.85	2.85	3.84	4.74	5.40
	Mg^{2+}											2.45	3.45	4.95	5.44	6.34	6.87
	Zn^{2+}											8.4	9.4	10.4	11.4	12.3	—
紫脲酸铵（X）	Ca^{2+}											2.6	2.8	3.4	4.0	4.6	5.0
	Ni^{2+}											5.2	6.2	7.8	9.3	10.3	11.3
	Cu^{2+}											8.2	10.2	12.2	13.6	15.8	17.9
二甲酚橙（XO）	Bi^{3+}		4	5.4	6.8												
	Ca^{2+}						4	4.5	5.0	5.5	6.3	6.8					
	Hg^{2+}							7.4	8.2	9.0							
	La						4.0	4.5	5.0	5.6	6.7						
	Pb^{2+}				4.2	4.8	6.2	7.0	7.6	8.2							
	Th		3.6	4.9	6.3												
	Zn^{2+}						4.1	4.8	5.7	6.5	7.3	8.0					
	Zr^{4+}	7.5															

例 6-7　在 pH=9.0 时,以 EBT 为指示剂,用 1.0×10^{-2} mol/L 的 EDTA 滴定 1.0×10^{-2} mol/L 的 Zn^{2+}。试问:试液中共存的 1.0×10^{-4} mol/L 的 Mg^{2+} 和 1.0×10^{-4} mol/L 的 Ca^{2+} 是否干扰上述滴定? $[TE(\%)=0.1\%]$

解: 查有关数据可知

$$\lg K_{ZnY}^{\ominus} = 16.50 \qquad \lg K_{MgY}^{\ominus} = 8.79 \qquad \lg K_{CaY}^{\ominus} = 10.69$$

pH=9.0 时:　　$\lg \alpha_{Y(H)} = 1.29 \qquad \lg K'_{MgIn} = 4.95 \qquad \lg K'_{CaIn} = 2.85$

(1) $\lg c_{Zn} K'_{ZnY} = 16.50 - 2.00 - 1.29 = 13.21 > 6$

∴ Zn^{2+} 可以用 EDTA 准确滴定。

$$\lg K_{ZnY}^{\ominus} - \lg K_{MgY}^{\ominus} + \lg \frac{c_{Zn^{2+}}}{c_{Mg^{2+}}} = 16.50 - 8.79 + \lg \frac{10^{-2}}{10^{-4}} = 9.71 > 6$$

∴ Mg^{2+} 不干扰 EDTA 对 Zn^{2+} 的滴定。

当用 EBT 作指示剂时:

$$\lg c_{Mg^{2+}} K'_{MgIn} = 4.95 - 4.00 = 0.95 > -1$$

∴ 用 EDTA 滴定 Zn^{2+} 至化学计量点时,Mg^{2+} 仍与 EBT 形成红色的 Mg-EBT,干扰主反应终点的确定。故 Mg^{2+} 对以 EBT 为指示剂、在 pH=9.0 时用 EDTA 滴定 Zn^{2+} 有干扰。

(2) $\lg K_{ZnY}^{\ominus} - \lg K_{CaY}^{\ominus} + \lg \dfrac{c_{Zn^{2+}}}{c_{Ca^{2+}}} = 16.50 - 10.69 + \lg \dfrac{10^{-2}}{10^{-4}} = 7.81 > 6$

$\lg c_{Ca^{2+}} K'_{CaIn} = -4 + 2.85 = -1.15 < -1$

∴ 共存的 Ca^{2+} 不干扰 EDTA 对 Zn^{2+} 的滴定。

二、提高配位滴定选择性的措施

(一) 控制酸度

如前所述,酸度是影响配位滴定的一个重要因素,不同的金属离子,其K'_{MY}不同。若溶液中共存 M、N 两种或多种离子,当待测离子 M、干扰离子 N 与 EDTA 配合物的稳定性差别足够大时〔$\Delta(\lg c_M K^\ominus_稳) \geqslant 6$〕,就有可能通过控制酸度使其中的待测离子(M)形成稳定的配合物(即满足$\lg c_M K'_{MY} \geqslant 6$),而干扰离子(N)无法形成稳定的配合物,从而消除干扰。为此,必须求出滴定 M 离子允许的最高酸度,和 N 离子共存的条件下滴定 M 离子允许的最低酸度。

例 6-8 溶液中 Bi^{3+}、Pb^{2+} 浓度均为 1.0×10^{-2}mol/L,问:可否利用控制酸度的方法用 EDTA 滴定 Bi^{3+} 而 Pb^{2+} 不干扰? 条件为何? 〔$TE(\%)=0.1\%$〕

解: 查有关数据知

$$\lg K^\ominus_{BiY} = 27.94 \qquad \lg K^\ominus_{PbY} = 18.04$$

(1)首先判断能否选择滴定 Bi^{3+}

$$\Delta(\lg K^\ominus_稳) = \lg K^\ominus_{BiY} - \lg K^\ominus_{PbY} = 27.94 - 18.04 = 9.90 > 6$$

可选择滴定。

(2)要准确滴定 Bi^{3+},必须满足$\lg c_{Bi} K'_{BiY} \geqslant 6$

将 $c_{Bi}=0.01$mol/L 代入上式得:

$$\lg K'_{BiY} \geqslant 8$$

由 $\lg K'_{BiY} = \lg K^\ominus_{BiY} - \lg \alpha_{Y(H)}$ 知:

$$\lg \alpha_{Y(H)} = \lg K^\ominus_{BiY} - \lg K'_{BiY} = 27.94 - 8 = 19.9$$

查表 6-2 知$\lg \alpha_{Y(H)} = 20.0$ 时,pH=0.6,此即用 EDTA 滴定 Bi^{3+} 允许的最高酸度。如 pH<0.6,则无法准确滴定。

(3)将 Pb^{2+} 的影响与 H^+ 同样作为对滴定剂 Y 的副反应考虑,则有:

$$\alpha_Y = \alpha_{Y(H)} + \alpha_{Y(N)} - 1$$

$$\alpha_{Y(Pb)} = 1 + [Pb^{2+}] K^\ominus_{PbY} = 1 + (\frac{1}{2} \times 0.01) \times 10^{18.04} \approx 10^{16.0}$$

设此时 $\alpha_{Y(H)} = \alpha_{Y(Pb)} = 10^{16.0}$,查表 6-2 知相应 pH 为 1.4。

故当 pH<1.4 时,$\alpha_{Y(H)} > \alpha_{Y(Pb)}$,即酸效应为影响滴定的主要因素,此时可忽略 Pb^{2+} 的干扰。

∴ 可利用控制酸度的方法用 EDTA 滴定 Bi^{3+} 而 Pb^{2+} 不干扰。滴定的适宜酸度范围为 0.6~1.4。由于 pH=1.4 时 Bi^{3+} 易水解,因而实际滴定时常将 pH 控制在 1.0 左右。

(二) 掩蔽干扰离子

当溶液中干扰离子 N 的浓度或稳定常数较大(即被测金属离子和干扰离子的稳定性接近),不能用控制酸度的方法使 $\Delta(\lg c_M K^\ominus_稳) > 6$ 时,常用掩蔽法来提高配位反应的选择性。即在滴定体系中加入某种试剂,此试剂仅与干扰离子 N 反应,从而降低溶液中游离 N 的浓度,使之不与 EDTA 配位,或是使 K'_{NY} 减至很小。所加试剂称为掩蔽剂(masking agent)。常用的掩蔽法有配位掩蔽法、沉淀掩蔽法、氧化还原掩蔽法 3 种。

1. 配位掩蔽法 是利用掩蔽剂与干扰离子 N 形成稳定的配合物,降低游离干扰离子的浓度,减小$\alpha_{Y(N)}$,以消除干扰的掩蔽方法。此方法最常用。使用配位掩蔽法,除了可消除 N 的干扰从而实现准确滴定 M 的目的,还可通过控制滴定条件分别测定 M 和 N 的含量。

(1)加入配位剂掩蔽 N,再用 EDTA 滴定 M。例如,用 EDTA 滴定水中的 Ca^{2+}、Mg^{2+} 以测定水硬度时,Fe^{3+}、Al^{3+} 等会发生干扰,常加入三乙醇胺使之与 Fe^{3+}、Al^{3+} 生成更稳定的配合物,从而消除其干扰。又如 Al^{3+} 与 Zn^{2+} 共存时,可用 NH_4F 掩蔽 Al^{3+},调节 pH 5~6 后,用

EDTA 滴定 Zn^{2+}。

（2）先加配位掩蔽剂掩蔽 N，用 EDTA 滴定 M 后，再加入某种试剂，将 N 从其与掩蔽剂的配合物中释放出来，以 EDTA 准确滴定 N。这种将配位剂或金属离子从配合物中释放出来的作用称为解蔽作用。所用试剂则称为解蔽剂（demasking agent）。例如，测定铜合金中铅、锌含量，就是利用掩蔽剂 KCN 在氨性缓冲液中与 Cu^{2+}、Zn^{2+} 配位后，以铬黑 T 为指示剂，用 EDTA 滴定 Pb^{2+}。在滴定 Pb^{2+} 后的溶液中加入甲醛或三氯乙醛，使 $Zn(CN)_4^{2-}$ 解蔽，释放出 Zn^{2+}，然后再用 EDTA 滴定。此滴定过程中，为了防止 $Cu(CN)_2^-$ 的解蔽而使 Zn^{2+} 的测定结果偏高，应分次滴加甲醛且用量不宜过多，同时还应控制好温度，不能过高。

（3）先以 EDTA 直接滴定或返滴定测出 M、N 的总量，再加入配位掩蔽剂，使之与 NY 中的 N 发生配位反应释放出 Y，再用金属离子标准溶液滴定 Y，以测定 N 的含量。例如，测定合金中的 Sn 时，在溶液中加入过量的 EDTA，将可能存在的 Pb^{2+}、Zn^{2+}、Cd^{2+}、Ba^{2+} 等多种金属离子与 Sn^{4+} 一起发生配位反应。用 Zn^{2+} 标准溶液回滴过量的 EDTA。再加入 NH_4F，使 SnY 转变成更稳定的 SnF_6^{2-}，释放出的 EDTA，再用 Zn^{2+} 标准溶液滴定，即可求出 Sn^{4+} 的含量。

2. 沉淀掩蔽法　加入沉淀剂，使干扰离子产生沉淀而降低浓度，在不分离沉淀的情况下直接滴定，称为沉淀掩蔽法。

例如，在强碱性溶液中用 EDTA 滴定 Ca^{2+}，强碱与 Mg^{2+} 形成沉淀而不干扰 Ca^{2+} 的滴定，此时的 OH^- 就是 Mg^{2+} 的沉淀掩蔽剂。另外，当 Ba^{2+} 与 Sr^{2+} 共存时，可用 K_2CrO_4 掩蔽 Ba^{2+} $[K_{sp(BaCrO_4)} = 1.2×10^{-10} < K_{sp(SrCrO_4)} = 2.2×10^{-5}]$；当 Pb^{2+} 与其他离子共存时，可用 H_2SO_4 掩蔽 Pb^{2+}。

沉淀反应往往进行得不够完全，且有共沉淀及吸附等现象，影响滴定的准确度；有些沉淀颜色很深或体积大，妨碍终点观察。所以，沉淀掩蔽法不是一种理想的掩蔽方法。

3. 氧化还原掩蔽法　利用氧化还原反应改变干扰离子的价态以降低条件稳定常数进而消除干扰的方法，称为氧化还原掩蔽法。例如，由于 Fe^{3+} 与 ZrO^{2+}、Bi^{3+}、Th^{4+}、In^{3+}、Hg^{2+}、Sc^{3+}、Sn^{4+} 等金属离子的 $lgK_{稳}$ 相近，当它们共存于同一滴定体系时无法选择滴定；已知 $lgK_{Fe^{3+}Y}^{\ominus} =25.10$，$lgK_{Fe^{2+}Y}^{\ominus} =14.32$，通过加入还原剂将 Fe^{3+} 还原成 Fe^{2+}，使 $\Delta(lgc_MK_{稳}^{\ominus})$ 增大至 5 以上时，即可在适宜的酸度条件下测定上述金属离子而不受 Fe^{3+} 干扰。

常用掩蔽剂见表 6-5。

表 6-5　常用掩蔽剂

名称	pH 范围	被掩蔽的离子	备注
KCN	>8	Co^{2+}、Ni^{2+}、Cu^{2+}、Zn^{2+}、Hg^{2+}、Cd^{2+}、Ag^+、Tl^+、Fe^{3+}、Fe^{2+} 及铂族元素	剧毒！只能在碱性溶液中使用
NH_4F	4~6	Al^{3+}、Ti^{4+}、Sn^{4+}、Zn^+、W^{6+} 等	NH_4F 优于 NaF，加入后溶液 pH 变化不大
	10	Al^{3+}、Mg^{2+}、Ca^{2+}、Sr^{2+}、Ba^{2+} 及稀土元素	
三乙醇胺	10	Al^{3+}、Fe^{3+}、Sn^{4+}、Ti^{4+}	与 KCN 并用，可提高掩蔽效果
	11~12	Fe^{3+}、Al^{3+} 及少量 Mn^{2+}	
酒石酸	1.2	Sb^{3+}、Sn^{4+}、Fe^{3+} 及 5mg 以下的 Cu^{2+}	在抗坏血酸存在下
	2	Sn^{4+}、Fe^{3+}、Mn^{2+}	
	5.5	Fe^{3+}、Al^{3+}、Ca^{2+}、Sn^{4+}	
	6~7.5	Mg^{2+}、Fe^{3+}、Cu^{2+}、Al^{3+}、Mo^{4+}、Sb^{3+}	
	10	Fe^{3+}、Al^{3+}、Sn^{4+}	

（三）分离干扰离子

如果用控制溶液酸度和使用掩蔽剂等方法仍不能消除共存离子的干扰,则可将干扰离子预先分离出来,再滴定被测离子。常用的分离方法有沉淀分离法、萃取分离法、离子交换分离法、色谱分离法等。

（四）其他配位剂的应用

除 EDTA 之外,其他许多氨羧配位剂也能与金属离子生成稳定的配合物,而其稳定性与 EDTA 配合物的稳定性相比有时差别较大,因此,如果选用这些氨羧配位剂,有时能提高某些金属离子滴定的选择性。常见的氨羧配位剂包括乙二醇双(2-氨基乙醚)四乙酸(EGTA)、乙二胺四丙酸(EDTP)、三乙撑四胺(Trien)等。例如,由于 EDTA 与 Mg^{2+}、Ca^{2+}、Ba^{2+} 配合物的稳定常数比较接近,而 EGTA 与 Mg^{2+} 配合物的稳定常数小于其与 Ca^{2+}、Ba^{2+} 配合物的稳定常数,因此,在 Mg^{2+} 存在下滴定 Ca^{2+} 或 Ba^{2+} 时,如果用 EDTA 滴定则 Mg^{2+} 的干扰严重,而用 EGTA 滴定则可消除 Mg^{2+} 的干扰。

第七节　配位滴定方式及其应用

配位滴定方式及其应用

一、配位滴定方式

在配位滴定中采用不同的滴定方式,不仅能扩大配位滴定的应用范围,而且还可以提高配位滴定的选择性。配位滴定方式多样,常用的有直接滴定、返滴定、置换滴定、间接滴定等。

（一）直接滴定法

用适宜的缓冲溶液控制滴定体系的 pH,选择适当的指示剂来指示滴定终点,用 EDTA 标准溶液直接滴定被测离子的方法,称为直接滴定法。直接滴定法方便、快速,误差较小。在可能的情况下,应尽量采用直接滴定法。

采用直接滴定法时必须符合下列条件:

1. 待测离子与 EDTA 形成稳定的配合物,满足 $\lg c_M K'_{稳} \geq 6$ 的要求,至少应在 5 以上。
2. 配位反应速率足够快,且被测离子不发生水解和沉淀反应。
3. 有变色敏锐的指示剂,且无封闭现象。

（二）返滴定法

在待测溶液中加入一定量过量的 EDTA 标准溶液,待反应完全后,用另一金属离子标准溶液回滴过量的 EDTA,即为返滴定法。根据两种标准溶液的浓度及用量,可求出被测离子的含量。

以下情况可使用返滴定法:

（1）被测离子与 EDTA 反应速率缓慢。

（2）在选定的滴定条件下发生水解等副反应。

（3）被测离子虽能与 EDTA 生成稳定的配合物,但无适宜的指示剂或对指示剂有封闭作用。

例如,由于 Al^{3+} 与 EDTA 反应速率较慢,易形成一系列多羟基配位化合物,对二甲酚橙指示剂有封闭作用,因此不能用直接滴定法而使用返滴定法:在 Al^{3+} 溶液中先加入一定量过量的 EDTA 标准溶液,调节 pH 为 3.5,并将试液加热至沸,待其配位完全后,冷却,调节 pH 至 5~6,加入指示剂二甲酚橙适量,再用 Zn^{2+} 标准溶液滴定过量的 EDTA。

（三）置换滴定法

利用置换反应,置换出等物质量的另一种金属离子或置换出 EDTA,然后滴定的方法,称为置换滴定法。置换滴定法有下列几种情况:

1. 置换出金属离子 待测离子 M 与 EDTA 反应不完全或生成的配合物不稳定时,可先用 M 置换出另一配合物 NY 中的金属离子 N,然后用 EDTA 标准溶液滴定 N,最后求出 M 的含量。

例如,测定 Ag^+ 含量,由于 Ag^+ 与 EDTA 的配合物不稳定,不能用 EDTA 标准溶液直接滴定。若将 Ag^+ 加到 $Ni(CN)_4^{2-}$ 溶液中,则发生反应:

$$2Ag^+ + Ni(CN)_4^{2-} \rightleftharpoons 2Ag(CN)_2^- + Ni^{2+}$$

置换出来的 Ni^{2+} 可在 pH=10.0 的 $NH_3 \cdot H_2O$-NH_4Cl 缓冲溶液中用 EDTA 标准溶液滴定,以紫脲酸铵作指示剂,根据 EDTA 的用量及反应物与生成物间的计量关系即可求出 Ag^+ 含量。

2. 置换出 EDTA 加入 EDTA 使被测离子 M 与干扰离子均与之发生配位反应,再加入选择性高的配合剂 L 以夺取 M,释放出与 M 等物质量的 EDTA,用另一金属离子标准溶液滴定,最后求出 M 含量。

例如,测定某合金中 Sn^{4+} 含量时,可在试液中加入过量的 EDTA,使可能存在的共存离子 Zn^{2+}、Cd^{2+}、Pb^{2+}、Bi^{3+} 等和 Sn^{4+} 全部都与其配位,然后用 Zn^{2+} 标准溶液滴定过量的 EDTA,将溶液中游离的 EDTA 除去。再加入 NH_4F,因 Sn^{4+} 与 F^- 形成更稳定的 SnF_6^{2-},从而选择性地将 SnY 中的 EDTA 置换出来,再用 Zn^{2+} 标准溶液滴定释放出来的 EDTA,即可求出 Sn^{4+} 的含量。

除了可利用置换滴定法提高选择性以外,还可利用置换滴定的原理,改善指示剂指示终点的敏锐性。例如,铬黑 T 与 Ca^{2+} 显色不够灵敏,但与 Mg^{2+} 显色很灵敏,所以,在 pH=10 的溶液中用 EDTA 标准溶液滴定 Ca^{2+} 时,常常先在溶液中加入少量 MgY,此时发生下列置换反应:

$$MgY + Ca^{2+} \rightleftharpoons CaY + Mg^{2+}$$

置换出来的 Mg^{2+} 与铬黑 T 配位显很深的红色。滴定时,EDTA 先与 Ca^{2+} 配位,到达滴定终点时,EDTA 夺取 Mg-铬黑 T 配合物中的 Mg^{2+},形成 MgY,游离出指示剂,显蓝色,颜色变化非常明显。滴定前加入的 MgY 和反应最后生成的 MgY 的物质的量是相等的,故加入的 MgY 虽然参与了滴定过程,但并不影响滴定结果。采用这种方式,可使多种能与 EDTA 形成稳定配合物但无适当指示剂的金属离子由不能滴定变为可滴定,从而扩大配位滴定的应用范围。

（四）间接滴定法

对于不能与 EDTA 生成稳定配合物或生成的配合物不稳定的金属离子,可用间接滴定法来测定含量。

例如,测定 PO_4^{3-},可加一定量过量的 $Bi(NO_3)_3$,使生成 $BiPO_4$ 沉淀,再用 EDTA 标准溶液滴定过量的 Bi^{3+}。再如测咖啡因($C_8H_{10}N_4O_2$)含量时,可在 pH 1.2~1.5 的条件下,使过量碘化铋钾先与咖啡因生成沉淀 $[(C_8H_{10}N_4O_2)H] \cdot BiI_4$,再用 EDTA 标准溶液滴定剩余的 Bi^{3+}。

二、标准溶液和基准物质

（一）标准溶液

1. EDTA 标准溶液 由于 EDTA 在水中溶解度小,所以常用其二钠盐配制标准溶液,一般也称为 EDTA 溶液。由于其分子中的结晶水有可能在放置过程中失去一部分,也可能会有少量吸附水,而且配制好的溶液如果贮存在玻璃器皿中,EDTA 将不同程度地溶解玻璃中的 Ca^{2+} 生成 CaY,因此,EDTA 标准溶液应用间接法配制且间隔一段时间后需重新标定。

0.05mol/L EDTA 标准溶液的配制:取分析纯 $Na_2H_2Y \cdot 2H_2O$ 约 19g,溶于约 300ml 温蒸馏水中,冷却后稀释至 1 000ml,摇匀即得。必要时可过滤,但不能煮沸,以防分解。贮存于硬质玻璃瓶中以待标定。如需长期放置,则应贮存于聚乙烯瓶中。

2. 锌标准溶液　回滴 EDTA 时常用锌标准溶液。

0.05mol/L 锌标准溶液的配制:

(1)取分析纯 $ZnSO_4 \cdot 7H_2O$ 约 15g,加入稀盐酸 10ml 和适量蒸馏水使其溶解,稀释至 1 000ml,摇匀即得。

(2)精密称取新制备的纯锌粒 3.269 0g,加蒸馏水 5ml 及盐酸 10ml,水浴温热使其溶解,放冷后稀释至 1 000ml,摇匀即得。

(二)基准物质

(1)0.05mol/L EDTA 标准溶液的标定:常用氧化锌或金属锌为基准物质,铬黑 T 或二甲酚橙为指示剂。也可用碳酸钙作基准物质。

1)以 ZnO 为基准物质:精密称取在 800℃ 灼烧至恒重的基准级(优级纯)ZnO(M_{ZnO}=81.38g/mol)0.12g,加稀盐酸 3ml 使溶解,加蒸馏水 25ml 及甲基红指示剂(0.025 → 100)1 滴,滴加氨试液至溶液呈微黄色,再加蒸馏水 25ml,$NH_3 \cdot H_2O$-NH_4Cl 缓冲溶液(pH 10)10ml,铬黑 T 指示剂数滴,用 EDTA 标准溶液滴定至溶液由紫红色变为纯蓝色即为终点。

2)以金属锌为基准物质:将金属锌粒(M_{Zn}=65.38g/mol)表面的氧化物用稀盐酸洗去,再用水洗去盐酸,最后用丙酮漂洗一下,沥干后于 110℃ 烘 5 分钟备用。精密称取锌粒约 0.1g,加稀盐酸 5ml,置水浴上温热溶解后,按以 ZnO 为基准物时同样的操作步骤进行标定。

3)以碳酸钙为基准物质:精密称取 0.20~0.80g $CaCO_3$ 于 250ml 烧杯中,先用少量水润湿,盖上表面皿,缓慢加入 6mol/L 盐酸 8~15ml,使全部溶解。将溶液转移至 250ml 容量瓶中,用水稀释至刻度,摇匀。

用移液管移取 20.00ml 上述溶液于锥形瓶中,加入 pH 10 的 $NH_3 \cdot H_2O$-NH_4Cl 缓冲液 20ml,以及酸性铬蓝 K- 萘酚绿 B 指示剂(简称 K-B 指示剂)2~3 滴,用 EDTA 标准溶液滴定至溶液由紫红色变为蓝绿色即为终点。

(2)0.05mol/L 锌标准溶液的标定:精密量取锌溶液 25ml,加甲基红指示剂 1 滴,滴加氨试液至溶液呈微黄色,再加蒸馏水 25ml,$NH_3 \cdot H_2O$-NH_4Cl 缓冲溶液(pH 10)10ml 与铬黑 T 指示剂数滴,然后用 EDTA 标准溶液滴定至溶液由紫红色变为纯蓝色即为终点。

🔍 知识拓展

为什么 EDTA 可用作抗凝剂?

乙二胺四乙酸(EDTA)盐有钠盐或钾盐,能与血液中 Ca^{2+} 结合成螯合物,使 Ca^{2+} 失去凝血作用,凝血酶原不能激活,阻止血液凝固。EDTA 盐对血细胞形态和血小板计数影响很小,适用于多项血液学检查,尤其是血小板计数。EDTA- 钾特别适用于全血细胞分析及血细胞比容测定。国际血液学标准化委员会(ICSH)建议 CBC(全血细胞计数)抗凝剂用 EDTA-K $\cdot 2H_2O$。EDTA 影响血小板聚集,不适用于凝血检查、血小板功能试验。ICSH 建议 CBC 抗凝剂用量为 EDTA-K $\cdot 2H_2O$ 1.5~2.2mg/ml 血液。

笔记栏

三、应用示例

1. 镁盐的测定（直接滴定法）　以 $MgSO_4 \cdot 7H_2O$ 的测定为例：精密称取本品约 0.25g，加蒸馏水 30ml 溶解后，加 $NH_3 \cdot H_2O$-NH_4Cl 缓冲液 10ml 与铬黑 T 指示剂数滴，用 0.05mol/L EDTA 标准溶液滴定至溶液由酒红色转变为纯蓝色，即为终点。其反应为：

$$Mg^{2+} + H_2Y^{2-} \rightleftharpoons MgY^{2-} + 2H^+$$

计算公式如下：

$$\omega_{MgSO_4 \cdot 7H_2O} = \frac{(cV)_{EDTA} \times \dfrac{246.47}{1\,000}}{S} \times 100\% \, (M_{MgSO_4 \cdot 7H_2O} = 246.47 \text{g/mol})$$

2. 钙盐的测定（直接滴定法）　以葡萄糖酸钙（$C_{12}H_{22}O_{14}Ca \cdot H_2O$）为例：精密称取本品约 0.5g，置锥形瓶中，加蒸馏水 10ml，微热使溶，放冷至室温。另取蒸馏水 10ml，加 $NH_3 \cdot H_2O$-NH_4Cl 缓冲液 10ml，稀硫酸镁试液 1 滴，铬黑 T 指示剂 3 滴，用 0.05mol/L EDTA 标准溶液滴定至溶液显纯蓝色。然后将此混合溶液倒入上述锥形瓶中，用 0.05mol/L EDTA 标准溶液滴定至溶液由酒红色转变为纯蓝色即为终点。

计算公式如下：

$$\omega_{C_{12}H_{22}O_{14}Ca \cdot H_2O} = \frac{(cV)_{EDTA} \times \dfrac{448.4}{1\,000}}{S} \times 100\% \, (M_{C_{12}H_{22}O_{14}Ca \cdot H_2O} = 448.4 \text{g/mol})$$

3. 水硬度的测定（直接滴定法）　测定水硬度，实际上是测定水中钙镁离子的总量，常将其折算成每升水中含碳酸钙或氧化钙的毫克数表示：1ppm 相当于每 1L 水中含 1mg 碳酸钙；1 度相当于 1L 水中含有 10mg CaO。

操作步骤如下：取水样 100ml，加 $NH_3 \cdot H_2O$-NH_4Cl 缓冲液 10ml 与铬黑 T 指示剂适量，用 0.01mol/L EDTA 标准溶液滴定至溶液由酒红色转变为纯蓝色，即为终点。

计算公式如下：

$$总硬度(ppm) = \frac{(cV)_{EDTA} \times M_{CaCO_3} \times 1\,000}{V_{水样}} = (cV)_{EDTA} \times 100.09 \times 10 \text{mg/L}$$

$$或总硬度(度) = \frac{(cV)_{EDTA} \times M_{CaO} \times 1\,000}{V_{水样} \times 10} = (cV)_{EDTA} \times 56.08 \text{ 度}$$

4. 氢氧化铝的含量测定（回滴法 / 剩余滴定法）　取本品约 0.6g，精密称定，加盐酸与水各 10ml，加热溶解后，放冷，滤过，取滤液置 250ml 量瓶中，滤器用水洗涤，洗液并入量瓶中，用水稀释至刻度，摇匀；精密量取 25ml，加氨试液中和至恰析出沉淀，再滴加稀盐酸至沉淀恰溶解为止，加乙酸 - 乙酸铵缓冲液（pH 6.0）10ml，再精密加 0.05mol/L 乙二胺四乙酸二钠滴定液 25ml，煮沸 3~5 分钟，放冷，加二甲酚橙指示液 1ml，用 0.05mol/L 锌滴定液滴定至溶液自黄色转变为红色，并将滴定的结果用空白试验校正，每 1ml 0.05mol/L 乙二胺四乙酸二钠滴定液相当于 2.549mg 的 Al_2O_3。

（姚卫峰　孟庆华）

复习思考题与习题

1. 简答题

(1) 何谓配位滴定法？配位滴定法对滴定反应有何要求？

(2) EDTA 与其金属离子配合物的特点是什么？

(3) 配位滴定可行性的判断条件是什么？

(4) 配位滴定法中可能发生的副反应有哪些？从理论上看,哪些对滴定分析法有利？

(5) 何谓指示剂的封闭现象？怎样消除封闭？

(6) 提高配位滴定选择性的条件与措施有哪些？

2. 名词解释

(1) 酸效应

(2) 稳定常数

(3) 配位效应

(4) 金属指示剂

(5) 金属指示剂的变色点

3. 计算题

(1) 用 EDTA 滴定法检验血清中的钙。取血清 100μl,加 KOH 溶液 2 滴和钙红指示剂 1~2 滴,用 0.001 042mol/L EDTA 滴定至终点,用去 0.250 2ml。计算此检品中 Ca^{2+} 含量 (Ca^{2+}mg/100ml)。若健康成人血清中 Ca^{2+} 含量指标为 9~11mg/100ml,此检品中 Ca^{2+} 含量是否正常？ (尿中钙的测定与此相似,只是要用柠檬酸掩蔽 Mg^{2+})

(2) 精密称取葡萄糖酸钙($C_{12}H_{22}O_{14}Ca \cdot H_2O$)0.540 3g,溶于水中,加入适量钙指示剂,用 0.050 00mol/L EDTA 滴定至终点,用去 23.92ml。计算此样品中葡萄糖酸钙含量。 ($M_{C_{12}H_{22}O_{14}Ca \cdot H_2O}$ =448.4g/mol)

(3) 取某地水样 100.0ml,用氨性缓冲液调节 pH 至 10,以 EBT 为指示剂,用 0.009 434mol/L EDTA 标准溶液滴定至终点,消耗 9.70ml。计算水的总硬度(请分别用 ppm 和度为单位来表示计算结果)。另取同样水样 100.0ml,用 NaOH 调节 pH 至 12.5,加入钙指示剂,用上述 EDTA 标准溶液滴定至终点,消耗 8.10ml,试分别求出水样中 Ca^{2+} 和 Mg^{2+} 的量(mg/L)。

(4) 用 0.02mol/L EDTA 溶液滴定同浓度的 Fe^{3+},试通过计算确定其最高酸度。(假设 Fe^{3+} 无副反应发生,$K^{\ominus}_{FeY}$=25.10)

(5) 在无其他配位剂存在的情况下,在 pH=2.0 和 pH=4.0 时,能否用 EDTA 准确滴定浓度为 0.01mol/L 的 Ni^{2+} ？

4. 设计分析方案(要求写出主要实验条件、主要实验步骤及含量计算式)

(1) 药用 $CaSO_4$ 的分析。

(2) 药用 $Al(OH)_3$ 的分析。

笔记栏

PPT 课件

第七章

氧化还原滴定法

学习目标

通过学习氧化还原滴定法的原理及控制滴定的条件、滴定过程的相关知识,为后续药物分析等专业课的学习奠定基础。

1. 掌握氧化还原平衡及相关知识,氧化还原滴定基本原理,氧化还原滴定相关计算。

2. 熟悉碘量法、高锰酸钾滴定法等重要氧化还原滴定法的原理、特点及应用。

3. 了解氧化还原指示剂及氧化还原滴定法的应用。

第一节 概 述

氧化还原滴定法(redox titration)是以氧化还原反应为基础的滴定分析法。它不仅能够直接测定本身具有氧化还原性的物质,而且还能间接测定一些能够与氧化剂或还原剂发生定量反应的无机、有机物质。

氧化还原反应是基于氧化剂与还原剂之间发生电子转移的反应。反应过程比较复杂,有的反应进行很完全,但反应速率很慢;有的由于副反应的发生使反应物间没有确定的计量关系;有的副反应还可能改变主反应的方向。因此,在学习氧化还原滴定法时,必须综合考虑有关平衡、反应机制、反应速率、反应条件以及滴定条件的控制等问题。

根据所用氧化剂和还原剂的种类不同,氧化还原滴定法可分为碘量法(iodimetry)、高锰酸钾滴定法(permanganometric titration)、重铬酸钾滴定法(dichromate titration)、铈(Ⅳ)量法(cerimetric titration)、溴酸钾法(potassium bromate method)及溴量法(bromometry)等。

第二节 氧化还原平衡

一、条件电极电位及影响因素

(一)电极电位与能斯特方程

氧化剂和还原剂的性质可以用相关氧化还原电对的电极电位(electrode potential)来衡量。电对的电极电位越高,其氧化态的氧化能力越强;电对的电极电位越低,其还原态的还原能力越强。氧化还原反应自发进行的方向,总是电极电位高的氧化态氧化电极电位低的还原态,反应进行的完全程度取决于两反应电对的电位差。

氧化还原电对可粗略地分为可逆电对与不可逆电对两大类。可逆电对(如 Fe^{3+}/Fe^{2+}、Ce^{4+}/Ce^{3+}、I_2/I^-、Cu^{2+}/Cu^+、Ag^+/Ag 等)在氧化还原反应的任一瞬间,能迅速地建立起氧化还原平衡,其实际电位基本符合能斯特(Nernst)方程计算出的理论电位。不可逆电对(如 MnO_4^-/Mn^{2+}、O_2/H_2O_2、$Cr_2O_7^{2-}/Cr^{3+}$、$S_4O_6^{2-}/S_2O_3^{2-}$、$CO_2/C_2O_4^{2-}$、H_2O_2/H_2O 等)则不能在氧化还原反应的任一瞬间很快建立氧化还原平衡,其实际电位与理论电位相差较大,只能用 Nernst 方程作近似计算。

若以 "Ox" 及 "Red" 分别表示可逆氧化还原电对的氧化型和还原型,n 为电子转移数,则该电对的氧化还原半反应为:

$$Ox + ne^- \rightleftharpoons Red$$

其 25℃时的电极电位可用 Nernst 方程表示:

$$E_{Ox/Red} = E_{Ox/Red}^{\ominus} + \frac{0.0592}{n} \lg \frac{a_{Ox}}{a_{Red}} \qquad 式(7-1)$$

式(7-1)中,α_{Ox}、α_{Red}分别为电对氧化型和还原型的活度;$E_{Ox/Red}^{\ominus}$为标准电极电位,是温度为 25℃,相关离子活度均为 1mol/L(或其比值为 1),气体压力为 1.013×10^5Pa 时,相对于标准氢电极的电极电位,仅随温度变化。

(二)条件电极电位

实际工作中通常知道的是物质的浓度而不是活度,如果忽略离子强度的影响,用浓度代替活度进行计算只有在极稀的溶液中才近似正确。因此,引入相应的活度系数γ_{Ox}、γ_{Red},则有$a_{Ox} = \gamma_{Ox} \cdot [Ox]$,$a_{Red} = \gamma_{Red} \cdot [Red]$,代入式(7-1),得:

$$E_{Ox/Red} = E_{Ox/Red}^{\ominus} + \frac{0.0592}{n} \lg \frac{\gamma_{Ox} [Ox]}{\gamma_{Red} [Red]} \qquad 式(7-2)$$

此外,溶液中还可能存在酸效应、生成沉淀及配位效应等副反应,引起电对氧化型、还原型浓度的改变,从而导致电对电极电位变化。为此,引入副反应系数α_{Ox}、α_{Red}。

因为:
$$[Ox] = \frac{c_{Ox}}{\alpha_{Ox}} \qquad [Red] = \frac{c_{Red}}{\alpha_{Red}}$$

代入式(7-2)可得:

$$E_{Ox/Red} = E_{Ox/Red}^{\ominus} + \frac{0.0592}{n} \lg \frac{\gamma_{Ox} \cdot \alpha_{Red} \cdot c_{Ox}}{\gamma_{Red} \cdot \alpha_{Ox} \cdot c_{Red}} \qquad 式(7-3)$$

式(7-3)中,c_{Ox}、c_{Red}分别为电对氧化型、还原型的分析浓度,活度系数γ、副反应系数α在一定条件下为一定值。

当$c_{Ox} = c_{Red} =$1mol/L(或其比值为 1)时,可得到:

$$E_{Ox/Red} = E_{Ox/Red}^{\ominus} + \frac{0.0592}{n} \lg \frac{\alpha_{Red} \cdot \gamma_{Ox}}{\alpha_{Ox} \cdot \gamma_{Red}} = E_{Ox/Red}^{\ominus'} \qquad 式(7-4)$$

$E_{Ox/Red}^{\ominus'}$ 称为电对 Ox/Red 的条件电极电位(conditional electrode potential)[亦称式量电位(formal potential)]。它是在特定条件下,电对氧化型、还原型分析浓度均为 1mol/L 或其比值为 1 时的实际电位,在条件不变时为一常数。引入条件电极电位$E_{Ox/Red}^{\ominus'}$后,Nernst 方程表示为:

$$E_{Ox/Red} = E_{Ox/Red}^{\ominus'} + \frac{0.0592}{n} \lg \frac{c_{Ox}}{c_{Red}} \qquad 式(7-5)$$

条件电极电位反映了离子强度和各种副反应对电对电极电位的影响,用它处理氧化还原相关问题更符合实际情况。

从理论上考虑,只要知道有关组分的活度系数和副反应系数,就可以由标准电极电位根据式(7-4)计算条件电极电位$E_{Ox/Red}^{\ominus'}$。但实际上当溶液的离子强度较大时,活度系数γ不易求得;当副反应很多时,副反应系数α也难以计算,因此条件电极电位$E_{Ox/Red}^{\ominus'}$都由实验测得。当缺少相同条件下的$E_{Ox/Red}^{\ominus'}$时,常用相近条件的$E_{Ox/Red}^{\ominus'}$来代替计算。若无合适的条件电极电位$E_{Ox/Red}^{\ominus'}$,则用标准电极电位$E_{Ox/Red}^{\ominus}$代替条件电极电位$E_{Ox/Red}^{\ominus'}$作近似计算。

$$E_{Ox/Red} = E_{Ox/Red}^{\ominus} + \frac{0.0592}{n}\lg\frac{[Ox]}{[Red]}(25℃) \qquad 式(7-6)$$

例 7-1 在 1mol/L HCl 溶液中,$E_{Cr_2O_7^{2-}/Cr^{3+}}^{\ominus'} = 1.02$V。计算用固体亚铁盐将 0.1000mol/L $K_2Cr_2O_7$ 溶液还原至一半时的电位。

解: 0.1000mol/L $K_2Cr_2O_7$ 溶液还原至一半时,$c_{Cr_2O_7^{2-}} = 0.0500$mol/L,
$c_{Cr^{3+}} = 2 \times (0.1000-0.0500) = 0.1000$mol/L。

$$E_{Cr_2O_7^{2-}/Cr^{3+}} = E_{Cr_2O_7^{2-}/Cr^{3+}}^{\ominus'} + \frac{0.0592}{6}\lg\frac{c_{Cr_2O_7^{2-}}}{c_{Cr^{3+}}^2}$$

$$= 1.02 + \frac{0.0592}{6}\lg\frac{0.0500}{0.0100}$$

$$= 1.03(V)$$

(三)影响条件电极电位的因素

虽然条件电极电位一般都是由实验测得的,但在某些比较简单的情况下,在作了一些近似处理后,$E_{Ox/Red}^{\ominus'}$也可以由计算求得。通过这种计算可以更深刻地理解条件电极电位的意义和影响因素。下面将通过对具体电对的讨论,说明条件电极电位的影响因素及估算条件电极电位的方法。

1. 离子强度的影响 如式(7-4)所示,氧化还原电对的条件电极电位($E_{Ox/Red}^{\ominus'}$)与电对氧化型、还原型的活度系数γ相关,而活度系数直接受溶液离子强度的影响($-\lg r_i = 0.5Z_i^2\sqrt{I}$)。在氧化还原反应中,溶液的离子强度一般比较大,活度系数小于1,其条件电极电位与标准电极电位有一定的差异。但由于活度系数不易计算,而各种副反应及其他因素对条件电极电位的影响更为重要,故在估算条件电极电位时可将离子强度的影响忽略。

2. 酸效应 若有 H^+ 或 OH^- 参加的氧化还原半反应,则溶液的酸度将直接影响相关电对的条件电极电位;若一些电对的氧化型或还原型是弱酸或弱碱,溶液的酸度会影响其存在的型体,也同样会改变电对的条件电极电位。例如:

$$H_3AsO_4 + 2H^+ + 2e^- \rightleftharpoons HAsO_2 + 2H_2O \qquad E_{H_3AsO_4/HAsO_2}^{\ominus} = 0.560V$$

$$I_2 + 2e^- \rightleftharpoons 2I^- \qquad E_{I_2/I^-}^{\ominus} = 0.5355V$$

以上两个半反应$E_{Ox/Red}^{\ominus}$相差不大,其中I_2/I^-电对的电位与溶液的酸度基本无关,而$H_3AsO_4/HAsO_2$电对的电位则受酸度的影响很大,因此该反应进行的方向也受到溶液酸度的影响。只有在强酸条件下,例如$[H^+]=1.0$mol/L 时,反应才会向右进行,而降低酸度时反应向左进行。

例 7-2 计算 pH 8.00 时,$H_3AsO_4/HAsO_2$电对的条件电极电位。
解: 已知半反应 $H_3AsO_4 + 2H^+ + 2e^- \rightleftharpoons HAsO_2 + 2H_2O$
H_3AsO_4 的$pK_{a_1}^{\ominus} \sim pK_{a_3}^{\ominus}$分别为 2.26、6.76、11.29;$HAsO_2$的$pK_a^{\ominus}$为 9.29。

$$E = E_{H_3AsO_4/HAsO_2}^{\ominus} + \frac{0.0592}{2}\lg\frac{[H_3AsO_4][H^+]^2}{[HAsO_2]}$$

因 $[H_3AsO_4] = \delta_{H_3AsO_4}c_{H_3AsO_4}$ $[HAsO_2] = \delta_{HAsO_2}c_{HAsO_2}$

故

$$E = E^{\ominus}_{H_3AsO_4/HAsO_2} + \frac{0.059\,2}{2}\lg\frac{\delta_{H_3AsO_4}\left[H^+\right]^2}{\delta_{HAsO_2}} + \frac{0.059\,2}{2}\lg\frac{c_{H_3AsO_4}}{c_{HAsO_2}}$$

则

$$E^{\ominus'}_{H_3AsO_4/HAsO_2} = E^{\ominus}_{H_3AsO_4/HAsO_2} + \frac{0.059\,2}{2}\lg\frac{\delta_{H_3AsO_4}\left[H^+\right]^2}{\delta_{HAsO_2}}$$

由第五章分布系数的计算公式求得 pH 8.00 时：$\delta_{HAsO_2} = 0.94$，$\delta_{H_3AsO_4} = 10^{-6.8}$。代入上式得：

$$E^{\ominus'}_{H_3AsO_4/HAsO_2} = 0.560 + \frac{0.059\,2}{2}\lg\frac{10^{-6.80} \times 10^{-16.00}}{0.94} = -0.11(V)$$

此时$E^{\ominus'}_{H_3AsO_4/HAsO_2}$小于$E^{\ominus}_{I_2/I^-}$，故发生 I_2 将 $HAsO_2$ 氧化为 $HAsO_4^{2-}$ 的反应：

$$HAsO_2 + I_2 + 2H_2O \rightleftharpoons HAsO_4^{2-} + 2I^- + 4H^+$$

3. 生成沉淀　当溶液体系中加入一种可与电对氧化型或还原型生成难溶沉淀的沉淀剂时,电对的条件电极电位会发生改变。氧化型生成沉淀会使条件电极电位降低,而还原型生成沉淀会使条件电极电位增高。例如,间接碘量法测定 Cu^{2+} 含量基于以下反应：

$$2Cu^{2+} + 4I^- \rightleftharpoons 2CuI \downarrow + I_2$$

仅从$E^{\ominus}_{Cu^{2+}/Cu^+} = 0.153V$，$E^{\ominus}_{I_2/I^-} = 0.535\,5V$来看,似乎 Cu^{2+} 无法氧化 I^-。然而,由于 Cu^+ 生成了溶解度很小的 CuI 沉淀,显著降低了 Cu^+ 的游离浓度,使 Cu^{2+}/Cu^+ 的电极电位显著升高,使上述反应向右进行。

例 7-3　计算$\left[I^-\right] = 1.0mol/L$ 时,Cu^{2+}/CuI 电对的条件电极电位$E^{\ominus'}_{Cu^{2+}/Cu^+}$。（已知$K^{\ominus}_{spCuI} = 1.3 \times 10^{-12}$)

解：

$$E_{Cu^{2+}/Cu^+} = E^{\ominus}_{Cu^{2+}/Cu^+} + 0.059\,2\lg\frac{\left[Cu^{2+}\right]}{\left[Cu^+\right]}$$

$$= E^{\ominus}_{Cu^{2+}/Cu^+} - 0.059\,2\lg\frac{K^{\ominus}_{sp}}{\left[I^-\right]} + 0.059\,2\lg\left[Cu^{2+}\right]$$

因 Cu^{2+} 未发生副反应。所以$\left[Cu^{2+}\right] = c_{Cu^{2+}}$,当 $c_{Cu^{2+}} = 1.0mol/L$ 时体系的实际电位即为此条件下 Cu^{2+}/CuI 电对的条件电极电位。所以：

$$E^{\ominus'}_{Cu^{2+}/Cu^+} = E^{\ominus}_{Cu^{2+}/Cu^+} - 0.059\,2\lg\frac{K^{\ominus}_{sp}}{\left[I^-\right]}$$

$$= 0.153 - 0.059\,2\lg(1.3 \times 10^{-12}) = 0.85(V)$$

显然 Cu^{2+}/Cu^+ 电对的电位由 0.15V 增大到 0.85V,氧化能力大大提高,可用于间接碘量法测定 Cu^{2+}。

4. 生成配合物　若体系中存在某种配位剂可以与电对中金属离子氧化型或还原型生成配合物,也会影响条件电极电位。其影响规律是：若生成的氧化型配合物比还原型配合物稳定性高,条件电极电位降低;反之,条件电极电位增高。

例如,间接碘量法测定 Cu^{2+} 时(例 7-3),如有 Fe^{3+} 存在会干扰测定。原因是：$E^{\ominus}_{Fe^{3+}/Fe^{2+}}$ (0.771V) > $E^{\ominus}_{I_2/I^-}$ (0.535\,5V)可发生 $2Fe^{3+} + 2I^- \rightleftharpoons Fe^{2+} + I_2$ 的反应。

若向溶液中加入 NaF 与 Fe^{3+} 生成稳定的配合物,使 Fe^{3+} 浓度降低。在此条件下 Fe^{3+}/Fe^{2+} 电对的条件电极电位降低到小于 I_2/I^- 电对的电位,失去对 I^- 的氧化能力,消除干扰。

二、氧化还原反应进行的程度

氧化还原反应进行的程度可用条件平衡常数K'来衡量。K'可根据相关的氧化还原反应用 Nernst 方程求得。对于下式代表的氧化还原反应：

$$mOx_1 + nRed_2 \rightleftharpoons mRed_1 + nOx_2$$

条件平衡常数为：
$$K' = \frac{(c_{Red_1})^m \cdot (c_{Ox_2})^n}{(c_{Ox_1})^m \cdot (c_{Red_2})^n}$$
式(7-7)

与上述氧化还原反应相关的氧化还原半反应和电对的电极电位为：

$$Ox_1 + ne^- \rightleftharpoons Red_1 \qquad E_{Ox_1/Red_1} = E^{\ominus'}_{Ox_1/Red_1} + \frac{0.0592}{n}\lg\frac{c_{Ox_1}}{c_{Red_1}}$$

$$Ox_2 + me^- \rightleftharpoons Red_2 \qquad E_{Ox_2/Red_2} = E^{\ominus'}_{Ox_2/Red_2} + \frac{0.0592}{m}\lg\frac{c_{Ox_2}}{c_{Red_2}}$$

当氧化还原反应达到平衡时,两个电对的电极电位相等:

$$E^{\ominus'}_{Ox_1/Red_1} + \frac{0.0592}{n}\lg\frac{c_{Ox_1}}{c_{Red_1}} = E^{\ominus'}_{Ox_2/Red_2} + \frac{0.0592}{m}\lg\frac{c_{Ox_2}}{c_{Red_2}}$$
式(7-8)

$$\lg K' = \frac{m \cdot n(E^{\ominus'}_{Ox_1/Red_1} - E^{\ominus'}_{Ox_2/Red_2})}{0.0592}$$

由式(7-8)可知:氧化还原反应的条件平衡常数K'与两电对的条件电极电位之差($\Delta E^{\ominus}$)及电子转移数呈正比关系。$\Delta E^{\ominus}$及电子转移数越大,反应的条件平衡常数越大,反应进行得越完全。若无相关电对的条件电极电位,亦可用相应的标准电极电位代替进行计算,作为初步预测或判断反应进行的程度亦有一定意义。则式(7-8)改写如下:

$$\lg K' = \frac{m \cdot n(E^{\ominus}_{Ox_1/Red_1} - E^{\ominus}_{Ox_2/Red_2})}{0.0592}$$
式(7-9)

在氧化还原滴定分析法中,一般要求反应完全程度在化学计量点时至少达99.9%(即误差≤ 0.1%),则有$c_{R1} \geqslant 99.9\%$, $c_{O2} \geqslant 99.9\%$, $c_{O1} \leqslant 0.1\%$, $c_{R2} \leqslant 0.1\%$。

代入式(7-7)、式(7-8),整理得:

当$m=n=1$时, $\lg K' \geqslant 6$, $\Delta E^{\ominus} \geqslant 0.059 \times 6 = 0.35(V)$

若$m=1$, $n=2$(或$m=2$, $n=1$)时, $\lg K' \geqslant 9$, $\Delta E^{\ominus} \geqslant 0.059 \times 9/2 = 0.27(V)$

若$m=1$, $n=3$(或$m=3$, $n=1$)时, $\lg K' \geqslant 12$, $\Delta E^{\ominus} \geqslant 0.059 \times 12/3 = 0.24(V)$

由此可见,若仅考虑反应进行的程度,通常认为$\Delta E^{\ominus} \geqslant 0.40V$的氧化还原反应就能满足氧化还原定量分析的要求。

例 7-4 计算在 1.0mol/L HCl 溶液中,Fe^{3+}与Sn^{2+}反应的平衡常数,可否进行完全? (已知$E^{\ominus'}_{Fe^{3+}/Fe^{2+}} = 0.68V$, $E^{\ominus'}_{Sn^{4+}/Sn^{2+}} = 0.14V$)

解: 反应式 $2Fe^{3+} + Sn^{2+} \rightleftharpoons 2Fe^{2+} + Sn^{4+}$

$$\lg K' = \frac{2 \times 1 \times (0.68 - 0.14)}{0.0592} = 18.24$$

因该反应为$m=1$、$n=2$的氧化还原反应,只要$\lg K' \geqslant 9$即可视为反应能进行完全,所以该反应能满足滴定分析法对反应完全程度的要求。

三、氧化还原反应的速率

在氧化还原反应中多数反应机制复杂,可以根据氧化还原电对的标准电位或条件电极电位判断、预测反应进行的方向及程度,但无法判断反应进行的速率。

如,水溶液中的溶解氧:

$$O_2(气) + 4H^+ + 4e^- \rightleftharpoons 2H_2O \qquad E^{\ominus}_{O_2/H_2O} = 1.229V$$

$$Sn^{4+} + 2e^- \rightleftharpoons Sn^{2+} \qquad E^{\ominus}_{Sn^{4+}/Sn^{2+}} = 0.151V$$

由标准电极电位数值看O_2应很容易氧化Sn^{2+},若计算该反应平衡常数$\lg K$可达145之

笔记栏

大。但实际上 Sn^{2+} 却能很稳定地存在于水溶液中,说明它们之间反应速率极慢。究其原因是由于电子在氧化剂和还原剂之间转移时受到各方阻力而导致速率变慢。

影响氧化还原速率的因素,除氧化还原电对自身性质外,还有反应的外界因素的影响。

1. 反应物浓度　根据质量作用定律,反应速率与反应物浓度的乘积成正比。但由于氧化还原反应的复杂性,不能简单从氧化还原总反应方程式来判断反应物浓度对反应速率的影响程度。但就一般来说,反应物浓度越大,反应的速率也越快。如 $K_2Cr_2O_7$ 在酸性介质中氧化 I^- 的反应:

$$Cr_2O_7^{2-} + 6I^- + 14H^+ \rightleftharpoons 2Cr^{3+} + 3I_2 + 7H_2O$$

增大 I^- 的浓度或提高溶液的酸度,均可提高上述反应的速率。

2. 反应温度　对绝大多数氧化还原反应来说,升高反应温度均可提高反应速率。一般温度每升高 $10℃$,反应速率可提高 $2\sim3$ 倍。这是由于升高反应温度时,不仅增加了反应物之间碰撞的概率,而且增加了活化分子数目。如在酸性介质中,用 MnO_4^- 氧化 $C_2O_4^{2-}$ 的反应:

$$2MnO_4^- + 5C_2O_4^{2-} + 16H^+ \rightleftharpoons 2Mn^{2+} + 10CO_2\uparrow + 8H_2O$$

在室温下反应速率很慢,若将溶液加热并控制在 $70\sim85℃$,则反应速率明显加快。对于在较高温度易挥发、氧化、分解的物质,应严格控制加热温度。

3. 催化剂　催化剂是一类能改变反应速率,而其本身组成和形态不发生改变的物质。正催化剂提高反应速率,负催化剂降低反应速率(又称"阻化剂")。一般所说的催化剂,通常是指正催化剂。

催化作用是非常复杂的过程。它可能是产生了一些不稳定的中间价态的离子、游离基或活泼的中间配合物,从而改变了氧化还原反应的历程;或者降低了原来反应所需的活化能,使反应速率改变。如 MnO_4^- 氧化 $C_2O_4^{2-}$ 的反应开始进行得很慢,若加入少量 Mn^{2+},则反应速率明显加快。也可以开始先加几滴 $KMnO_4$ 待其褪色后,产生自催化作用的 Mn^{2+},加快反应速率。

4. 诱导作用　在氧化还原反应中,一种反应(主要反应)的进行能够诱发反应速率极慢或本来不能进行的另一反应的现象,称为诱导作用。如 MnO_4^- 氧化 Cl^- 的反应进行得很慢,但当溶液中存在 Fe^{2+} 时,MnO_4^- 与 Fe^{2+} 反应的进行诱发 MnO_4^- 与 Cl^- 反应加快进行。这种本来难以进行或进行很慢,但在另一反应的诱导下得以进行或加速进行的反应,称为受诱导反应。如:

$$MnO_4^- + 5Fe^{2+} + 8H^+ \rightleftharpoons Mn^{2+} + 5Fe^{3+} + 4H_2O \quad (诱导反应)$$

$$2MnO_4^- + 10Cl^- + 16H^+ \rightleftharpoons 2Mn^{2+} + 5Cl_2 + 8H_2O \quad (受诱反应)$$

其中 MnO_4^- 称为作用体;Fe^{2+} 称为诱导体;Cl^- 称为受诱体。

但诱导反应与催化反应不同,在催化反应中,催化剂在反应前后的组成和形态不发生改变;而在诱导反应中,诱导体反应后生成其他物质。诱导反应在滴定分析法中往往是有害的,应设法避免。

第三节　氧化还原滴定

一、滴定曲线

以氧化剂或还原剂为滴定剂滴定被测组分,溶液中氧化型和还原型的浓度逐渐变化,导致电对的电极电位不断变化。通常以体系电位 E 为纵坐标,加入滴定剂体积或滴定百分数

笔记栏

为横坐标绘制滴定曲线。氧化还原滴定曲线通常是根据测得的实验数据绘制的。但对于可以得到条件电极电位的可逆氧化还原反应滴定体系,也可以利用 Nernst 方程计算。现以在1mol/L H_2SO_4 溶液中,用 0.100 0mol/L Ce^{4+} 标准溶液滴定 20.00ml 0.100 0mol/L Fe^{2+} 溶液为例,说明滴定曲线理论计算法。相关电对的氧化还原半反应(即半电池反应)为:

$$Ce^{4+} + e^- \rightleftharpoons Ce^{3+} \qquad E^{\ominus'}_{Ce^{4+}/Ce^{3+}} = 1.44V$$
$$Fe^{3+} + e^- \rightleftharpoons Fe^{2+} \qquad E^{\ominus'}_{Fe^{3+}/Fe^{2+}} = 0.68V$$

滴定反应为:

$$Ce^{4+} + Fe^{2+} \rightleftharpoons Ce^{3+} + Fe^{3+}$$

根据氧化还原平衡理论,滴定一旦开始,体系中将同时存在上述两个电对,滴定至任何时刻反应均处在平衡状态,氧化还原反应电池电动势 E_{MF} 等于零,故两电对的电极电位必定趋于相等。即:

$$E^{\ominus'}_{Fe^{3+}/Fe^{2+}} + 0.059\,2\lg\frac{c_{Fe^{3+}}}{c_{Fe^{2+}}} = E^{\ominus'}_{Ce^{4+}/Ce^{3+}} + 0.059\,2\lg\frac{c_{Ce^{4+}}}{c_{Ce^{3+}}}$$

因此,在计算不同阶段滴定曲线时,可以根据化学计量点前后溶液的具体情况,选择便于计算的电对,根据 Nernst 方程进行计算。

1. 滴定前 体系为 0.100 0mol/L 的 Fe^{2+} 溶液,由于空气中 O_2 的氧化作用,溶液中不可避免地存在少量 Fe^{3+},但由于不知其准确浓度,故无法用 Nernst 方程计算体系的电位。

2. 滴定开始至化学计量点前 此时滴加的 Ce^{4+} 几乎全部转化为 Ce^{3+},溶液中的 Fe^{2+} 被氧化生成 Fe^{3+},且 Ce^{3+} 与 Fe^{3+} 的浓度相等。但逆反应可能生成的 Ce^{4+} 极少并难以确定其浓度,故应采用 Fe^{3+}/Fe^{2+} 电对计算该体系的电极电位。

$$E_{Fe^{3+}/Fe^{2+}} = E^{\ominus'}_{Fe^{3+}/Fe^{2+}} + 0.059\,2\lg\frac{c_{Fe^{3+}}}{c_{Fe^{2+}}}$$

(1)当加入 Ce^{4+} 标准溶液 10.00ml(滴定百分率为 50%)

则有:

$$E_{Fe^{3+}/Fe^{2+}} = 0.68 + 0.059\,2\lg\frac{10.00}{10.00} = 0.68(V)$$

(2)当加入 Ce^{4+} 标准溶液 19.98ml(滴定百分率为 99.9%,相对误差为 −0.1%)

同理有:

$$E_{Fe^{3+}/Fe^{2+}} = 0.68 + 0.059\,2\lg\frac{19.98}{0.02} = 0.86(V)$$

3. 化学计量点(滴定百分率为 100%) 此时加入 Ce^{4+} 标准溶液 20.00ml,与 Fe^{2+} 已全部定量反应完毕,它们的浓度均极小且不易求得,任意采用其中一个电对的 Nernst 方程都不能求出此时的电位值。可将二者的 Nernst 方程联立求解。

$$E_{sp} = E^{\ominus'}_{Ce^{4+}/Ce^{3+}} + 0.059\,2\lg\frac{c_{Ce^{4+}}}{c_{Ce^{3+}}}$$

$$E_{sp} = E^{\ominus'}_{Fe^{3+}/Fe^{2+}} + 0.059\,2\lg\frac{c_{Fe^{3+}}}{c_{Fe^{2+}}}$$

两式相加: $2E_{sp} = (E^{\ominus'}_{Ce^{4+}/Ce^{3+}} + E^{\ominus'}_{Fe^{3+}/Fe^{2+}}) + 0.059\,2\lg\frac{c_{Ce^{4+}}c_{Fe^{3+}}}{c_{Ce^{3+}}c_{Fe^{2+}}}$

达到计量点时:$c_{Ce^{4+}} = c_{Fe^{2+}} \qquad c_{Ce^{3+}} = c_{Fe^{3+}}$

故: $E_{sp} = \dfrac{E^{\ominus}_{Ce^{4+}/Ce^{3+}} + E^{\ominus}_{Fe^{3+}/Fe^{2+}}}{2} = \dfrac{1.44 + 0.68}{2} = 1.06(V)$

4. 化学计量点后 此时 Ce^{4+} 过量,溶液中 Fe^{2+} 几乎全部被氧化成 Fe^{3+},不宜用 Fe^{3+}/Fe^{2+} 电对计算电极电位,应采用 Ce^{4+}/Ce^{3+} 电对计算该阶段体系的电极电位。

$$E_{Ce^{4+}/Ce^{3+}} = E^{\ominus'}_{Ce^{4+}/Ce^{3+}} + 0.0592\lg\frac{c_{Ce^{4+}}}{c_{Ce^{3+}}}$$

（1）当加入 Ce^{4+} 标准溶液 20.02ml（滴定百分率为 100.1%，相对误差为 +0.1%）

$$c_{Ce^{3+}} = c_{Fe^{3+}} = \frac{0.1000 \times 20.00}{20.00 + 20.02} \text{mol/L} \qquad c_{Ce^{4+}} = \frac{0.1000 \times 0.02}{20.00 + 20.02} \text{mol/L}$$

则有：

$$E_{Ce^{4+}/Ce^{3+}} = 1.44 + 0.0592\lg\frac{0.02000}{20.00} = 1.26(\text{V})$$

（2）当加入 Ce^{4+} 标准溶液 40.00ml（滴定百分率为 200%）

同理有：

$$E_{Ce^{4+}/Ce^{3+}} = 1.44 + 0.0592\lg\frac{20.00}{20.00} = 1.44(\text{V})$$

用同样的方法计算出各阶段电位值，绘制氧化还原滴定的滴定曲线，如图 7-1 所示。

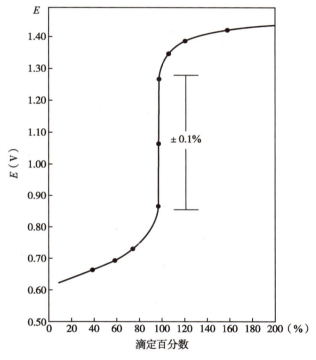

图 7-1　在 1mol/L H_2SO_4 溶液中，用 0.1000mol/L Ce^{4+} 滴定
20.00ml 0.1000mol/L Fe^{2+} 溶液的滴定曲线

可以看出，在化学计量点前后 ±0.1% 相对误差的突跃范围内，体系电极电位由 0.86V 突变至 1.26V（即 $\triangle E^{\ominus'}$ 为 0.40V）。如果参与反应的两个电对转移电子数均为 1，即 $n=m=1$，如 Ce^{4+} 滴定 Fe^{2+}，此时，E_{sp}（1.06V）恰好在滴定突跃（0.86~1.26V）的中点，此滴定曲线在化学计量点前后基本对称。如果 $n \neq m$，E_{sp} 将偏向转移电子数多的一方。对于下列可逆电对组成的氧化还原反应：

$$m\text{Ox}_1 + n\text{Red}_2 \Longrightarrow m\text{Red}_1 + n\text{Ox}_2$$

化学计量点电位计算通式为：

$$E_{sp} = \frac{nE^{\ominus'}_{Ox_1/Red_1} + mE^{\ominus'}_{Ox_2/Red_2}}{n + m} \qquad \text{式（7-10）}$$

若用 Ox_1 滴定 Red_2，则其化学计量点前后 ±0.1% 范围内电位突跃范围为：

$$\left(E^{\ominus'}_{Ox_2/Red_2} + \frac{3 \times 0.0592}{m}\right) \sim \left(E^{\ominus'}_{Ox_1/Red_1} - \frac{3 \times 0.0592}{n}\right) \qquad \text{式（7-11）}$$

笔记栏

上述计量点电位计算通式仅适用于参与滴定反应的两个电对均为对称电对的情况。对称电对是指在该电对的半反应方程式中,电对氧化型与还原型系数相等的电对,如 Fe^{3+}/Fe^{2+}、MnO_4^-/Mn^{2+} 等。而对于 $Cr_2O_7^{2-}/Cr^{3+}$ 这种不对称电对的氧化还原反应,计量点电位计算较复杂,这里不作详细讨论。

由式(7-11)可知,影响此类氧化还原滴定电位突跃范围的主要因素如下:①两电对的条件电极电位差$\triangle E^{\ominus'}$,其值越大,计量点附近的电位突跃也大。②两个氧化还原半反应中电子转移数 n 和 m,其值越大,突跃范围越大。③氧化还原滴定的突跃范围与两电对相关离子的浓度无关。通常,当$\triangle E^{\ominus'}$(或$\triangle E^{\ominus}$)在 0.40V 以上,可用氧化还原指示剂确定滴定终点;当$\triangle E^{\ominus'}$(或$\triangle E^{\ominus}$)在 0.20~0.40V 之间时,可用电位分析法确定终点(见第十章);若$\triangle E^{\ominus'}$(或$\triangle E^{\ominus}$)<0.20V,由于没有明显的电位突跃,此类反应不能用于常规的滴定分析法。

二、指示剂的选择

在氧化还原滴定中,除了用电位分析法确定滴定终点外,还可以根据不同方法,采用不同类型的指示剂确定滴定终点。

(一)自身指示剂

在氧化还原滴定中,有些标准溶液或被滴定的物质本身具有很深的颜色,而反应产物无色或颜色很浅,滴定时就不必另加指示剂,利用滴定剂或被滴定液自身的颜色变化来确定终点,这种方法称为自身指示剂法(self indicator method)。例如酸性介质中,用紫红色的高锰酸钾滴定剂滴定无色或浅色的还原性物质,在滴定到化学计量点时,稍过量的MnO_4^-就可以使溶液显粉红色,从而指示滴定终点的到达。实验表明,$KMnO_4$ 作为自身指示剂非常灵敏,其浓度达到 2×10^{-6}mol/L 时,就能够观察到溶液呈明显的粉红色。

(二)特殊指示剂

有些物质本身不具有氧化性或还原性,但它能与氧化剂或还原剂反应产生特殊的颜色以指示滴定终点,此类物质称为特殊指示剂(specific indicator),亦称专用指示剂。例如,可溶性淀粉溶液与 I_2 发生显色反应,生成深蓝色的化合物;当 I_2 被还原为 I^- 时,深蓝色消失。所以,可溶性淀粉是碘量法的专用指示剂。在室温下,使用淀粉指示剂可检出溶液中 10^{-5}~10^{-6}mol/L 的 I_2 溶液,该指示剂可逆性好,显色灵敏度高,但温度升高,显色灵敏度会降低。

(三)氧化还原指示剂

氧化还原指示剂(oxidation-reduction indicator)是一类具有氧化还原性质的有机试剂,其氧化型和还原型具有明显的颜色差异。在滴定过程中,随着滴定体系电位的变化,指示剂的氧化型或还原型相互转化引起颜色变化以指示滴定终点。

若以In_{Ox}、In_{Red}分别表示指示剂的氧化型和还原型,指示剂的氧化还原半反应如下:

$$In_{Ox} + ne^- \rightleftharpoons In_{Red}$$

随着氧化还原滴定过程中溶液电位的变化,指示剂$c_{In_{Ox}}/c_{In_{Red}}$的比值亦按 Nernst 方程的关系改变:

$$E = E_{In_{Ox}/In_{Red}}^{\ominus'} + \frac{0.0592}{n}\lg\frac{c_{In_{Ox}}}{c_{In_{Red}}} \qquad \text{式}(7\text{-}12)$$

与酸碱指示剂颜色变化情况相似,当$c_{In_{Ox}}/c_{In_{Red}} = 1$ 时,$E = E_{In_{Ox}/In_{Red}}^{\ominus'}$ 称为氧化还原指示剂的理论变色点;当$c_{In_{Ox}}/c_{In_{Red}} \geq 10$ 时,溶液显指示剂氧化型的颜色;当$c_{In_{Ox}}/c_{In_{Red}} \leq \frac{1}{10}$时,溶液显指示剂还原型的颜色,故氧化还原指示剂的理论变色电位范围为:

$$E_{\mathrm{InOx/InRed}}^{\ominus'} \pm \frac{0.0592}{n} \qquad \text{式}(7\text{-}13)$$

不同的氧化还原指示剂$E^{\ominus'}$不同,其变色电位范围亦不同。一些常用氧化还原指示剂的$E^{\ominus'}$及其颜色变化见表 7-1。

表 7-1 一些氧化还原指示剂的 $E^{\ominus'}$ 及颜色变化

指示剂	$E^{\ominus'}$/V [H⁺]=1mol/L	颜色变化	
		氧化型	还原型
亚甲基蓝	0.53	蓝色	无色
二苯胺	0.75	紫色	无色
二苯胺磺酸钠	0.84	紫红	无色
邻苯氨基苯甲酸	0.89	紫红	无色
邻二氮菲亚铁	1.06	浅蓝	红
硝基邻二氮菲亚铁	1.25	浅蓝	紫红

氧化还原指示剂的选择原则与酸碱指示剂相类似,要求指示剂的变色电位范围在滴定突跃电位范围之内,并尽量使指示剂的$E^{\ominus'}$与化学计量点的E_{sp}接近,以保证终点误差不超过 0.1%。如,Ce^{4+}滴定Fe^{2+}的滴定突跃为 0.86~1.26V,表 7-1 中的邻二氮菲亚铁($E^{\ominus'}$=1.06V)为合适的指示剂。

若可供选择的指示剂只有部分变色区间在滴定突跃范围内,则必须设法改变滴定突跃范围,使所选用的指示剂成为适宜的指示剂。

例如,Ce^{4+}测定Fe^{2+}的滴定突跃范围为 0.86~1.26V,若用二苯胺磺酸钠为指示剂($E^{\ominus'}$= 0.84V),其变色区间为$0.84 \pm \frac{0.0592}{2}$(0.81~0.87V)。一般可加入$H_3PO_4$与$Fe^{3+}$形成稳定的$FeHPO_4^+$,以降低$Fe^{3+}$的浓度,从而降低$E_{Fe^{3+}/Fe^{2+}}$,达到增大电位差、降低滴定突跃起点电位值(即产生 –0.1% 相对误差点的电位值),从而增大滴定突跃范围的目的。若将$c_{Fe^{3+}}$降低 10 000 倍,则化学计量点前 0.1% 处的电位为:

$$E_{Fe^{3+}/Fe^{2+}} = 0.68 + 0.0592\lg\frac{99.9}{0.1} \times \frac{1}{10\,000} = 0.62\,(\mathrm{V})$$

则滴定突跃变成 0.62~1.26V,使二苯胺磺酸钠成为适合的指示剂。化学计量点时稍过量的$Ce(SO_4)_2$就使二苯胺磺酸钠由还原型转变为氧化型,溶液显紫红色。

第四节 常用氧化还原滴定法

一、碘量法

(一)基本原理

碘量法(iodimetry)是利用I_2的氧化性和I^-的还原性进行氧化还原滴定的方法。其氧化还原半反应为:

$$I_2 + 2e^- \rightleftharpoons 2I^- \qquad E_{I_2/I^-}^{\ominus} = 0.5355\,\mathrm{V}$$

由于I_2在水中的溶解度很小(1.18×10^{-3}mol/L,25℃),且有挥发性,故在配制碘溶液时

ER-7-1

常用氧化还原滴定法及应用示例

通常加入一些碘化物(KI),使碘与碘离子结合成配离子(I_3^-)。

$$I_2 + I^- \rightleftharpoons I_3^-$$

$$I_3^- + 2e^- \rightleftharpoons 3I^- \qquad E_{I_3^-/I^-}^{\ominus} = 0.536V$$

$E_{I_2/I^-}^{\ominus}$ 与 $E_{I_3^-/I^-}^{\ominus}$ 相差很小,为方便起见,I_3^-通常仍简写为 I_2。I_2 是较弱的氧化剂,能与较强的还原剂作用;而 I^- 是中等强度的还原剂,能与许多氧化剂作用。因此,碘量法可分为以 I_2 作为氧化剂的直接碘量法和以 I^- 作为还原剂的间接碘量法。

1. 直接碘量法 对于电极电位 $E_{Ox/Red}^{\ominus} < E_{I_2/I^-}^{\ominus}$ 的电对,其电对的还原型均有可能用 I_2 标准溶液直接滴定,这种滴定方式称为直接碘量法或碘滴定法。

$$I_2 + Red(还原剂) \rightleftharpoons 2I^- + Ox(氧化剂)$$

直接碘量法可用于测定硫化物、亚硫酸盐、亚锡酸盐、亚砷酸盐、亚锑酸盐及含有二烯醇基、硫基等基团的较强的还原剂。

直接碘量法只能在酸性、中性、弱碱性中进行,如果 pH>9 则会发生如下副反应:

$$3I_2 + 6OH^- \rightleftharpoons IO_3^- + 5I^- + 3H_2O$$

2. 间接碘量法 对于电极电位 $E_{Ox/Red}^{\ominus} > E_{I_2/I^-}^{\ominus}$ 的电对,其电对的氧化型有可能将溶液中的 I^- 氧化成 I_2,然后用 $Na_2S_2O_3$ 标准溶液滴定置换的 I_2,这种滴定方式称为置换滴定法。也可使还原性物质先与过量的 I_2 标准溶液反应,待反应完全后,再用 $Na_2S_2O_3$ 标准溶液滴定剩余的 I_2,这种滴定方式称剩余碘量法或返滴碘量法。这两种滴定方式习惯上称为间接碘量法或滴定碘法。

$$Ox + 2I^-_{(过量)} \rightleftharpoons Red + I_{2(置换)} \text{ 或 } Red + I_{2(过量)} \rightleftharpoons 2I^- + Ox$$

$$I_{2(置换或剩余)} + 2S_2O_3^{2-} \rightleftharpoons S_4O_6^{2-} + 2I^-$$

反应要求在中性、弱酸性溶液中进行。若在碱性条件下,I_2 与 $Na_2S_2O_3$ 将发生副反应:

$$4I_2 + 2S_2O_3^{2-} + 10OH^- \rightleftharpoons 2SO_4^{2-} + 8I^- + 5H_2O$$

若在较高酸度下进行,$Na_2S_2O_3$ 易分解:

$$S_2O_3^{2-} + 2H^+ \rightleftharpoons H_2SO_3 + S \downarrow$$

间接碘量法可用于测定:①含有 ClO_3^-、ClO^-、CrO_4^{2-}、$Cr_2O_7^{2-}$、IO_3^-、BrO_3^-、SbO_4^{3-}、MnO_4^-、AsO_4^{3-}、NO_3^-、NO_2^-、Cu^{2+}、H_2O_2 等的较强氧化性物质;②能与 $Cr_2O_7^{2-}$ 定量生成难溶性化合物的生物碱类;③还原性糖类、甲醛、丙酮及硫脲;④能与 I_2 发生碘代反应的有机酸、有机胺类等。

(二)碘量法的误差来源

碘量法的误差主要由于 I_2 易挥发以及 I^- 被空气中的氧所氧化。

1. 防止 I_2 挥发的措施

(1)加入过量的 KI(一般是理论值的 2~3 倍),使之与 I_2 作用形成溶解度较大、挥发性较小的I_3^-配离子。

(2)反应在室温条件下进行。温度升高,不仅会增大 I_2 的挥发损失,也会降低淀粉指示剂的灵敏度,并能加速 $Na_2S_2O_3$ 的分解。

(3)析出碘的反应最好在碘量瓶中进行,且在加水封的情况下避光放置,使氧化剂与 I^- 充分反应。

(4)滴定时避免剧烈振摇。

2. 防止 I^- 被空气中 O_2 氧化的措施

(1)溶液酸度不宜太高,酸度越高 O_2 氧化 I^- 的速率越大。

(2)避光。反应物宜置于暗处进行反应,滴定时亦应避免阳光直射;由于光对 I^- 的氧化有催化作用,因此碘溶液应存放于棕色试剂瓶中。

(3)在间接碘量法中,当析出 I_2 的反应完成后,应立即用 $Na_2S_2O_3$ 溶液滴定,滴定速度可适当加快。

(4)溶液中如存在 Cu^{2+}、NO_2^- 等对 I^- 氧化起催化作用的成分,应设法除去。

(三)碘量法的指示剂

1. I_2 自身作指示剂　在 100ml 水溶液中加入一滴 0.05mol/L 的 I_2 溶液即可显清晰的淡黄色,所以 I_2 可作自身指示剂,指示直接碘量法的滴定终点。I_2 在三氯甲烷或四氯化碳等有机溶剂中的溶解度较大,且呈现紫红色,故若在滴定溶液中加入少量有机溶剂,可根据有机溶剂中紫红色的出现或消失确定终点。

2. 淀粉指示剂　碘量法中最常用的指示剂是淀粉指示剂。淀粉遇碘形成深蓝色的淀粉 - 碘配合物,反应可逆并极灵敏。室温下 I_2 浓度为 $10^{-6}\sim10^{-5}$mol/L 时即能看到溶液的蓝色,故在滴定中根据蓝色的出现或消失确定滴定终点。使用淀粉指示剂时应注意以下几点:

(1)淀粉指示剂的加入时间:直接碘量法在滴定前加入,滴定到溶液蓝色出现为终点;间接碘量法须在近终点时加入,因为当溶液中存在大量的碘时,碘会被淀粉牢牢吸附,不易与 $Na_2S_2O_3$ 立即作用,使终点滞后。

(2)淀粉指示剂适宜在室温下使用,因为温度升高会降低指示剂的灵敏度。

(3)醇类的存在会降低指示剂的灵敏度,如在 50% 以上乙醇溶液中,I_2 与淀粉甚至不发生显色反应。

(4)淀粉与碘的反应在弱酸性介质中最灵敏,故将滴定溶液维持在弱酸性。

(5)淀粉指示剂最好在使用前配制:久放的淀粉可逐渐被微生物分解、腐败变质。淀粉的水解产物是还原性的葡萄糖,因此分解变质的淀粉溶液可引起碘量法的终点误差。

(四)标准溶液的配制与标定

1. I_2 标准溶液的配制与标定

(1)0.1mol/L I_2 标准溶液的配制:用升华法可制得纯 I_2,但由于其挥发性和腐蚀性,不宜在天平上称量,所以常采用间接法配制。在托盘天平上称取一定量的碘,加过量的 KI,置于研钵中,加少量蒸馏水研磨,待 I_2 全部溶解后将溶液稀释,倾入棕色试剂瓶中暗处保存。应避免碘溶液与橡胶等有机物接触,注意防止碘液见光分解,以保持碘溶液浓度稳定。

(2)0.1mol/L I_2 标准溶液的标定

1)比较法:用已知准确浓度的 $Na_2S_2O_3$ 标准溶液标定。

$$I_2 + 2S_2O_3^{2-} \rightleftharpoons S_4O_6^{2-} + 2I^-$$

2)用基准物标定:常用 As_2O_3(剧毒)基准物标定 I_2 溶液。As_2O_3 难溶于水,可先溶于 NaOH 溶液生成亚砷酸钠。

$$As_2O_3 + 2NaOH \rightleftharpoons 2NaAsO_2 + H_2O$$

用酸中和过量的 NaOH,加入 $NaHCO_3$ 调节溶液 pH 至 8~9,用碘溶液滴定:

$$HAsO_2 + I_2 + 2H_2O \rightleftharpoons HAsO_4^{2-} + 2I^- + 4H^+$$

2. $Na_2S_2O_3$ 标准溶液的配制与标定

(1)配制:固体 $Na_2S_2O_3 \cdot 5H_2O$ 易风化、氧化,不能直接配制标准溶液。$Na_2S_2O_3$ 溶液不稳定,在水中的微生物、空气中 O_2 和 CO_2 的作用下,发生下列反应:

$$S_2O_3^{2-} \xrightarrow{微生物} SO_3^{2-} + S\downarrow \qquad S_2O_3^{2-} + O_2 \rightarrow SO_4^{2-} + S\downarrow$$

$$S_2O_3^{2-} + CO_2 + H_2O \rightarrow HSO_3^- + HCO_3^- + S\downarrow$$

因此,配制 $Na_2S_2O_3$ 溶液时,需要用新煮沸放冷的蒸馏水,以除去 CO_2 和杀灭细菌;溶液中加入少量 Na_2CO_3(约 0.02%)使溶液显弱碱性,抑制细菌的生长。配好的溶液置于棕色试剂瓶中,放置 7~10 天稳定后再进行标定。即使这样配制的溶液也不能长期保存,使用一段时间后要重新标定。

（2）标定：用基准物质 $K_2Cr_2O_7$、KIO_3 等标定 $Na_2S_2O_3$ 溶液的浓度,以 $K_2Cr_2O_7$ 最为常用。精密称取一定量 $K_2Cr_2O_7$,在酸性溶液中与过量的 KI 作用,置换出 I_2,以淀粉为指示剂,用待标定的 $Na_2S_2O_3$ 溶液滴定。有关反应如下：

$$Cr_2O_7^{2-} + 6I^- + 14H^+ \rightleftharpoons 2Cr^{3+} + 3I_2 + 7H_2O（置换反应）$$
$$I_2 + 2S_2O_3^{2-} \rightleftharpoons 2I^- + S_4O_6^{2-}（滴定反应）$$

反应条件：①置换反应的酸度控制在 1mol/L 左右,溶液酸度愈大,反应速率愈快,但酸度过大时,I^- 易被空气中的 O_2 氧化,一般控制酸度在 1mol/L 左右。② $K_2Cr_2O_7$ 与 KI 的置换反应最好在碘量瓶中进行,放置于暗处（10 分钟）,待反应完全后再进行滴定。③滴定反应只能在中性或弱酸性溶液中进行,滴定前须将溶液稀释,使酸度降至 0.2~0.4mol/L 为宜。④必须等待 $K_2Cr_2O_7$ 与 KI 的置换反应进行完全后方能进行滴定反应,若置换反应不完全,滴定反应终点会产生返蓝现象,需重新标定。

（五）应用示例

1. 直接碘量法测定维生素 C 的含量　维生素 C（$C_6H_8O_6$）分子中的烯二醇基具有强还原性,能被碘定量地氧化成二酮基。从反应式可知,碱性条件更有利于反应向右进行,但由于维生素 C 的还原性很强,碱性条件下更易被空气中 O_2 氧化,所以滴定时加一些 HAc 使溶液保持弱酸性,减少维生素 C 被其他氧化剂氧化。

2. 间接碘量法测定中药胆矾中 $CuSO_4·5H_2O$ 的含量　中药胆矾的主要成分是 $CuSO_4·5H_2O$。本法基于 Cu^{2+} 在 HAc-NaAc 缓冲溶液（pH 3.0~4.0）的弱酸性条件下,与过量 KI 反应定量析出 I_2,再以淀粉为指示剂,用 $Na_2S_2O_3$ 标准溶液滴定析出 I_2,滴定至蓝色恰好褪去为终点。

$$2Cu^{2+} + 4I^-_{（过量）} \rightleftharpoons 2CuI \downarrow + I_2$$
$$I_2 + 2S_2O_3^{2-} \rightleftharpoons 2I^- + S_4O_6^{2-}$$

反应中过量的 KI 既是还原剂、沉淀剂,又是配位剂（与 I_2 生成 I_3^-）;同时增大 I^- 浓度,亦可降低 E_{I_2/I^-}、增大 ΔE,使反应向右进行完全。反应中溶液的酸度控制很重要,当 pH>4 时 Cu^{2+} 易水解,pH<0.5 时空气中的 O_2 对 I^- 氧化不能忽略。为此,常向溶液中加入 HAc-NaAc 或加入适量 HAc,使被滴溶液保持弱酸性。

由于 CuI 沉淀表面会牢固地吸附一些 I_2,使其不能与 $Na_2S_2O_3$ 标准溶液反应导致结果偏低,故可在近终点时加入适量 NH_4SCN,使 CuI 沉淀转化为溶解度更小的 CuSCN 沉淀。

$$CuI + SCN^- \rightleftharpoons CuSCN \downarrow + I^-$$

CuSCN 沉淀几乎不吸附 I_2,从而消除了 I_2 被吸附造成的误差。滴定时充分振摇,也有利于被吸附的 I_2 快速解吸。

显然,被测组分 $CuSO_4·5H_2O$ 与滴定剂 $Na_2S_2O_3$ 的物质量的关系为：

$$2CuSO_4·5H_2O \sim 2Na_2S_2O_3 \qquad 故 n_{CuSO_4·5H_2O} : n_{Na_2S_2O_3} = 1:1$$

用此法亦可测定铜矿、铜合金、炉渣、电镀液中的铜。

3. 葡萄糖的含量测定　在葡萄糖的碱性溶液中加入一定量过量的 I_2 溶液,I_2 发生歧化反应,生成的 IO^- 可以将葡萄糖的醛基定量氧化为羧基,剩余的 I_2 用 $Na_2S_2O_3$ 标准溶液返滴定除去。反应为：

$$I_2 + 2OH^- \rightleftharpoons IO^- + I^- + H_2O$$

$$CH_2OH(CHOH)_4CHO + IO^- + OH^- \rightleftharpoons CH_2OH(CHOH)_4COO^- + I^- + H_2O$$

总反应：

$$C_6H_{12}O_6 + I_2 + 3OH^- \rightleftharpoons C_6H_{11}O_7^- + 2I^- + 2H_2O$$

剩余的 IO^- 可在碱性溶液中进一步歧化：$3IO^- \rightleftharpoons IO_3^- + 2I^-$

酸化后歧化产物又可转化为 I_2：$IO_3^- + 5I^- + 6H^+ \rightleftharpoons 3I_2 + 3H_2O$

用 $Na_2S_2O_3$ 标准溶液滴定生成的 I_2：$I_2 + 2S_2O_3^{2-} \rightleftharpoons 2I^- + S_4O_6^{2-}$

在上述反应过程中：　$2Na_2S_2O_3 \sim I_2 \sim IO^- \sim C_6H_{12}O_6$

则：

$$n_{Na_2S_2O_3} : n_{C_6H_{12}O_6} = 2:1$$

因此：

$$C_6H_{12}O_6(\%) = \frac{\left[(cV)_{I_2} - \frac{1}{2}(cV)_{Na_2S_2O_3}\right] \times M_{C_6H_{12}O_6}}{S} \times 100\%$$

🔍 知识链接

间接碘量法测定原料药盐酸小檗碱的含量

　　盐酸小檗碱原料药来源于植物药提取和化学合成，小檗碱含量高（≥ 97%），故测定首选化学法。而制剂中盐酸小檗碱含量低且辅料干扰大，通常采用仪器分析的方法。《中华人民共和国药典》（2020 年版）利用小檗碱能与 $Cr_2O_7^{2-}$ 定量生成难溶沉淀的性质，以间接碘量法测定原料药盐酸小檗碱含量。现以 $B^+ \cdot Cl^-$ 表示盐酸小檗碱，其测定反应式如下：

$$2B^+ + Cr_2O_7^{2-}\text{（定量、过量）} \rightleftharpoons B_2Cr_2O_7 \downarrow \text{（黄）}$$

$$Cr_2O_7^{2-}\text{（剩余）} + 6I^- + 14H^+ \rightleftharpoons 2Cr^{3+} + 3I_2 + 7H_2O$$

$$I_2 + 2S_2O_3^{2-} \rightleftharpoons 2I^- + S_4O_6^{2-}$$

　　取 S 克样品溶解后，加入一定量过量的重铬酸钾（知其大致浓度）溶液，按测定方法处理后，用硫代硫酸钠滴定液（$c$mol/L）滴定至终点，消耗体积 Vml；另取同样量的重铬酸钾滴定液做空白试验，用去硫代硫酸钠滴定液 V_0ml，则盐酸小檗碱的含量为：

$$\omega_{B^+ \cdot Cl^-} = \frac{\left[\frac{1}{3}c_{S_2O_3^{2-}} \times (V_0 - V)_{S_2O_3^{2-}}\right] \times \frac{M_{B^+ \cdot Cl^-}}{1\,000}}{S} \times 100\%$$

二、高锰酸钾滴定法

（一）基本原理

高锰酸钾滴定法（permanganometric titration）是以高锰酸钾为滴定剂的滴定分析法。$KMnO_4$ 是一强氧化剂，其氧化能力及还原产物与溶液酸度有关。

在强酸性溶液中 MnO_4^- 被还原为无色的 Mn^{2+}：

$$MnO_4^- + 8H^+ + 5e^- \rightleftharpoons Mn^{2+} + 4H_2O \qquad E^{\ominus}_{MnO_4^-/Mn^{2+}} = 1.507V$$

在弱酸性、中性或弱碱性溶液中，MnO_4^- 被还原为 MnO_2 沉淀：

$$MnO_4^- + 3e^- + 2H_2O \rightleftharpoons MnO_2 \downarrow \text{（褐色）} + 4OH^- \qquad E^{\ominus}_{MnO_4^-/MnO_2} = 0.595V$$

在 $[OH^-]$ 大于 2mol/L 的强碱性溶液中，MnO_4^- 被还原为绿色的 MnO_4^{2-}：

$$MnO_4^- + e^- \rightleftharpoons MnO_4^{2-} \qquad E_{MnO_4^-/MnO_4^{2-}}^{\ominus} = 0.558V$$

本方法主要在强酸性条件下使用,酸度应控制在 1~2mol/L 为宜。常用 H_2SO_4 调节溶液的酸度,而不使用具有氧化性的 HNO_3 和具有还原性的 HCl。

在酸性条件下,$KMnO_4$ 具有很强的氧化性,可以直接或间接测定许多无机物和有机物,应用广泛,通常用 $KMnO_4$ 作为自身指示剂指示终点。

1. 直接滴定法 许多还原性较强的物质,如 Fe^{2+}、Sb^{3+}、AsO_3^{3-}、H_2O_2、$C_2O_4^{2-}$、NO_2^-、W^{5+}、U^{4+} 等均可用 $KMnO_4$ 标准溶液直接滴定。

2. 返滴定法 某些强氧化性物质不能用 $KMnO_4$ 溶液直接滴定,但可用 $Na_2C_2O_4$ 标准溶液或 $FeSO_4$ 标准溶液返滴定法测定。如 MnO_2、MnO_4^-、PbO_2、CrO_4^{2-}、$S_2O_3^{2-}$、ClO_3^-、IO_3^-、BrO_3^- 等,其中 MnO_2 的测定是在 H_2SO_4 溶液中加入一定量过量的 $Na_2C_2O_4$ 标准溶液,待 MnO_2 与 $Na_2C_2O_4$ 反应完全后,再用 $KMnO_4$ 标准溶液滴定剩余的 $Na_2C_2O_4$。

3. 间接滴定法 某些金属盐如 Ca^{2+}、Ba^{2+}、Zn^{2+}、Cd^{2+} 等,可让其与 $Na_2C_2O_4$ 标准溶液反应,生成草酸盐沉淀,沉淀经过滤洗涤后,用稀 H_2SO_4 溶解游离出 $C_2O_4^{2-}$,以 $KMnO_4$ 标准溶液滴定 $C_2O_4^{2-}$,从而求出金属离子的含量。

(二)标准溶液的配制与标定

1. $KMnO_4$ 标准溶液的配制 市售 $KMnO_4$ 试剂常含有少量 MnO_2 和其他杂质,蒸馏水中常含有少量还原性物质,它们在外界条件作用下会促使 $KMnO_4$ 分解,因而需用间接法配制 $KMnO_4$ 标准溶液。称取稍多于理论量的 $KMnO_4$,溶于一定体积的蒸馏水中,将溶液煮沸约 1 小时使其中的还原性杂质与 MnO_4^- 充分反应,溶液冷却后置棕色试剂瓶中冷暗处放置 7~10 天,然后过滤除去析出的 MnO_2 沉淀。过滤时应使用垂熔玻璃漏斗或玻璃纤维棉,待 $KMnO_4$ 溶液浓度稳定后可进行标定。

2. $KMnO_4$ 标准溶液的标定 标定 $KMnO_4$ 溶液常用的基准物有 $Na_2C_2O_4$、$H_2C_2O_4 \cdot 2H_2O$ 等。在酸性溶液中,$KMnO_4$ 与 $C_2O_4^{2-}$ 的反应如下:

$$2MnO_4^- + 5C_2O_4^{2-} + 16H^+ \rightleftharpoons 2Mn^{2+} + 10CO_2\uparrow + 8H_2O$$

标定时应该注意:①温度:室温下该反应速率很慢,常控制温度在 70~85℃ 水浴中进行滴定,但温度不能高于 90℃,否则 $H_2C_2O_4$ 会分解,导致标定的 $KMnO_4$ 浓度偏高($H_2C_2O_4 \rightarrow CO_2\uparrow + CO\uparrow + H_2O$)。②酸度:酸度过低易生成 MnO_2;酸度过高又会促使 $H_2C_2O_4$ 分解。一般滴定开始时的酸度在 1mol/L。③滴定速度:开始滴定时速度不宜太快,否则加入的 $KMnO_4$ 来不及与 $C_2O_4^{2-}$ 反应,即在热的酸性溶液中分解($4MnO_4^- + 12H^+ \rightarrow 4Mn^{2+} + 5O_2\uparrow + 6H_2O$)。④催化剂:由于此反应是自动催化反应(产物 Mn^{2+} 为催化剂),随着滴定的进行,溶液中反应产物 Mn^{2+} 浓度的增加,反应速率明显加快。故也可在滴定前加入少量的 Mn^{2+} 作催化剂。⑤指示剂:用 $KMnO_4$ 作自身指示剂,以出现粉红色 30 秒不褪色为滴定终点。

(三)应用示例

1. 过氧化氢的含量测定 $KMnO_4$ 标准溶液在酸性条件下直接滴定 H_2O_2,反应如下:

$$2MnO_4^- + 5H_2O_2 + 6H^+ \rightleftharpoons 2Mn^{2+} + 5O_2\uparrow + 8H_2O$$

市售 H_2O_2 为 30% 的水溶液,经适当稀释后可进行滴定。其滴定速度与 $KMnO_4$ 滴定 $C_2O_4^{2-}$ 时相似,开始时反应较慢,待有 Mn^{2+} 生成后,反应速率逐渐加快。H_2O_2 不稳定,样品中常加有乙酰苯胺、尿素或丙乙酰胺等稳定剂,这些物质也有还原性,使滴定终点滞后造成误差。在这种情况下,以采用碘量法定量测定为宜。

2. 硫酸亚铁的测定 在 H_2SO_4 的酸性条件下,Fe^{2+} 与 MnO_4^- 按下式进行反应:

$$MnO_4^- + 5Fe^{2+} + 8H^+ \rightleftharpoons Mn^{2+} + 5Fe^{3+} + 4H_2O$$

为防止 Fe^{2+} 在空气中氧化,样品溶解后应立即在室温下用 $KMnO_4$ 标准溶液滴定。可用 $KMnO_4$ 自身指示剂,也可用邻二氮菲亚铁指示终点。本法只适合硫酸亚铁原料的测定,不适合常见的药物制剂(如片剂、糖浆剂等)。因为 $KMnO_4$ 的强氧化性对糖、淀粉等药物辅料有氧化作用,此时采用铈(Ⅳ)量法为宜。

三、重铬酸钾滴定法

(一) 基本原理

重铬酸钾滴定法(dichromate titration)是以重铬酸钾为滴定剂的氧化还原滴定法。$K_2Cr_2O_7$ 是一较强的氧化剂,在酸性溶液中,其半反应和电极电位为:

$$Cr_2O_7^{2-} + 14H^+ + 6e^- \rightleftharpoons 2Cr^{3+} + 7H_2O \qquad E_{Cr_2O_7^{2-}/Cr^{3+}}^{\ominus} = 1.36V$$

在不同种类及浓度的酸溶液中,$Cr_2O_7^{2-}/Cr^{3+}$ 的条件电极电位有较大变化,见表7-2。

表7-2 不同介质中 $Cr_2O_7^{2-}/Cr^{3+}$ 电对的条件电极电位

介质	1mol/L HCl	3mol/L HCl	1mol/L HClO₄	2mol/L H₂SO₄	4mol/L H₂SO₄
$E^{\ominus}$/V	1.00	1.08	1.025	1.10	1.15

与高锰酸钾相比较,重铬酸钾有如下特点:

(1)易提纯:经提纯、干燥后,$K_2Cr_2O_7$ 可作为基准物质直接称量配制标准溶液。

(2)稳定性好:$K_2Cr_2O_7$ 标准溶液非常稳定,可长期保存和使用。

(3)选择性高:在 1mol/L HCl 溶液中,$E_{Cr_2O_7^{2-}/Cr^{3+}}^{\ominus} = 100V$,氧化能力较 $KMnO_4$ 弱,不与 Cl^- 作用($E_{Cl_2/Cl^-}^{\ominus} = 1.33V$),故可在 HCl 溶液中用 $K_2Cr_2O_7$ 滴定 Fe^{2+}。受其他还原物质的干扰也比高锰酸钾滴定法少。

常用二苯胺磺酸钠、邻苯氨基苯甲酸等氧化还原指示剂指示终点。

(二) 应用示例

重铬酸钾滴定法最重要的应用是测定样品中铁的含量。通过 $K_2Cr_2O_7$ 与 Fe^{2+} 的反应还可以测定其他具有氧化性或还原性的物质,以及测定某些有机化合物的含量。

例 7-5 工业甲醇中甲醇的含量测定。在 H_2SO_4 酸性条件下,以一定量过量的 $K_2Cr_2O_7$ 与甲醇反应完全后,用 $FeSO_4$ 标准溶液返滴定,并取同样量的 $K_2Cr_2O_7$ 做一空白试验。化学反应如下:

$$Cr_2O_7^{2-}{}_{(定量、过量)} + CH_3OH + 8H^+ \rightleftharpoons 2Cr^{3+} + CO_2\uparrow + 6H_2O$$

$$Cr_2O_7^{2-} + 6Fe^{2+} + 14H^+ \rightleftharpoons 2Cr^{3+} + 6Fe^{3+} + 7H_2O$$

$$n_{CH_3OH} : n_{Fe^{2+}} = 1:6$$

$$\omega_{CH_3OH} = \frac{\dfrac{1}{6} \times c_{Fe^{2+}} (V_0 - V)_{Fe^{2+}} \times \dfrac{M_{CH_3OH}}{1000}}{S} \times 100\%$$

四、其他氧化还原滴定法简介

(一) 溴酸钾法及溴量法

1. 溴酸钾法 溴酸钾法(potassium bromate method)是以溴酸钾为滴定剂,在酸性溶液中直接滴定还原性物质的氧化还原滴定法。$KBrO_3$ 在酸性溶液中是一种强氧化剂,易被一些还原性物质还原为 Br^-。半反应为:

$$BrO_3^- + 6H^+ + 6e^- \rightleftharpoons Br^- + 3H_2O \qquad E^\ominus_{BrO_3^-/Br^-} = 1.423V$$

化学计量点后,稍过量的BrO_3^-便与Br^-作用产生黄色的Br_2,从而指示终点的到达。

$$BrO_3^- + 5Br^- + 6H^+ \rightleftharpoons 3H_2O + 3Br_2(黄)$$

但该法灵敏度不高,通常选用甲基橙或甲基红等含氮酸碱指示剂,红色褪去为终点。化学计量点前,指示剂在酸性溶液中显红色;化学计量点后,稍过量的BrO_3^-立即破坏甲基橙或甲基红的呈色结构,发生不可逆的褪色反应,红色消失指示终点到达。由于指示剂的这种颜色变化是不可逆的,在终点前可因$KBrO_3$溶液局部过浓而过早被破坏,因此最好在近终点加入指示剂。

$KBrO_3$试剂稳定易获得基准物质,可直接配制标准溶液。若采用间接法配制,可选用As_2O_3作为基准物进行标定。

溴酸钾法可直接测定As^{3+}、Sb^{3+}、Sn^{2+}、Cu^+、Fe^{2+}及亚胺类等还原性物质。

2. 溴量法 溴量法(bromometry)是以溴液作为滴定剂,以溴的氧化性和溴代作用为基础的氧化还原滴定法。由于Br_2易挥发,故常用定量的$KBrO_3$和过量的KBr配制成$KBrO_3$-KBr(摩尔比为1:5)混合液,在酸性溶液中生成Br_2液。

$$BrO_3^- + 5Br^- + 6H^+ \rightleftharpoons 3Br_2 + 3H_2O$$

在酸性介质中Br_2还原成Br^-的半反应为:

$$Br_2 + 2e^- \rightleftharpoons 2Br^- \qquad E^\ominus_{Br_2/Br^-} = 1.066V$$

许多有机物可与Br_2定量地发生取代反应或加成反应,利用此类反应可先向试液中加入一定量、过量的Br_2标准溶液与被测物反应完全后,再加入过量的KI与剩余的Br_2作用置换出I_2,再用$Na_2S_2O_3$标准溶液滴定I_2。根据Br_2和$Na_2S_2O_3$两种标准溶液的浓度和用量,可求出被测组分的含量。

利用Br_2的氧化性可以测定H_2S、SO_2、SO_3^{2-}以及羟胺类等还原性物质;利用Br_2和某些有机物的定量溴代反应,可以直接测定酚类及芳胺类化合物。实际测定中,溴标准溶液不必知其准确浓度,一般采取空白试验的测定方法,既解决了分析测定问题,同时又消除了测定中的系统误差。

(二)亚硝酸钠法

亚硝酸钠法(sodium nitrite method)是利用亚硝酸与有机胺类化合物发生重氮化反应和亚硝基化反应进行滴定的分析方法。分为重氮化滴定法(diazotization titration)和亚硝基化滴定法(nitrozation titration)。

1. 重氮化滴定法 利用$NaNO_2$标准溶液在无机酸介质中,滴定芳伯胺类化合物的滴定分析法。反应如下:

$$Ar-NH_2 + NaNO_2 + 2HCl \rightleftharpoons [Ar-N^+ \equiv N]Cl^- + NaCl + 2H_2O$$

这类反应称为重氮化反应(diazotization reaction),故此法称重氮化滴定法。反应产物为芳伯胺的重氮盐。

进行重氮化滴定时,应注意以下条件:

(1)酸的种类和浓度:反应一般在1~2mol/L的盐酸介质中进行。

(2)反应温度及速度:重氮化反应速率较慢,故滴定速度不宜太快;体系温度最好控制在15℃以下,因升高温度会促使重氮盐及HNO_2分解。

(3)苯环上取代基团的影响:芳伯胺苯环的对位上如有吸电子基团(—NO_2、—SO_3H、—COOH、—X等)使反应速率加快,如有斥电子基团(—CH_3、—OH、—OR等)使反应速率降低。

2. 亚硝基化滴定法　利用 $NaNO_2$ 标准溶液在酸性条件下,滴定芳仲胺类化合物的分析方法。反应如下:

$$ArNHR + NO_2^- + H^+ \rightleftharpoons ArN(NO)R + H_2O$$

此类反应称亚硝基化反应(nitrozation reaction),故称亚硝基化滴定法。

3. 标准溶液及基准物质　亚硝酸钠法所用标准溶液为 $NaNO_2$ 溶液。该溶液不稳定,放置时浓度显著下降。因此,采用间接法配制时需加入少量 Na_2CO_3,使溶液 pH 维持在 10 左右,保持其浓度稳定。标定亚硝酸钠标准溶液常用氨基苯磺酸作基准物。

4. 亚硝酸钠法指示剂　亚硝酸钠法确定终点的方法包括外指示剂法和内指示剂法。

(1)外指示剂法:常用碘化钾与淀粉制成的 KI-淀粉糊和 KI-淀粉试纸法,滴定到达终点时稍过量的 $NaNO_2$ 将 KI 氧化成 I_2,而 I_2 遇淀粉显蓝色。

$$2NO_2^- + 2I^- + 4H^+ \rightleftharpoons I_2 + 2NO\uparrow + 2H_2O$$

如将 KI-淀粉加入到滴定液中,$NaNO_2$ 将优先氧化 KI,无法指示终点。所以需临近终点时,用细玻璃棒蘸出少许滴定液与指示剂接触,观察是否出现蓝色以确定滴定终点的到达。

(2)内指示剂法:常用中性红、橙黄Ⅳ-亚甲蓝和二氰双邻氮菲合铁(Ⅱ)等。其中,中性红是较为优良的内指示剂,溶液稳定,显色明显。

(三)高碘酸钾法

高碘酸钾法(potassium periodate method)是以高碘酸钾为氧化剂测定还原性物质的滴定方法。由于高碘酸钾在酸性介质中与某些官能团发生选择性很高的反应,故该法常用于有机物的测定。

在酸性溶液中,高碘酸盐是一很强的氧化剂(主要存在形式为 H_5IO_6 和 HIO_4。溶液的酸度越高,H_5IO_6 占的比例越大),能得到两个电子被还原为碘酸盐。

$$H_5IO_6 + H^+ + 2e^- \rightleftharpoons IO_3^- + 3H_2O \qquad E^\ominus_{H_5IO_6/IO_3^-} = 1.601V$$

在酸性介质及室温条件下,在待测物中加入定量过量的高碘酸盐标准溶液,反应完全后,剩余的高碘酸盐和生成的碘酸盐再与过量的 KI 作用,析出的 I_2 再用 $Na_2S_2O_3$ 滴定。一般无须知道高碘酸盐的准确浓度,只需在测定样品时随行一空白试验,由两者所消耗滴定剂的体积差,即可求出测定结果。高碘酸盐可选用 H_5IO_6、KIO_4 或 $NaIO_4$ 配制,其中 $NaIO_4$ 的溶解度大,易于精制,最为常用。

(四)铈(Ⅳ)量法

铈(Ⅳ)量法(cerimetric titration)也称硫酸铈法,是以 Ce^{4+} 为滴定剂的氧化还原滴定法。其氧化还原半反应为:

$$Ce^{4+} + e^- \rightleftharpoons Ce^{3+} \qquad E^{\ominus'}_{Ce^{4+}/Ce^{3+}} = 1.61V(1mol/L\ HNO_3\ 溶液)$$

Ce^{4+} 有强氧化性,易水解,所以铈(Ⅳ)量法应在酸性条件下进行。

一般能用 $KMnO_4$ 溶液滴定的物质,都可用 $Ce(SO_4)_2$ 溶液滴定。与高锰酸钾滴定法比较,铈(Ⅳ)量法有以下优点。

(1)$Ce(SO_4)_2$ 标准溶液十分稳定,虽经长时间曝光、加热、放置,均不会导致浓度改变。

(2)试剂 $Ce(SO_4)_2 \cdot (NH_4)_2SO_4 \cdot 2H_2O$ 易提纯,可用于直接配制 Ce^{4+} 标准溶液。

(3)Ce^{4+} 还原为 Ce^{3+} 只有一个电子转移,无中间价态的产物,反应简单且无副反应。

(4)可在 HCl 介质中用 Ce^{4+} 滴定 Fe^{2+}。虽然 Ce^{4+} 也能氧化 Cl^-,但反应速率较慢,Cl^- 的存在无影响。

(5)Ce^{4+} 显黄色而其还原产物 Ce^{3+} 无色,所以在不太稀的溶液中可利用 Ce^{4+} 自身指示剂,但灵敏度不高,通常使用邻二氮菲亚铁作指示剂。

铈(Ⅳ)量法是较好的氧化还原滴定法,但由于硫酸铈价格较贵,使其应用受到限制。此外,Ce^{4+} 易水解成碱式盐沉淀,不能在碱性或中性溶液中滴定。

第五节　氧化还原滴定计算

氧化还原滴定所涉及的化学反应较为复杂,滴定结果计算的关键是确定待测组分与滴定剂间的计量关系。在分析过程中可能涉及一系列化学反应,必须根据相关反应式确定标准溶液(滴定剂)与待测组分之间的计量关系,进而确定待测组分的量。如待测组分为 A,经一系列相关化学反应得到被滴定物质为 D,采用滴定剂 T 滴定 D 从而测定 A。各相关化学反应式所确定的计量关系为:

$$aA \sim bB \sim cC \sim dD \sim tT$$

故:
$$aA \sim tT$$

试样中待测组分 A 的含量可由下式计算:

$$\omega_A = \frac{a}{t} \cdot \frac{c_T \cdot V_T \cdot M_A}{S \times 1\,000} \times 100\%$$

式中,c_T 和 V_T 分别为滴定剂的浓度(mol/L)和体积(ml),M_A 为待测组分 A 的摩尔质量(g/mol),S 为试样的质量(g)。

例 7-6　检测漂白粉的质量。取漂白粉 5.000g,加水研化溶解后定容至 500ml 容量瓶中。取此溶液 50ml,加入过量 KI 和适量 HCl,析出的 I_2 用 0.101\,0mol/L 的 $Na_2S_2O_3$ 标准溶液滴定至终点,用去 40.20ml,计算漂白粉中有效氯的含量。($M_{Cl}=35.45$g/mol)

解:漂白粉的主要成分为 $Ca(OCl)_2$,遇酸会产生 Cl_2,从而起漂泊作用。相关化学反应如下:

$$Ca(ClO)_2 + 2HCl \Longrightarrow CaCl_2 + 2HClO$$
$$HClO + HCl \Longrightarrow Cl_2 + H_2O$$
$$Cl_2 + 2I^- \Longrightarrow 2Cl^- + I_2$$
$$I_2 + 2Na_2S_2O_3 \Longrightarrow Na_2S_4O_6 + 2NaI$$

由反应式可知:
$$2Cl \sim Ca(ClO)_2 \sim 2HClO \sim Cl_2 \sim I_2 \sim 2Na_2S_2O_3$$

即:
$$Cl \sim Na_2S_2O_3$$

则:
$$n_{Cl} : n_{Na_2S_2O_3} = 1:1$$

$$\omega_{Cl} = \frac{(cV)_{Na_2S_2O_3} \times \dfrac{M_{Cl}}{1\,000}}{S \times \dfrac{50}{500}} \times 100\% = \frac{0.101\,0 \times 40.20 \times \dfrac{35.45}{1\,000}}{5.000 \times \dfrac{50}{500}} \times 100\%$$

$$= 28.79$$

例 7-7　一定量的 KHC_2O_4 基准物质,用待标定的 $KMnO_4$ 标准溶液在酸性条件下滴定至终点,用去 15.24ml;同样量的该 KHC_2O_4 基准物,恰好被 0.120\,0mol/L 的 NaOH 标准溶液中和完全时,用去 15.95ml。求 $KMnO_4$ 标准溶液的浓度。

解:相关化学反应如下:

$$2MnO_4^- + 5HC_2O_4^- + 11H^+ \Longrightarrow 2Mn^{2+} + 10CO_2\uparrow + 8H_2O$$

$$HC_2O_4^- + OH^- \Longleftrightarrow C_2O_4^{2-} + H_2O$$

即：
$$2KMnO_4 \sim 5NaOH$$

则：
$$(cV)_{KMnO_4} \times \frac{5}{2} = (cV)_{NaOH}$$

$$c_{KMnO_4} = \frac{0.120\,0 \times 15.95}{\frac{5}{2} \times 15.24} = 0.050\,24\,mol/L$$

例 7-8　取苯酚样品约 0.250 0g，用 NaOH 溶液溶解后，转移至 250ml 量瓶中定容至刻度。取此试液 25.00ml，加入 $KBrO_3$ 和 KBr 混合溶液 25.00ml 及 5ml HCl，稍后加入过量 KI，析出的 I_2 用 0.105 8mol/L 的 $Na_2S_2O_3$ 溶液滴定至终点，用去 28.91ml。另取 25.00ml $KBrO_3$ 和 KBr 混合溶液，做空白试验，用去上述 $Na_2S_2O_3$ 标准溶液 40.25ml。计算苯酚的含量。($M_{C_6H_5OH} = 94.11g/mol$)

解：
$$BrO_3^- + 5Br^- + 6H^+ \Longleftrightarrow 3Br_2 + 3H_2O$$
$$C_6H_5OH + 3Br_2 \Longleftrightarrow C_6H_2Br_3OH + 3HBr$$
$$Br_2 + 2I^- \Longleftrightarrow I_2 + 2Br^-$$
$$I_2 + 2S_2O_3^{2-} \Longleftrightarrow S_4O_6^{2-} + 2I^-$$
$$C_6H_5OH \sim 3Br_2 \sim 3I_2 \sim 6S_2O_3^{2-}$$

$$\omega_{C_6H_5OH} = \frac{\frac{1}{6} \times 0.105\,8 \times (40.25 - 28.91) \times 94.11}{0.250\,0 \times \frac{25}{250} \times 1\,000} \times 100\% = 75.27\%$$

●（彭金咏　戴红霞）

复习思考题与习题

1. 条件电极电位与标准电极电位有什么不同？为何引入条件电极电位？影响条件电极电位的因素有哪些？

2. 影响氧化还原反应程度的因素有哪些？举例说明。

3. 影响氧化还原反应速率的主要因素有哪些？

4. 用于氧化还原滴定法的条件是什么？

5. 氧化还原滴定中常用的指示剂有哪几类？它们如何指示氧化还原滴定终点？

6. 试比较酸碱滴定、沉淀滴定、配位滴定及氧化还原滴定的滴定曲线，讨论它们的共同点和特点。

7. 试述碘量法误差的主要来源及其减免方法。

8. 碘量法为何不能在强酸性或强碱性介质中进行？

9. 试比较应用高锰酸钾、重铬酸钾和硫酸铈作为滴定剂进行氧化还原滴定的优缺点。

10. 在配制 I_2、$KMnO_4$ 标准溶液时，应注意哪些问题？

11. 配制 $Na_2S_2O_3$ 滴定液时，为什么要用新煮沸的放凉的蒸馏水？加入少许碳酸钠的目的是什么？

12. 用基准物质 $Na_2C_2O_4$ 或 $H_2C_2O_4$ 标定 $KMnO_4$ 溶液时，应注意哪些问题？

13. 氧化还原反应 $n_2Ox_1 + n_1Red_2 \Longleftrightarrow n_2Red_1 + n_1Ox_2$，试推导：

$$(1)\lg K' = \frac{n_1 \cdot n_2(E_{Ox_1/Red_1}^{\ominus'} - E_{Ox_2/Red_2}^{\ominus'})}{0.059\,2} = \frac{n_1 \cdot n_2 \Delta E^{\ominus'}}{0.059\,2}$$

(2) $E_{sp} = \dfrac{n_1 E^{\ominus'}_{Ox_1/Red_1} + n_2 E^{\ominus'}_{Ox_2/Red_2}}{n_1 + n_2}$

(3) 突跃范围：$\left(E^{\ominus'}_{Ox_2/Red_2} + \dfrac{3 \times 0.059\,2}{n_2} \right) \sim \left(E^{\ominus'}_{Ox_1/Red_1} - \dfrac{3 \times 0.059\,2}{n_1} \right)$

14. 用溴量法定量测定样品时，为何只要已知 $Na_2S_2O_3$ 标准溶液的浓度并做空白试验，而不需要知道溴标准溶液的浓度？

15. 用重铬酸钾测定铁矿石中的铁含量时，样品酸化后，先用 $SnCl_2$ 还原 Fe^{3+} 为 Fe^{2+}，再用重铬酸钾标准溶液滴定。请用标准电极电位说明此氧化还原反应是否可行，并判断反应进行的程度。

16. 计算在 $2.0mol/L$ HCl 介质中，当 $Cr_2O_7^{2-}$ 浓度为 $0.10mol/L$，Cr^{3+} 浓度为 $0.030mol/L$ 时，电对 $Cr_2O_7^{2-}/Cr^{3+}$ 的电极电位。（$E^{\ominus}_{Cr_2O_7^{2-}/Cr^{3+}} = 1.33V$）

17. 测血液中的 Ca^{2+} 时，通常将 Ca^{2+} 沉淀为 CaC_2O_4，用 H_2SO_4 溶解 CaC_2O_4 沉淀，用 $KMnO_4$ 标准溶液滴定 $C_2O_4^{2-}$。现将 $5.00ml$ 血样稀释至 $50.00ml$，取此稀释血样 $20.00ml$，经上述处理后，用 $0.001\,557mol/L$ $KMnO_4$ 溶液滴定至终点用去 $1.31ml$。求 $100ml$ 血液中 Ca^{2+} 毫克数（已知 $M_{Ca} = 40.08g/mol$）。

18. 以 KIO_3 为基准物质，用间接碘量法标定 $0.100\,0mol/L$ $Na_2S_2O_3$ 溶液的浓度。如滴定时欲将消耗的 $Na_2S_2O_3$ 溶液体积控制在 $23ml$ 左右，应当称取 KIO_3 多少克？（$M_{KIO_3} = 214.0g/mol$）

19. 精密称取中药胆矾试样（主要成分 $CuSO_4 \cdot 5H_2O$）$0.526\,1g$，用碘量法测定，滴定到终点消耗 $Na_2S_2O_3$ 标准溶液 $19.25ml$。试求中药胆矾中 $CuSO_4 \cdot 5H_2O$ 的含量。已知 $42.11ml$ 该 $Na_2S_2O_3$ 标准溶液相当于 $0.210\,4g$ $K_2Cr_2O_7$。（$M_{K_2Cr_2O_7} = 294.2g/mol$，$M_{CuSO_4 \cdot 5H_2O} = 249.7g/mol$）

20. 精密量取含甲醇的试液 $1.00ml$，在硫酸溶液中，与 $25.00ml$ $0.015\,77mol/L$ $K_2Cr_2O_7$ 标准溶液反应（$CH_3OH \rightarrow CO_2 + H_2O$）。作用完全后，剩余的 $K_2Cr_2O_7$ 需用 $19.83ml$ $0.052\,36mol/L$ 的 $(NH_4)_2Fe(SO_4)_2$ 标准溶液滴定到终点，求该溶液中甲醇的物质的量浓度。

21. 化学耗氧量（COD）的测定。取工业废水样 $100.0ml$，用硫酸酸化后，加入 $0.016\,67mol/L$ $K_2Cr_2O_7$ 溶液 $25.00ml$，使水样中的还原性物质在一定条件下被完全氧化。然后用 $0.100\,0mol/L$ $FeSO_4$ 标准溶液滴定剩余的 $K_2Cr_2O_7$，用去 $15.00ml$。试计算废水样的化学耗氧量，以 mg/L 表示。（$M_{O_2} = 32.00g/mol$）

22. 定量移取含乙二醇的试液，用 $50.00ml$ $NaIO_4$ 溶液处理，反应完全后将溶液体系调到 pH 8.0，加入过量的 KI，生成的 I_2 用 $0.102\,8mol/L$ 的 $Na_2S_2O_3$ 标准溶液滴定至终点，消耗 $15.20ml$。已知空白试验消耗的该 $Na_2S_2O_3$ 标准溶液为 $38.10ml$。计算试液中乙二醇的质量（mg）。（$M_{乙二醇} = 62.07g/mol$）

23. 盐酸普鲁卡因 $[R-Ar-NH_2] \cdot HCl$ 含量测定。精密量取规格为 $40mg/2ml$ 的盐酸普鲁卡因注射液 $5ml$ 于 $200ml$ 烧杯中，加水使成 $120ml$。加盐酸（$1 \rightarrow 2$）$5ml$，溴化钾 $1g$。在 $15\sim25\,℃$ 条件下，用 $0.050\,0mol/L$ $NaNO_2$ 标准溶液迅速滴定，并随时振摇或搅拌。近终点时，边缓慢滴定边用细玻璃棒蘸出少许滴定试液与事先滴入点滴板中的 KI- 淀粉指示剂接触，至溶液呈稳定的纯蓝色即为终点，用去 $NaNO_2$ 标准溶液 $7.63ml$。试计算试样中 $[R-Ar-NH_2] \cdot HCl$ 的含量。（$1ml$ $0.050\,00mol/L$ $NaNO_2$ 约相当于 $13.64mg$ 的 $C_{13}H_{20}O_2N_2 \cdot HCl$。本品含盐酸普鲁卡因应为标示量的 $95.0\%\sim105.0\%$）。

第八章

沉淀滴定法

学习目标

沉淀滴定法是化学分析的重要组成部分。银量法有关测定卤素及银离子等物质的方法在药物分析检验工作中广泛应用。本章知识的学习将为中药专业的后续专业课程奠定重要的理论基础。

1. 掌握银量法 3 种指示剂法的基本原理、滴定条件和标准溶液的配制与标定。
2. 熟悉银量法在药物分析和中药分析中的应用。
3. 了解沉淀滴定法对滴定反应的要求。

第一节 概 述

沉淀滴定法（precipitation titration）是以沉淀反应为基础的滴定分析法。虽然沉淀反应很多，但是能用于沉淀滴定的反应必须满足以下几点要求：

1. 沉淀的溶解度必须小于 10^{-6}g/ml，这样才能有敏锐的终点和准确的结果。
2. 沉淀反应必须迅速、定量地进行，且无副反应。
3. 沉淀的吸附作用不影响滴定结果及终点判断。
4. 必须有适当的方法确定滴定终点。

由于以上条件限制，故能用于沉淀滴定法的主要是生成难溶性银盐的反应。例如：

$$Ag^+ + Cl^- \Longrightarrow AgCl\downarrow \quad (K_{sp}^{\ominus} = 1.8 \times 10^{-10})$$

$$Ag^+ + SCN^- \Longrightarrow AgSCN\downarrow \quad (K_{sp}^{\ominus} = 1.0 \times 10^{-12})$$

利用生成难溶性银盐的沉淀滴定法称为银量法（argentimetry）。本法可用来测定 Cl^-、Br^-、I^-、CN^-、SCN^-、Ag^+ 等，也可以测定经处理后能定量产生这些离子的有机物。

除了银量法外，还有一些其他沉淀反应，也可以用于滴定。例如，$K_4[Fe(CN)_6]$ 与 Zn^{2+} 的沉淀反应：

$$2K_4[Fe(CN)_6]+3Zn^{2+} \Longrightarrow K_2Zn_3[Fe(CN)_6]_2 \downarrow +6K^+$$

以及某些有机物形成沉淀的反应，如四苯硼酸钠 $NaB(C_6H_5)_4$ 与 K^+、Tl^+、R_4N^+ 等形成沉淀的反应 $NaB(C_6H_5)_4+K^+ \Longrightarrow KB(C_6H_5)_4 \downarrow +Na^+$，也可以用于滴定。

本章主要讨论银量法。

第二节 银 量 法

一、银量法的基本原理

(一) 滴定曲线

在沉淀滴定中,随着滴定剂的加入,溶液中离子浓度(或其负对数值)的变化也可以用滴定曲线表示。以 $AgNO_3$ 溶液(0.100 0mol/L)滴定 20.00ml NaCl 溶液(0.100 0mol/L)为例。

1. 滴定开始前

$$[Cl^-] = 0.100\ 0mol/L \qquad pCl = -lg[Cl^-] = -lg0.100\ 0 = 1.00$$

2. 滴定开始至化学计量点前 溶液中的 Cl^- 浓度,取决于剩余的 NaCl 的浓度。例如,加入 $AgNO_3$ 溶液 19.98ml 时,溶液中剩余的 Cl^- 浓度为:

$$[Cl^-] = \frac{0.02 \times 0.100\ 0}{20.00 + 19.98} = 5.0 \times 10^{-5}(mol/L) \qquad pCl = 4.30$$

因为,$[Ag^+][Cl^-] = K_{sp}^{\ominus} = 1.8 \times 10^{-10}$

$$pAg + pCl = -lgK_{sp}^{\ominus} = 9.74$$
$$pAg = 9.74 - 4.30 = 5.44$$

3. 化学计量点时 溶液为 AgCl 的饱和溶液,根据 AgCl 沉淀溶解平衡可知:

$$[Cl^-] = [Ag^+] = \sqrt{K_{sp}^{\ominus}} = \sqrt{1.8 \times 10^{-10}} = 1.34 \times 10^{-5}(mol/L)$$
$$pCl = pAg = 4.87$$

4. 化学计量点后 溶液中 Ag^+ 浓度取决于过量的 $AgNO_3$ 浓度。当加入 $AgNO_3$ 溶液 20.02ml 时:

$$[Ag^+] = \frac{0.02 \times 0.100\ 0}{20.00 + 20.02} = 5.0 \times 10^{-5}(mol/L) \qquad pAg = 4.30$$
$$pCl = 9.74 - 4.30 = 5.44$$

利用上述方法可以计算得到以 $AgNO_3$ 溶液滴定 Cl^- 或 Br^- 过程中的一系列数据(表8-1)。以 pX 为纵坐标,以 $AgNO_3$ 溶液滴入的百分数(或体积)为横坐标,可绘制出相应的滴定曲线,如图 8-1 所示。

表 8-1 以 0.100 0mol/L $AgNO_3$ 溶液滴定 20.00ml 0.100 0mol/L NaCl 溶液或 0.100 0mol/L KBr 溶液时 pAg 与 pX 的变化

加入 $AgNO_3$ 溶液的体积 /ml	滴定百分数 /%	滴定 Cl^-		滴定 Br^-	
		pCl	pAg	pBr	pAg
0.00	0	1.00		1.00	
5.00	25.0	1.22	8.52	1.22	11.08
10.00	50.0	1.48	8.26	1.48	10.82
18.00	90.0	2.28	7.46	2.28	10.02
19.80	99.0	3.30	6.44	3.30	9.00
19.98	99.9	4.30	5.44	4.30	8.00
20.00	100.0	4.87	4.87	6.15	6.15
20.02	100.1	5.44	4.30	8.00	4.30

续表

加入 AgNO₃ 溶液的体积 /ml	滴定百分数 /%	滴定 Cl⁻		滴定 Br⁻	
		pCl	pAg	pBr	pAg
20.20	101.0	6.44	3.30	9.00	3.30
22.00	110.0	7.42	2.32	10.00	2.32
40.00	200.0	8.26	1.48	10.82	1.48

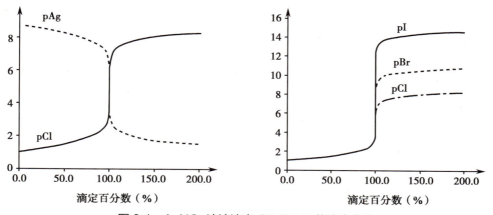

图 8-1　AgNO₃ 溶液滴定 Cl⁻、Br⁻、I⁻ 的滴定曲线

由图 8-1 可以看出:

(1)pAg 与 pX 两条曲线以化学计量点对称。这表示随着滴定的进行,溶液中 Ag^+ 浓度增加时,X^- 的浓度相应地减小;而化学计量点时,两种离子浓度相等,即两条曲线在化学计量点相交。

(2)与酸碱滴定曲线相似,滴定开始时溶液中 X^- 的浓度较大,滴入 Ag^+ 所引起的 X^- 的浓度改变不大,曲线相对比较平坦;近化学计量点时,溶液中 X^- 浓度已很小,再滴入少量 Ag^+ 即引起 X^- 浓度发生很大变化而形成滴定突跃。

(3)银量法滴定突跃范围的大小,取决于沉淀的溶度积常数 $K_{sp}^{\ominus}$ 和溶液的浓度。溶液的浓度越高,突跃范围越大。当浓度一定时,$K_{sp}^{\ominus}$ 越小,突跃范围越大。例如,$K_{sp(AgI)}^{\ominus} < K_{sp(AgBr)}^{\ominus} < K_{sp(AgCl)}^{\ominus}$,所以相同浓度的 Cl⁻、Br⁻、I⁻ 与 Ag^+ 的滴定曲线中,滴定突跃范围是 I⁻ 最大,Cl⁻ 最小。当 $K_{sp}^{\ominus}$ 一定时,若溶液的浓度降低则突跃范围变小,这与酸碱滴定法相类似。

(二)卤离子的分步滴定

溶液中如果同时存在 Cl⁻、Br⁻、I⁻ 时,由于 AgCl、AgBr、AgI 的溶度积差别较大,当离子浓度差别不太大时可利用分步沉淀的原理,用 AgNO₃ 溶液连续滴定,从而分别测定各离子的含量。根据卤化银溶度积的大小可知,I⁻ 最先被滴定,Cl⁻ 则最后被滴定。在滴定曲线上显示出 3 个突跃。但是,由于卤化银沉淀的吸附和产生混晶的作用,常会引起误差,因此,实际的分步滴定结果往往并不理想。

二、银量法终点的指示方法

根据确定终点所用的指示剂不同,银量法可分为以下 3 种:铬酸钾指示剂法(莫尔法,Mohr 法)、铁铵矾指示剂法(福尔哈德法,Volhard 法)、吸附指示剂法(法扬斯法,Fajans 法)。

(一)铬酸钾指示剂法(莫尔法,Mohr 法)

1. 原理　在中性或弱碱性介质中以 K_2CrO_4 为指示剂,用 AgNO₃ 标准溶液,直接滴定氯化物或溴化物。

终点前：　　　　　　$Ag^+ + Cl^- \rightleftharpoons AgCl\downarrow(白色)$　　　　$K_{sp}^{\ominus} = 1.8 \times 10^{-10}$

终点时：　　　　$2Ag^+ + CrO_4^{2-} \rightleftharpoons Ag_2CrO_4\downarrow(砖红色)$　　　$K_{sp}^{\ominus} = 1.1 \times 10^{-12}$

由于 AgCl 的溶解度(1.3×10^{-5}mol/L)小于 Ag_2CrO_4 的溶解度(6.5×10^{-5}mol/L),计量点前,滴加入的 Ag^+ 首先和 Cl^- 生成白色的 AgCl 沉淀,而 $[Ag^+]^2[CrO_4^{2-}] < K_{sp}^{\ominus}$,不能形成 Ag_2CrO_4 沉淀。在计量点后,Ag^+ 稍微过量即出现砖红色的 Ag_2CrO_4 沉淀,指示滴定终点到达。

2. 滴定条件

(1)指示剂的用量:根据滴定原理,滴定终点的出现与溶液中铬酸钾指示剂浓度的大小有着密切的关系,并直接影响分析结果。根据溶度积原理,可以计算出滴定反应至计量点时,恰能生成 Ag_2CrO_4 沉淀所需要 $[CrO_4^{2-}]$ 的理论值。

计量点时,Ag^+ 与 Cl^- 的物质的量恰好相等,即在 AgCl 的饱和溶液中,$[Ag^+] = [Cl^-]$。

由于：　　　　　　　　$[Ag^+][Cl^-] = K_{sp(AgCl)}^{\ominus} = 1.8 \times 10^{-10}$

则：　　　　　　　　　　$[Ag^+]^2 = K_{sp(AgCl)}^{\ominus} = 1.8 \times 10^{-10}$

此时,要求刚好析出 Ag_2CrO_4 沉淀以指示终点。

$[Ag^+]^2[CrO_4^{2-}] = K_{sp(Ag_2CrO_4)}^{\ominus} = 1.1 \times 10^{-12}$,将 $[Ag^+]^2$ 代入此式,即可计算出 CrO_4^{2-} 的浓度。

$$[CrO_4^{2-}] = \frac{1.1 \times 10^{-12}}{1.8 \times 10^{-10}} = 6.1 \times 10^{-3}\ (mol/L)$$

由计算可知,只要控制被测溶液中的 CrO_4^{2-} 浓度为 6.1×10^{-3}mol/L,到达计量点时,稍过量的 $AgNO_3$ 溶液即恰好能与 CrO_4^{2-} 作用生成砖红色 Ag_2CrO_4 沉淀。由于 K_2CrO_4 指示剂的黄色较深,在其中不易观察到砖红色 Ag_2CrO_4 沉淀的形成,所以实际用量比理论用量少。实践证明,在总体积为 50~100ml 的溶液中,加入 5%(g/ml)K_2CrO_4 指示液 1ml 即可,此时 $[CrO_4^{2-}]$ 约为 $(2.6~5.2) \times 10^{-3}$mol/L。

(2)溶液的酸度:滴定应在中性或弱碱性溶液中进行。由于 K_2CrO_4 是弱酸盐,在酸性溶液中 CrO_4^{2-} 与 H^+ 结合,使 CrO_4^{2-} 浓度降低过多而在化学计量点附近不能形成 Ag_2CrO_4 砖红色沉淀。

$$2CrO_4^{2-} + 2H^+ \rightleftharpoons 2HCrO_4^- \rightleftharpoons Cr_2O_7^{2-} + H_2O$$

在碱性强的溶液中,Ag^+ 将形成 Ag_2O 沉淀而无法指示终点。

$$Ag^+ + OH^- \rightleftharpoons AgOH\downarrow$$

$$2AgOH \rightleftharpoons Ag_2O\downarrow + H_2O$$

滴定也不能在氨性溶液中进行,因 AgCl 和 Ag_2CrO_4 皆可生成 $[Ag(NH_3)_2]^+$ 而发生沉淀的溶解。因此,莫尔法只能在近中性或弱碱性溶液(pH 6.5~10.5)中进行滴定。若溶液的酸性较强可用适当的方法中和,如加入 $Na_2B_4O_7$ 或 $NaHCO_3$、$CaCO_3$ 等,或改用铁铵矾指示剂法指示终点;若溶液的碱性太强,可用稀 HNO_3 中和。

(3)滴定时应充分振摇:因 AgCl 沉淀能吸附 Cl^-,AgBr 沉淀能吸附 Br^-,使溶液中的 Cl^-、Br^- 浓度降低,以致终点提前而引入误差。因此,滴定时必须充分振摇,使被吸附的 Cl^- 或 Br^- 释放出来。

(4)预先分离干扰测定的离子:凡是与 CrO_4^{2-} 生成沉淀的阳离子,如 Ba^{2+}、Pb^{2+}、Bi^{3+} 等,与 Ag^+ 生成沉淀的阴离子如 PO_4^{3-}、AsO_4^{3-}、S^{2-}、CO_3^{2-}、$C_2O_4^{2-}$ 等,或大量 Cu^{2+}、Co^{2+}、Ni^{2+} 等有色离子,以及在中性或弱碱性溶液中易发生水解反应的离子如 Fe^{3+}、Al^{3+}、Bi^{3+} 和 Sn^{4+} 等,都会

对滴定产生干扰,应预先分离除去,否则不能用本法测定。

3. 应用范围 本法多用于 Cl^-、Br^- 的测定,在弱碱性溶液中也可测定 CN^-。本法不宜测定 I^- 和 SCN^-,因为 AgI 和 AgSCN 沉淀有较强的吸附作用,致使终点颜色变化不敏锐。

(二)铁铵矾指示剂法(福尔哈德法,Volhard 法)

用铁铵矾 $[NH_4Fe(SO_4)_2 \cdot 12H_2O]$ 作指示剂的银量法称为铁铵矾指示剂法或福尔哈德法。本法有直接滴定和返滴定两种方式。

1. 直接滴定 Ag^+

(1)原理:在酸性条件下以铁铵矾为指示剂,使用 NH₄SCN(或 KSCN)标准溶液直接滴定 Ag^+。反应如下:

终点前: $Ag^+ + SCN^- \rightleftharpoons AgSCN \downarrow$ (白色)

终点时: $Fe^{3+} + SCN^- \rightleftharpoons Fe(SCN)^{2+}$ (淡棕红色)

(2)滴定条件:滴定应在 $0.1{\sim}1mol/L$ HNO₃ 介质中进行。酸度过低,Fe^{3+} 易水解。为使滴定终点时刚好能观察到 $Fe(SCN)^{2+}$ 明显的淡棕红色,所需 $Fe(SCN)^{2+}$ 的最低浓度为 $6 \times 10^{-6}mol/L$。要维持 $Fe(SCN)^{2+}$ 的配位平衡,Fe^{3+} 的浓度应远远高于这一数值,但 Fe^{3+} 的浓度过大,它的黄色会干扰终点的观察,因此,滴定终点时 Fe^{3+} 的浓度一般控制在 $0.015mol/L$。

在滴定过程中,不断有白色 AgSCN 沉淀形成,由于它具有强烈的吸附作用,会有部分 Ag^+ 被吸附于沉淀表面,从而会使终点提前出现。所以在滴定过程中,必须充分振摇溶液,使被吸附的 Ag^+ 及时释放出来而参与滴定反应。

2. 返滴定法测定卤化物

(1)原理:在含有卤离子的 HNO₃ 介质中,准确加入过量的 AgNO₃ 标准溶液,使 Ag^+ 与 X^- 作用生成 AgX 沉淀,以铁铵矾为指示剂,用 NH₄SCN 标准溶液滴定剩余的 AgNO₃。到达计量点后,稍微过量的 SCN^- 与 Fe^{3+} 反应生成淡棕红色的 $Fe(SCN)^{2+}$,即指示到达滴定终点。滴定反应为:

终点前: Ag^+(定量、过量)$+ X^- \rightleftharpoons AgX \downarrow$

Ag^+(剩余的量)$+ SCN^- \rightleftharpoons AgSCN \downarrow$ (白色)

终点时: $SCN^- + Fe^{3+} \rightleftharpoons Fe(SCN)^{2+}$ (淡棕红色)

使用铁铵矾指示剂法测定氯化物到达计量点时,溶液中有 AgCl 和 AgSCN 两种难溶性银盐同时存在,若用力振摇,则会使已生成的配位离子 $Fe(SCN)^{2+}$ 的红色消失。这是因为 AgSCN 的溶解度($1.0 \times 10^{-6}mol/L$)小于 AgCl 的溶解度($1.3 \times 10^{-5}mol/L$),当剩余的 Ag^+ 被完全滴定后,SCN^- 就会将 AgCl 沉淀中的 Ag^+ 转化为 AgSCN 沉淀而使 Cl^- 重新释出。其转化反应为:

$$AgCl \rightleftharpoons Ag^+ + Cl^-$$
$$+$$
$$Fe(SCN)^{2+} \rightleftharpoons SCN^- + Fe^{3+}$$
$$\Downarrow$$
$$AgSCN \downarrow$$

根据平衡移动原理,溶液中存在下列关系时,沉淀转化才会停止。

$$\frac{[Cl^-]}{[SCN^-]} = \frac{K_{sp(AgCl)}^{\ominus}}{K_{sp(AgSCN)}^{\ominus}} = \frac{1.8 \times 10^{-10}}{1.0 \times 10^{-12}} = 180$$

由于上述沉淀转化的存在,导致计量点后会消耗过多的 NH₄SCN 标准溶液,因此会造成较大的终点误差。

为了避免上述转化反应的发生，可将生成的 AgCl 沉淀滤出后再进行滴定；或者返滴定前加入 1~3ml 硝基苯等有机溶剂，使其包裹在 AgCl 沉淀表面，减少 AgCl 沉淀与 SCN⁻ 的接触，防止沉淀的转化。

用本法测定 Br⁻ 或 I⁻ 时，由于 AgBr 和 AgI 的溶解度都比 AgSCN 的小，所以不存在沉淀转化问题。

（2）滴定条件

1）滴定应在酸性溶液中进行，因为在中性或碱性溶液中，Fe^{3+} 易水解生成 $Fe(OH)_3$ 沉淀而失去指示剂的作用。

2）测定氯化物时，临近终点应轻轻振摇以免沉淀转化，直到溶液出现稳定的淡棕红色为止。

3）在测定碘化物时，应先加入准确过量的 $AgNO_3$ 标准溶液后，才能加入铁铵矾指示剂。否则 Fe^{3+} 可氧化 I⁻ 生成 I_2，造成误差，影响测定结果。其反应为：

$$2Fe^{3+} + 2I^- \rightleftharpoons 2Fe^{2+} + I_2$$

4）测定不宜在较高温度下进行，否则淡棕红色配合物发生褪色，不能指示终点。

5）强氧化剂及 Cu^{2+}、Hg^{2+} 等会与 SCN⁻ 作用，干扰测定，可预先除去。

3. 应用范围　采用直接滴定法可测定 Ag^+ 等，返滴定法可测定 Cl⁻、Br⁻、I⁻、SCN⁻、PO_4^{3-}、AsO_4^{3-} 等。由于本法干扰少，故应用范围较广。

（三）吸附指示剂法（法扬斯法，Fajans 法）

1. 原理　使用 $AgNO_3$ 标准溶液，以吸附指示剂确定滴定终点，测定卤化物含量的方法称为吸附指示剂法或法扬斯法。

吸附指示剂是一种有机染料，当它被沉淀表面吸附后，结构发生改变，导致颜色发生变化，从而指示滴定终点到达。因为这种指示剂在滴定过程中有吸附和解吸的过程，故称为吸附指示剂。

吸附指示剂可分为两类：①酸性染料，如荧光黄及其衍生物，它们是有机弱酸，在溶液中离解出指示剂阴离子；②碱性染料，如甲基紫、罗丹明 6G 等，在溶液中离解出指示剂阳离子。

用 $AgNO_3$ 滴定 Cl⁻ 时，用荧光黄（$K_a^{\ominus}=10^{-7}$）为指示剂，控制溶液的 pH，使荧光黄在溶液中离解为荧光黄阴离子。滴定开始时，溶液中含有多余的 Cl⁻，生成的 AgCl 沉淀首先吸附 Cl⁻，使 AgCl 沉淀表面带有负电荷。由于同种电荷相斥，因此荧光黄阴离子不被沉淀吸附，溶液显荧光黄阴离子的颜色（黄绿色）。计量点时，Cl⁻ 浓度与 Ag^+ 浓度相等。稍过计量点，溶液中含有过量的 Ag^+，这时 AgCl 沉淀会吸附 Ag^+，使沉淀表面带有正电荷，并立即吸附荧光黄阴离子，指示剂结构改变而发生颜色变化，指示终点到达。若以 FI⁻ 代表荧光黄指示剂的阴离子，则滴定过程中的变化如下所示：

$$HFI \rightleftharpoons H^+ + FI^- （黄绿色） \qquad pK_a^{\ominus} = 7$$

	沉淀表面	吸附离子	颜色
终点前：Cl⁻ 过量	（AgCl）Cl⁻ ·	正离子	黄绿色
终点时：Ag^+ 过量	（AgCl）Ag^+ ·	FI⁻	微红色

2. 滴定条件

（1）沉淀应保持较大的比表面积。吸附指示剂的颜色变化发生在沉淀的表面，应尽可能使卤化银沉淀呈胶体状态，具有较大的比表面积。为此，在滴定前应将溶液稀释并加入糊精、淀粉等亲水性高分子化合物以保护胶体。同时应避免溶液中大量电解质存在,以防止胶体凝聚。

（2）沉淀对指示剂离子的吸附力应略小于对被测离子的吸附力,否则会使终点提前。沉淀对指示剂离子的吸附力也不能太小,否则到达计量点后不能立即变色。滴定卤化物时,卤化银对卤化物和几种常用的吸附指示剂的吸附力的大小顺序如下:I^-> 二甲基二碘荧光黄 >Br^-> 曙红 >Cl^-> 荧光黄。因此,在测定 Cl^- 时不选用曙红,而应选用荧光黄为指示剂。

（3）溶液的 pH 应适当。常用的吸附指示剂多为有机弱酸,起指示剂作用的主要是其阴离子,因此溶液的 pH 应有利于吸附指示剂阴离子的存在。对于离解常数较小的吸附指示剂,溶液的 pH 可偏高些;而对于离解常数大的吸附指示剂,溶液的 pH 可偏低些。如荧光黄为有机弱酸（$K_a^\ominus = 10^{-7}$）,因此用荧光黄作指示剂滴定 Cl^- 时,可在中性或弱碱性（pH 7.0~10）的溶液中使用。而二氯荧光黄,其$K_a^\ominus = 10^{-4}$,可在 pH 4~10 的溶液中使用。曙红（四溴荧光黄）,其$K_a^\ominus \approx 10^{-2}$,酸性更强,故溶液的 pH $\approx$ 2 时,仍可指示终点。

（4）指示剂的呈色离子与滴加的标准溶液的离子应带有相反电荷。例如,使用 Cl^- 滴定 Ag^+ 时,可用甲基紫（$MV^+\ Cl^-$）作吸附指示剂,这一类指示剂为阳离子吸附指示剂。

（5）滴定应避免在强光照射下进行。因为表面吸附有指示剂的卤化银胶体对光极为敏感,遇光照射,溶液很快变为灰色或黑色。

吸附指示剂的种类很多,常用吸附指示剂见表 8-2。

表 8-2　常用的吸附指示剂及其应用范围

指示剂名称	待测离子	滴定剂	适用的 pH 范围
荧光黄	Cl^-	Ag^+	7~10
二氯荧光黄	Cl^-	Ag^+	4~10
曙红	Br^-、I^-、SCN^-	Ag^+	2~10
甲基紫	SO_4^{2-}、Ag^+	Ba^{2+}、Cl^-	1.5~3.5
橙黄素Ⅳ 氨基苯磺酸 溴酚蓝	Cl^-、I^- 混合液及生物碱盐类	Ag^+	微酸性
二甲基二碘荧光黄	I^-	Ag^+	中性

3. 应用范围　本法可用于 Cl^-、Br^-、I^-、SCN^-、Ag^+ 等的测定。

第三节　标准溶液与基准物质

一、基准物质

银量法常用的基准物质是市售的一级纯硝酸银（或基准硝酸银）和氯化钠。

硝酸银可以得到基准试剂,但在实际工作中通常用氯化钠（NaCl）基准物标定其浓度,这样既可以消除方法的系统误差,又可以避免 $AgNO_3$ 试剂在存放过程中发生分解而引起分析结果的误差。

氯化钠有基准试剂出售,亦可用一般试剂规格的氯化钠精制得到。氯化钠极易吸潮,应置于干燥器中保存。

二、标准溶液

1. AgNO₃ 标准溶液　用分析纯 AgNO₃ 配制,用基准 NaCl 标定,置棕色试剂瓶中避光保存。由于 AgNO₃ 溶液不稳定,存放一段时间后应重新标定。

2. NH₄SCN 标准溶液　用分析纯 NH₄SCN（或 KSCN）配制,以铁铵矾为指示剂,采用 AgNO₃ 标准溶液进行标定。

ER-8-1

沉淀滴定法
（银量法）及
应用示例

第四节　应用示例

一、中药中无机卤化物和有机卤酸盐的测定

1. 白硇砂中氯化物的含量测定　取本品约 1.2g,精密称定,加蒸馏水溶解后,定量转移至 250ml 容量瓶中,用蒸馏水稀释至刻度,摇匀,静置至澄清。吸取上层清液 25.00ml,加蒸馏水 25ml、硝酸 3ml,准确加入 0.100 0mol/L AgNO₃ 标准溶液 40.00ml,摇匀,再加硝基苯 3ml,用力振摇,加铁铵矾指示剂 2ml,用 0.1mol/L NH₄SCN 标准溶液滴定至溶液呈红色。

$$\omega_{NH_4Cl} = \frac{\left[(cV)_{AgNO_3} - (cV)_{NH_4SCN}\right] \times M_{NH_4Cl}}{S \times \frac{25}{250}} \times 100\%$$

2. 盐酸麻黄碱片的含量测定　其含量测定方法为吸附指示剂法,用 AgNO₃ 为标准溶液,溴酚蓝（HBs）为指示剂。滴定反应为:

$$\left[\begin{array}{c}\ce{C6H5}\underset{\underset{OH}{|}}{\overset{\overset{H}{|}}{C}}-\underset{\underset{CH_3}{|}}{\overset{\overset{H}{|}}{C}}-\overset{\oplus}{N}H-CH_3\end{array}\right]Cl^- + AgNO_3 \longrightarrow$$

$$\left[\begin{array}{c}\ce{C6H5}\underset{\underset{OH}{|}}{\overset{\overset{H}{|}}{C}}-\underset{\underset{CH_3}{|}}{\overset{\overset{H}{|}}{C}}-\overset{\oplus}{N}\overset{H}{}-CH_3\end{array}\right]NO_3^- + AgCl\downarrow$$

	沉淀表面	吸附离子	颜色
终点前:	Cl⁻过量（AgCl）Cl⁻ ·	正离子	黄绿色
终点时:	Ag⁺过量（AgCl）Ag⁺ ·	Bs⁻	灰紫色

操作步骤:取试样 15 片（每片含盐酸麻黄碱 25mg 或 30mg）,精密称定。研细,精密称出适量（约相当于盐酸麻黄碱 0.15g）,置于锥形瓶中,加蒸馏水 15ml,振摇,使盐酸麻黄碱溶解。加溴酚蓝指示剂 2 滴,滴加乙酸使溶液由紫色变为黄绿色,再加溴酚蓝指示剂 10 滴与糊精（1 → 50 :1g 糊精 + 50g 水）5ml,用 0.1mol/L AgNO₃ 标准溶液滴定至 AgCl 沉淀的乳浊液呈灰紫色即达终点。（$M_{C_{10}H_{15}ON \cdot HCl}$ =201.67g/mol）。

$$平均每片待测组分的实测质量 = \frac{c_{AgNO_3} \times V_{AgNO_3} \times \frac{M}{1\,000}}{S} \times 平均片重$$

$$含量占标示量的百分数(\%) = \frac{平均每片被测成分实测质量}{标示量} \times 100\%$$

$$= \frac{\dfrac{c_{AgNO_3} \times V_{AgNO_3} \times \dfrac{M}{1\,000}}{S} \times 平均片重}{标示量} \times 100\%$$

📖 知识链接

标 示 量

标示量(labelled amount)是药物制剂必须标明的项目,是指片剂、注射剂、胶囊剂等各种药物制剂在其说明书及标签上标明的每个最小单位所含的有效成分的量。药典标准中有关药物制剂的有效成分含量的表示方法是以标示量百分含量(即含量占标示量的百分数)表示的。这个含量必须与其规定的质量标准一致,药物必须符合质量标准。

二、有机卤化物的测定

由于有机卤化物中卤素结合方式不同,多数不能直接采用银量法进行测定,必须经过适当的处理,使有机卤素转变成卤素离子后再用银量法测定。

使有机卤素转变成卤离子的常用方法一般有 NaOH 水解法、Na_2CO_3 熔融法、氧瓶法等。

例如,二氯酚(5,5′- 二氯 -2,2′- 二羟基二苯甲烷)采用氧瓶法进行有机破坏,使有机氯转化为 Cl^-,用 NaOH、H_2O_2 的混合液为吸收液,然后用银量法测定 Cl^-。

$$\underset{NaOH + H_2O_2}{\overset{[O]}{\longrightarrow}} NaCl + CO_2\uparrow + H_2O$$

操作步骤:取本品 20mg,精密称定,用氧瓶法进行有机破坏,以 NaOH 和 H_2O_2 的混合液作为吸收液,待完全反应后,微微煮沸 10 分钟,除去多余的 H_2O_2,冷却,加 HNO_3 5ml,0.02mol/L $AgNO_3$ 溶液 25ml,至沉淀完全后,过滤,用水洗涤沉淀,合并滤液,以铁铵矾为指示剂,用 0.02mol/L NH_4SCN 标准溶液滴定,同时做一空白试验。

● (张 娟)

复习思考题与习题

1. 从基本原理、应用条件和应用范围三方面,分析比较银量法几种指示终点的方法。

2. 为什么莫尔法只能在 pH 6.5~10.5 范围内的溶液进行测定,而福尔哈德法却能在酸性溶液中进行测定?若使用福尔哈德法时,在 pH=10 的溶液中滴定,会对结果有何影响?

3. 福尔哈德法返滴定方式测定 Cl^- 时,为了避免沉淀转化常采取的措施有哪些?

4. 下列各情况中,分析结果是准确、偏低或还是偏高?为什么?

(1)pH ≈ 4 时,莫尔法测定 Cl^-。

（2）福尔哈德法测定 Cl^- 或 Br^- 时,未加硝基苯。

（3）法扬斯法测定 Cl^- 时,用曙红做指示剂。

（4）福尔哈德法测定 I^- 时,先加入铁铵矾指示剂后,再加 $AgNO_3$ 标准溶液。

5. 在法扬斯法中,为什么必须保持胶体状态?

6. 计算 0.100 0mol/L $AgNO_3$ 溶液对 Cl^- 和 Br^- 的滴定度。（M_{Cl}=35.45g/ml,M_{Br}=79.90g/ml）

7. 称取大青盐（主要成分是 NaCl）0.200 0g,溶于水后,以铬酸钾作指示剂,用 0.150 0mol/L $AgNO_3$ 标准溶液滴定至终点,用去 22.50ml,计算大青盐中 NaCl 的百分含量。（M_{NaCl} = 58.44g/mol）

8. 用福尔哈德法测定血清中 Cl^- 的含量时,取 2.00ml 血清样品处理后,加 3.53ml 0.110 0mol/L $AgNO_3$ 溶液沉淀 Cl^-,剩余的 $AgNO_3$ 以 Fe^{3+} 作指示剂,用 0.095 21mol/L NH_4SCN 溶液滴定至终点,用去 1.80ml。试计算每毫升血清中 Cl^- 的毫克数。（M_{Cl} =35.45g/mol）

9. 有纯的 NaCl 和 NaBr 样品 0.260 0g,溶于水后,以 K_2CrO_4 为指示剂,用 0.108 4mol/L $AgNO_3$ 标准溶液滴定至终点,用去 26.48ml。计算试样中 NaCl 和 NaBr 百分含量各为多少。（M_{NaCl} =58.44g/mol,M_{NaBr} =102.89g/mol）

PPT 课件

第九章

重量分析法

学习目标

重量分析法是经典的化学分析法,在某些药品分析的检查项目及其含量测定中有一定应用。此外,其分离理论和操作技术常应用于其他分析方法中。通过学习本章,为后期专业课的学习以及从事药物检测工作奠定重要基础。

1. 掌握沉淀法的基本原理、方法、特点和应用;沉淀法对沉淀的要求;影响沉淀完全度、纯度的因素;重量分析结果的计算。

2. 熟悉挥发法、萃取法的原理及其应用。

3. 了解重量法中各种分离技术的应用。

第一节 概 述

重量分析法(gravimetric analysis)简称重量法,是一种经典的分析方法。该法通过称量物质的质量或质量变化来确定待测组分的含量,一般是将试样中待测组分分离后转化成稳定的称量形式,经分析天平称量确定待测组分含量。

重量分析法直接用分析天平称量测定,不需要基准物质或与标准试样进行比较,没有容量器皿不准确引起的误差,而称量误差一般较小,所以对于常量组分的测定准确度较高,相对误差一般不超过 $\pm 0.1\% \sim \pm 0.2\%$。但重量法操作烦琐、费时,灵敏度不高,不适用于微量及痕量组分的测定,因而在生产中已逐渐被其他快速、灵敏的方法所取代。目前,在药品质量标准中,重量分析法作为法定测定方法在干燥失重、炽灼残渣、中草药灰分测定以及某些药物的含量测定等方面仍有一定的应用。此外,重量分析法的分离理论和操作技术也经常应用于其他分析测定中。因此,重量分析法仍然是定量分析中必不可少的基本内容。

重量分析法根据被测组分的性质不同,可分为挥发法(volatilization method)、萃取法(extraction method)和沉淀法(precipitation method)。本章将阐述这 3 种分离方法的基本原理和分离条件,并重点讨论沉淀法。

重量分析法及应用示例

第二节 挥 发 法

挥发法又称挥发重量法,是根据试样中的被测组分具有挥发性或可转化为挥发性物质,利用加热等方法使挥发性组分气化逸出或用适宜的吸收剂吸收直至恒重,称量试样减失的重量或吸收剂增加的重量来计算该组分含量的方法。"恒重"是指被测物连续两次干燥或灼烧后称得的重量差在 0.3mg 以下。

(一)直接挥发法

直接挥发法是利用加热等方法使试样中挥发性组分逸出,用适宜的吸收剂将其全部吸收,称量吸收剂增加的质量来计算该组分含量的方法。例如,将一定量带有结晶水的固体试样,加热至适当温度,用高氯酸镁吸收逸出的水分,则高氯酸镁增加的质量就是固体试样中结晶水的质量。又如碳酸盐试样的测定,加酸使之放出 CO_2,以碱石灰吸收,根据吸收剂的增重可测定碳酸盐的含量。

(二)间接挥发法

间接挥发法是利用加热等方法使试样中挥发性组分逸出后进行称量,根据挥发前后试样质量的差值来计算挥发性组分的含量。例如,测定氯化钡晶体($BaCl_2 \cdot 2H_2O$)中结晶水的含量,可将一定量的 $BaCl_2 \cdot 2H_2O$ 试样加热,挥去水分,则氯化钡试样减失的重量即为结晶水的含量。用干燥法测定药物或其他固体试样中水分时,试样中必须不含其他挥发性物质,且在干燥过程中不发生化学变化。

1. 试样中水的存在状态

(1)引湿水:固体表面吸附的水分。一定温度下随物质的性质、表面积及空气湿度而定。物质的吸水性越强、颗粒越细、表面积越大、空气湿度越大,引湿水的含量越高。一般情况下,引湿水在不太高的温度下即可除去。

(2)包埋水:是沉淀从水溶液中析出时,晶体空穴内夹杂或包藏的水分。这种水与外界隔离不易除尽,有效的办法是将颗粒研细在高温下除去。

(3)吸入水:具有亲水性胶体性质的物质(如硅胶、淀粉、明胶和纤维素等)内表面吸收的水分。一般在常压下于 100~110℃很难除尽,常采用 70~100℃真空干燥。

(4)结晶水:是含水盐(如 $Na_2SO_4 \cdot 10H_2O$、$CaC_2O_4 \cdot H_2O$ 等)含有的水分。100℃以上常会使结晶水失去。

(5)组成水:是某些物质受热发生分解反应释放出的水分,如 $KHSO_4$、$NaHCO_3$ 等。

$$2KHSO_4 \Longrightarrow K_2S_2O_7 + H_2O$$
$$2NaHCO_3 \Longrightarrow Na_2CO_3 + CO_2\uparrow + H_2O$$

2. 干燥失重测定中常用的干燥方法　根据试样的性质和水分挥发的难易程度,干燥失重测定中常用的干燥方法有:

(1)常压加热干燥:适用于性质稳定,受热后不易挥发、氧化、分解或变质的试样。通常将试样置于电热干燥箱中以 105~110℃加热干燥。对于水分等不易挥发的试样,可适当提高温度、延长时间。

有些化合物虽受热不易变质,但因结晶水的存在而有较低的熔点,在加热干燥时未达干燥温度即成熔融状态,不利于水分的挥发。测定这类物质的水分时,应先在低温或用干燥剂除去一部分或大部分结晶水后,再提高干燥温度。如测定 $NaH_2PO_4 \cdot 2H_2O$ 结晶水时,应先在低于 60℃干燥 1 小时,脱去 1 分子水,成为 $NaH_2PO_4 \cdot H_2O$,再升温至 105~110℃干燥至恒重。

(2)减压加热干燥:适用于在常压下高温加热易分解变质、水分较难挥发或熔点低的试样。通常将试样置于真空干燥箱(减压电热干燥箱)内,减压至 2.7kPa 以下,在较低温度(一般 60~80℃)干燥至恒重。减压加热干燥可缩短干燥时间,避免样品长时间受热而分解变质,并获得高于常压下的加热干燥效率。

(3)干燥剂干燥:适用于能升华或受热不稳定、容易变质的物质。通常将试样置于盛有干燥剂的干燥器内干燥至恒重。干燥剂是一些与水有强结合力、相对蒸气压低的脱水化合物,如无水氯化钙、硫酸钙、变色硅胶等。若常压干燥水分不易除去,可置减压干燥器内干燥,但均应注意干燥剂的选择及检查干燥剂是否保持有效状态。使用干燥剂干燥测定水分时,不容易达到完全干燥的目的,故此法较少用。在重量分析法中,干燥剂干燥常被用作短时间存放刚从烘箱或高温炉取出的热的干燥器皿或试样,目的是在低湿度的环境中冷却,减少吸水以便称量。常用干燥剂及相对干燥效率见表9-1。

表9-1　常见干燥剂的干燥效率

干燥剂	每升空气中残留水分的毫升数	干燥剂	每升空气中残留水分的毫升数
$CaCl_2$(无水粒状)	1.5	$CaSO_4$(无水)	3×10^{-3}
NaOH	0.8	H_2SO_4	3×10^{-3}
硅胶	3×10^{-2}	CaO	2×10^{-3}
KOH(熔融)	2×10^{-3}	$Mg(ClO_4)_2$(无水)	5×10^{-4}
Al_2O_3	5×10^{-3}	P_2O_5	2×10^{-5}

(三) 应用

挥发法在药物分析中的应用主要包括干燥失重、中药灰分测定等。

1. 干燥失重　《中华人民共和国药典》规定的药物纯度检查项目中,对某些药物常要求检查"干燥失重",即利用挥发法测定药物干燥至恒重后减失的重量,此被测组分包括吸湿水、结晶水和在该条件下能挥发的物质。

干燥失重也用于试样干燥,一般测定是以"干品"计结果,有时为了方便也可取湿品分析,但同时应另取湿品测定干燥失重后再换算成干品。例如:测定未经干燥的盐酸黄连素,含 $C_{20}H_{17}O_4N \cdot HCl$ 量为88.54%,测得干燥失重为10.12%,则干燥品含量可换算如下:

$$\frac{88.54}{100-10.12} \times 100\% = 98.51\%$$

2. 中药灰分的测定　中药灰分的测定常用挥发法。所谓灰分是指有机物经高温灼烧氧化挥散后所剩余的不挥发性无机物。在药物分析中,灰分是中药材质量控制的检验项目之一。通常取供试品于恒重的坩埚中,称重后缓缓炽热至完全炭化后,逐渐升温到500~600℃使之完全灰化至恒重。《中华人民共和国药典》规定,将炭化后的试样在灼烧前用硫酸处理,使其转化为较稳定的氧化物及硫酸盐形式测定,称为炽灼残渣。

第三节　萃　取　法

萃取法又称萃取重量法,是根据被测组分在两种不相溶的溶剂中分配比不同,采用溶剂萃取的方法使之与其他组分分离,挥去萃取液中的溶剂,称量干燥萃取物的重量,求出待测组分含量的方法。

物质在水相和与水互不相溶的有机相中都有一定的溶解度,在液 - 液萃取分离时,被萃取物质在有机相和水相中的浓度之比称为分配比,用 D 表示,即 $D = c_{有}/c_{水}$。当两相体积相等时,若 $D > 1$,说明经萃取后进入有机相物质的量比留在水相中的物质的量多。在实际工作中,一般至少要求 $D > 10$。当 D 不很高,一次萃取不能满足要求时,可采用多次连续萃取以提高萃取率。

某些中药材及其制剂中生物碱、有机酸等成分,可根据游离生物碱、有机酸溶于有机溶剂而它们的盐易溶于水但不溶于有机溶剂的性质,通过调节提取液的 pH,使其存在形式发生改变,进而采用萃取法进行含量测定。如中药颠茄草中总生物碱的含量测定:取一定量颠茄草粉末,加石灰水适量,苯回流提取,提取液用 0.5% 硫酸萃取,酸水层加氢氧化钠,碱化至 pH 11~11.5,用苯分次萃取直至生物碱提尽为止,合并苯萃取液,过滤。滤液水浴蒸干,干燥、称重,即可计算颠茄草中总生物碱的含量。

第四节　沉　淀　法

沉淀法又称沉淀重量法,是利用沉淀反应将被测组分转化成难溶化合物,以沉淀形式从试液中分离出来,再将析出的沉淀经过滤、洗涤、烘干或灼烧,转化为可以称量的形式称量,计算被测组分百分含量的方法。

一、沉淀的制备

(一)沉淀剂的选择

1. 沉淀剂应具有较高的选择性　要求沉淀剂只与待测组分生成沉淀,而不与其他组分发生反应。

2. 沉淀剂与待测组分生成的沉淀溶解度要小　例如测定 SO_4^{2-},选择 $BaCl_2$ 作沉淀剂而不用 $CaCl_2$,因为 $BaSO_4$ 溶解度比 $CaSO_4$ 的溶解度小。

3. 尽可能选择具有挥发性的沉淀剂　以便于在干燥或灼烧时,挥发除去过量的沉淀剂使沉淀纯净。例如沉淀 Fe^{3+} 时,应首选 $NH_3 \cdot H_2O$ 而不是 $NaOH$ 作沉淀剂。

4. 选用有机沉淀剂　与金属离子作用生成有机难溶盐或难溶螯合物。与无机沉淀剂相比,有机沉淀剂具有以下优点:①选择性高。例如丁二酮肟 $(C_4H_8N_2O_2)$ 在 pH=9 的氨性溶液中选择性地沉淀 Ni^{2+},生成鲜红色的 $Ni^{2+}(C_4H_2N_2O_2)_2$ 螯合物沉淀。②所形成沉淀在水中溶解度小,有利于待测组分沉淀完全。③生成的沉淀颗粒大,对无机杂质吸附少,容易过滤和洗涤。④称量形式摩尔质量大,有利于减小称量相对误差,提高分析准确度。⑤沉淀的组成恒定,干燥后即可称量,不需要高温灼烧,简化了操作。

(二)沉淀法对沉淀的要求

1. 沉淀形式和称量形式　沉淀形式是沉淀法中析出沉淀的化学组成。称量形式是沉淀经处理后具有固定组成、供最后称量的化学组成。沉淀形式与称量形式有时相同、有时则不同。

$$SO_4^{2-}+BaCl_2 \longrightarrow BaSO_4 \downarrow \xrightarrow{\text{过滤、洗涤}} \xrightarrow{800℃ \text{灼烧}} BaSO_4$$

$$Mg^{2+}+(NH_4)_2HPO_4 \longrightarrow MgNH_4PO_4 \downarrow \xrightarrow{\text{过滤、洗涤}} \xrightarrow{1\,100℃ \text{灼烧}} Mg_2P_2O_7$$

以上两例,前者沉淀形式与称量形式均为 $BaSO_4$,两者相同;后者沉淀形式是 $MgNH_4PO_4$,灼烧后所得的称量形式是 $Mg_2P_2O_7$,两者不同。

2. 沉淀法对沉淀形式的要求

(1)沉淀的溶解度要小:一般要求沉淀在溶液中溶解损失量小于分析天平的称量误差(±0.2mg),这样才能保证反应定量完全。

(2)沉淀纯度要高:避免杂质的玷污。

(3)沉淀要易于过滤、洗涤,尽量获得粗大的晶形沉淀或致密的无定形沉淀。

(4)沉淀形式易于转变为具有固定组成的称量形式。

3. 沉淀法对称量形式的要求

(1)称量形式必须有确定的化学组成,否则将失去定量的依据。

(2)称量形式必须稳定,不受空气中水分、CO_2 和 O_2 等的影响。

(3)称量形式的摩尔质量要大,这样可以增大称量形式的质量,减少称量误差,提高分析的灵敏度和准确度。

(三) 沉淀的溶解度及其影响因素

沉淀法中,影响定量准确性的第一关键是沉淀要完全,即要求沉淀完全程度大于99.9%。而沉淀完全与否是根据反应达平衡后沉淀的溶解度来判断。现将常见的影响沉淀溶解度的因素讨论如下:

1. 同离子效应 沉淀反应达平衡后,适量增加某一构晶离子的浓度,可使沉淀溶解度降低的现象,称为同离子效应(common ion effect)。在沉淀法中,常加入过量沉淀剂,或用沉淀剂(在干燥或灼烧时能除去)的稀溶液洗涤沉淀,以保证沉淀完全,减少沉淀的溶解损失,提高分析结果的准确度。

例 9-1 欲使 0.02mol/L 草酸盐中 $C_2O_4^{2-}$ 沉淀完全,生成 $Ag_2C_2O_4$,需过量 Ag^+ 的最低浓度是多少?(忽略 Ag^+ 加入时体积的增加)

解: $2Ag^+ + C_2O_4^{2-} \rightleftharpoons Ag_2C_2O_4 \downarrow$ $K_{sp(Ag_2C_2O_4)}^{\ominus} = 5.4 \times 10^{-12}$

若 $Ag_2C_2O_4$ 沉淀的完全程度不小于 99.9%,那么 $C_2O_4^{2-}$ 在溶液中的剩余浓度应不大于 $0.02 \times 0.1\% = 2 \times 10^{-5} (mol/L)$,则 Ag^+ 的浓度为:

$$[Ag^+] = \left(\frac{K_{sp(Ag_2C_2O_4)}^{\ominus}}{[C_2O_4^{2-}]} \right)^{\frac{1}{2}} = 5.2 \times 10^{-4} (mol/L)$$

因此,在草酸盐溶液中,必须加入足够的 Ag^+,沉淀反应后,溶液中剩余 Ag^+ 的浓度不低于 5.2×10^{-4} mol/L,才能保证沉淀完全。

由此可见,利用同离子效应可以降低沉淀的溶解度,使沉淀完全。一般情况下,沉淀剂应过量 50%~100%;如果沉淀剂不挥发,一般则以过量 20%~30% 为宜。但沉淀剂若过量太多,有时可能引起异离子效应、酸效应、配位效应等副反应,反而使溶解度增大。

2. 异离子效应 在难溶化合物的饱和溶液中,加入易溶的强电解质,使难溶化合物的溶解度比同温度时在纯水中的溶解度大的现象称为异离子效应(diverse ion effect),也称异盐效应。发生异离子效应的原因是由于强电解质的存在,使溶液的离子强度增大,离子活度系数减小,导致沉淀溶解度增大。因此,构晶离子电荷越高,浓度越大,异盐效应越显著。

在沉淀法中,由于沉淀剂通常也是强电解质,所以在利用同离子效应保证沉淀完全的同时,还应考虑异离子效应的影响。过量沉淀剂的作用是同离子效应和异离子效应的总和。例如,测定 Pb^{2+} 时用 Na_2SO_4 为沉淀剂。由表 9-2 可以看出,开始 $PbSO_4$ 溶解度随着 Na_2SO_4 浓度的增加而降低,此时同离子效应占优势。Na_2SO_4 浓度增大到 0.04mol/L 时,$PbSO_4$ 的溶解度达到最小。但当 Na_2SO_4 浓度继续增大时,由于异离子效应增强,$PbSO_4$ 的溶解度随之增大。

表 9-2 $PbSO_4$ 在不同浓度 Na_2SO_4 溶液中的溶解度　　　　　　　　　　mol/L

Na_2SO_4 的浓度	0	0.001	0.01	0.02	0.04	0.100	0.200
$PbSO_4$ 的溶解度	0.15	0.024	0.016	0.014	0.013	0.016	0.023

应该指出,如果沉淀自身的溶解度很小,一般异离子效应的影响很小,可以忽略不计。

只有当沉淀的溶解度比较大,且溶液的离子强度很高时,才考虑异离子效应。

3. 酸效应　溶液的酸度改变影响沉淀溶解度的现象称为酸效应(acid effect)。发生酸效应的原因主要是溶液中 H^+ 浓度对难溶盐离解平衡的影响。在难溶化合物中有相当一部分是弱酸盐、多元酸盐以及许多金属离子与有机沉淀剂形成的沉淀。如提高溶液酸度,弱酸根离子与 H^+ 结合生成相应共轭酸的倾向增大,沉淀的溶解度随之增大;若降低溶液酸度,难溶盐中的金属离子可能产生水解,导致沉淀溶解度增大。

现以草酸钙沉淀为例,说明溶液酸度对沉淀溶解度的影响。CaC_2O_4 沉淀在溶液中建立如下平衡:

$$CaC_2O_4 \rightleftharpoons Ca^{2+}+C_2O_4^{2-}$$

$$C_2O_4^{2-} \underset{}{\overset{H^+}{\rightleftharpoons}} HC_2O_4^- \underset{}{\overset{H^+}{\rightleftharpoons}} H_2C_2O_4$$

当溶液酸度增大,使平衡向生成 $H_2C_2O_4$ 方向移动,CaC_2O_4 的溶解度增大。酸度对沉淀溶解度的影响是比较复杂的,像 CaC_2O_4 这类弱酸盐及多元酸盐的难溶化合物,与 H^+ 作用后生成难离解的弱酸而使溶解度增大的效应必须加以考虑。若是强酸盐的难溶化合物,如 $AgCl$、$PbSO_4$ 等,溶液的酸度对沉淀的溶解度影响不大。

4. 配位效应　当难溶化合物的溶液中存在能与构晶离子生成配合物的配位剂时,使沉淀溶解度增大,甚至不产生沉淀的现象,称为配位效应(coordination effect)。产生配位效应主要有两种情况:一是外加配位剂,二是沉淀剂本身就是配位剂。

如在 $AgCl$ 沉淀溶液中加入 $NH_3 \cdot H_2O$,因 NH_3 能与 Ag^+ 配位生成 $Ag(NH_3)_2^+$ 配离子,结果使 $AgCl$ 沉淀的溶解度大于在纯水中的溶解度,若 $NH_3 \cdot H_2O$ 的浓度足够大,则可能使 $AgCl$ 完全溶解。有关平衡如下:

$$AgCl \rightleftharpoons Ag^++Cl^- \qquad K_{sp}^\ominus=[Ag^+][Cl^-]$$

$$Ag^++NH_3 \rightleftharpoons AgNH_3^+ \qquad K_1^\ominus=\frac{[AgNH_3^+]}{[Ag^+][NH_3]}$$

$$AgNH_3^++NH_3 \rightleftharpoons Ag(NH_3)_2^+ \qquad K_2^\ominus=\frac{[Ag(NH_3)_2^+]}{[AgNH_3^+][NH_3]}$$

又如:用 Cl^- 为沉淀剂沉淀 Ag^+,最初生成 $AgCl$ 沉淀。Cl^- 适当过量时,同离子效应起主要作用,$AgCl$ 的溶解度降低。但若继续加入过量的 Cl^-,则 Cl^- 能与 $AgCl$ 配位生成 $[AgCl_2]^-$、$[AgCl_3]^{2-}$ 等配位离子而使 $AgCl$ 沉淀逐渐溶解,如图 9-1 所示。

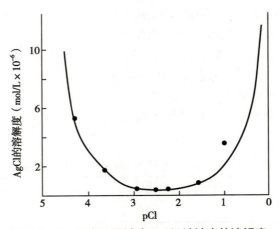

图 9-1　AgCl 在不同浓度 NaCl 溶液中的溶解度

　　配位效应使沉淀溶解度增大的程度与沉淀的溶度积常数 $K_{sp}^{\ominus}$ 和形成配合物的稳定常数 $K_{稳}^{\ominus}$ 的相对大小有关。$K_{sp}^{\ominus}$ 和 $K_{稳}^{\ominus}$ 越大,则配位效应越显著。

　　因此,利用同离子效应降低沉淀溶解度的同时,应考虑异离子效应、酸效应和配位效应的影响。在分析工作中应根据具体情况分清主次,如对无配位效应的强酸盐沉淀,应主要考虑同离子效应和异离子效应;对弱酸盐、多元酸盐或难溶酸沉淀,多数情况应主要考虑酸效应。

　　5. 其他影响因素　温度、溶剂、沉淀颗粒大小与形态、胶溶作用及沉淀构晶离子的水解等因素也会影响难溶盐溶解度。

(四) 沉淀的纯度

　　沉淀法中,影响定量准确性的第二关键因素是沉淀的纯净度。当沉淀从溶液中析出时,总会或多或少地夹带有杂质而使沉淀玷污。因此,有必要了解影响沉淀纯度的因素,以利于得到尽可能纯净的沉淀。

　　1. 共沉淀　共沉淀(coprecipitation)是指一种难溶化合物沉淀时,某些可溶性杂质同时沉淀下来的现象。引起共沉淀的原因主要有以下几方面:

　　(1) 表面吸附:在沉淀晶体结构中,正负离子按一定的晶格排列,沉淀内部的离子都被带相反电荷的离子所包围,处于静电平衡状态,如图 9-2 所示。但表面上的离子至少有一个面未被包围,由于静电引力使这些离子具有吸引带相反电荷离子的能力,尤其是棱角上的离子更为显著。从静电引力的作用来说,溶液中任何带相反电荷的离子都同样有被吸附的可能性,但实际上表面吸附是有选择性的。一般规律是:①优先吸附溶液中过量的构晶离子形成第一吸附层;②第二吸附层易优先吸附与第一吸附层的构晶离子生成溶解度小或离解度小的化合物离子;③浓度相同的杂质离子,电荷越高越容易被吸附。

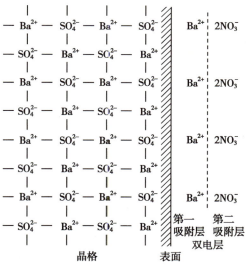

图 9-2　$BaSO_4$ 晶体表面吸附作用

　　例如:用过量的 $BaCl_2$ 溶液与 Na_2SO_4 溶液作用时,生成的 $BaSO_4$ 沉淀表面首先吸附过量的 Ba^{2+},形成第一吸附层,使晶体表面带正电荷。第一吸附层中的 Ba^{2+} 又吸附溶液中共存的阴离子 Cl^-。$BaCl_2$ 过量越多,被共沉淀的也越多。如果用沉淀剂 $Ba(NO_3)_2$ 代替一部分 $BaCl_2$,并使二者过量的程度相同时,由于 $Ba(NO_3)_2$ 的溶解度小于 $BaCl_2$ 的溶解度,NO_3^- 优先被吸附形成第二吸附层。第一、第二吸附层共同组成沉淀表面的双电层,而双电层里的

笔记栏

电荷等衡。

　　此外,沉淀对同一种杂质的吸附量尚与下列因素有关:①沉淀颗粒越小,比表面积越大,吸附杂质量越多;②杂质离子浓度越大,被吸附的量也越多;③溶液的温度越高,吸附杂质的量越少,由于吸附过程是一放热过程,提高温度可减少或阻止吸附作用。

　　吸附作用是可逆过程,洗涤可使沉淀上吸附的杂质进入溶液,从而净化沉淀。所选的洗涤液必须是灼烧或烘干时容易挥发除去的物质。

　　(2)生成混晶:如果杂质离子与沉淀的构晶离子半径相近、电荷相同,形成的晶体结构一致,杂质离子可进入晶格排列中取代沉淀晶格中某些离子的固定位置,生成混合晶体,使沉淀受到严重玷污。例如 Pb^{2+} 与 Ba^{2+} 的电荷相同,离子半径相近,$PbSO_4$ 与 $BaSO_4$ 的晶体结构也相同,Pb^{2+} 就可能混入 $BaSO_4$ 的晶格中与 $BaSO_4$ 形成混晶而被共沉淀。

　　由混晶引起的共沉淀纯化困难,往往需经过一系列重结晶才能逐步加以除去,最好的办法是事先分离这类杂质离子。

　　(3)吸留和包藏:吸留是指被吸附的杂质离子机械地嵌入沉淀之中;包藏常指母液机械地嵌入沉淀之中。这类现象的发生是由于沉淀析出过快,表面吸附的杂质来不及离开沉淀表面就被随后生成的沉淀所覆盖,使杂质或母液被吸留或包藏在沉淀内部。当沉淀剂加入过快或存在局部过浓现象时,吸留和包藏就比较严重。

　　这类共沉淀不能用洗涤的方法除去,可以通过改变沉淀条件,采用陈化、重结晶等方法加以消除。

　　2. 后沉淀　当溶液中某一组分的沉淀析出后,另一原本不能析出沉淀的组分也在沉淀表面逐渐沉积的现象,称之为后沉淀(postprecipitation)。

　　后沉淀的产生是由于沉淀表面吸附作用所引起,多出现在该组分形成的稳定过饱和溶液中。例如:用草酸盐沉淀分离 Ca^{2+} 和 Mg^{2+} 时,最初得到的 CaC_2O_4 不夹杂 MgC_2O_4,但若将沉淀与溶液长时间共置,由于 CaC_2O_4 表面吸附 $C_2O_4^{2-}$ 而使其表面 $C_2O_4^{2-}$ 浓度增大,使得 $[C_2O_4^{2-}][Mg^{2+}] > K_{sp(MgC_2O_4)}^{\ominus}$,在 CaC_2O_4 沉淀表面析出 MgC_2O_4 沉淀,产生后沉淀现象。沉淀在溶液中放置时间越长,后沉淀现象越显著。因此,要消除后沉淀现象,必须缩短沉淀在溶液中的放置时间。

　　3. 提高沉淀纯度的措施

　　(1)选择合理的分析步骤:当试液中被测组分含量较低,而存在大量杂质时,应避免首先沉淀大量杂质,否则会造成大量沉淀析出的同时使少量被测组分随之共沉淀而引起测定误差。

　　(2)降低易被吸附杂质离子的浓度:由于吸附作用具有选择性,降低易被吸附杂质离子浓度可以减少吸附共沉淀。例如沉淀 $BaSO_4$ 时,NO_3^- 与 Cl^- 相比,前者优先被 Ba^{2+} 吸附,因此沉淀反应宜在 HCl 溶液中进行而不宜选择 HNO_3。

　　(3)选择合适的沉淀剂:如选用有机沉淀剂常可减少共沉淀。

　　(4)选择合理的沉淀条件:沉淀的纯度与沉淀剂浓度、加入速度、温度、搅拌情况及洗涤方法等操作均有关。因此,选择合理的沉淀条件可减少共沉淀。

　　(5)必要时进行再沉淀:即将沉淀过滤、洗涤、溶解后再进行第二次沉淀。此时由于杂质离子浓度大为降低,可减少共沉淀或后沉淀。

　　(五) 沉淀的形成和条件

　　1. 沉淀的类型　沉淀按其物理性质不同,可粗略地分为晶形沉淀和无定形沉淀(非晶形沉淀)两大类。

$$\text{沉淀类型}\begin{cases}\text{晶形沉淀}\begin{cases}\text{粗晶形沉淀：如 } MgNH_4PO_4\\ \text{细晶形沉淀：如 } BaSO_4\end{cases}\\ \text{无定形沉淀}\begin{cases}\text{凝胶状沉淀：如 } AgCl\\ \text{胶状沉淀：如 } Fe(OH)_3\cdot nH_2O\end{cases}\end{cases}$$

　　晶形沉淀颗粒粗大(直径 0.1~1μm)，结构紧密，易于过滤和洗涤；无定形沉淀颗粒较小(直径 <0.02μm)，结构疏松，难于过滤和洗涤。生成哪类沉淀取决于沉淀的性质、形成沉淀的条件以及沉淀的处理方法。因此，了解沉淀的形成过程和沉淀性质，控制沉淀条件，以获得符合要求的沉淀形式，对沉淀法十分重要。

　　2. 沉淀的形成　沉淀的形成是一个复杂的过程，目前尚无成熟的理论。一般认为，沉淀的形成经历晶核形成和晶核长大两个过程。即：

$$\text{构晶离子}\xrightarrow{\text{成核作用}}\text{晶核}\xrightarrow{\text{长大过程}}\text{沉淀颗粒}\begin{array}{l}\xrightarrow{\text{凝聚}}\text{无定形沉淀}\\ \xrightarrow{\text{定向排列}}\text{晶形沉淀}\end{array}$$

　　(1)晶核形成：晶核的形成一般分为均相成核和异相成核。①均相成核：是在过饱和溶液中，构晶离子通过静电作用而缔合，从溶液中自发地产生晶核的过程。溶液的相对过饱和度越大，均相成核的数目越多。②异相成核：在沉淀的介质和容器中不可避免地存在一些固体微粒，而构晶离子或离子群扩散到这些微粒表面，诱导构晶离子形成晶核的过程，即为异相成核。固体微粒越多，异相成核数目越多。

　　(2)晶核长大：形成晶核以后，过饱和溶液中的溶质就可以在晶核上沉积出来。晶核逐渐长大，形成沉淀微粒。

　　(3)沉淀形成：沉淀微粒聚集成更大聚集体的速度称为聚集速度，又称晶核生成速度。构晶离子在沉淀颗粒上按一定顺序定向排列的速度称为定向速度，又称晶核成长速度。在沉淀过程中，聚集速度大于定向速度，沉淀颗粒聚集形成无定形沉淀；定向速度大于聚集速度，构晶离子在晶格上定向排列，形成晶形沉淀。

　　聚集速度主要由溶液中生成沉淀物质的过饱和度决定。冯·韦曼(von Weimarn)用经验公式描述了沉淀生成的聚集速度与溶液的相对过饱和度的关系。

$$V = K\frac{(Q-S)}{S}\qquad\qquad\text{式(9-1)}$$

　　式中，V 为聚集速度，K 为比例常数，Q 为加入沉淀剂瞬间生成沉淀物质的浓度，S 为沉淀的溶解度，$Q-S$ 为沉淀物质的过饱和度，$(Q-S)/S$ 为相对过饱和度。

　　由式(9-1)可知：聚集速度与相对过饱和度成正比，若想降低聚集速度，必须设法减小溶液的相对过饱和度，即要求沉淀的溶解度(S)大，加入沉淀剂瞬间生成沉淀物质的浓度(Q)小，这样就可能获得晶形沉淀。反之，若沉淀的溶解度很小，瞬间生成沉淀物质的浓度又很大，则形成无定形沉淀，甚至形成胶体。

　　定向速度主要决定于沉淀物质的本性。一般极性强、溶解度较大的盐类，如 $MgNH_4PO_4$、$BaSO_4$、CaC_2O_4 等，都具有较大的定向速度，易形成晶形沉淀；而高价金属的氢氧化物极性小、溶解度较小，聚集速度很大、定向速度小，因此氢氧化物沉淀一般均为无定形沉淀或胶体沉淀，如 $Fe(OH)_3$、$Al(OH)_3$ 为胶状沉淀。

3. 获得良好沉淀形状的条件

(1) 晶形沉淀的条件：①在适当稀的溶液中进行沉淀。可以减小 Q,使溶液中沉淀物的过饱和度减小,聚集速度减小,从而得到大颗粒晶形沉淀。但溶液也不能太稀,否则沉淀溶解损失将会增加。②在热溶液中进行沉淀。一般难溶化合物的溶解度随温度升高而增大,沉淀吸附杂质的量随温度升高而减小。因此,在热溶液中进行沉淀,可得到纯净的颗粒大的晶形沉淀。对于溶解度大的沉淀,在沉淀完全后应冷却至室温再进行过滤和洗涤,以减少溶解损失。③在不断搅拌下缓慢加入沉淀剂,可避免由于局部过浓而产生大量晶核,降低沉淀剂离子的过饱和度,得到颗粒大而纯净的沉淀。④陈化(熟化)。沉淀完全后,让初生的沉淀与母液共置一段时间,这个过程称为陈化(aging)。陈化可以使小晶体不断溶解,大晶体不断长大;吸附、吸留和包藏在小晶体内部的杂质重新进入溶液,使沉淀更加纯净;不完整的晶粒转化为更完整的晶粒。注意,若有后沉淀产生,陈化时间过长则混入的杂质可能增加。

(2) 无定形沉淀的沉淀条件：无定形沉淀的溶解度一般很小,溶液的相对过饱和度大,很难通过降低溶液的相对过饱和度来改变沉淀的性质。因此,对于无定形沉淀条件主要是设法破坏胶体、防止胶溶、加速沉淀的凝聚。①在浓溶液中进行沉淀。迅速加入沉淀剂,使生成较为紧密的沉淀。同时沉淀作用完毕后,应立刻加入大量的热水稀释并搅拌。②在热溶液中进行沉淀。这样可以防止生成胶体,并减少杂质的吸附作用,使生成的沉淀更加紧密、纯净。③加入适当的电解质以破坏胶体。常使用在干燥或灼烧中易挥发的电解质,如盐酸、氨水、铵盐等。④不必陈化。沉淀完毕后,趁热过滤。这是因为无定形沉淀放置后,将逐渐失去水分,使沉淀更加黏结不易滤过,且使吸附的杂质难以洗去。

✎ 知识拓展

均匀沉淀法

均匀沉淀法又称均相沉淀法,是为了改进沉淀结构而发展的一种沉淀方法。均匀沉淀法是利用化学反应使溶液中缓慢地逐渐产生所需的沉淀剂,从而使沉淀在整个溶液中均匀地、缓慢地析出,以消除通常在沉淀过程中难以避免的沉淀剂局部过浓的缺点。可使溶液中过饱和度很小,且又较长时间维持过饱和度,这样可获得颗粒较粗、结构紧密、纯净而易于过滤的沉淀。

如药物中重金属的检查,利用在酸性条件下加热水解硫代乙酰胺,均匀地、逐渐地放出 H_2S,再与溶液中的重金属离子生成硫化物沉淀,可避免直接使用 H_2S 时的毒性及臭味,还可以得到易于过滤和洗涤的硫化物沉淀。

$$CH_3CSNH_2 + 2H_2O \rightleftharpoons CH_3COO^- + NH_4^+ + H_2S \uparrow$$

二、沉淀的过滤、洗涤、干燥和灼烧

(一) 沉淀的过滤

过滤是使沉淀与母液分开,以便与过量沉淀剂、共存组分或其他杂质分离,从而得到纯净的沉淀。对于需高温灼烧得到称量形式的沉淀,常使用定量滤纸(灼烧后残留灰分<0.2mg) 过滤。根据沉淀的性质,选择疏密程度不同的定量滤纸。①无定形沉淀选择疏松的快速滤纸,以增加滤过速度;②粗粒的晶形沉淀选择较紧密的中速滤纸;③较细粒的晶形沉淀,选用最致密的慢速滤纸,防止沉淀穿过滤纸。对于只需烘干即可得到称量形式的沉淀

（如有机沉淀），一般用玻璃砂芯坩埚或玻璃砂芯漏斗滤过，根据沉淀的性状选择不同型号的玻璃砂芯滤器。

过滤时均采用倾泻法。若沉淀的溶解度随温度变化不大，可趁热过滤。

（二）沉淀的洗涤

洗涤沉淀是为了洗去沉淀表面吸附的杂质和混杂在沉淀中的母液。洗涤时要尽量减少沉淀的溶解损失和避免形成胶体，因此需选择合适的洗涤液。选择洗涤液的原则是：①溶解度较小又不易生成胶体的沉淀，可用蒸馏水洗涤；②溶解度较大的晶形沉淀，可用沉淀剂（干燥或灼烧可除去）的稀溶液或沉淀的饱和溶液洗涤；③溶解度较小的无定形沉淀，需用热的挥发性电解质的稀溶液进行洗涤，以防止形成胶体；④溶解度随温度变化不大的沉淀，可用热溶液洗涤。洗涤过程采用"少量多次"的原则，洗涤完全与否可采用灵敏的化学方法检验。

（三）沉淀的干燥与灼烧

洗涤后的沉淀除吸附有大量水分外，还可能有其他挥发性物质存在，需用烘干或灼烧的方法除去，使之转化成具有固定组成、稳定的称量形式。

干燥通常在 110~120℃烘干 40~60 分钟，除去沉淀中的水分和挥发性物质得到沉淀的称量形式。灼烧是在 800℃以上，彻底去除水分和挥发性物质，并使沉淀分解为组成恒定的称量形式。如 $MgNH_4PO_4 \cdot 6H_2O$ 沉淀，在 1 100℃灼烧成 $Mg_2P_2O_7$ 称量形式，放冷后称量，直至恒重。

三、分析结果的计算

（一）换算因子的计算

沉淀法是用分析天平准确称取称量形式的重量，换算成待测组分的量，以计算分析结果。

设 A 为被测组分，D 为称量形式，其计量关系一般可表示如下：

$$aA + bB \longrightarrow cC \xrightarrow{\triangle} dD$$

被测组分　　沉淀剂　　沉淀形式　　称量形式

A 与 D 的物质的量 n_A 和 n_D 的关系为：　$n_A = \dfrac{a}{d}n_D$　　　　式（9-2）

将 $n=m/M$ 代入上式得待测组分质量：　$m_A = \dfrac{aM_A}{dM_D}m_D$　　　　式（9-3）

式（9-3）中，M_A 和 M_D 分别为待测组分 A 和称量形式 D 的摩尔质量；m_D 为称量形式的质量；aM_A/dM_D 为一常数，称为换算因子（conversion factor）或化学因子（chemical factor），用 F 表示。代入（9-3）式得：

$$m_A = Fm_D$$　　　　式（9-4）

计算换算因子时，必须注意被测组分的摩尔质量 M_A 及称量形成的摩尔质量 M_D 要乘以适当系数，使分子分母中待测成分的原子数或分子数相等。部分被测组分与称量形式之间的换算因子见表 9-3。

表 9-3　部分被测组分与称量形式之间的换算因子

被测组分	沉淀形式	称量形式	换算因子
Fe	$Fe(OH)_3 \cdot nH_2O$	Fe_2O_3	$2M_{Fe}/M_{Fe_2O_3}$
MgO	$MgNH_4PO_4$	$Mg_2P_2O_7$	$2M_{MgO}/M_{Mg_2P_2O_7}$
$K_2SO_4 \cdot Al_2(SO_4)_3 \cdot 24H_2O$	$BaSO_4$	$BaSO_4$	$\dfrac{M_{K_2SO_4 \cdot Al_2(SO_4)_3 \cdot 24H_2O}}{4M_{BaSO_4}}$

例 9-2　为测定某试样中 P_2O_5 的含量,用 $MgCl_2$、NH_4Cl、$NH_3 \cdot H_2O$ 使 P_2O_5 沉淀为 $MgNH_4PO_4$,最后灼烧成 $Mg_2P_2O_7$ 称量,试求 $Mg_2P_2O_7$ 对 P_2O_5 的换算因子。

$$(M_{P_2O_5} = 141.94 g/mol ; M_{Mg_2P_2O_7} = 222.55 g/mol)$$

解:

$$P_2O_5 \longrightarrow 2 MgNH_4PO_4 \longrightarrow Mg_2P_2O_7$$

$$F = \frac{M_{P_2O_5}}{M_{Mg_2P_2O_7}} = \frac{141.94}{222.55} = 0.637\,8$$

(二) 分析结果的计算

分析结果常按百分含量计算。由称量形式的质量 m_D、试样称取量 S 及换算因子 F,即可求得被测组分的百分含量。

$$\omega_{被测组分} = \frac{m_D}{S} \times F \times 100\% \qquad 式(9-5)$$

例 9-3　称取酒石酸试样 0.121 5g,制成酒石酸钙盐后灼烧成碳酸钙,然后用过量 HCl 溶液处理后,蒸发至干。残渣中加入硝酸银,使氯离子以氯化银形式测定,得 AgCl 称量形式重 0.110 3g。求试样中酒石酸的含量。

$$(M_{H_2C_4H_4O_6} = 150.09 g/mol ; M_{AgCl} = 143.32 g/mol)$$

解: 根据题意可得

$$H_2C_4H_4O_6 \longrightarrow CaC_4H_4O_6 \xrightarrow{\triangle} CaCO_3 \longrightarrow CaCl_2 \longrightarrow 2AgCl$$

$$H_2C_4H_4O_6 \longrightarrow 2AgCl$$

由式(9-5)得:

$$\omega_{H_2C_4H_4O_6} = \frac{m_{AgCl} \times \dfrac{M_{H_2C_4H_4O_6}}{2M_{AgCl}}}{S} \times 100\% = \frac{0.110\,3 \times \dfrac{150.09}{2 \times 143.32}}{0.121\,5} \times 100\% = 47.54\%$$

四、沉淀法的应用

某些中药矿物药中无机物含量可用沉淀法测定。如由西瓜成熟新鲜果实与皮硝经加工制成的中药西瓜霜中 Na_2SO_4 含量测定。具体操作如下:

取试样 0.4g,精密称定,加水 150ml,振摇 10 分钟,滤过,沉淀用水 50ml 分 3 次洗涤,滤过,合并滤液,加盐酸 1ml,煮沸,不断搅拌,并缓缓加入热氯化钡试液(约 20ml),至不再产生沉淀,置水浴上加热 30 分钟,静置 1 小时,用无灰滤纸或称定重量的古氏坩埚滤过,沉淀用水分次洗涤,至洗液不再显氯化物的反应,干燥,并灼烧至恒重,精密称定,与 0.608 6(换算因子)相乘,即得西瓜霜中含有的硫酸钠(Na_2SO_4)的重量。

(贺吉香　王新宏)

复习思考题与习题

1. 沉淀法中,对沉淀形式和称量形式的要求有哪些?

2. 简述获得晶形沉淀和无定形沉淀的主要条件。

3. 为了使沉淀完全,必须加入过量沉淀剂,为什么不能过量太多?

4. 影响沉淀纯度的因素有哪些?简述提高沉淀纯度的措施。

5. 计算下列换算因子

称量形式	被测组分
(1) Al_2O_3	Al
(2) $BaSO_4$	$(NH_4)_2Fe(SO_4)_2 \cdot 6H_2O$

(3) Fe_2O_3　　　　　　　　Fe_3O_4

(4) $BaSO_4$　　　　　　　　$K_2SO_4 \cdot Al_2(SO_4)_3 \cdot 24H_2O$

(5) $Mg_2P_2O_7$　　　　　　MgO

(6) $PbCrO_4$　　　　　　　Cr_2O_3

6. 称取 0.708 9g 不纯的 KCl 试样，以过量的 $AgNO_3$ 处理，得到 1.302 8g AgCl，求该试样中 KCl 的百分含量。（M_{KCl}=74.55g/mol；M_{AgCl}=143.32g/mol）

7. 称取某磷肥试样 1.002 2g，经适当处理后使磷沉淀为 $MgNH_4PO_4$，滤过、洗涤后灼烧成 $Mg_2P_2O_7$ 称量，称得质量为 0.274 8g。计算试样中 P_2O_5 的百分含量。（$M_{P_2O_5}$=141.94g/mol；$M_{Mg_2P_2O_7}$=222.55g/mol）

PPT 课件

◇◇◇ 第十章 ◇◇◇

电位分析法及永停滴定法

📝 学习目标

　　通过学习电位分析法和永停滴定法的基本原理及相关知识,能在药物定量分析中正确应用直接电位法、电位滴定法和永停滴定法等分析方法。

　　1. 掌握电化学分析法的基本原理和基本概念;电极电位及有关离子浓度的计算;pH 玻璃电极的构造、原理及测定方法;电位滴定法和永停滴定法的原理、特点,滴定终点的确定方法。

　　2. 熟悉电位分析法中各类电极的组成、构造和测量仪器的基本性能、测定原理和方法。

　　3. 了解离子选择电极的类型及应用

第一节 概 述

　　电化学分析法(electrochemical analysis)是根据待测组分的电化学性质,选择适当的电极和试样溶液一起组成电化学电池(electrochemical cell),通过测定某种电化学参数(电位、电流、电导、电量等)的强度或变化,确定待测组分浓度或含量的分析方法。

　　根据测定的电化学参数不同,可以分为以下 4 类:

　　1. 电位分析法　基于测定原电池电动势或电极电位与待测离子活(浓)度之间的函数关系,确定待测物质浓度或含量的分析方法,称为电位分析法(potential analysis),分为直接电位法(direct potentiometry)和电位滴定法(potentiometric titration)。

　　2. 伏安法　基于测定电解过程中电流 - 电位曲线变化的分析方法,称为伏安法(voltammetry),分为极谱法(polarography)、溶出伏安法(stripping voltammetry)和电流滴定法(amperometric titration,包括单指示电极电流滴定法和永停滴定法)。

　　3. 电导分析法　基于试样溶液的电导性质进行分析的方法,称为电导分析法(conductometric analysis),分为直接电导法(direct conductometry)和电导滴定法(conductometric titration)。

　　4. 电解分析法　基于电解原理建立的分析方法,称为电解分析法(electrolytic analysis),分为电重量法(electrogravimetry)、库仑法(coulometry)和库仑滴定法(coulometric titration)。

　　电化学分析法具有准确度高、灵敏度高、仪器设备较简单、操作方便和易于实现自动化等优点。随着近年来纳米技术、表面技术、新型材料的发展和应用,电化学分析向微量分析、单细胞水平检测、实时动态分析及超高灵敏度和高选择性方面迈进。目前,电化学分析法广泛应用于医药、生物、环境、化工等领域的研究。

在我国药品生产和研究领域应用最广泛的是电位分析法(potential analysis)和永停滴定法(dead-stop titration)。电位分析法是通过测量电池电动势(或指示电极的电极电位)确定待测物质含量的分析方法。其中,根据指示电极的电极电位与试液中待测离子活(浓)度之间的函数关系,直接得到待测离子活(浓)度的方法,称直接电位法;根据滴定过程中电池电动势的变化来确定滴定终点的方法,称电位滴定法。外加一个微小电压,根据滴定过程中电解电流的突变来确定滴定终点的方法,称永停滴定法。

笔记栏

电位分析法及永停滴定法

第二节　基　本　原　理

一、化学电池

电化学电池(electrochemical cell),简称化学电池,是化学能与电能相互转化的一种电化学反应器,由两支电极、电解质溶液和外电路组成。根据电极反应是否自发进行,可将化学电池分为原电池和电解池。电极反应自发进行,将化学能转变为电能的装置是原电池。只有在外加电压的情况下,电极反应才能进行。将电能转化成化学能的装置是电解池(electrolytic cell)。

在电化学电池中,发生氧化反应的电极称为阳极(anode),发生还原反应的电极称为阴极(cathode)。

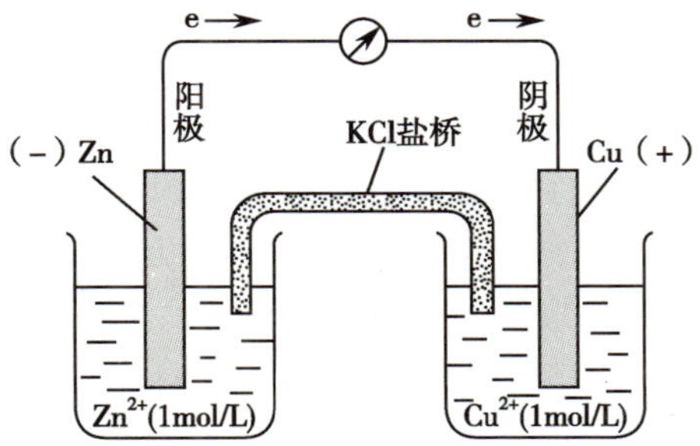

以铜 - 锌原电池为例(图 10-1):

阳极和阴极上发生的氧化还原反应如下:

$$阳极(锌极、负极):Zn - 2e^- \rightarrow Zn^{2+}$$
$$阴极(铜极、正极):Cu^{2+} + 2e^- \rightarrow Cu$$

电子的传递和转移通过连接两电极的外电路导线完成。因为电子由锌极流向铜极,故铜极为正极,锌极为负极。电池反应为:

$$Cu^{2+} + Zn \rightleftharpoons Cu + Zn^{2+}$$

电池符号表达式的一般规定如下:

(1)进行氧化反应的电极写在左边,进行还原反应的电极写在右边。

(2)电极的两相界面用单竖线"|"表示;两个电极之间用盐桥连接时常用双竖线"‖"表示;同一相中同时存在多种组分时,用","隔开;

(3)电池中各组成物质以化学式表示。电池中的溶液应注明活度或浓度(mol/L)。如有气体,应注明压力、温度,若不注明,指 25℃及 101kPa。

故铜 - 锌原电池的符号可表示为:

$$(-)Zn \mid ZnSO_4(1mol/L) \parallel CuSO_4(1mol/L) \mid Cu(+)$$

以上原电池的电动势(electromotive force,E、EMF 或 emf)可表示为:

$$E = E_{正} - E_{负}$$

图 10-1　铜 - 锌原电池示意图

笔记栏

二、液体接界电位

液体接界电位(liquid junction potential,E_j),又称接界电位,是指组成不同或组成相同而浓度不同的两个电解质溶液接触界面所产生的电位差。E_j 是由于离子在通过相界面时扩散速率不同而引起的,故又称扩散电位。

电位分析法测量的电化学电池大多有液体接界电位,然而 E_j 很难准确测量,因此在实验中通常采用的方法是用盐桥将两溶液相连,尽量减小液体接界电位。盐桥内充高浓度 KCl 溶液或其他适宜电解质溶液。用盐桥连接两个浓度不同的溶液时,扩散作用以高浓度的 K^+ 和 Cl^- 为主,由于 K^+ 和 Cl^- 的扩散速率几乎相等,且盐桥中 K^+ 和 Cl^- 将以绝对优势扩散,所以形成的液体接界电位极小(1~2mV),一般可以忽略不计。

第三节 参比电极与指示电极

一、参比电极

参比电极(reference electrode)是在一定条件下电极电位恒定,且其大小不随测试溶液浓度变化而变化的电极。作为参比电极应具备以下基本条件:①可逆性好;②稳定性好;③重现性好,简单耐用。

标准氢电极(standard hydrogen electrode,SHE)是最早使用的参比电极,其组成为:

Pt(镀铂黑)|H$_2$(101.3kPa)H$^+$(1mol/L)

按照国际纯粹与应用化学联合会(International Union of Pure and Applied Chemistry,IUPAC)规定,SHE 的电极电位为 "0" V,其他电极的标准电极电位值都是以 SHE 为参比的相对值,因此,SHE 又称为一级参比电极。目前,在电位分析法和其他电化学分析中,最常用的参比电极有饱和甘汞电极、双盐桥饱和甘汞电极和银 - 氯化银电极。

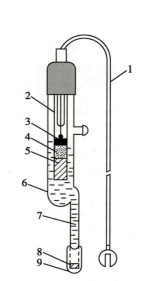

图 10-2 饱和甘汞电极示意图

1. 电极引线 2. 玻璃管 3. 汞 4. 甘汞糊(Hg$_2$Cl$_2$ 和 Hg 研成的糊) 5. 石棉或纸浆 6. 玻璃外套 7. 饱和 KCl 溶液 8. 素烧瓷片 9. 橡皮塞

(一)饱和甘汞电极

饱和甘汞电极(saturated calomel electrode,SCE)由金属汞、甘汞(Hg$_2$Cl$_2$)和饱和 KCl 溶液组成(图 10-2)。

其电极组成可表示为:Hg,Hg$_2$Cl$_2$|KCl(sat.)

电极反应: $Hg_2Cl_2 + 2e^- \rightarrow 2Hg + 2Cl^-$

电极电位(25℃): $E = E^{\ominus}_{Hg_2Cl_2} - 0.059\,2 \lg a_{Cl^-}$ 式(10-1)

由式(10-1)可知,甘汞电极的电极电位与 Cl^- 活度和温度有关,当 KCl 溶液浓度和温度一定时,其电极电位为一固定值(表 10-1)。

表 10-1 甘汞电极的电极电位(25℃)

KCl 溶液浓度 /(mol/L)	≥ 3.5(饱和)	1	0.1
电极电位 /V	0.241 2	0.280 1	0.333 7

（二）双盐桥饱和甘汞电极

双盐桥饱和甘汞电极（bis-salt bridge SCE），又称双液接 SCE，其结构如图 10-3 所示，是在 SCE 下端接一玻璃管，内充适当的电解质溶液（通常为 KNO_3）。当使用 SCE 遇到下列情况时，应采用双盐桥饱和甘汞电极：

（1）SCE 中 Cl^- 与试液中的离子发生化学反应。如测 Ag^+ 时，SCE 中 Cl^- 与 Ag^+ 反应生成 AgCl 沉淀。

（2）当被测离子为 Cl^- 或 K^+ 时，SCE 中 KCl 渗透到试液中将引起干扰。

（3）当测定试液中含有 I^-、CN^-、Hg^{2+}、S^{2-} 等时，使 SCE 的电位随时间而发生漂移，甚至破坏 SCE 功能。

（4）当 SCE 与试液间的残余液体接界电位大且不稳定时，如非水滴定中的使用。

（5）当试液温度较高或较低时，为了减少 SCE 的温度滞后效应，采用双盐桥饱和甘汞电极可保持一定的温度梯度，保证 SCE 在正常温度下工作。

（三）银 - 氯化银电极

银 - 氯化银电极（silver-silver chloride electrode，SSE）由银丝镀上一层 AgCl，浸在一定浓度的 KCl 溶液中构成，如图 10-4 所示。

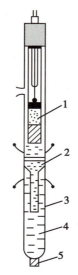

图 10-3　双盐桥饱和甘汞电极示意图
1. 饱和甘汞电极　2. 磨砂接口　3. 玻璃套管　4. 硝酸钾溶液　5. 素烧瓷芯

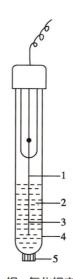

图 10-4　银 - 氯化银电极示意图
1. 银丝　2. 饱和 KCl 溶液　3. 银 - 氯化银　4. 玻璃管　5. 素烧瓷芯

电极组成可表示为：　　　　　　　$Ag,AgCl\,|\,KCl(a)$

电极反应：　　　　　　　　　　　$AgCl + e \rightarrow Ag + Cl^-$

电极电位（25℃）：　　　　　　　$E = E^{\ominus}_{AgCl/Ag} - 0.059\ 2\lg a_{Cl^-}$　　　　　式（10-2）

当 Cl^- 活度和温度一定时，SSE 的电极电位为恒定不变，不同浓度 KCl 溶液时电极电位值见表 10-2。由于银 - 氯化银电极构造简单，体积小，因此常用作玻璃电极和其他离子选择电极的内参比电极。

表 10-2　银 - 氯化银电极的电极电位（25℃）

KCl 溶液浓度 /（mol/L）	≥ 3.5（饱和）	1	0.1
电极电位 /V	0.199	0.222	0.288

二、指示电极

指示电极（indicating electrode）是指电极电位随待测组分活（浓）度变化而改变，其值大小可以指示待测组分活（浓）度的电极。一般而言，指示电极应符合下列条件：①电极电位与待测组分活（浓）度间符合 Nernst 方程的关系；②对所测组分响应快、重现性好；③对待测组分具有选择性；④结构简单，便于使用。常用的指示电极可分为金属电极（metallic electrode）和离子选择电极（ion selective electrode，ISE）。

（一）金属电极

金属电极是以金属为基体、基于电子转移反应的一类电极。可以分为以下几种：

1. 金属 - 金属离子电极　由金属插入含有该金属离子的溶液组成，用 M|M⁺ 表示。这类电极只有一个相界面，又称第一类电极。如 Ag-Ag^+ 组成的电极：$Ag|Ag^+(a)$

电极反应：
$$Ag^+ + e \rightarrow Ag$$

电极电位（25℃）：
$$E = E_{Ag^+/Ag}^{\ominus} + 0.059\ 2\lg a_{Ag^+} \qquad 式（10-3）$$

由式（10-3）可知：该类电极的电极电位与金属离子活（浓）度有关，可用于测定相应金属离子的活（浓）度。

2. 金属 - 金属难溶盐电极　由金属表面覆盖同一种金属难溶盐，浸入该难溶盐所对应的阴离子溶液中所组成的电极，用 $M|M_mX_n|X^{m-}$ 表示。这类电极有两个相界面，又称第二类电极。如银 - 氯化银电极，电极组成为：$Ag,AgCl|KCl(a)$

电极反应：
$$AgCl + e \rightarrow Ag + Cl^-$$

电极电位（25℃）：
$$E = E_{AgCl/Ag}^{\ominus} - 0.059\ 2\lg a_{Cl^-} \qquad 式（10-4）$$

由式（10-4）可知：这类电极的电极电位随溶液中难溶盐阴离子活（浓）度的变化而改变，可用于测定难溶盐阴离子的活（浓）度。

由于银 - 氯化银电极的电极反应是 $AgCl \rightarrow Ag^+ + Cl^-$ 和 $Ag^+ + e^- \rightarrow Ag$ 两步反应的总反应，通过沉淀平衡 $a_{Ag^+} \cdot a_{Cl^-} = K_{sp}^{\ominus}$，即可建立 $E_{Ag^+/Ag}^{\ominus}$、$E_{AgCl/Ag}^{\ominus}$ 和 $K_{sp(AgCl)}^{\ominus}$ 三者之间的关系。

$$E = E_{AgCl/Ag}^{\ominus} = E_{Ag^+/Ag}^{\ominus} + 0.059\ 2\lg K_{sp(AgCl)}^{\ominus} \qquad 式（10-5）$$

因此，该类电极还可以用于测定一些难溶盐的 $K_{sp}^{\ominus}$。

3. 惰性金属电极　由惰性金属（Pt 或 Au）插入同一元素的两种不同价态离子溶液中组成的电极。惰性金属不参加电极反应，仅起传递电子的作用。该电极的电极反应是在均相中进行，无相界面，故又称为零类电极。

如：$Pt|Fe^{3+},Fe^{2+}$ 电极

电极反应：
$$Fe^{3+} + e \rightarrow Fe^{2+}$$

电极电位（25℃）：
$$E = E_{Fe^{3+}/Fe^{2+}}^{\ominus} + 0.059\ 2\lg \frac{a_{Fe^{3+}}}{a_{Fe^{2+}}} \qquad 式（10-6）$$

这类电极的电极电位随溶液中离子氧化态和还原态活（浓）度的比值变化而改变，可用于测定两者的活（浓）度或它们的比值。

（二）离子选择电极

离子选择电极是以固体膜或液体膜为传感器，对溶液中某特定离子产生选择性响应的电极，又称膜电极（membrane electrode）。在膜电极上无电子转移、无半电池反应。其响应机制是基于响应离子在膜表面上交换和扩散等作用，其电极电位与溶液中待测离子活（浓）度的关系符合 Nernst 方程。

$$E = K \pm \frac{2.303RT}{nF}\lg a_i \qquad 式（10-7）$$

式中，K 为电极常数，阳离子取"+"，阴离子取"-"；n 是待测离子电荷数。

ISE 是电位分析法中最常用的指示电极,且其商品电极已有很多种类,如 pH 玻璃电极、钾电极、钠电极、钙电极、氟电极和在药学研究领域中使用的多种药物电极等。

三、组合电极

组合电极(combination electrode)是一种将指示电极和参比电极在制作时组合在一起的电极。如在 pH 测量中被广泛使用的组合 pH 电极,是由 pH 玻璃电极(指示电极)和银 - 氯化银电极(参比电极)组成,其结构如图 10-5 所示。组合 pH 电极由于将两个电极整合为一体,结构简单、使用更为方便,已广泛地应用于各种溶液的 pH 测定。

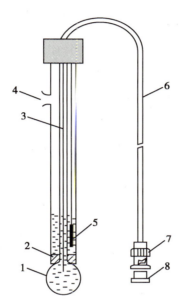

图 10-5　组合 pH 电极示意图
1. 玻璃电极　2. 瓷塞　3. 内参比电极　4. 充液口
5. 参比电极体系　6. 导线　7. 插口　8. 防尘塞

第四节　直接电位法

直接电位法是根据待测组分的电化学性质,选择合适的指示电极和参比电极浸入待测溶液中组成原电池,测量原电池的电动势,根据 Nernst 方程电极电位与待测组分活(浓)度的关系,求出待测组分活(浓)度的方法。

溶液 pH 的测定是直接电位法最早和最广泛的应用。20 世纪 60 年代以来,随着离子选择电极的迅速发展,直接电位法的应用有了新的拓展,成为电分析化学领域新兴的重要分支。目前,直接电位法主要用于测量溶液 pH 和其他阴、阳离子活(浓)度。

一、氢离子活度的测定

直接电位法测量溶液 pH,常以 SCE 作参比电极,以氢电极、醌 - 氢醌电极、锑电极和玻璃电极等作指示电极,其中玻璃电极(glass electrode)最常用。

(一)pH 玻璃电极

1. 构造　pH 玻璃电极由玻璃膜、内参比溶液、内参比电极、高度绝缘的导线和电极插头等部分组成。其结构如图 10-6 所示。玻璃管下端是对溶液中 H^+ 产生选择性响应的厚度小于 0.1mm 的球形玻璃膜，由 SiO_2、Na_2O 及少量 CaO 烧制而成。球泡内通常含一定浓度 KCl 的 pH 缓冲液作为内参比液，银 - 氯化银电极为内参比电极。因为玻璃电极的内阻很高（>100MΩ），电极引出线和导线都要高度绝缘，并装有金属屏蔽层。组合 pH 电极（图 10-6）除了将玻璃电极和参比电极组成一个整体，外套管还将球泡包裹在内，以防其与硬物接触而破碎。

2. 响应机制　pH 玻璃电极膜由 72.2%SiO_2、21.4%Na_2O 和 6.4%CaO 组成。玻璃电极对 H^+ 的选择性响应与电极膜的特殊组成有关。一般认为玻璃电极膜电位的产生主要存在 3 个过程，即玻璃膜的水化、H^+-Na^+ 交换平衡和 H^+ 扩散平衡。由于硅酸盐结构对 H^+ 具有较大的亲和性，当玻璃电极的敏感膜浸泡在水溶液中时，能吸收水分形成厚度为 $10^{-5}\sim10^{-4}$mm 的水化凝胶层，简称水化层（或称溶胀层）。溶液中 H^+ 可以进入水化层与 Na^+ 进行交换。交换反应如下：

$$H^+(溶液) + Na^+Gl^-(玻璃膜) \rightleftharpoons Na^+(溶液) + H^+Gl^-(玻璃膜)$$

式中，Gl^- 表示带负电荷的硅氧官能团。

该反应平衡常数很大，使玻璃膜表面的 Na^+ 点位几乎全被 H^+ 占据。越进入凝胶层内部，这种点位的交换数目越少，至干玻璃层，几乎全无 H^+（图 10-7）。

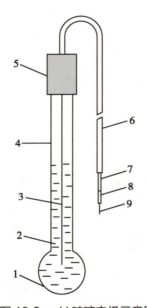

图 10-6　pH 玻璃电极示意图

1. 玻璃球膜　2. 内参比溶液　3. 银 - 氯化银电极　4. 玻璃管　5. 电极帽　6. 外套管　7. 网状金属屏　8. 高绝缘塑料　9. 导线

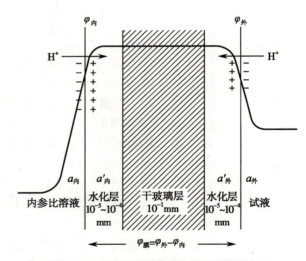

图 10-7　pH 玻璃电极膜电位形成示意图

当充分浸泡的玻璃电极浸入待测试液时，由于被 H^+ 全部占有交换点位的水化层与试液的 H^+ 活度不同，则会发生浓差扩散，而 H^+ 的扩散破坏了膜外表面与试液两相界面的电荷分布，形成相界电位（$E_外$）；同理，膜内表面与内参比溶液两相界面也产生相界电位（$E_内$）。显然，相界电位的大小与两相间 H^+ 活度有关。其关系为：

$$E_外 = K_1 + \frac{2.303RT}{F} \lg \frac{a_外}{a'_外} \qquad 式(10-8)$$

$$E_{内} = K_2 + \frac{2.303RT}{F} \lg \frac{a_{内}}{a'_{内}}$$ 式(10-9)

式中,$a_{外}$、$a_{内}$分别为膜外和膜内溶液中的 H^+ 活度,$a'_{外}$、$a'_{内}$分别为膜外表面和膜内表面水化凝胶层中的 H^+ 活度,K_1、K_2 为与玻璃膜外、内表面物理性能有关的常数。

由于待测试液和内参比溶液中的 H^+ 活度不同,玻璃膜内、外侧之间的电位差形成了玻璃膜电位($E_{膜}$)。

$$E_{膜} = E_{外} - E_{内} = \left(K_1 + \frac{2.303RT}{F} \lg \frac{a_{外}}{a'_{外}} \right) - \left(K_2 + \frac{2.303RT}{F} \lg \frac{a_{内}}{a'_{内}} \right)$$ 式(10-10)

对于同一支玻璃电极,膜内外表面性质基本相同,即 $K_1 = K_2$、$a'_{外} = a'_{内}$,因此

$$E_{膜} = \frac{2.303RT}{F} \lg \frac{a_{外}}{a_{内}}$$ 式(10-11)

作为玻璃电极整体,其电极电位(E)应为玻璃膜电位和内参比电极电位之和。由此得到 pH 玻璃电极电位与试液中 H^+ 活度的关系:

$$E_{玻} = E_{内参比} + E_{膜} = K + \frac{2.303RT}{F} \lg a_1 = K - 0.059\,2\,\mathrm{pH}$$ 式(10-12)

式中,K 为电极常数,与玻璃电极本身的性能有关。式(10-12)表明,玻璃电极的电位与膜外试液的 pH 呈线性关系,符合 Nernst 方程,故可用于溶液 pH 的测量。

3. pH 玻璃电极性能

(1)转换系数:溶液 pH 改变 1 个单位引起玻璃电极电位的变化值称为转换系数,用 S 表示。

$$S = -\Delta E / \Delta \mathrm{pH}$$ 式(10-13)

S 的理论值为 $2.303RT/F$,25℃时为 0.059 2。通常玻璃电极的 S 稍小于理论值。在使用过程中,由于玻璃电极逐渐老化,S 与理论值的偏离越来越大,当 25℃时,S 低于 52mV/pH,该电极就不宜再使用。

(2)碱差和酸差:一般玻璃电极的 E-pH 曲线只在 pH 1~9 范围内呈直线,在较强的酸碱溶液中偏离直线关系。在 pH>9 的溶液中,普通玻璃电极对 Na^+ 也有响应,因而反映出的 H^+ 活度高于真实值,亦即 pH 读数低于真实值,产生负误差,这种误差叫做碱差或钠差。为了克服碱差对测定结果的影响,可使用组成为 Li_2O、La_2O_3、Cs_2O、SiO_2 的高碱锂玻璃电极,此电极在 pH 1~14 范围内均可使用。在 pH<1 的溶液中,普通玻璃电极反映出的 pH 高于真实值,产生正误差,这种误差叫做酸差。其产生原因可能是在强酸性溶液中,由于大量水与 H^+ 水合,水分子的活度显著下降,而 H^+ 是靠 H_3O^+ 传递,达到电极表面 H^+ 减少,故 pH 增高。

(3)不对称电位:由式 10-11 可知,如果玻璃膜两侧 H^+ 活度相同,则膜电位应等于零;但实际上并不为零,而是有 1~3mV 的电位差,该电位称为不对称电位(asymmetry potential)。产生不对称电位的原因是膜内外表面结构和性质不完全一致。在测定 pH 前,应将电极敏感膜置纯水中浸泡 24 小时以上(组合 pH 玻璃电极敏感膜浸泡在 3mol/L KCl 溶液中)充分活化电极,减小并稳定不对称电位。

(4)电极内阻:玻璃电极内阻很高,一般在数十至数百兆欧。内阻的大小与玻璃膜成分、膜厚度及温度有关。电极内阻随着使用时间的增长而加大(俗称电极老化),而内阻增加将使测定灵敏度下降。所以当玻璃电极老化至一定程度时应予以更换。

(5)使用温度:温度过低,玻璃电极的内阻增大;温度过高,不利于离子交换,且电极使用寿命缩短,所以一般玻璃电极最好在 0~50℃范围内使用。

笔记栏

(二) 测量原理和方法

1. **测量原理** 直接电位法测定溶液 pH,常用 pH 玻璃电极为指示电极,SCE 为参比电极,与待测溶液组成原电池:

$$(-)\,Ag,AgCl(s),内充液|玻璃膜|试液\|KCl(sat.)|Hg_2Cl_2(s),Hg(+)$$

则其电池电动势为:

$$E=E_{SCE}-E_{玻}=E_{SCE}-\left(K-\frac{2.303RT}{F}pH\right) \qquad 式(10-14)$$

$$=K'+\frac{2.303RT}{F}pH$$

在 25℃时, $$E=K'+0.059\,2pH \qquad 式(10-15)$$

式中,K' 是包括饱和甘汞电极电位、玻璃电极常数等的复合常数,在一定条件下为一定值。电池电动势与试液 pH 之间呈线性关系,只要测得电池电动势 E 就可以求出溶液的 pH,进而求得溶液氢离子浓度。

2. **测量方法** 由于式(10-16)中 K' 包括多项电位值,且受到玻璃电极常数、试液组成、电极使用时间等诸多因素影响,既不能准确测定,又难以进行理论计算,因此,在实际测量中通常采用两次测量法,即在相同条件下分别测定 pH 准确已知的标准缓冲溶液 pH_S 和未知试液的 pH_X。根据式(10-16)可得:

$$E_S=K'+0.059\,2\,pH_S \qquad 式(10-16)$$
$$E_X=K'+0.059\,2\,pH_X \qquad 式(10-17)$$

由式(10-17)减去式(10-16)可得:

$$pH_X=pH_S+\frac{E_X-E_S}{0.059\,2} \qquad 式(10-18)$$

根据式(10-18),只要测出 E_X 和 E_S,即可得到试液的 pH_X。

使用 pH 玻璃电极测量溶液 pH 应注意:①普通 pH 玻璃电极测量 pH 范围为 1~9。②两次测量法中,由于 SCE 在标准缓冲液和试液中的液体接界电位不可能完全相同,二者之差称为残余液体接界电位,因此选择标准缓冲液 pH_S 应尽可能与待测溶液 pH_X 接近,以减少残余液体接界电位造成的测量误差,通常控制 pH_S 和 pH_X 之差在 3 个 pH 单位之内。③玻璃电极需在蒸馏水中浸泡 24 小时以上方可使用;组合玻璃电极一般在 3mol/L KCl 溶液中浸泡 8 小时以上。④标准缓冲溶液与待测液的温度必须相同并尽量保持恒定。⑤标准缓冲溶液需按规定方法配制,保存于密塞玻璃瓶中(硼砂应保存在聚乙烯塑料瓶中)。一般可保存 2~3 个月,若发现有浑浊、发霉或沉淀等现象时,则不能继续使用。

二、其他阴、阳离子活(浓)度的测定

电位分析法测定其他离子活(浓)度,常用的指示电极是离子选择电极,是一类对溶液中特定的离子有选择性响应的膜电极。

(一) 离子选择电极的基本构造与电极电位

1. **基本结构及响应机制** 离子选择电极一般都包括电极膜、电极管(支持体)、内参比电极和内参比溶液 4 个基本部分(图 10-8)。电极的选择性随电极膜特性而异。当把电极膜浸入试液时,膜内、外有选择性响应的离子,通过离子交换或扩散作用在膜两侧建立电位差,平衡后形成

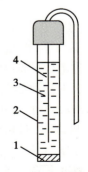

图 10-8 离子选择电极示意图
1.电极膜 2.电极管 3.内充液
4.内参比电极

膜电位。由于内参比溶液组成恒定,故离子选择电极电位仅与试液中响应离子的活度有关,并符合 Nernst 方程。

$$E = K \pm \frac{2.303RT}{nF} \lg a_i \qquad 式(10\text{-}19)$$

2. 电极性能

(1) Nernst 响应线性范围:以离子选择电极的电位(或原电池电动势)对响应离子活度的对数(或负对数)作图,所得曲线为工作曲线。工作曲线的直线部分所对应的浓度范围为其线性范围。实际测定时,应使待测离子的活度在电极的 Nernst 响应线性范围以内。

(2) 选择性:理想的离子选择电极,只对特定的一种离子产生电位响应,但实际上电极膜对待测离子以外的其他离子也有响应,因而产生干扰。

IUPAC 以"选择性系数"(selectivity coefficient,$K_{X,Y}$)作为衡量 ISE 选择性高低的参数,是指在相同条件下,同一电极对 X(待测离子)和 Y(干扰离子)响应能力之比,亦即产生相同电位响应的 X 与 Y 的活度比。

$$K_{X,Y} = \frac{\alpha_X}{(\alpha_Y)^{n_X/n_Y}} \qquad 式(10\text{-}20)$$

因此,表示离子选择电极电位的 Nernst 方程应修正为:

$$E_{ISE} = K \pm \frac{2.303RT}{nF} \lg [\alpha_X + K_{X,Y}(\alpha_Y)^{n_X/n_Y}] \qquad 式(10\text{-}21)$$

可见,$K_{X,Y}$ 越小,表明共存离子对 E_{ISE} 的干扰响应就越低,该电极对被测离子 X 的选择性就越高。

(3) 响应时间:根据 IUPAC 建议,电极响应时间是指从测量电极插入试液或待测离子浓度发生变化时起,到电位值达到与稳定值相差 1mV 时所需要的时间。响应时间越短,电极性能越好。响应时间一般为数秒到几分钟,其长短与电极有关,同时还与待测离子浓度有关。溶液浓度越低,响应时间越长,而搅拌可缩短响应时间。

(4) 有效 pH 范围:一般而言,离子选择电极存在一定的有效 pH 使用范围。在超出该范围外使用,就会产生较大的测量误差或者缩短电极的寿命。

除了上述主要性能外,离子选择电极还有膜电阻、膜不对称电位、漂移、滞后效应和使用寿命等其他性能参数。

(二) 离子选择电极的分类及常见电极

根据 IUPAC 关于离子选择电极的命名和分类建议,其名称和分类如下:

1. 原电极(primary electrode) 又称基本电极,是电极膜直接测定待测离子活(浓)度的离子选择电极。根据电极膜材料的不同,分为晶体电极和非晶体电极。

(1) 晶体电极(crystalline electrode):电极膜由电活性物质的难溶盐晶体构成。根据电极膜的制备方法不同,晶体电极可分为均相膜电极(homogeneous membrane electrode)和非均相膜电极(heterogeneous membrane electrode)。均相膜电极的膜材料由难溶盐的单晶、多晶或混晶制成。在电极膜中加入某种惰性材料(如硅橡胶、聚氯乙烯或石蜡等)制成电极膜的晶体电极,称为非均相膜电极。氟离子选择电极是晶体电极的代表。

(2) 非晶体电极(non-crystalline electrode):电极膜由非晶体化合物均匀分散在惰性支持物中制成的电极。其中,电极膜由特定玻璃吹制而成的玻璃电极为刚性基质电极(rigid matrix electrode)。除了 pH 玻璃电极,还有钠电极、钾电极、锂电极等。玻璃电极对阳离子的选择性与玻璃膜的成分有关,改变玻璃膜的组成或相对含量(摩尔分数)可使其选择性发生改变。

流动载体电极(electrode with a mobile carrier)是非晶体电极中的另一类电极,亦称液膜电极(liquid membrane electrode)。它的电极膜是用浸有某种液体离子交换剂或中性载体的惰性多孔膜制成。根据流动载体的带电性质,又进一步分为带正、负电荷和中性流动载体电极。如目前商品化的带正电荷的流动载体有 NO_3^-、BF_4^-、ClO_4^-、Cl^-、Br^-、I^-、苦味酸根等离子选择电极;带负电荷的流动载体有 Li^+、K^+、Na^+、NH_4^+、Ca^{2+}、Mg^{2+}、Ba^{2+}、Cd^{2+} 等离子选择电极。流动载体电极是离子选择电极用作药物电极种类较多的一类。

2. 气敏电极(gas sensing electrode)　一种用于测量溶液中气体的传感器,又称气敏探头(gas sensing probe)。它的作用原理是利用待测气体对某一化学平衡的影响,使平衡中的某种特定离子的活度发生变化,再用离子选择电极来反映特定离子活度的变化,从而求得试液中气体的分压或含量。气敏电极是由离子选择电极和参比电极组成的电化学系统,是基本电极、参比电极、中介液和憎水性透气膜等组成的组合电极。核心部件憎水性透气膜为微多孔性气体渗透膜,常由聚四氟乙烯、乙酸纤维素等材料制成。如 NH_3 气敏电极,以 pH 玻璃电极为原电极,以银 - 氯化银电极为参比电极,以 0.1mol/L NH_4Cl 溶液为中介液,以聚四氟乙烯微孔薄片为透气膜。测量时将一定量的 NaOH 溶液加入待测液中,使 NH_4^+ 变成 NH_3,并透过透气膜进入中介液,平衡后膜内外溶液中 NH_3 气分压相等,NH_3 的进入改变了中介液的 pH,中介液的 H^+ 活度与 NH_3 分压成正比,可以通过 pH 玻璃电极电位的变化测定 NH_3 的浓度。

25℃时,电极电位(实为 NH_3 气敏电极的电池电动势)可表示为:

$$E = K - 0.059\ 2\lg a_{NH_3} \qquad \text{式(10-22)}$$

另外,还有 CO_2、SO_2、H_2S、NO_2、HCN、HAc 和 Cl_2 等气敏电极。

3. 酶电极(enzyme electrode)　利用酶在生化反应的高选择性催化作用使待测物发生反应,生成的产物可由相应的离子选择电极检测。酶电极是由原电极和生物膜组成的复膜电极。例如,尿素在尿素酶催化下发生以下反应:

$$NH_2CONH_2 + 2H_2O \rightarrow 2NH_4^+ + CO_3^{2-}$$

所催化生成的 NH_4^+ 可用铵离子电极进行测定。若将尿素酶固定在铵离子电极上,则成为尿素酶电极。

(三) 定量分析的条件和方法

1. 定量条件　以待测离子的选择性电极为指示电极,与合适的参比电极(常用 SCE)插入试液中组成原电池,通过测量电池电动势,求得待测物质的活(浓)度。

电池表达式:离子选择电极|试液‖KCl(s)|Hg_2Cl_2(s),Hg(+)

电池电动势为:

$$E = E_{SCE} - E_{ISE} = E_{SCE} - \left(K' \pm \frac{2.303RT}{nF}\lg c_i \right)$$

$$= K'' \mp \frac{2.303RT}{nF}\lg c_i \qquad \text{式(10-23)}$$

式中,K'' 包括参比电极电位、液体接界电位、指示电极的电极常数以及试液组成等因素,具有不确定性。为了使电极在试液和标准溶液中的 K'' 相等,必须控制定量条件:

(1)保证活度系数恒定不变:由于 Nernst 方程表示的是电极电位与待测离子活度之间的关系,所以测量得到的是离子活度,而不是一般分析中的离子浓度。但是对一般分析检测来说,常常要求测量离子浓度,而不是活度。因为 $a = \gamma c$,而活度系数 γ 与离子强度有关,因此在实际测量中,常常采用离子强度调节剂来保证活度系数恒定不变。

(2)控制溶液的 pH:因为溶液的 pH 可能影响被测离子的存在形式(或分布系数 δ),并且 ISE 的使用存在有效 pH 范围,因此定量分析中常要控制溶液的 pH。

为了达到上述要求,通常采取以下方法:

1）试样组成已知时，用与试样组成相似的溶液制备标准溶液。

2）试样组成复杂且变化较大时，则可使用加入"离子强度调节剂"的办法。离子强度调节剂是高浓度的电解质溶液，应对被测离子无干扰。将其加到标准溶液和试样溶液中，使它们的离子强度都达到几乎同样的高水平，从而使活度系数基本相同。在某些情况下，这种高浓度电解质溶液中还含有 pH 缓冲剂和消除干扰的配位剂。此混合溶液称为总离子强度缓冲液（total ionic strength adjustment buffer，TISAB）。

3）采用标准加入法或结合使用 TISAB。

2. 定量方法

（1）两次测量法：与采用玻璃电极测量溶液的 pH 相似，即在相同条件下，用同一电极分别测定标准溶液（c_S）和试液（c_X）的电池电动势。

设 SCE 为正极，测定阳离子，按 10-23 式，得

$$E_S = K'' - \frac{2.303RT}{nF}\lg c_S \qquad 式（10-24）$$

$$E_X = K'' - \frac{2.303RT}{nF}\lg c_X \qquad 式（10-25）$$

两式相减，得：

$$\lg c_X = \lg c_S + \frac{E_X - E_S}{2.303RT/nF} \qquad 式（10-26）$$

或

$$c_X = c_S \times 10^{\frac{E_X - E_S}{2.303RT/nF}} \qquad 式（10-27）$$

（2）标准工作曲线法：用待测离子的对照品配制多个不同浓度的标准溶液（基质应与试液相同），分别测量各溶液 ES，以 ES 对 $\lg c_S$ 作图，得到工作曲线。在同样条件下测量试液的 EX，由工作曲线求出待测离子的浓度 c_x。标准曲线法要求标准溶液与试液有相近的组成和离子强度，适用于较简单的样品体系及大批量样品分析。

（3）标准加入法：将小体积（$V_S < V_X/10$）、高浓度（$c_S > 10c_X$）的标准溶液加入到试样溶液中，通过测量加入前后的电池电动势，得到待测离子浓度。

例如：测定体积为 V_X，浓度为 c_X 的试液中阳离子 M^{n+}，以 SCE 为参比电极，设其为正极；加入的标准溶液浓度 c_S，体积为 V_S。加入标准溶液前：

$$E_1 = K_1'' \mp \frac{2.303RT}{nF}\lg c_X \qquad 式（10-28）$$

加入标准溶液后：

$$E_2 = K_2'' \mp \frac{2.303RT}{nF}\lg \frac{c_X V_X + c_S V_S}{V_X + V_S} \qquad 式（10-29）$$

由于加入的标准溶液体积小，对试液的组成和离子强度影响较小，可以认为 $K_1'' = K_2''$，令 $S = \mp \frac{2.303RT}{nF}$，则：

$$\Delta E = E_2 - E_1 = S\lg \frac{c_X V_X + c_S V_S}{(V_X + V_S)c_X} \qquad 式（10-30）$$

整理得：

$$c_X = \frac{c_S V_S}{V_X + V_S}\left(10^{\Delta E/S} - \frac{V_X}{V_X + V_S}\right)^{-1} \qquad 式（10-31）$$

由于 $V_X \gg V_S$，$V_X + V_S \approx V_X$

$$c_X = \frac{c_S V_S}{V_X}(10^{\Delta E/S} - 1)^{-1} \qquad 式（10-32）$$

式中，V_X、c_S 和 V_S 为已知值，将由电池电动势的测量值 E_1、E_2 得到的 ΔE 代入计算，便可求得试样溶液的浓度 c_X。

标准加入法适合较复杂的样品体系。将小体积的标准溶液加入到样品溶液中，可减免标准溶液和试液之间离子强度和组成不同所造成的测量误差。使用标准加入法一般不需要加入 TISAB，操作简便、快速。

三、直接电位法的测量误差

由于电极稳定性、液体接界电位及温度波动等诸多因素的影响，使直接电位法测量电池电动势存在误差（ΔE）。ΔE 将会引起浓度测量误差，其大小可据式（10-23）微分求得。

$$\Delta E = \frac{RT}{nF} \times \frac{\Delta c}{c} \qquad\qquad 式（10-33）$$

整理并把有关参数带入计算（$R, T = 25\,℃$）得：

$$\frac{\Delta c}{c}(\%) = 3\,900 \times n\Delta E \qquad\qquad 式（10-34）$$

由式（10-34）可知，当电池电动势的测量误差为 1mV 时，一价离子有 4% 的误差，二价离子有 8% 的误差，故直接电位法测高价离子有较大的测量误差。该式还表明，测量结果的相对误差与待测离子浓度的高低无关。因此，直接电位法适合于低价离子、低浓度（$10^{-5}\sim10^{-6}$mol/L）组分的测定。

📝 **知识拓展**

电化学生物传感器技术及微电极技术简介

电化学生物传感器（electrochemical biosensor）是以电化学电极为信号转换器的生物传感器，由信号转换器和敏感元件组成。其中，信号转换器主要由电化学电极和离子敏场效应晶管组成；敏感元件由分子识别材料（敏感物质）固定在非水溶性载体或金属表面上而形成。生物敏感电极具有特异性强、简单、快速、电极寿命长、测试仪器简单、成本低等特点。根据选用的敏感物质不同，电化学生物传感器分为酶传感器、微生物传感器、免疫传感器，以及 DNA 传感器、组织膜传感器、细菌传感器等。

目前，电化学生物传感器应用范围相当广泛，除医疗领域外，也可用于药物分析、食品检验、环境监测、发酵工业等。如利用脲酶、尿酸酶等敏感物质制成的酶传感器，可用于测定尿素、尿酸等；利用微生物 Hansenula 固定在醋酸纤维素上，与氢离子电极配合测乳酸；利用胰岛素免疫传感器、人绒毛膜促性腺激素免疫传感器测定血液中相关物质的浓度。

微电极（microelectrode）是尖端直径属于微米级的小型化电极。随着纳米技术、微系统及机械加工技术、微电子技术的发展，使制造微小电极成为可能。目前，应用广泛的有离子选择微电极与伏安微电极。

微电极已在电化学、生物电化学、能源电化学、光谱电化学、生命科学及细胞生物学、免疫学、环境分析与检测等领域得以应用。

第五节　电位滴定法

一、原理及装置

电位滴定法是根据滴定过程中原电池电动势的变化,来确定滴定终点的一类滴定分析法。

电位滴定的基本装置如图 10-9 所示。在待测物的溶液中,插入合适的指示电极和参比电极组成原电池,并与电位计相连。在不断搅拌下加入滴定剂,测定滴定过程中相应电位的变化。在到达滴定终点时,因被测离子浓度突变而引起指示电极的电位突变,从而确定终点,根据滴定剂的用量计算待测组分含量。

电位滴定法与指示剂法确定终点相比较,具有客观性强、准确度高,不受溶液有色、浑浊等限制,易于实现滴定分析法的自动化等优点;对于使用指示剂难以判断终点或没有合适的指示剂的滴定反应,电位滴定法更为有利。电位滴定法可以应用于酸碱、沉淀、配位、氧化还原及非水等各种滴定,并可用于一些热力学常数的测定。

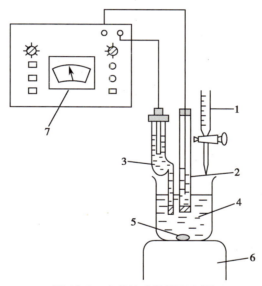

图 10-9　电位滴定装置示意图
1. 滴定管　2. 指示电极　3. 参比电极　4. 待测溶液
5. 搅拌棒　6. 电磁搅拌器　7. 电位测定仪

二、终点确定方法

进行电位滴定时,需记录滴定过程中标准溶液消耗的体积(V,ml)及相应的原电池的电动势(EMF,mV)。一般在远离化学计量点时加入体积间隔(ΔV)稍大。在计量点附近时,应减小体积间隔(ΔV),最好每加入一小份(0.05~0.10ml)记录一次数据,且保持每次加入体积一致,这样可使数据处理方便、准确。表 10-3 为典型的电位滴定数据记录和处理表。现以该表数据为例,介绍电位滴定终点的确定方法。

笔记栏

表 10-3　典型的电位滴定部分数据记录和处理表

(1) V/ml	(2) E/mV	(3) ΔE	(4) ΔV	(5) ΔE/ΔV (mV/ml)	(6) $\overline{V}$/ml	(7) $\Delta\left(\dfrac{\Delta E}{\Delta V}\right)$	(8) $\dfrac{\Delta^2 E}{\Delta V^2}$
10.00	168						
		34	1.00	34	10.50		
11.00	202						
		16	0.20	80	11.10		
11.20	218						
		7	0.05	140	11.225		
11.25	225					120	2 400
		13	0.05	260	11.275		
11.30	238					280	5 600
		27	0.05	540	11.325		
11.35	265					−20	−400
		26	0.05	520	11.375		
11.40	291					−220	−440
		15	0.05	300	11.425		
11.45	306						
		10	0.05	200	11.475		
11.50	316						

（一）图解法

1. $E\text{-}V$ 曲线法　以滴定剂体积（V）为横坐标，以电动势（E）为纵坐标作图，即依据表 10-3 中第 1、第 2 两列数据作图，得到 $E\text{-}V$ 曲线，如图 10-10a 所示。曲线的转折点（拐点）所对应的体积 V_e 即为滴定终点的体积。该法应用简便，但要求滴定突跃明显；如果滴定突跃不明显，则可用一阶或二阶微商法。

2. $\Delta E/\Delta V\text{-}\overline{V}$ 曲线法　又称一阶微商法。用表 10-3 中第 5、第 6 两列数据作图，得到 $\Delta E/\Delta V\text{-}\overline{V}$ 曲线，如图 10-10b 所示。该曲线的最高点所对应的体积即为滴定终点体积 V_e。因为极值点较拐点容易准确判断，所以用 $\Delta E/\Delta V\text{-}\overline{V}$ 曲线法确定终点也较为准确。

3. $\Delta^2 E/\Delta V^2\text{-}V$ 曲线法　又称二阶微商法。用表 10-3 中第 7、第 8 两列数据作图，得到一条 $\Delta^2 E/\Delta V^2\text{-}V$ 曲线，如图 10-10c 所示。该法的依据是：函数曲线的拐点在一阶微商图上为极值点，在二阶微商图上则等于零，即 $\Delta^2 E/\Delta V^2=0$ 时所对应体积即为滴定终点体积。

（二）二阶微商内插法

基于 $\Delta^2 E/\Delta V^2=0$ 时所对应的体积即为滴定终点体积。由于计量点附近的曲线近似于直线，所以利用计量点前后的二阶微商值，

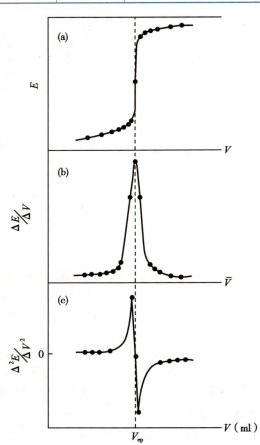

图 10-10　电位滴定法终点的确定示意图
（a）$E\text{-}V$ 曲线　（b）（$\Delta E/\Delta V$）–$\overline{V}$ 曲线
（c）（$\Delta^2 E/\Delta V^2$）–V 曲线

通过简单内插法计算滴定终点。首先在滴定终点前和终点后找出一对 $\Delta^2 E/\Delta V^2$ 数值，使 $\Delta^2 E/\Delta V^2$ 由正到负或由负到正，具体做法如下所述。

加入 11.30ml 标准溶液时：

$$\frac{\Delta^2 E}{\Delta V^2}=\frac{\left(\dfrac{\Delta E}{\Delta V}\right)_2-\left(\dfrac{\Delta E}{\Delta V}\right)_1}{\Delta V}=\frac{540-260}{11.35-11.30}=5\,600$$

加入 11.35ml 标准溶液时：

$$\frac{\Delta^2 E}{\Delta V^2}=\frac{\left(\dfrac{\Delta E}{\Delta V}\right)_2-\left(\dfrac{\Delta E}{\Delta V}\right)_1}{\Delta V}=\frac{520-540}{11.40-11.35}=-400$$

再由内插法计算出对应于 $\Delta^2 E/\Delta V^2=0$ 的体积，即为滴定终点时消耗的滴定剂体积（V_{ep}）。

$$V_{ep}=V+\frac{a}{a-b}\times\Delta V=11.30+\frac{5\,600}{5\,600+400}\times0.05=11.346=11.35(\text{ml})$$

式中，a 为二阶微商为 0 前的二阶微商值，b 为二阶微商为 0 后的二阶微商值；V 为 a 时标准溶液的体积；ΔV 为 $a\sim b$ 之间的滴定剂体积差。

三、应用示例

电位滴定法在滴定分析中应用广泛。根据滴定反应的类型，选用合适的指示电极和参比电极，电位滴定法可用于各类滴定分析。各种电位滴定中常用的电极系统见表10-4。

表 10-4 各类电位滴定中常用的电极系统

方法	指示电极	参比电极	说明
酸碱滴定法	pH 玻璃电极	饱和甘汞电极	pH 玻璃电极用后立即清洗并浸在纯水中保存
非水（酸碱）滴定法	pH 玻璃电极	饱和甘汞电极	SCE 套管内装氯化钾的饱和无水甲醇溶液而避免水渗出的干扰，或采用双盐桥 SCE；pH 玻璃电极处理同上
沉淀滴定法（银量法）	银电极、离子选择电极 银电极	饱和甘汞电极或双盐桥饱和甘汞电极 pH 玻璃电极	甘汞电极中的 Cl⁻ 对测定有干扰，用硝酸钾盐桥将试液与甘汞电极隔开 pH 玻璃电极作参比电极。在试液中加入少量酸，使玻璃电极的电位保持恒定
氧化还原滴定法	铂电极	饱和甘汞电极	铂电极用加少量三氯化铁的硝酸溶液或铬酸清洁液浸洗
配位滴定法	pM 汞电极、离子选择电极	饱和甘汞电极	预先在试液中滴加少量 0.05mol/L HgY^{2-} 溶液。同时注意电极 pH 的范围

除了确定滴定终点用于定量分析，电位滴定法还有以下应用。

1. 利用酸碱电位滴定可以研究极弱的酸碱、多元酸碱、混合酸碱等能否滴定，可以与指示剂的变色情况相比较以选择最适宜的指示剂，并确定正确的终点颜色。

2. 用于测量某些酸碱的离解常数。如采用电位滴定法测定 HAc 的离解常数 K_a，可用 NaOH 标准溶液滴定待测溶液 HAc，记录标准溶液的加入量 V 及对应溶液 pH，计算滴定终点时标准溶液的 V_{ep}，由于 $\frac{1}{2}V_{ep}$ 时，[HAc]＝[Ac⁻]，根据酸碱滴定测量 pK_a 的原理，可知滴定终点体积一半时溶液的 pH 即是弱酸的 pK_a，由此可以计算出 HAc 的离解常数 K_a。

同时，在沉淀滴定及配位滴定中亦可利用电位滴定法测量沉淀的溶度积和配合物的稳定常数。

第六节 永停滴定法

永停滴定法（dead-stop titration）又称为双指示电极电流滴定法（amperometric titration with two indicator electrodes）。它是根据滴定过程中电流的变化确定滴定终点的方法。

将两支相同的指示电极（常用微铂电极）插入试液中，在两电极间外加一个小电压（10~200mV），并在线路中串联一个灵敏的电流计，然后进行滴定。通过观察滴定过程中电流随滴定剂体积增加而变化的情况，即可确定滴定终点。

一、原理及装置

当溶液中同时存在电对的氧化态和还原态，如 Fe^{3+}/Fe^{2+} 溶液，将两支相同的微铂电极插入其中，此时两电极电位相同、电池电动势为零，无电流通过。若在两极间外加一个小电压组成电解池时，则发生如下电解反应：

正极（阳极）发生氧化反应： $Fe^{2+} \rightleftharpoons Fe^{3+} + e$

负极（阴极）发生还原反应： $Fe^{3+} + e \rightleftharpoons Fe^{2+}$

由于两支电极上均有电极反应发生，外电路有电流流过。一个微小的电流以相反的方向通过电极时，电极反应为原来反应的逆反应，具有此性质的电极称为可逆电极（或可逆电对，reversible electrode）。在永停滴定法中常见的可逆电对除了 Fe^{3+}/Fe^{2+}，还有 Ce^{4+}/Ce^{3+}、I_2/I^-、Br_2/Br^- 和 HNO_2/NO 等。

某些氧化还原电对不具有上述性质，如$S_4O_6^{2-}/S_2O_3^{2-}$。因为在微小电流条件下，只能在阳极发生$S_2O_3^{2-}$被氧化成$S_4O_6^{2-}$，而在阴极不能同时发生$S_4O_6^{2-}$被还原成$S_2O_3^{2-}$，所以电路中没有电流通过。这样的电极称为不可逆电极（或不可逆电对，irreversible electrode）。

只要滴定体系中有可逆电对存在，就会有电流产生。电流的大小取决于可逆电对中浓度较小的氧化态或还原态的浓度；当氧化态和还原态的浓度相等时，电流达到最大值。通过观察滴定过程中电流随滴定剂体积增加而变化的情况，即可确定滴定终点。滴定装置如图 10-11 所示。

通常在滴定中，可以通过观察电流计指针的变化确定滴定终点。也可每加一次滴定剂，测量一次电流，以滴定剂体积（V）为横坐标，电流强度（I）为纵坐标，绘制 I-V 曲线，根据滴定过程中的电流变化确定终点。

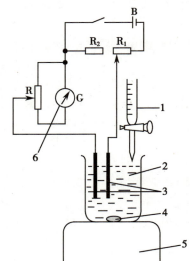

图 10-11　永停滴定装置示意图
1. 滴定剂　2. 待测溶液　3.Pt 电极
4. 搅拌棒　5. 电磁搅拌器　6. 电流计

二、终点确定方法

按照滴定过程中电流的变化，一般分为 3 种情况：

(一) 可逆电对滴定可逆电对

如 Ce^{4+} 滴定 Fe^{2+} 溶液。

滴定前,溶液中只存在 Fe^{2+},由于所加电压小,不能产生电解电流。

滴定开始至计量点前,发生如下滴定反应:

$$Ce^{4+} + Fe^{2+} \rightarrow Ce^{3+} + Fe^{3+}$$

溶液中存在 Fe^{3+}/Fe^{2+} 和 Ce^{3+},在微小的外加电压作用下,电极发生如下反应:

阳极 $\quad Fe^{2+} - e^- \rightarrow Fe^{3+}$

阴极 $\quad Fe^{3+} + e^- \rightarrow Fe^{2+}$

此时,检流计示有电流流过;随着滴定剂体积的增大,$[Fe^{3+}]$ 增加,电流增大;当 $[Fe^{3+}]/[Fe^{2+}]=1$ 时,电流达最大值;随后,电流逐渐减小。

计量点时,溶液中几乎没有 Fe^{2+},电流降到最小。

计量点后,随着滴定剂体积过量,产生 Ce^{4+}/Ce^{3+} 可逆电对,电极发生如下反应:

阳极 $\quad Ce^{3+} - e^- \rightarrow Ce^{4+}$

阴极 $\quad Ce^{4+} + e^- \rightarrow Ce^{3+}$

此时,又有电流产生,并且该电流随滴定剂体积增大而加大。记录滴定过程中电流(I)随滴定剂体积(V)变化的曲线,如图 10-12 所示,电流由下降至上升的转折点即为滴定终点。

(二) 不可逆电对滴定可逆电对

如 $Na_2S_2O_3$ 滴定含有过量 KI 的 I_2 溶液。

滴定反应为:$2S_2O_3^{2-} + I_2 \rightarrow 2I^- + S_4O_6^{2-}$

滴定开始至计量点前,溶液中存在 I_2/I^-,在微小的外加电压作用下,发生如下反应:

阳极 $\quad 2I^- - 2e^- \rightarrow I_2$

阴极 $\quad I_2 + 2e^- \rightarrow 2I^-$

检流计示有电流流过,并且随着滴定剂体积逐渐增大,$[I_2]$ 逐渐减小,电流也随之下降。

计量点时,溶液中几乎不存在 I_2,电流降到最小。

计量点后,随着滴定剂过量,溶液中存在不可逆电对 $S_4O_6^{2-}/S_2O_3^{2-}$。在阳极能发生 $2S_2O_3^{2-} - 2e^- \rightarrow S_4O_6^{2-}$ 反应,但在阴极不能发生 $S_4O_6^{2-} + 2e^- \rightarrow 2S_2O_3^{2-}$ 反应。因此,没有电流产生。滴定过程中 I-V 曲线如图 10-13 所示。这类滴定的终点以检流计指针停止在零或零附近不动为特征。永停滴定法由此得名。

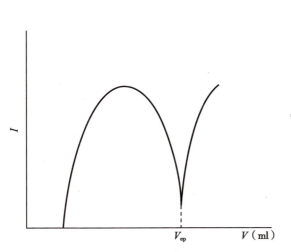

图 10-12 Ce^{4+} 滴定 Fe^{2+} 的 I-V 曲线

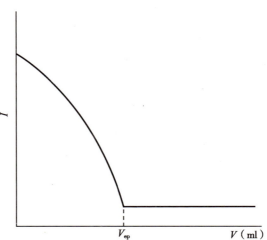

图 10-13 $Na_2S_2O_3$ 滴定 I_2 的 I-V 曲线

（三）可逆电对滴定不可逆电对

如 I_2 滴定 $Na_2S_2O_3$ 溶液。

滴定开始至计量点前，由于溶液中只存在不可逆电对$S_4O_6^{2-}$/$S_2O_3^{2-}$，所以检流计显示没有电流通过。

计量点时，依旧有 $I = 0$。计量点后，随着滴定剂 I_2 的浓度的增大，电流增大。滴定曲线及终点如图 10-14 所示。

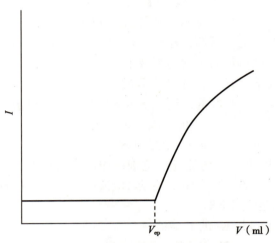

图 10-14　I_2 滴定 $Na_2S_2O_3$ 的 I-V 曲线

三、应用示例

永停滴定法装置简单、快速简便，终点判断直观、准确，且易于实现自动滴定。《中华人民共和国药典》也收载该法作为某些化合物含量测定的法定方法，如重氮化滴定法测定芳伯胺类化合物和用卡尔·费歇尔（Karl Fischer）滴定法测定微量水分。

1. 重氮化滴定终点的确定　重氮化滴定是在酸性条件下，以 $NaNO_2$ 为标准溶液，滴定芳伯胺类化合物的方法，属于可逆电对滴定不可逆电对。滴定反应如下：

$$R{-}\!\!\!\bigcirc\!\!\!-NH_3 + NaNO_2 + 2HCl \rightleftharpoons \left[R{-}\!\!\!\bigcirc\!\!\!-\overset{+}{N}{\equiv}N\right]Cl^- + 2H_2O + NaCl$$

终点前溶液中因不存在可逆电对，检流计指针停在"0"位或接近于"0"位，达到终点并稍有过量的 $NaNO_2$，则溶液中便有 HNO_2 及其分解产物 NO 作为可逆电对同时存在。两个电极上的电极反应如下：

阳极　$NO + H_2O - e^- \rightarrow HNO_2 + H^+$

阴极　$HNO_2 + H^+ + e^- \rightarrow NO + H_2O$

检流计指针突然偏转，并不再回"0"位，此时即为滴定终点。

2. 卡尔·费歇尔滴定法测微量水分终点的确定　卡尔·费歇尔滴定法测微量水分的原理是基于水和二氧化硫在吡啶和甲醇溶液中起定量反应，属于可逆电对滴定不可逆电对。滴定反应如下：

$$I_2 + SO_2 + 3\bigcirc\!\!\!N + CH_3OH + H_2O \longrightarrow 2\overset{H}{\underset{}{\bigcirc\!\!\!N}}\cdot I + \overset{H}{\underset{}{\bigcirc\!\!\!N}}\cdot SO_4CH_3$$

终点前溶液中因不存在可逆电对,检流计指针停在"0"位或接近于"0"位,达到终点并稍有过量的 I_2,则溶液中便有 I_2 及 I^- 可逆电对存在。两个电极上的电极反应如下:

$$\text{阳极} \quad 2I^- - 2e^- \rightarrow I_2$$

$$\text{阴极} \quad I_2 + 2e^- \rightarrow 2I^-$$

此时,检流计指针突然偏转,并不再回复"0"位,即为滴定终点。

思政元素

电化学分析家——高鸿

高鸿(1918—2013),陕西泾阳人,我国近代仪器分析学科奠基人之一,分析化学家、教育家,中国科学院院士。1943 年毕业于国立中央大学化学系,1945 年赴美国伊利诺伊大学专攻分析化学,1947 年获得化学博士学位并留校担任助教。1948 年,由于国内局势变化,高鸿终止了未到期的工作合同匆匆回国,进入国立中央大学(今南京大学)任教。中华人民共和国成立后,高鸿历任南京大学副教授、教授、终身教授,环境科学研究所所长,被确定为全国首批博士研究生指导教师。1980 年 11 月当选中国科学院学部委员。高鸿擅长仪器分析,特别致力于电化学分析的研究。他在近代极谱分析基础理论和新技术、新方法的研究方面成绩卓著,先后发表论文近 300 篇,出版学术专著4 部,曾多次荣获全国科学大会奖、国家自然科学奖等国家级奖励。

高鸿不计名利、不求回报,醉心于分析化学研究,为中华民族的繁荣富强奋斗终生。正如晚年的高鸿,在谈及当年回国的选择时,曾深有感触地说:"梁园虽好,并非久留之地,我应该为我的祖国和同胞服务,我的事业在祖国。"

(廖夫生)

复习思考题与习题

1. 什么是指示电极和参比电极? 指示电极有哪些类型?

2. 简述玻璃电极的基本构造和作用原理。

3. 玻璃电极的 pH 使用范围是多少? 什么是碱差和酸差?

4. 欲进行未知溶液 pH 准确测定,需要准备哪些有关的仪器和试剂? 测定中应注意什么问题?

5. 简述电位滴定法的基本原理及图例说明确定终点的方法。

6. 永停滴定法的基本原理是什么? 何为 $I\text{-}V$ 曲线?

7. 用 pH 玻璃电极和 SCE 组成如下测量电池:

(−)pH 玻璃电极|标准缓冲溶液或未知溶液‖SCE(+)

在 25℃时,测得 pH 为 4.00 的标准缓冲溶液的电动势为 0.208V,若用未知 pH 溶液代替标准缓冲溶液,测得电动势为 0.313V。计算未知溶液的 pH。

8. 某酸碱指示剂酸式色呈黄色,碱式色呈红色。为测定其 pH 变色区间,将组合 pH 电极插入含该指示剂的 HCl 溶液中,然后逐滴加入稀碱溶液,在恰发生颜色变化时立即测量电池电动势为 82mV;继续滴入 NaOH 溶液,至溶液刚显红色,此时测量电池电动势为 177mV。已知玻璃电极常数 K 为 692mV,$\varphi_{SCE}=0.241\ 2V$。试计算该指示剂 pH 变色区间(设测量温度为 25℃)。

9. 用钙离子选择电极测量溶液中 Ca^{2+} 浓度,将其插入 100ml 试液中,与 SCE 组成原电池。25℃时测得电动势为 0.368 0V,加入浓度为 1.00mol/L 的 Ca^{2+} 标准溶液 1.00ml 后,电动势为 0.359 2V,计算试液中 Ca^{2+} 的浓度。

10. 用 pH 玻璃电极测定 pH 5 的溶液,其电极电位为 + 0.043 5V;测定另一未知试液时,电极电位为 + 0.015 4V。电极的响应斜率为 58.0mV/pH,计算未知试液的 pH。

11. 用下列电池按直接电位法测定草酸根离子浓度。

$$Ag|AgCl(固)|KCl(饱和)\|C_2O_4^{2-}(未知浓度)|Ag_2C_2O_4(固)|Ag$$

(1)导出 pC_2O_4 与电池电动势之间的关系式($Ag_2C_2O_4$ 的溶度积 $K_{sp}=2.95 \times 10^{-11}$)

(2)若将一未知浓度的草酸钠溶液置入此电解池,在 25℃测得电池电动势为 0.560V,银 - 氯化银电极为负极。计算未知溶液的 pC_2O_4。(已知 $E^{\ominus}_{AgCl/Ag} = + 0.199\ 0V$,$E^{\ominus}_{Ag^+/Ag} = + 0.799\ 5V$)

12. 将一支 ClO_4^- 选择电极插入 50.00ml 某高氯酸盐待测溶液,与饱和甘汞电极(为正极)组成电池。25℃时测得电动势为 0.358 7V,加入 1.00ml $NaClO_4$ 标准溶液(0.050 0mol/L)后,电动势变成 0.360 6V。求待测溶液中 ClO_4^- 的浓度。

13. 在"银电池|NaBr 的酸溶液‖SCE"中,以 0.100 0mol/L $AgNO_3$ 溶液滴定 20.00ml 0.100 0mol/L NaBr 溶液,计算分别加入 19.98ml、20.00ml、20.02ml $AgNO_3$ 时,电动势各是多少? (已知 $E_{SCE}=0.242V$,$E^{\ominus}_{Ag^+/Ag}=0.800V$,$K^{\ominus}_{sp(AgBr)}=50 \times 10^{-13}$)

下篇

分析化学实验

第十一章

分析化学实验基础知识和基本操作

第一节　分析化学实验的要求

　　分析化学是一门实践性很强的学科,在理论课学习的基础上,通过实验课程的学习与训练,既可巩固和加深对分析化学基本理论的理解,提高学生分析问题与解决问题的能力,又能树立严格的"量"的概念,使学生初步掌握分析操作技能,培养实事求是的科学态度和严谨细致的工作作风,为后续课程学习和今后工作打下良好基础。学好这门课程应注意做到以下几点:

　　1. 实验前认真预习,明确实验的目的、要求,了解实验的原理、方法、步骤和注意事项,做到心中有数。准备好实验报告本,设计好实验数据表格,写出预习报告。

　　2. 实验过程中要认真思考、正确操作、仔细观察,及时准确地做好实验的原始记录。原始数据要记录在实验记录本原始记录项下,根据所使用的分析仪器,正确记录有效数字,做到真实、规范。实验数据不得随意涂改,如需要改动,应将该数据用一条横线划去,在其上方写上正确的数字。

　　3. 自觉遵守实验室规章制度,保持实验室的整洁、安静。熟悉实验室安全常识,爱护仪器设备,树立环保意识,在保证实验要求的前提下尽量节约试剂、水和其他能源。

　　4. 实验完毕,认真写好实验报告。实验报告一般包括实验名称、实验目的、实验原理、主要试剂和仪器、实验步骤、数据记录与处理、结果(附计算公式)和讨论等。数据表格要一目了然。写报告可参考以下《实验报告格式》。

　　5. 定量分析结果一般用偏差进行评价,平行试验数据之间偏差应符合要求。常量分析相对平均偏差一般不超过 0.3%~0.5%,如标准溶液标定一般不超过 0.3%,含量测定一般不超过 0.5%。对于设计实验、复杂试样的分析及微型实验,偏差要求可略微放宽。

　　　　　　实验(编号)　　　　　　　实验名称

　　　　　　　　　　　实验报告格式

一、实验目的

二、实验原理

简要地用文字和化学反应式说明。例如,对于滴定分析,通常应有标定和滴定反应方程式,基准物质和指示剂的选择,标定和滴定的计算公式等。对特殊实验装置,应画出实验装置图。

三、主要试剂和仪器

列出实验中所要使用的主要试剂与仪器。一般情况下所用化学试剂均为分析纯,实验用水为蒸馏水。

四、实验步骤

简明扼要地写出实验步骤。

五、实验数据处理

将原始数据整理后,对有关数据和误差进行处理。根据实验要求计算分析结果,并对结果进行评价。最后用文字、表格的形式呈报,使实验数据及结果表格化。

六、结果与讨论

结合分析化学有关理论,完成实验教材上的思考题,分析实验产生误差的原因及改进方法。

笔记栏

第二节　实验室安全常识

　　在分析化学实验中,经常使用腐蚀性、易燃、易爆或有毒的化学试剂,易损的玻璃仪器,实验室的煤气、水、电等,为确保人身安全,必须高度重视安全工作,严格遵守实验室安全规则,绝不能麻痹大意。

　　1. 实验室内严禁饮食,一切化学药品禁止入口,实验完毕要洗手。水、电、煤气使用后应立即关闭,离开实验室时应仔细检查水、电、门窗是否关好。

　　2. 使用电器设备时,首先要了解仪器性能,切不可用湿润的手去开启电闸和电器开关。细心操作,凡发现漏电仪器均不可使用。

　　3. 了解试剂药品的性能,使用浓酸、浓碱及其他具有强腐蚀性试剂要特别小心,切勿溅在皮肤或衣服上。使用浓 HNO_3、HCl、H_2SO_4、$HClO_4$、氨水时,均应在通风橱中操作。如不小心将酸或碱溅到皮肤或眼内,应立即用水冲洗,然后用 50g/L 碳酸氢钠溶液(酸腐蚀时采用)或 50g/L 硼酸溶液(碱腐蚀时采用)冲洗,最后用水冲净。

　　4. 取用 CCl_4、乙醚、苯、丙酮、三氯甲烷等有机溶剂时,一定要远离火焰和热源,使用完后将试剂瓶塞严,放在阴凉处保存。低沸点的有机溶剂加热时,应在水浴上控制一定温度进行加热。

　　5. 热、浓的 $HClO_4$ 遇有机物常易发生爆炸。如果试样为有机物,应先加浓硝酸并加热,使之与有机物发生反应,有机物被破坏后再加入 $HClO_4$。蒸发 $HClO_4$ 所产生的烟雾易在通风橱中凝聚,如经常使用 $HClO_4$,通风橱应定期用水冲洗,以免 $HClO_4$ 的凝聚物与尘埃、有机物作用,引起燃烧或爆炸,造成事故。

　　6. 使用汞盐、砷化物、氰化物等剧毒物品时应特别小心。氰化物不能与酸接触,否则会产生挥发性剧毒的 HCN。氰化物废液应倒入碱性亚铁盐溶液中,使其转化为氰化亚铁盐,然后作废液处理,严禁直接倒入下水道或废液缸中。含汞废液应收集在专用的回收容器中,若发现少量汞洒落,要尽量收集干净,然后在可能洒落的地方洒上一些硫黄粉,作固体废物处理。硫化氢气体有毒,涉及有关硫化氢气体的操作一定要在通风橱中进行。

　　7. 如发生烫伤,轻者可在伤处涂抹烫伤膏,严重者应立即送医院治疗。实验室要备有消防器材,一旦发生火灾应根据起火的原因进行针对性灭火。汽油、乙醚等有机溶剂着火时,应用砂土扑灭而绝对不能用水;导线或电器着火时应先切断电源,并根据火情决定是否要向消防部门报告。

　　8. 实验室应保持室内整齐、干净。不能将毛刷、抹布扔在水槽中。废纸、废屑等固体废弃物应放在事先准备的小表面皿或小烧杯中,然后集中放入垃圾箱或实验室规定存放的地方,严禁扔进水槽或随处丢弃。废酸、废碱应小心倒入废液缸,切勿倒入水槽内,以免腐蚀下水管道。

第三节　分析化学实验室常用水的规格和检验

　　分析化学实验室用于溶解、稀释和配制溶液的水都必须进行纯化。根据分析要求不同,对水质纯度的要求也各异。纯水一般有蒸馏水、二次蒸馏水、去离子水、无二氧化碳蒸馏水、无氨蒸馏水等。

1. 分析化学实验室用水的规格 根据中华人民共和国国家标准《分析化学实验室用水规格和试验方法》（GB/T 6682-2008）的规定，分析化学实验室用水分为 3 个级别——一级水、二级水和三级水。见表 11-1。

表 11-1 分析化学实验室用水规格

名称	一级	二级	三级
pH 范围（25℃）	–	–	5.0~7.5
电导率（25℃）/(mS/m)	≤ 0.01	≤ 0.10	≤ 0.50
可氧化物质含量（以 O 计）/(mg/L)	–	≤ 0.08	≤ 0.4
吸光度（254nm，1cm 光程）	≤ 0.001	≤ 0.01	–
蒸发残渣（105℃ ±2℃）含量 /(mg/L)		≤ 1.0	≤ 2.0
可溶性硅（以 SiO_2 计）含量 /(mg/L)	≤ 0.01	≤ 0.02	–

注 1：由于在一级水、二级水的纯度下，难以测定其真实的 pH，因此，对一级水、二级水的 pH 范围不做规定。
注 2：由于在一级水的纯度下，难以测定可氧化物质和蒸发残渣，对其限量不做规定，可用其他条件和制备方法来保证一级水的质量。

一级水常用于对水有严格要求的实验，如使用高效液相色谱仪要求颗粒物直径小于 0.2μm，可用二级水经过石英设备蒸馏或离子交换混合床处理后，再经 0.2μm 微孔滤膜过滤来制取。二级水用于无机痕量分析等实验，可用多次蒸馏或离子交换等方法制取。三级水用于一般的化学分析实验，可用蒸馏或离子交换等方法制取。

通常普通蒸馏水可保存在玻璃容器中；去离子水保存在聚乙烯容器中；用于痕量分析的高纯水如二次亚沸石英蒸馏水，则需要保存在石英或聚乙烯容器中。

2. 水纯度的检查 中华人民共和国国家标准《分析化学实验室用水规格和试验方法》（GB/T 6682-2008）所规定的水纯度检查方法是法定的水质检查方法。根据各实验室分析任务的要求和特点，对实验用水常采用如下方法进行检查。

（1）酸度：要求纯水的 pH 在 6~7。检查方法是在两支试管中各加 10ml 待测水，一管中加 2 滴 0.1% 甲基红指示剂不显红色；另一管中加 5 滴溴百里酚蓝（0.1%）指示剂不显蓝色，即为合格。

（2）硫酸根：取待测水 2~3ml 放入试管中，加 2~3 滴 2mol/L 盐酸酸化，再加 1 滴 0.1% 氯化钡溶液，放置 15 小时不应有沉淀析出。

（3）氯离子：取 2~3ml 待测水，加 1 滴 6mol/L 硝酸酸化，再加 1 滴 0.1% 硝酸银溶液，不应产生混浊。

（4）钙离子：取 2~3ml 待测水，加数滴 6mol/L 氨水使成碱性，再加饱和草酸铵溶液 2 滴，放置 12 小时后无沉淀析出。

（5）镁离子：取 2~3ml 待测水，加 1 滴 0.1% 钛黄及数滴 6mol/L 氢氧化钠溶液，呈橙色为合格。如出现淡红色即有镁离子。

（6）铵离子：取 2~3ml 待测水，加 1~2 滴内氏试剂，如呈黄色则有铵离子。

（7）游离二氧化碳：取 2~3ml 待测水，注入锥形瓶中，加 3~4 滴 0.1% 酚酞溶液，如显淡红色，表明无游离二氧化碳；如为无色可加 0.100mol/L 氢氧化钠溶液至淡红色，1 分钟内不消失即为终点，此时氢氧化钠溶液用量不能超过 0.1ml。

3. 水纯度的分析结果通常用以下几种方式表示

（1）毫克/升（mg/L）：表示每升水中含有某物质的毫克数。

（2）微克／升（μg/L）：表示每升水中含有某物质的微克数。

（3）硬度（mg/L）：我国采用每升水中含有的钙镁离子总量折算成碳酸钙的毫克数表示。

第四节 化学试剂的一般知识

化学试剂的规格是以其中所含杂质的多少来划分的，一般可分为 4 个等级，其规格见表 11-2。

表 11-2 化学试剂规格

等级	名称	英文名称	符号	标签标志
一等品	优级纯（保证试剂）	guaranteed reagent	G.R	绿色
二等品	分析纯（分析试剂）	analytical reagent	A.R	红色
三等品	化学纯	chemically pure	C.P	蓝色
四等品	实验试剂	laboratory pure	L.P	棕色等
	生物试剂	biological reagent	B.R 或 C.B	黄色等

在一般分析工作中，通常使用 A.R 级的试剂。

此外，还有基准试剂、色谱纯试剂、光谱纯试剂等。基准试剂的纯度相当于或高于优级纯试剂，可作为滴定分析法的基准物质，如用于直接配制标准溶液。光谱纯试剂专门用于光谱分析，它是以光谱分析时出现的干扰谱线的数目及强度来衡量的，即其杂质用光谱分析法检测不到或其杂质含量低于某一限度。

选择试剂时，不要盲目地追求纯度高，应根据分析工作的具体情况进行选择。例如，配制铬酸洗液仅需工业用的 $K_2Cr_2O_7$ 及工业硫酸即可，若用 A.R 级的 $K_2Cr_2O_7$，则造成浪费。当然也不能随意降低试剂的规格而影响分析结果的准确度。

第五节 常用玻璃仪器的洗涤及洗液的配制

分析化学实验中要求使用洁净的器皿，因此在使用前必须将器皿充分洗净。常用的洗涤方法有 3 种。

1. 用水刷洗 用水和毛刷洗涤，除去器皿上的可溶性物质、部分不溶性物质和尘土等。

2. 用去污粉、肥皂、合成洗涤剂洗涤 洗涤时先将器皿用水湿润，再用毛刷蘸少许去污粉或洗涤剂，将仪器内外刷洗一遍，然后用水边刷边冲洗，直至干净为止。

3. 用铬酸洗液（简称洗液）洗涤 洗液具有极强的酸性和氧化性，去污能力较强。主要用于洗涤被无机物、有机物和油污等污染严重的器皿，常用来洗涤一些口小、管细等形状特殊的器皿，如吸管、容量瓶等。洗液可回收利用、反复使用，所以被洗涤器皿要尽量干燥。洗涤时倒少许洗液到器皿中，转动器皿使其内壁被洗液浸润（必要时可用洗液浸泡），然后将洗液倒回原装瓶内以备再用（若洗液的颜色变绿，则另作处理）。器皿再用水冲洗，直至干净为止。如用热的洗液洗涤，则去污能力更强。

铬酸洗液的配制方法：将 5g 重铬酸钾用少量水润湿，慢慢加入 80ml 浓硫酸，搅拌以加

笔记栏

速溶解。冷却后贮存在磨口试剂瓶中,以防吸水而失效。

洗液腐蚀性很强,对衣服、皮肤、桌面、橡皮等均有腐蚀作用,使用时要特别小心。

无论用上述 3 种中哪种方法洗涤器皿,最终都必须用自来水反复冲洗,再用蒸馏水或去离子水润洗 2~3 遍。以"少量多次"的洗涤原则,洗净至器皿的壁上不挂水珠。对光检查若器壁上挂有水珠则必须重洗。

第六节　滴定分析器皿及其使用

常用的滴定分析玻璃仪器主要有移液管、容量瓶、滴定管。它们的正确使用是分析化学实验的基本操作技术之一。以下主要介绍其规格和使用方法。

一、移液管、吸量管

移液管是用于准确量取一定体积溶液的量出式玻璃量器。它是一根中间有一膨大部分的细长玻璃管。其下端为尖嘴状,上端管颈处刻有一环形标线,将溶液吸入管内,使弧形液面的下缘与标线相切,再让溶液自由流出,则流出的溶液体积等于标示的数值。常用的移液管有 5ml、10ml、25ml 和 50ml 等规格。吸量管是带有刻度的直形玻璃管,用以吸取不同体积的液体。常用的吸量管有 1ml、2ml、5ml 和 10ml 等规格,如图 11-1 所示。移液管和吸量管所移取的体积通常可准确到 0.01ml。移液管的使用如图 11-2 所示。

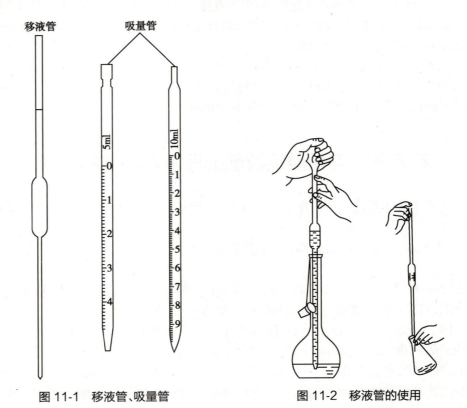

图 11-1　移液管、吸量管　　　　　图 11-2　移液管的使用

(一) 操作步骤

1. 洗涤　(见第五节)水洗→蒸馏水润洗→待取液润洗。

溶液润洗：用待取溶液润洗，其目的是防止所取溶液被移液管中残留的水分稀释。用滤纸将洗净的移液管外壁擦干、内壁的水尽量吸净后，再伸进溶液中吸取少量溶液。

润洗方法：吸取所取液至全管约 1/4 处，用右手食指按住管口，将管横放转动，使溶液流过管内标线稍上的所有内壁，然后使管直立，将润洗的溶液由尖嘴放出弃去，重复润洗移液管 3 次。

2. 取液　一般右手操作移液管，左手操作洗耳球。将移液管插入待取溶液液面下 1~2cm 深处，捏紧洗耳球，利用真空吸入溶液，当溶液吸至标线（零位）以上时，用右手食指按住管口，抬起移液管至离开液面。

3. 擦干　将移液管离开原容器，用滤纸擦干管壁下端。

4. 调零　稍松食指，使液面缓慢下降，直至液面的弯月面与标线（零位）相切，立即按紧食指。

5. 放液　左手持接收溶液的容器使其稍倾斜，并将移液管垂直、管尖靠容器内壁，放松食指，使溶液沿内壁自由流出，流完后靠壁静待 15 秒（要领：垂直靠壁 15 秒）。

(二) 注意事项

1. 应尽量选取与所需待取溶液体积一致的移液管，避免多次移取带来的累积误差。仅当所取溶液体积太大或不为整数，才不得不几次量取或使用吸量管。

2. 在同一实验中应尽可能使用同一根吸量管的同一段，并且尽可能使用上面部分，而不用末端收缩部分，以避免误差。

3. 注意不要污染待取溶液。

4. 除标有"吹"的字样外，通常残留于移液管尖的液体不必吹出。

5. 移液管和吸量管用完后应洗净放在移液管架上。

二、容量瓶

容量瓶是一种细颈、梨形的平底瓶，瓶口带有磨口玻璃塞或塑料塞（图 11-3）。它是用于配制准确体积溶液的量器。当容量瓶在标明的温度下，液体充满到标线时，瓶内液体的体积恰好与瓶上标明的体积相同。

图 11-3　容量瓶

使用步骤：

1. 试漏　放入自来水至标线附近按住瓶塞，把瓶倒立 2 分钟，观察瓶塞周围是否有水渗出。如果不漏，将瓶直立，把瓶塞转动约 180° 后，再倒立试漏 1 次。应将瓶塞系在瓶颈上，操作结束后立即将瓶塞塞好。

2. 洗涤　先用自来水清洗，再用蒸馏水润洗。

3. 定量转移　用固体物质配制溶液时，先将固体物质在烧杯中加适量溶剂溶解，再将溶液定量转移至容量瓶中。转移时，要使玻璃棒的下端靠近瓶颈内壁，使溶液沿壁流下。溶液全部流完后，将烧杯轻轻沿玻璃棒上提，同时直立，使附着在玻璃棒与烧杯嘴之间的溶液流回到烧杯中。然后用溶剂洗涤烧杯 3 次，洗涤液同法转入容量瓶并混匀溶液。

4. 稀释至刻度　加溶剂接近标线时，用滴管慢慢滴加溶剂，直至溶液的弯月面与标线相切为止。

5. 摇匀　盖上容量瓶塞，右手握容量瓶底部，左手手心抵住瓶塞，反复颠倒并旋转容量瓶，使溶液均匀。

三、滴定管

滴定管(图 11-4)是用来进行滴定的器皿,用于测量在滴定中所用溶液的体积。

酸式:装酸性、中性、氧化性物质,如 HCl、$AgNO_3$、$KMnO_4$、$K_2Cr_2O_7$。

碱式:装碱性、非氧化性物质,如 NaOH、$Na_2S_2O_3$。

容量:100ml、50ml、25ml、10ml、1ml。

使用步骤:

1. 检查酸式滴定管活塞转动是否灵活、是否漏水。按照操作规范涂凡士林,如图 11-5 所示。检查碱式滴定管胶管是否老化、玻璃珠大小是否适当、是否漏水。不符合要求者应及时更换。

2. 洗涤时先用自来水洗净,然后用洗涤液清洗,再用自来水冲洗干净,最后用蒸馏水冲洗 3 次。

3. 将溶液装入滴定管之前,应将溶液瓶中的溶液摇匀,用配制好的溶液润洗滴定管 3 次,每次 10~15ml。然后装溶液(弯月面在零刻度以上)。

4. 排出滴定管下端的气泡如图 11-6 所示,调零。

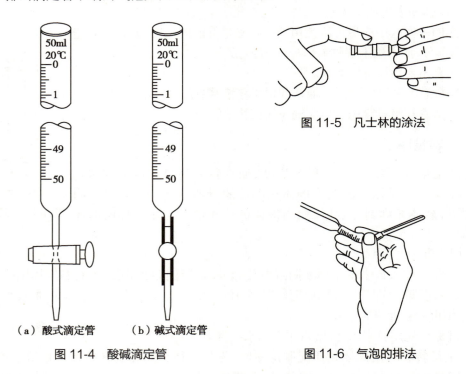

(a)酸式滴定管　　(b)碱式滴定管

图 11-4　酸碱滴定管

图 11-5　凡士林的涂法

图 11-6　气泡的排法

5. 滴定如图 11-7 所示。对于酸式滴定管,应注意勿用手顶住活塞,在滴定过程中要防止从活塞处漏液,并练习用手腕摇动锥形瓶。对于碱式滴定管,注意挤压玻璃珠偏上部位,防止产生气泡。近终点时,要进行"半滴"操作,并用蒸馏水冲洗锥形瓶内壁。

6. 观察颜色变化和读数,读数方式如图 11-8 所示,滴定管垂直,视线与刻度平行,读至小数点后两位。(常量分析用的滴定管容量为 50ml 和 25ml,最小刻度为 0.1ml,读数可估计到 0.01ml)。

7. 用后将废液排出,用自来水清洗干净。酸式滴定管如要长期放置,应在活塞位置夹上纸片。

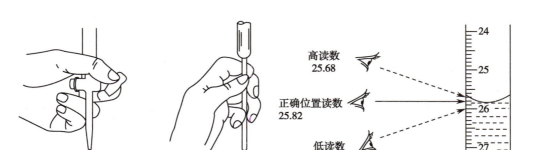

（a）　　　　　　　　（b）

图 11-7　酸、碱滴定管的使用方法　　　　图 11-8　数据的读取

附：滴定分析法操作练习

一、实验目的

1. 熟悉常用仪器的洗涤、干燥和使用方法。

2. 通过练习滴定操作，初步掌握半滴操作和用指示剂确定终点的方法。

二、实验原理

NaOH 和 HCl 标准溶液的配制　由于 NaOH 固体易吸收空气中的 CO_2 和水分，浓盐酸易挥发，故只能选用标定法（间接法）来配制，即先配成近似浓度的溶液，再用基准物质或已知准确浓度的标准溶液标定其准确浓度。其浓度一般在 0.01~1mol/L，通常配制 0.1mol/L 的溶液。

酸碱反应为：

$$H^+ + OH^- \rightleftharpoons H_2O$$

滴定的突跃范围：　　　　　　　　pH 4.3~9.7。

指示剂：甲基橙（pH 3.1~4.4）或酚酞（pH 8.0~9.6）。

当指示剂一定时，用一定浓度的 HCl 和 NaOH 相互滴定，指示剂变色时，所消耗的体积比 V_{HCl}/V_{NaOH} 不变，与被滴定溶液的体积无关。借此可检验滴定操作技术和判断终点的能力。

三、仪器与试剂

1. 仪器　分析化学实验常用仪器一套；500ml 试剂瓶 2 个（一个带玻璃塞，另一个带橡胶塞）。

2. 试剂　$K_2Cr_2O_7$（s）；去污粉；甲基橙溶液（1g/L）；酚酞（2g/L 乙醇溶液）。

3. 试样　HCl（12mol/L）溶液；固体 NaOH。

四、实验步骤

1. 按仪器清单认领分析化学实验所需要的仪器，熟悉其名称和规格。检查并维护好酸碱滴定管、容量瓶等。

2. 洗涤已领取的仪器。

3. 0.1mol/L HCl 和 0.1mol/L NaOH 标准溶液的配制

（1）配制 0.1mol/L HCl 标准溶液 500ml

计算：　　　　　　$V_{浓 HCl} = 0.1 \times 500/12 = 4.2（ml）$

用 10ml 的洁净量筒量取约 4.2ml 浓 HCl，倒入盛有 400ml 水的试剂瓶中，加蒸馏水至 500ml，盖上玻璃塞，充分摇匀。贴好标签，写好试剂名称、浓度（空一格，留待填写准确浓度)、配制日期、班级、姓名等项目。

（2）配制 0.1mol/L NaOH 标准溶液 500ml

计算：$m_{NaOH}=0.1 \times 0.5 \times 40=2.0\,(g)$

用台秤迅速称取约 2.0g NaOH 于 100ml 小烧杯中，加约 30ml 不含 CO_2 的去离子水溶解，然后转移至试剂瓶中，用去离子水稀释至 500ml，摇匀后，用橡皮塞塞紧。贴好标签，备用。

4. 酸碱溶液的相互滴定　洗净酸、碱式滴定管，检查不漏水。

（1）用 0.1mol/L NaOH 标准溶液润洗碱式滴定管 2~3 次（每次用量 5~10ml），装液至"0"刻度线以上，排除管尖的气泡，调整液面至 0.00 刻度。

（2）用 0.1mol/L HCl 标准溶液润洗酸式滴定管 2~3 次，装液，排气泡，调零。

（3）碱管放出 20.00ml NaOH 标准溶液于 250ml 锥形瓶中，用 0.1mol/L HCl 标准溶液滴定至橙色。反复练习至熟练。

（4）碱管放出 20.00ml NaOH 标准溶液（10ml/min）于 250ml 锥形瓶中，用 0.1mol/L HCl 标准溶液滴定至橙色，记录读数，计算 V_{HCl}/V_{NaOH}。平行测定 3 次（颜色一致）。

（5）移液管吸取 0.1mol/L HCl 标准溶液 25.00ml 于 250ml 锥形瓶中，用 0.1mol/L NaOH 标准溶液滴定至微红色（30 秒内不褪色），记录读数。平行测定 3 次。

5. 数据处理

（1）HCl 滴定 NaOH（指示剂：甲基橙）见表 11-3

表 11-3　HCl 滴定 NaOH 数据记录表

记录项目	滴定号码		
	1	2	3
V_{NaOH}/ml			
V_{HCl}/ml			
V_{HCl}/V_{NaOH}			
$\overline{V}_{HCl/NaOH}$			
相对偏差 /%			
平均相对偏差 /%			

（2）NaOH 滴定 HCl（指示剂：酚酞）见表 11-4

表 11-4　NaOH 滴定 HCl 数据记录表

记录项目	滴定号码		
	1	2	3
V_{NaOH}/ml			
V_{HCl}/ml			
$\overline{V}$			

五、注意事项

1. 体积读数要读至小数点后两位。

2. 滴定速度不要成流水线。

3. 近终点时,半滴操作,并随时用洗瓶冲洗锥形瓶内壁。

4. 注意观察指示剂的颜色变化,加入半滴溶液变色即为滴定终点。

六、思考题

1. 在滴定分析法实验中,滴定管和移液管为何需用滴定剂和待移取的溶液润洗几次?锥形瓶是否也要用滴定剂润洗?

2. 配制 NaOH 溶液时,应选用何种天平称取试剂? 为什么?

3. HCl 和 NaOH 溶液能直接配制准确浓度吗? 为什么?

第七节　容量仪器的校准

容量仪器的容积与其所标示的数值可能不完全一致,因此在实验工作前,尤其对于准确度要求较高的工作,必须予以校正。

一、相对校准

实际上,移液管常与容量瓶配合使用,这时重要的不是知道移液管和容量瓶的绝对体积,而是要知道它们之间的体积是否成准确比例,因此只做相对校正便可。例如,校正 100ml 容量瓶与 25ml 移液管时,可用移液管吸取 4 次蒸馏水,转移入容量瓶中,检查液面是否与容量瓶标线一致,如不一致,可在瓶颈液面处做一新记号。使用时,将溶液稀释至新标识处。用这支移液管从这个容量瓶中吸取一管溶液,就是全部溶液体积的 1/4。

二、绝对校准

测量液体体积的基本单位是升。1L 是指在真空中 1kg 重的水在最大密度(3.98℃)时所占的体积。换句话说,就是在 3.98℃ 和真空中称量所得的水重克数,在数值上就等于它的体积毫升数。

但是,在实际工作中,容器中的水重是在室温下和空气中称量的,因此必须考虑如下 3 个方面的影响。

1. 由于空气浮力使重量改变的校正　在空气中称重时由于空气浮力引起减少的重量,等于水所排除的空气的重量。同理,砝码也是如此。但因砝码的密度比水的密度大,当两者重量相等时,砝码的体积较小因而所减少的重量也较小。因此,水的真实重量 W_v 应为在空气中所称得的重量 W_a 加上一个校正数 A,其值等于水所排去的空气和砝码所排去的空气的重量差。

$$A = d_a \left(\frac{W_a}{d_水} - \frac{W_a}{d_w} \right) \qquad 式(11-1)$$

式(11-1)中的 d_a、$d_水$ 和 d_w 分别代表空气、水和砝码的密度。可见在空气中称得水重为 W_ag 时,在真空中应重 $(W_a + A)$g,那么它在 3.98℃ 时占有的容积为 $(W_a + A)$ml。

2. 由于水的密度随温度而改变的校正　在称量水重时,水温一般都高于 3.98℃。由于在此情况下,水的密度随温度增高而减少,所以同质量的水在较高温度时占有较大的体积,或者说,它的实际体积的毫升数比它的实际重量的克数大些。设这一校正数为 B,则 W(即

$(W_a + A)$ g 重的水在 $t℃$ 时所占的体积应等于 $(W_a + A + B)$ ml。B 的数值可按照下式通过不同温度下水的密度值计算。

$$B = \frac{W_v}{d_t} - W_v \qquad\qquad 式(11\text{-}2)$$

式(11-2)中的 d_t 为水在 $t℃$ 时的密度。这样，水在 $t℃$ 时的体积应等于 $(W_a + A + B)$ ml。

3. 由于玻璃容器本身容积随温度而改变的校正 随温度的变化，不仅水的体积改变，而且玻璃容器本身的容积也在改变。为了统一，一般规定以 20℃ 为测量玻璃容器容积的标准温度。不在 20℃ 校正时，就要加上校正值 C，其数值可按下式计算。

$$C = V_t(20 - t)\,0.000\,025 \qquad\qquad 式(11\text{-}3)$$

式(11-3)中的 V_t 是容器在 $t℃$ 时的容积，0.000 025 是玻璃的体积膨胀系数。因此，容器在 20℃ 时的真实容积应等于 $(W_a + A + B + C)$ ml。

通过上述 3 项校正，即可计算出在某一温度时需称多少克的水(在空气中，用黄铜砝码)才能使它所占的体积恰好等于 20℃ 时该容积所指的容积。

为了便于计算，将 20℃ 容量为 1L 的玻璃容器，在不同温度时所应盛水的重量列于表 11-5。

表 11-5 不同温度下 1L 水的重量

温度 /℃	1L 水在空气中的重量 /g (用黄铜砝码称量)	温度 /℃	1L 水在空气中的重量 /g (用黄铜砝码称量)
10	998.39	21	997.00
11	998.32	22	996.80
12	998.23	23	996.60
13	998.14	24	996.38
14	998.04	25	696.17
15	997.93	26	995.93
16	997.80	27	995.69
17	997.66	28	995.44
18	997.51	29	995.18
19	997.35	30	994.91
20	997.18		

应用表 11-5 来校正容量仪器是很方便的。例如，在 15℃ 时，欲称取在 20℃ 时容量恰为 1L 的水，其值为 997.93g；反之，亦能从水的重量换成体积。

三、实验步骤

1. 滴定管的校正 将蒸馏水装入已洗净的滴定管中，调节水的弯月面至刻度零处，然后从滴定管中放出一定体积的水到已称重的小锥形瓶(最好是具塞锥形瓶)中，再称重，两次重量之差，即为水重。然后用实验水温时水的密度(从表 11-5 查得)来除水重，即可得真实容积。按国家市场监督管理总局计量司规定，常量滴定管分五段进行校正。现举一实验数据，列于表 11-6 供参考。

表 11-6　50ml 滴定管的校正表

滴定管读取容积 /ml	瓶和水重 /g	空瓶重 /g	水重 /g	真实容积 /ml	校正值 /ml
0.00~10.00	44.74	34.80	9.94	9.97	−0.03
0.00~20.00	64.64	44.74	19.90	19.95	−0.05
0.00~30.00	94.49	64.64	29.85	29.92	−0.08
0.00~40.00	74.77	34.90	39.87	39.97	−0.04
0.00~50.00	84.73	34.88	49.85	49.98	−0.03

校正时水的温度为 18℃，1.00ml 水重 0.997 51g。

校准时需要注意：

(1) 称量时准确到 0.01g 即可。

(2) 使用同一容器从头做到尾，尽量减少倾空次数；每次倾空后，容器外面不可有水，瓶口内残留的水也要用滤纸吸干；从滴定管往容器中放水时，尽可能不要沾湿瓶口，也不要溅失，以减少误差。

2. 移液管的校正　将移液管洗净，吸取蒸馏水至标线以上，调节水的弯月面至标线，按前述的方法将水放入已称重的锥形瓶中，再称量。两次重量之差为量出水的重量。从表 11-5 查得该实验温度时水的密度，除水重，即得移液管的真实容积。

3. 容量瓶的校正　将洗净的容量瓶倒置，使之自然干燥，称空瓶重。注入蒸馏水至标线，注意瓶颈内壁标线以上不能挂有水滴，再称量。两次重量之差即为瓶中的水重。从表 11-5 查得该实验温度时水的密度，除水重，即得该容量瓶的真实容积。

四、注意事项

1. 倾空过程蒸馏水不能有损失。

2. 要注意温度的变化，室温不宜有大的波动。

五、思考题

1. 影响容量仪器校正的主要因素有哪些？

2. 校正滴定管时，为什么每次放出的水都要从 0.00 刻度线开始？

3. 100ml 容量瓶，如果与标线相差 0.40ml，问此体积的相对误差是多少？如分析试样时，称取试样 0.500 0g，溶解后定量转入容量瓶中，移取 25.00ml 测定，问称量差值是多少？称样的相对误差是多少？

第八节　分析天平与使用

分析天平是定量分析中最重要的仪器之一。正确使用分析天平是分析工作的前提。分析天平种类很多，主要有半自动电光天平、全自动电光天平、电子分析天平等。从精度分类，可分为万分之一天平、十万分之一天平、百万分之一天平等。近年来，随着科学技术的发展，基于杠杆原理的分析天平已经逐渐被电子分析天平代替，因此，这里只介绍电子天平。

一、电子天平

电子天平又称单盘天平，是目前应用最广泛的天平。电子天平根据电磁平衡原理制造，可直接称量。其特点是性能稳定,操作简便,称量速度快,灵敏度高,能进行自动校正、去皮及质量电信号输出。基本结构主要由秤盘、传感器、位置检测器和显示器等部分组成。其外观见图11-9。

二、使用方法

1. 水平调节,水泡应位于水平仪中心。

2. 接通电源,预热30分钟。

3. 打开开关ON,使显示器亮,并显示称量模式0.000 0g。

4. 称量时按TARE键,显示为零后,将称量物放入托盘中央,待读数稳定后,该数字即为所称物体的质量。

5. 去皮称量时,先按TARE键清零,然后将空容器放在托盘中央,按TARE键显示零,即去皮。将称量物放入空容器中,待读数稳定后,天平显示读数即为所称物体的质量。

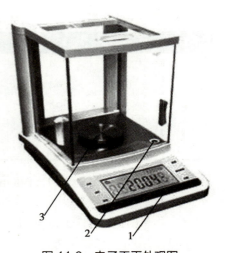

图 11-9 电子天平外观图
1. 面板 2. 水平仪 3. 秤盘(托盘)

三、称量方法

根据不同的称量对象及称量要求,须采用相应的称量方法。常用的称量方法有以下两种:

1. 直接称量法 调定零点后,将称量物放在秤盘上,所得读数即为称量物的质量。该法适用于称量不易吸水、在空气中性质稳定的物质。

2. 减重称量法 这种方法称出试样的质量不要求是固定的数值,只需在要求的称量范围内即可。常用于称量易吸湿、易氧化或易与CO_2起反应的物质。称取固体试样时,将适量试样装入干燥洁净的称量瓶中,用洁净的小纸条夹住称量瓶放在秤盘上(图11-10a),在天平上称得质量为$m_1(g)$。取出称量瓶,在盛试样容器的上方,打开瓶盖,将称量瓶倾斜,用瓶盖轻轻敲击瓶的上部,使试样慢慢落入容器中(图11-10b)。当倾出的试样接近所需的质量时,慢慢地将瓶竖起,再用瓶盖敲击瓶口上部,使粘在瓶口的试样落回瓶中。盖好瓶塞,再将称量瓶放回秤盘上称量,称得质量为$m_2(g)$,两次称量之差即为倒入容器中的试样的质量。也可采用去皮法,直接读出试样的质量。

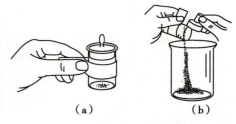

（a） （b）
图 11-10 减重称量法

附：分析天平称量练习

一、实验目的

1. 了解分析天平的类型和基本结构。
2. 掌握正确使用分析天平的方法。
3. 掌握直接称量和减量称量的方法。

二、仪器与试剂

分析天平,称量瓶,小烧杯,不易吸潮的结晶状试剂或试样。

三、实验步骤

1. 准备两个干净并干燥的小烧杯,编上编号。分别在分析天平上精密称量(准确到

0.1mg),在记录本上记下小烧杯的质量 m_1 和 m_2。

2. 从干燥器中取出一只装有样品的称量瓶,在分析天平上准确称量,记下质量 m_3。

3. 从天平中取出称量瓶,减重法连续称出两份样品约 0.3g(即称出 0.3 ± 10% 范围)于以上两只小烧杯中。两次检出样品后的质量分别记为 m_4、m_5。

4. 分别称出两个已装样品的小烧杯的质量,分别记为 m_6、m_7。

5. 结果检验及数据记录格式(表 11-7)

(1)检验称量瓶减少的质量是否等于小烧杯增加的质量。如不相等,则要求称量的绝对差值小于 0.4mg。

(2)检验倾倒入小烧杯的两份试样的质量是否在要求称量范围之内。

(3)练习结果若不符合要求,分析原因后继续称量。

表 11-7　数据处理

记录项目	编号	
	I	II
称量瓶 + 试样质量 /g		
称出试样质量 /g		
烧杯 + 试样质量 /g		
空烧杯质量 /g		
烧杯中试样质量 /g		
绝对差值 /g		

四、注意事项

在电子天平使用过程中,要注意保护天平,称量物要轻拿轻放,避免天平剧烈振动。

五、思考题

1. 称量结果应记录至几位有效数字?为什么?

2. 称量时应将被称物放在天平盘的中央,为什么?

3. 本实验中要求称量偏差不大于 0.4mg,为什么?

第九节　沉淀法的基本操作

重量分析法用于常量组分的测定,准确度较高。一般需要将待测组分转化为难溶化合物,经过滤、洗涤、干燥、称重后得其质量,从而求出待测组分含量。

一、沉淀的制备

1. 沉淀的条件　样品溶液的浓度、pH,沉淀剂的浓度和用量,沉淀剂加入速率,各种试剂加入次序,沉淀时溶液温度等条件要按实验步骤严格控制。

2. 加沉淀剂　将样品置于烧杯中溶解并稀释至一定浓度,加沉淀剂应沿烧杯内壁或沿玻璃棒加入,小心操作,勿使溶液溅出损失。若需缓缓加入沉淀剂,可一手拿滴管逐滴缓慢滴加沉淀剂,同时另一手持玻棒进行充分搅拌。若需在热溶液中进行沉淀,最好在水浴上加热。

3. 陈化　沉淀完毕后进行陈化,将烧杯用表面皿盖好(防止灰尘落入),放置过夜或在石棉网上加热近沸 30 分钟至 1 小时。

4. 检查沉淀是否完全　沉淀完毕或陈化完毕后,沿烧杯内壁加入少量沉淀剂,若上清液出现浑浊或沉淀,说明沉淀不完全,需补加适量沉淀剂使沉淀完全。

二、沉淀的过滤及洗涤

1. 漏斗的选择　漏斗分为玻璃漏斗、微孔玻璃漏斗和微孔玻璃坩埚。用于过滤需进行灼烧的沉淀,可根据滤纸大小选择合适的玻璃漏斗,放入的滤纸应比漏斗沿低约 1cm,不可高出漏斗;微孔玻璃漏斗和微孔玻璃坩埚用于需在减压条件下进行抽滤,180℃以下干燥而不需灼烧的沉淀。坩埚的规格和用途见表 11-8,形状见图 11-11。漏斗及过滤装置见图 11-12。

表 11-8　坩埚的规格和用途

坩埚滤孔编号	滤孔平均大小 /μm	用途
1	80~120	过滤粗颗粒沉淀
2	40~80	过滤较粗颗粒沉淀
3	15~40	过滤一般晶形沉淀及滤除杂质
4	5~15	过滤细颗粒沉淀
5	2~5	过滤极细颗粒沉淀
6	<2	滤除细菌

坩埚滤器的底部滤层由玻璃粉烧结而成。玻璃坩埚可用热盐酸或洗液处理并立即用水洗涤。不能用损坏滤器的氢氟酸、热浓磷酸、热或冷的浓碱液洗涤。

2. 滤纸的选择　重量分析法用的滤纸称定量滤纸或无灰滤纸(灰分在 0.1mg 以下或质量已知),分快速滤纸、中速滤纸及慢速滤纸,直径有 7cm、9cm 及 11cm 3 种。滤纸的选择根据沉淀量及沉淀性质选择。如微晶形沉淀多用 7cm 致密滤纸,蓬松的胶状沉淀要用较大的疏松滤纸滤过。滤纸的折叠及安放如图 11-13 所示。将折好的滤纸放在洁净漏斗中,用手按紧使之密合,用蒸馏水将滤纸润湿,再用玻璃棒按压滤纸,将留在滤纸与漏斗壁之间的气泡赶出,使滤纸紧贴漏斗壁。

图 11-11　坩埚滤器

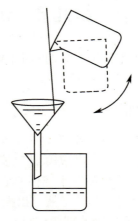

图 11-12　过滤操作

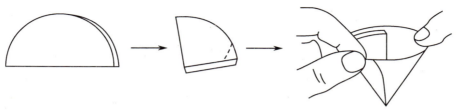

图 11-13 滤纸的折叠及安放

3. 过滤 通常采用"倾注法"过滤,操作如图 11-12。先将沉淀倾斜静置,然后将沉淀上部的清液小心倾于滤纸上。

4. 沉淀的洗涤及转移 ①洗涤沉淀一般采用倾注法,按"少量多次"的原则进行。洗涤时,将少量洗涤液(以淹没沉淀为度)注入滤除母液的沉淀中,充分搅拌,静止分层后倾注上清液经滤纸过滤,以上操作需经 3~4 次倾注洗涤。②将沉淀转移到滤纸上:在烧杯中加入少量洗涤液,用玻璃棒将沉淀充分搅起,立即将沉淀混悬液一次倾入滤纸中(注意勿使沉淀损失)。然后用洗瓶吹洗烧杯内壁,冲下玻璃棒和烧杯壁上的沉淀,再充分搅起进行倾注转移,经几次如此操作将沉淀几乎全部转移到滤纸上。最后对吸附在烧杯壁上和玻璃棒上的沉淀,可用撕下的滤纸角擦拭玻璃棒后,将滤纸角放入烧杯中,用玻璃棒推动滤纸角使附着在烧杯内壁的沉淀松动。将滤纸角放入漏斗中,将剩余沉淀全部转入漏斗中。③沉淀全部转入滤纸后,需在滤纸上进行最后洗涤,注意洗涤时应使前次洗涤液流尽后,再冲加第 2 次洗涤液。

三、沉淀的干燥与灼烧

1. 坩埚的恒重 将洗净的坩埚带盖放入高温炉中,慢慢升温至灼烧温度,恒温 30 分钟,打开炉门稍冷后,用微热过的坩埚钳取出放在石棉网上,稍冷后将坩埚移入干燥器中。要用手握住干燥器的盖并不时地将盖微微推开,以放出热空气,然后,盖好干燥器,冷却 30 分钟,取出称量。再将坩埚按上述方法灼烧,冷却称重,直至恒重。

2. 沉淀的包卷 用玻璃棒或干净的手指将滤纸三层部分掀起,把滤纸连同沉淀从漏斗中取出,然后打开滤纸包卷。

3. 沉淀的干燥 把包好的沉淀放入已恒重的空坩埚中,滤纸三层部分朝上,有沉淀的部分朝下,以利滤纸的灰化。将坩埚与沉淀放入干燥箱中 105℃干燥。注意移取坩埚用坩埚钳,以及坩埚钳的摆放。

4. 沉淀的炭化、灰化与灼烧 沉淀干燥好后,将坩埚置于电炉上,先于低温使滤纸慢慢炭化(注意不要使滤纸着火燃烧)。待滤纸全部炭化后,可调高温度,将炭黑全部烧掉,至完全灰化为止。最后将灰化完成的坩埚放入高温炉内灼烧,灼烧时要加盖,防止污染。恒温加热一定时间后,关闭电源,打开炉门,将坩埚移至炉口稍冷,取出后放在石棉网上,在空气中冷却至微热,移入干燥器,冷至室温,称量,直至恒重。达恒重后两次称量数据以轻者为准。

附:干燥器的使用

干燥器是一种保持物品干燥的玻璃器皿(图 11-14),内盛干燥剂,可防止物品吸潮,常用于放置坩埚或称量瓶等。干燥器内有一带孔的白瓷板。白瓷板上放样品,其下放干燥剂。常用的

图 11-14 干燥器

干燥剂有无水氯化钙、变色硅胶、无水硫酸钙、浓硫酸和五氧化二磷等。干燥器使用时盖边应涂上一薄层凡士林,这样可使盖子密合不漏气。搬动干燥器时用双手拿稳并紧紧握住盖子(图 11-15)。打开盖子时(图 11-16),用左手抵住干燥器身,右手把盖子往后拉或往前推开。一般不应完全打开,应开到能放入器皿为度。

图 11-15   移动干燥器

图 11-16   打开干燥器

（袁　欣）

第十二章

实 验 内 容

实验一 酸碱标准溶液的配制与标定

(一) 实验目的

1. 掌握酸碱滴定基本原理及实验操作步骤。
2. 学会酸碱标准溶液的配制与标定方法。
3. 掌握滴定管、移液管的正确使用方法。
4. 掌握酸碱指示剂的选择及确定终点的方法。

(二) 实验原理

在酸碱滴定分析中,常用盐酸和氢氧化钠作为标准溶液。由于浓盐酸容易挥发,氢氧化钠容易吸收空气中的水和二氧化碳,都不能直接配制标准溶液,只能先配制成近似浓度的溶液,然后用基准物标定或用已知准确浓度的标准溶液比较法标定。氢氧化钠溶液中除去 CO_3^{2-},最常用的方法是先配制氢氧化钠饱和溶液作为储备液。在饱和溶液中,Na_2CO_3 溶解度很小,待 Na_2CO_3 沉于底部后,取上层清液配制。

用于标定酸标准溶液的基准物质有无水碳酸钠和硼砂。无水碳酸钠易获得纯品,物美价廉,所以常被采用。但碳酸钠易吸收空气中的水分,使用前应于 $270\sim300\,℃$ 干燥到恒重。称量 Na_2CO_3 时速度要快,以免吸收空气中水分而引入误差。其标定反应为:

$$Na_2CO_3 + 2HCl \Longleftrightarrow 2NaCl + H_2O + CO_2 \uparrow$$

计量点产物为 H_2CO_3(pH 3.9),通常选用甲基红 - 溴甲酚绿混合指示剂,也可用甲基橙作指示剂确定终点,根据所消耗 HCl 溶液的体积计算 HCl 溶液的浓度。

$$c_{HCl} = \frac{m_{Na_2CO_3}}{V_{HCl} \cdot M_{Na_2CO_3}} \times 2\,000$$

滴定近终点时溶液中存在 $HCO_3^- \text{-} H_2CO_3$ 缓冲体系,指示剂变色不太敏锐,因此将溶液煮沸约 2 分钟,以除去二氧化碳,减小误差。

常用于标定 NaOH 的基准物质有结晶草酸、邻苯二甲酸氢钾等。目前,最常用的是邻苯二甲酸氢钾;它易于用重结晶法制得纯品,具有不含结晶水、不吸潮、容易保存、摩尔质量大等优点。使用前应于 $105\sim110\,℃$ 干燥到恒重,保存于干燥器中。其标定反应为:

计量点时由于生成其共轭碱,溶液呈弱碱性,故应采用酚酞为指示剂。

(三) 仪器与试剂

1. 仪器 分析天平,酸式(碱式)滴定管,锥形瓶(250ml),量筒(10ml、100ml),容量瓶

（250ml）。

2. 试剂　无水碳酸钠（A.R），盐酸（A.R），氢氧化钠（A.R 或 C.P），邻苯二甲酸氢钾基准试剂（KHP，105~110℃干燥至恒重），甲基红 - 溴甲酚绿混合指示剂（取 1% 甲基红乙醇溶液 20ml 与 0.2% 溴甲酚绿乙醇溶液 30ml 混合，摇匀），酚酞指示剂（0.1%），甲基橙指示剂（0.05%）。

（四）实验步骤

1. HCl 标准溶液（0.1mol/L）的配制与标定

（1）HCl 溶液（0.1mol/L）的配制：用量筒量取 4.3~4.5ml 浓 HCl，用蒸馏水稀释至 500ml 后转入磨口试剂瓶中，盖好瓶塞，充分摇匀，贴好标签备用。

（2）HCl 溶液（0.1mol/L）的标定：取于 270~300℃干燥至恒重的基准无水碳酸钠约 0.1g，精密称定，置 250ml 锥形瓶中，加蒸馏水 50ml 使其溶解，加甲基红 - 溴甲酚绿指示液 10 滴，用 0.1mol/L HCl 溶液滴定至溶液由绿色变为紫红色，煮沸 2 分钟后呈绿色，冷却至室温（或旋摇 2 分钟减少二氧化碳的影响），继续滴定至暗紫色为终点，记下 HCl 消耗的体积，做 3 次平行测定。

2. NaOH 标准溶液（0.1mol/L）的配制与标定

（1）NaOH 溶液（0.1mol/L）的配制：用托盘天平迅速称取 2~2.2g 固体 NaOH 于烧杯中，加约 30ml 煮沸放冷的蒸馏水使之溶解，然后稀释至 500ml，转入橡皮塞试剂瓶中，充分摇匀，贴好标签备用。或取 NaOH 饱和溶液（50%，取上部清液）2.7~2.9ml，倒入试剂瓶中，加蒸馏水 500ml 于橡皮塞试剂瓶内，摇匀，贴好标签备用。

NaOH 饱和溶液的配制：用粗天平称取固体 NaOH 约 120g，加蒸馏水 100ml，振摇使其溶解成饱和溶液。冷却后置聚乙烯瓶中，静止数日澄清后做储备液。

标签内容：试剂名称、浓度、配制日期、专业、姓名。

（2）NaOH 溶液（0.1mol/L）的标定：精密称取干燥至恒重的基准邻苯二甲酸氢钾（KHP）0.4~0.5g，置于 250ml 锥形瓶中，加水 20~30ml 溶解，加入酚酞 1~2 滴，用 NaOH 溶液（0.1mol/L）滴定至溶液呈淡粉红色保持 30 秒不褪即为终点。记录所耗用的 NaOH 溶液的体积，做 3 次平行测定。

$$c_{KHP} = \frac{m_{KHP} \times 1\,000}{M_{KHP} \times 250.0} (M_{KHP} = 204.22 \text{g/mol})$$

$$c_{NaOH} = \frac{c_{KHP}\, V_{KHP}}{V_{NaOH}}$$

（五）注意事项

1. 强酸强碱在使用时要注意安全。

2. 标准溶液在转移过程中（倒入滴定管或用移液管吸取时）不得再经过其他容器。

3. 转移 HCl、NaOH 等试剂时，手心要握住试剂瓶上的标签部位，以保护标签。

（六）思考题

1. 本实验中，氢氧化钠和邻苯二甲酸氢钾两种标准溶液的配制方法有何不同？ 为什么？

2. 本实验中哪些数据需要精确测定？ 各用什么仪器？

3. 碳酸钠作为基准物质标定 HCl 时为什么不用酚酞作指示剂？

附：实验报告数据处理

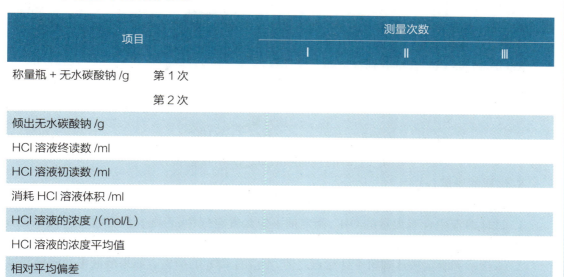

项目		测量次数		
		I	II	III
称量瓶 + 无水碳酸钠 /g	第 1 次			
	第 2 次			
倾出无水碳酸钠 /g				
HCl 溶液终读数 /ml				
HCl 溶液初读数 /ml				
消耗 HCl 溶液体积 /ml				
HCl 溶液的浓度 /（mol/L）				
HCl 溶液的浓度平均值				
相对平均偏差				

实验二　混合碱各组分的含量测定

（一）实验目的

掌握双指示剂滴定法测定混合碱溶液中 NaOH 和 Na_2CO_3 含量的测定原理、方法。

（二）实验原理

烧碱（氢氧化钠）在生产和储存过程中，因吸收空气中的 CO_2 而成为 NaOH 和 Na_2CO_3 的混合物。由于滴定 Na_2CO_3 时有 2 个计量点，可采用双指示剂滴定法分别测定 NaOH 和 Na_2CO_3 的含量。

在被滴定溶液中先加入酚酞指示剂，用 HCl 标准溶液滴定至酚酞红色刚褪去时为终点，指示第 1 计量点的到达。此时 NaOH 全部被滴定，而 Na_2CO_3 只被滴定成 $NaHCO_3$，即恰好滴定了一半。滴定反应为：

$$NaOH + HCl \rightleftharpoons NaCl + H_2O \quad (pH=7.0)$$
$$Na_2CO_3 + HCl \rightleftharpoons NaHCO_3 + NaCl \quad (pH=8.3)$$

设这时用去 HCl 标准溶液的体积为 V_1 ml。然后再加入甲基橙指示剂，用 HCl 标准溶液继续滴定至甲基橙由黄色变为橙红色时，指示第 2 个计量点的到达，$NaHCO_3$ 全部生成 H_2CO_3。滴定反应为：

$$NaHCO_3 + HCl \rightleftharpoons NaCl + H_2O + CO_2 \uparrow (pH=3.9)$$

设这次用去 HCl 标准溶液的体积为 V_2 ml。

则 Na_2CO_3 所消耗 HCl 的总体积为 $2V_2$ ml，NaOH 所消耗 HCl 体积应为 (V_1-V_2) ml。

（三）试剂

混合碱试液：100ml 水中加入 3g Na_2CO_3 和 2g NaOH；HCl 标准溶液（0.1mol/L）；甲基橙指示剂（1%）；酚酞指示剂（0.2%）。

（四）实验步骤

精密移取 25ml 混合试样溶液于 250ml 锥形瓶中，加 25ml 蒸馏水、2 滴酚酞指示剂，用

HCl 标准溶液(0.1mol/L)滴定溶液至红色刚消失为第 1 个终点,记录消耗的 HCl 体积 V_1。随后向滴定溶液中加入 2 滴甲基橙指示剂,溶液呈黄色,继续用 HCl 标准溶液滴定至溶液刚变为橙色,煮沸 2 分钟,冷却至室温,继续滴定至溶液出现橙色为第 2 个终点,记录消耗的 HCl 体积 V_2。平行测定 3 次。

NaOH 和 Na_2CO_3 含量分别按下列两式计算:

$$\omega_{NaOH} = \frac{c_{HCl}(V_1 - V_2)M_{NaOH}}{S \times 1\,000} \times 100\%$$

$$\omega_{Na_2CO_3} = \frac{c_{HCl} \cdot 2V_2 \cdot M_{Na_2CO_3}}{S \times 1\,000} \times 100\%$$

$$(M_{Na_2CO_3} = 105.99\text{g/mol}, M_{NaOH} = 40.00\text{g/mol})$$

S:试样的质量(g)。

(五) 注意事项

1. 试样溶液中含有大量的 OH^-,滴定前不应久置空气中,否则容易吸收 CO_2 使 NaOH 的量减少而 Na_2CO_3 的量增多。

2. 双指示剂滴定法达到第 1 计量点之前,不应有 CO_2 的损失。如果溶液中盐酸局部过量,可能会引起 CO_2 的损失,带来误差。因此,加酸时宜慢些,摇动要均匀,但滴定也不能太慢,以免溶液吸收空气中的 CO_2。

(六) 思考题

1. 实验中所用移液管、容量瓶、滴定管、锥形瓶是否需要干燥? 为什么?

2. 用盐酸滴定混合碱溶液甲基橙变橙色后为什么还要煮沸、冷却、继续滴定至橙色为终点?

附:实验报告数据处理

项目		测量次数		
		I	II	III
第 1 计量点	HCl 初体积 /ml			
	HCl 终体积 /ml			
	实际消耗体积 /V_1			
第 2 计量点	HCl 初体积 /ml			
	HCl 终体积 /ml			
	实际消耗体积 /V_2			
NaOH 含量 /%				
NaOH 平均含量 /%				
相对平均偏差				
Na_2CO_3 含量 /%				
Na_2CO_3 平均含量 /%				
相对平均偏差				

实验三 苯甲酸的含量测定

(一) 实验目的

1. 掌握酸碱滴定法测定有机酸的原理与方法。
2. 进一步熟悉移液管、碱式滴定管的使用方法和操作技术。
3. 熟悉强碱滴定弱酸时指示剂的选择。

(二) 实验原理

苯甲酸为一元弱酸,其离解常数 $K_a=6.3 \times 10^{-5}$,可用 NaOH 标准溶液直接滴定。滴定反应为:

$$\text{C}_6\text{H}_5\text{COOH} + \text{NaOH} \rightleftharpoons \text{C}_6\text{H}_5\text{COONa} + \text{H}_2\text{O}$$

计量点时,溶液呈弱碱性,其突跃范围为 7.2~9.7,故通常以酚酞为指示剂,终点由无色至微粉色。由于空气中 CO_2 可使酚酞褪色,故滴至溶液显微粉色在 30 秒内不褪色为终点。

(三) 仪器与试剂

分析天平,锥形瓶,量筒,碱式滴定管,移液管,NaOH 标准溶液,酚酞指示剂,95% 乙醇。

(四) 实验步骤

1. 配制中性乙醇(对酚酞显中性) 取 95% 乙醇溶液 75ml,加入酚酞指示剂 2 滴,用已标定的 NaOH 标准溶液滴定至微粉 30 秒内不褪色。

2. 苯甲酸的含量测定 直接称量法称取约 0.3g 苯甲酸试样于锥形瓶中,精密称定,加 25ml 中性乙醇使其溶解,加入酚酞指示剂 2 天,用已标定的 NaOH 标准溶液滴定至微粉 30 秒内不褪色,即为终点,记录消耗 NaOH 的体积。平行测定 3 次。

由下式计算苯甲酸的百分含量:

$$\omega_{C_7H_6O_2} = \frac{c_{NaOH} V_{NaOH} M_{C_7H_6O_2}}{S \times 100} \times 100\%$$

$$(M_{C_7H_6O_2} = 122.11\text{g/mol})$$

S:试样的质量(g)。

(五) 注意事项

1. 酚酞指示剂的用量不宜太大,以免滴定终点提前出现。
2. 量取试液的移液管要先用被测试液润洗 3 次后才能准确移去。

(六) 思考题

1. 为何使用中性乙醇作为溶剂,其"中性"相对于什么而言?
2. 如果 NaOH 标准溶液吸收了空气中的 CO_2,对苯甲酸含量的测定有何影响?
3. 如果称量的苯甲酸含量超过 0.7g,问是否需要重新称量? 为什么?
4. 本实验除用酚酞作指示剂,还可选用什么指示剂?

实验四 食醋中总酸量的测定

(一) 实验目的

1. 练习用中和法直接测定酸性物质。

2. 练习如何测定液体试样的含量。

3. 熟练掌握碱式滴定管、移液管和容量瓶的使用。

(二) 实验原理

对于液体试样,一般不称其质量而量其体积,测定结果以每升或每 100ml 液体中所含被测物质的质量表示(g/L 或 g/100ml)。如果试样的浓度大,应在滴定前做适当的稀释;如果试样的颜色较深,可加活性炭脱色或采用电位滴定法测定。

食醋的主要成分是乙酸,此外还含有少量其他有机酸,如乳酸等。因乙酸的 $K_a^\ominus=1.7 \times 10^{-5}$,乳酸的 $K_a^\ominus=1.4 \times 10^{-4}$,都满足 $cK_a^\ominus \geqslant 10^{-8}$ 的滴定条件,均可用碱标准溶液直接滴定,所以实际测得的结果是食醋的总酸量。因乙酸含量多,故常用乙酸含量表示。此滴定属于强碱滴定弱酸,其反应式为:

$$CH_3COOH + NaOH \rightleftharpoons CH_3COONa + H_2O$$

计量点的 pH 约为 8.7,应选用酚酞为指示剂,终点时溶液由无色变为粉红色。

食醋中约含有 3%~5% 的 HAc,应稀释约 5 倍后再进行滴定。

(三) 仪器与试剂

碱式滴定管,移液管,容量瓶,NaOH 标准溶液(0.1mol/L),酚酞指示剂,食醋(市售白醋)。

(四) 实验步骤

用移液管吸取 5.00ml 试样,放入锥形瓶中,加入 20ml 蒸馏水,加入 2 滴酚酞指示剂,用 NaOH 标准溶液(0.1mol/L)滴定至溶液呈粉红色,且在 30 秒内不褪色为止。平行测定 3 次。

由下式计算试样的总酸量(g/L):

$$食醋的总酸量 = \frac{(cV)_{NaOH} \times M_{HAc}}{0.025\,00} \times \frac{250.00}{50.00} g/L$$

(五) 注意事项

1. 因食醋本身有很浅的颜色而终点颜色又不稳定,所以滴定终点要注意观察和控制。

2. 注意碱式滴定管滴定前要赶走气泡,滴定过程中不要形成气泡。

3. NaOH 标准溶液滴定 HAc 属于强碱滴定弱酸,CO_2 的影响严重,注意除去所用碱标准溶液和蒸馏水中的 CO_2。

(六) 思考题

1. 以 NaOH 溶液滴定 HAc 溶液,属于哪种滴定类型?

2. 若欲测定红醋的总酸度,有何办法?

实验五　返滴定法测定阿司匹林中乙酰水杨酸的含量

(一) 实验目的

1. 掌握返滴定法测定阿司匹林中乙酰水杨酸含量的测定原理。

2. 巩固酸碱滴定管的操作。

(二) 实验原理

阿司匹林中的乙酰水杨酸是一种弱酸,利用其酯结构在碱性溶液中易水解的特性,采用返滴定法测定乙酰水杨酸含量。即加入一定量过量的氢氧化钠标准溶液于阿司匹林的试样溶液中,加热使酯键水解。待碱充分中和及水解阿司匹林后,剩余的碱用已知盐酸标准溶液返滴定,从而计算阿司匹林中乙酰水杨酸的含量。注意碱液在受热时易吸收 CO_2 生成碳酸盐,用酸回滴时,酸滴定液消耗体积会减小使测定结果偏高,故可在相同条件下进行空白试验校正。即消除 CO_2 引起的系统误差,又可以在不必知道氢氧化钠溶液准确浓度的情况下测定乙酰水杨酸含量。

$$\underset{COOCH_3}{\underset{|}{\bigcirc\!\!-COOH}} + 2NaOH \xrightleftharpoons{\text{加热}} \underset{OH}{\underset{|}{\bigcirc\!\!-COONa}} + CH_3COONa + H_2O$$

$$NaOH_{\text{过量}} + HCl \xrightleftharpoons{\text{返滴定}} NaCl + H_2O$$

(三)试剂

HCl 标准溶液(0.1mol/L),NaOH 标准溶液(0.1mol/L),酚酞指示剂,中性乙醇(对酚酞显中性),阿司匹林试样。

(四)实验步骤

方法一(不加空白试验):取本品约 1.5g 精密称定于锥形瓶中,加入 20ml 中性乙醇,轻轻振摇锥形瓶使试样溶解。通过碱式滴定管准确加入 NaOH 标准溶液(0.1mol/L)40.00ml,水浴加热 15 分钟,冷却至室温。加酚酞指示液 3 滴,用 HCl 标准溶液(0.1mol/L)滴定过量的 NaOH 至溶液呈粉红色,以 30 秒不褪色为终点。平行测定 3 次。

方法二(加空白试验):照"方法一"进行样品的测定后,另取一锥形瓶,在不加试样的情况下,完全重复以上操作,记录 HCl 标准溶液(0.1mol/L)消耗的体积 $V_{\text{空白}}$。

$$\omega_{\text{乙酰水杨酸}} = \frac{c_{HCl}(V_{\text{空白}} - V)_{HCl}M_{\text{乙酰水杨酸}}}{2\,000 \times S} \times 100\%$$

(五)注意事项

1. 一定要控制好实验条件,使其水解完全。

2. 为防止阿司匹林自身发生水解,水浴加热时应避免溶液沸腾,且不时轻轻旋转锥形瓶。

3. 返滴定法测定时,碱液一定要定量、过量地加于阿司匹林试样溶液中,尤其采用方法二时应知道氢氧化钠溶液的大致浓度。

(六)思考题

1. 实验中加入过量的 NaOH 为何用滴定管而不用量筒?

2. 实验中用于溶解乙酰水杨酸的乙醇溶剂,相对于酚酞指示剂显弱酸性(加入酚酞后的乙醇为无色而非微粉色),与 NaOH 反应会消耗一定量的标准溶液引起误差。在以上直接测定中请设计一个空白试验消除来源于乙醇溶剂的误差。

3. 用方法二测定乙酰水杨酸与方法一相比有哪些优点?

实验六 高氯酸标准溶液的配制与标定

(一)实验目的

1. 掌握高氯酸标准溶液的配制与标定方法。

2. 了解非水滴定的原理和操作。

3. 了解非水滴定的特点和条件。

(二)实验原理

滴定弱碱,常采用冰醋酸为溶剂。在冰醋酸中,高氯酸的酸性最强,因此,高氯酸的冰醋酸溶液常作为非水溶液中滴定弱碱的标准溶液。

由于高氯酸和冰醋酸中都含有少量水分,在非水溶液酸碱滴定中,水的存在常影响滴定突跃,使指示剂变色不敏锐,所以要加入计算量的乙酸酐,使之与水反应转变为乙酸。

标定高氯酸标准溶液,常用邻苯二甲酸氢钾作基准物。邻苯二甲酸氢钾在冰醋酸中显碱性,可被高氯酸滴定。以结晶紫为指示剂,滴定到紫色变为蓝绿色为终点。滴定反应如下:

$$\text{(邻苯二甲酸氢钾)} + HClO_4 \rightleftharpoons \text{(邻苯二甲酸)} + KClO_4$$

(三) 试剂

$HClO_4$(A.R),冰醋酸(A.R),乙酸酐(A.R),邻苯二甲酸氢钾(基准试剂;105~110℃干燥至恒重),结晶紫指示液(0.5% 冰醋酸溶液)。

(四) 实验步骤

1. 冰醋酸的配制 取一级冰醋酸(99.8%,比重 1.050)500ml,加乙酸酐 5.68ml,振摇。或取二级冰醋酸(99%,比重 1.053)500ml,加乙酸酐 28.47ml,振摇。

2. $HClO_4$-HAc(0.1mol/L)标准溶液的配制 取无水冰醋酸 375ml,加入 70%~72% 的 $HClO_4$ 约 4.25ml,混合均匀,缓缓滴入乙酸酐 12ml,边加边摇,加完后振摇均匀,冷至室温,加适量无水冰醋酸稀释成 500ml,摇匀,放置 24 小时后标定其浓度。

3. $HClO_4$-HAc(0.1mol/L)标准溶液的标定 取 105℃干燥至恒重的邻苯二甲酸氢钾约 0.4g,精密称定,置于干燥锥形瓶中,加入 20~25ml 冰醋酸使其溶解,加结晶紫指示剂 1 滴,用 $HClO_4$-HAc(0.1mol/L)溶液缓缓滴定至颜色由紫变为蓝绿色即为终点。平行测定 3 份。另取冰醋酸 20ml,按上述操作进行空白试验校正。根据所消耗滴定剂体积,计算其浓度。

$$c_{HClO_4} = \frac{m_{KHC_8H_4O_4}}{(V_{HClO_4} - V_{空白}) M_{KHC_8H_4O_4}} (M_{KHC_8H_4O_4} = 204.22 g/mol)$$

(五) 注意事项

1. 使用的仪器应预先洗净烘干,不能有水分。

2. 高氯酸有强腐蚀性,与有机物接触、遇热易引起爆炸,因此,配制高氯酸标准溶液时,不能将乙酸酐直接加入高氯酸中,应将高氯酸先用冰醋酸稀释后再缓缓滴加乙酸酐,并控制温度在 25℃以下,才能保证安全。

3. 邻苯二甲酸氢钾不易溶解,必须全部溶解后方可滴定。

4. 非水滴定反应速率慢,所以滴定速度不应太快。

5. $HClO_4$-HAc 溶液能腐蚀皮肤,应注意安全。

6. 滴定反应生成的 $KClO_4$ 在非水介质中的溶解度较小,故滴定过程中随着 $HClO_4$-HAc 标准溶液的不断加入,逐渐有白色混浊物产生,但并不影响滴定结果。

(六) 思考题

1. 为什么非水滴定实验使用的仪器应预先洗净、干燥?

2. 标定时为什么要记录室温?

3. 配制高氯酸溶液必须注意哪几点?

4. 室温低于 16℃时冰醋酸凝固,此时如要滴定,应如何处理?

实验七　枸橼酸钠的含量测定

(一) 实验目的

1. 进一步深入理解非水溶液酸碱滴定法的原理与滴定条件。

2. 通过测定枸橼酸钠的含量巩固非水酸碱滴定的基本操作。

(二) 实验原理

在水溶液中枸橼酸酸性较强（$pK_a^\ominus=3.14$），其共轭碱枸橼酸钠碱性较弱（$K_b^\ominus<10^{-7}$），不能直接进行酸碱滴定。但可以选择适当的非水溶剂，使其碱性增强，再用 $HClO_4$ 标准溶液进行滴定。

本实验选用 HAc 为滴定介质以增强枸橼酸钠的碱性，用结晶紫为指示剂，以 $HClO_4$ 标准溶液滴定至蓝绿色为终点。其滴定反应方程式为：

$$
\begin{array}{c}
CH_2-COONa \\
| \\
HO-C-COONa \\
| \\
CH_2-COONa
\end{array}
+\ 3HClO_4 \rightleftharpoons
\begin{array}{c}
CH_2-COOH \\
| \\
HO-C-COOH \\
| \\
CH_2-COOH
\end{array}
+\ 3NaClO_4
$$

(三) 试剂

$HClO_4$-HAc（0.1mol/L）滴定液，结晶紫指示液（0.5% 冰醋酸溶液），乙酸酐（A.R），冰醋酸（A.R），枸橼酸钠试样。

(四) 实验步骤

取枸橼酸钠试样约 0.2g，精密称定，置于干燥锥形瓶中，加入冰醋酸 20ml、乙酸酐 2ml，加热使之完全溶解，放冷后加结晶紫指示剂 1 滴，以 $HClO_4$-HAc（0.1mol/L）标准溶液滴定至溶液由紫色变为蓝绿色，即为终点。平行测定 3 份，并将滴定结果以空白试验校正。根据所消耗滴定剂体积，计算试样中枸橼酸钠的含量。

$$
\omega_{\text{枸橼酸钠}}=\frac{c_{HClO_4}(V_{HClO_4}-V_{\text{空白}})M_{\text{枸橼酸钠}}}{3\times S\times 1\,000}\times 100\%\ (M_{\text{枸橼酸钠}}=258.07\text{g/mol})
$$

(五) 注意事项

1. 在非水滴定法时所使用的玻璃仪器均应预先洗净并干燥。

2. 称量试样时操作应迅速，以免吸收空气中水分，影响终点观察。

3. 当测定试样与标定标准溶液温度不一致时，滴定液的浓度应加以校正。

4. $HClO_4$-HAc 溶液腐蚀皮肤，注意安全。

5. 由于滴定产物 $NaClO_4$ 在非水介质中的溶解度较小，故滴定过程中随着 $HClO_4$-HAc 标准溶液的不断加入，逐渐有白色混浊物产生，但并不影响滴定结果。

(六) 思考题

1. 为什么枸橼酸钠可以用非水酸碱滴定方法测定其含量？

2. 实验中为何要做空白试验？

实验八　乙二胺四乙酸标准溶液的配制和标定

(一) 实验目的

1. 掌握乙二胺四乙酸（EDTA）标准溶液的配制和标定方法。

2. 了解金属指示剂变色原理，学会使用铬黑 T 指示剂判断终点。

3. 了解配位滴定法的特点。

(二) 实验原理

EDTA 标准溶液常用乙二胺四乙酸二钠盐（$Na_2H_2Y\cdot 2H_2O$，相对分子质量 372.2）配制。$Na_2H_2Y\cdot 2H_2O$ 是白色粉末，因不易制得纯品，加之容器的污染和蒸馏水的不纯等，都可能使 EDTA 标准溶液中混有微量的金属杂质。这些杂质在不同条件下，会带来不同程度的干扰。

因此,EDTA 标准溶液需用间接法配制。

标定 EDTA 溶液的基准物质很多,如 Zn、Cu、Bi、CaCO₃、ZnO、MgSO₄·7H₂O 等。本实验以 ZnO 为基准物质,在 pH=10 的条件下,以铬黑 T 为指示剂,终点溶液由紫红色变为纯蓝色。

滴定前：　　　　　$Zn^{2+} + HIn^{2-} \rightleftharpoons ZnIn^- + H^+$
　　　　　　　　　　　　　（紫红色）
滴定反应：　　　　$Zn^{2+} + H_2Y^{2-} \rightleftharpoons ZnY^{2-} + 2H^+$
终点反应：　　　　$ZnIn^- + H_2Y^{2-} \rightleftharpoons ZnY^{2-} + HIn^{2-} + H^+$
　　　　　　　（紫红色）　　　　　（纯蓝色）

(三)试剂

EDTA 二钠盐(A.R),ZnO(基准试剂,于 800 ℃灼烧至恒重),稀盐酸溶液(1∶1),NH₃-NH₄Cl 缓冲溶液(取 54g NH₄Cl 溶于水中,加浓氨水 350ml,用水稀释至 1L,pH 约为 10),氨试液(40ml 浓氨水加水至 100ml),甲基红指示剂,铬黑 T 指示剂(配制方法见第六章)。

(四)实验步骤

1. EDTA 标准溶液(0.05mol/L)的配制　称取 Na₂H₂Y·2H₂O 约 9.5g,溶于 300ml 温水中,用水稀释至 500ml,混匀。贮存于硬质玻璃瓶或聚乙烯瓶中。

2. EDTA 标准溶液(0.05mol/L)的标定　取已在 800 ℃灼烧至恒重的基准物质 ZnO 约 0.4g,精密称定,加稀盐酸 10ml,完全溶解后定量转移至 100ml 容量瓶中,加水稀释至刻度,摇匀。计算 Zn^{2+} 标准溶液浓度。

移取 25.00ml 上述溶液置于 250ml 锥形瓶中,加甲基红指示剂 1 滴,滴加氨试液至微黄色,加入蒸馏水 25ml,再加 NH₃-NH₄Cl 缓冲溶液 10ml,加铬黑 T 少许,摇匀,用待标定的 EDTA 溶液滴定至溶液由紫红色变为纯蓝色为终点。做 3 次平行测定。计算 EDTA 标准溶液的浓度。

(五)注意事项

1. EDTA 溶解速度慢,可加热促溶或放置过夜。

2. 基准物质 ZnO 在稀盐酸中完全溶解后方可定量转移。

3. 滴加氨试液至溶液微黄色,应边滴边摇。若多加会出现 Zn(OH)₂ 沉淀,此时需用稀 HCl 调回至沉淀溶解。

$$c_{EDTA} = \frac{m_{ZnO} \times 25 \times 1\,000}{M_{ZnO} \times V_{EDTA} \times 100}\,(M_{ZnO} = 81.38\text{g/mol})$$

(六)思考题

1. 为什么在滴定时要加入 pH 10 的氨性缓冲液?

2. EDTA 标准溶液的配制时,约 9.5g 的 Na₂H₂Y·2H₂O 取量是如何估算出来的?

3. 为什么常将铬黑 T 配制成固体试剂,而不用铬黑 T 水溶液?

实验九　锌标准溶液的直接配制

(一)实验目的

1. 掌握用金属锌直接配制锌标准溶液的方法。

2. 巩固直接配制标准溶液的基本操作。

(二) 实验原理

由于金属锌被氧化后在其表面容易生成一层致密的氧化物薄膜,故在用金属锌配制锌标准溶液时,应先用稀盐酸清洗掉锌表面的氧化物薄膜,再用纯金属锌配制标准溶液。也可以用 ZnO、$ZnSO_4 \cdot 7H_2O$ 配制锌标准溶液。

(三) 试剂

纯 Zn,盐酸溶液(0.1mol/L、6mol/L)。

(四) 实验步骤

1. 取适量锌片放在 100ml 烧杯中,用盐酸溶液(0.1mol/L)清洗 1 分钟,再用自来水、蒸馏水洗净,烘干、冷却,备用。

2. 取上述金属锌约 0.15~0.20g,精密称定,置于小烧杯中,盖上表面皿,从烧杯嘴处滴加 3ml 盐酸溶液(6mol/L),必要时可加热,至锌完全溶解后吹洗表面皿,定量转移至 250ml 容量瓶中,加蒸馏水稀释至刻度,摇匀。

(五) 注意事项

锌片在清洗过程中时间不宜过长,烘干时勿过分烘烤。应慢慢滴加盐酸,防止反应太剧烈,导致溶液飞溅,造成损失。

(六) 思考题

标准溶液的配制有哪两种常用的方式? 锌标准溶液的配制属于哪一种?

实验十　中药明矾的含量测定

(一) 实验目的

1. 掌握配位滴定法中返滴定法的原理、操作及计算。

2. 了解 EDTA 测定铝盐的特点及掌握用二甲酚橙指示剂判断终点。

(二) 实验原理

中药明矾主要含 $KAl(SO_4)_2 \cdot 12H_2O$,一般测定其组成中铝的含量,再换算成硫酸铝钾含量。

Al^{3+} 能与 EDTA 形成比较稳定的配合物,但反应速率较慢,因此采用返滴定法。即准确加入过量的 EDTA 标准溶液,并加热使反应完全。

$$Al^{3+} + H_2Y^{2-} \rightleftharpoons AlY^- + 2H^+$$
(一定量过量)

然后再用 Zn^{2+} 标准溶液滴定剩余的 EDTA。

$$H_2Y^{2-} + Zn^{2+} \rightleftharpoons ZnY^{2-} + 2H^+$$
(剩余量)

返滴时以二甲酚橙为指示剂,在 pH<6.3 条件下滴定,终点时溶液由黄色变成红紫色。

$$Zn^{2+} + XO(黄色) \rightleftharpoons Zn\text{-}XO(红紫色)$$

在溶液中加入 HAc-NaAc 以控制溶液 pH 在 5~6。

(三) 试剂

EDTA 标准溶液(0.05mol/L),$ZnSO_4$ 标准溶液(0.05mol/L),二甲酚橙溶液(2%),HAc-NaAc(pH 5~6),中药明矾试样。

(四) 实验步骤

取明矾约 0.35g,精密称定于 250ml 锥形瓶中,加水 25ml 使之溶解,准确加入 EDTA (0.05mol/L)标准溶液 25.00ml,在沸水浴中加热 10 分钟,冷至室温,加水 50ml、HAc-NaAc

笔记栏

缓冲溶液(pH 5~6)10ml 及 2 滴二甲酚橙指示剂,用 ZnSO₄(0.05mol/L)标准溶液滴定至溶液由黄色变为橙色,即达终点。

$$\omega_{明矾} = \frac{\left[(cV)_{EDTA} - (cV)_{ZnSO_4}\right] \times \dfrac{M_{KAl(SO_4)_2 \cdot 12H_2O}}{1\,000}}{S} \times 100\%$$

$$(M_{KAl(SO_4)_2 \cdot 12H_2O} = 474.37g/mol)$$

(五) 注意事项

1. 试样溶于水后,会缓慢水解呈浑浊,加入过量 EDTA 溶液加热后,即可溶解,故不影响测定。

2. 加热能使 Al^{3+} 与 EDTA 的配位反应加速,一般在沸水浴中加热 3 分钟,配位反应的程度可达 99%,为使反应完全,加热 10 分钟。

3. 在 pH<6 时,游离二甲酚橙呈黄色,滴定至终点时,微过量的 Zn^{2+} 与部分二甲酚橙配合成红紫色,黄色与红紫色组成橙色。

4. 本实验除了用 HAc-NaAc 缓冲溶液控制溶液的酸度外,还可用乌洛托品来控制。

实验十一　水硬度的测定

(一) 实验目的

1. 掌握配位滴定法测定水硬度的原理和方法。

2. 了解水硬度的表示方法及其计算。

(二) 实验原理

水的硬度主要反映水中钙、镁的含量,其他金属离子如铁、铝、锰、锌等也形成硬度,但一般含量很少,测定水硬度时可忽略不计。测定水的总硬度即是测定水中钙、镁的总量。

测定水的硬度常采用配位滴定法。取一定量的水样,在 pH=10 的缓冲溶液中,以铬黑 T 为指示剂,用 0.01mol/L EDTA 溶液滴定 Ca^{2+}、Mg^{2+} 的总量。因稳定性 CaY^{2-}>MgY^{2-}>$MgIn^-$>$CaIn^-$,所以铬黑 T 指示剂先与 Mg^{2+} 配位生成 $MgIn^-$(酒红色)。用 EDTA 标准溶液滴定时,EDTA 先与 Ca^{2+} 配合,再与 Mg^{2+} 配合,然后再夺取 $MgIn^-$ 中的 Mg^{2+},将铬黑 T 游离出来,溶液由酒红色变为纯蓝色,即为终点。根据 EDTA 标准溶液的用量即可算出样品中钙、镁的总量,然后换算为相应的硬度单位。其反应方程式为:

滴定前:　　　　　　$Mg^{2+} + HIn^{2-} \rightleftharpoons MgIn^- + H^+$
　　　　　　　　　　　　　　　　　(酒红色)

滴定反应:　　　　　$Ca^{2+} + H_2Y \rightleftharpoons CaY + 2H^+$
　　　　　　　　　　$Mg^{2+} + H_2Y \rightleftharpoons MgY + 2H^+$

终点反应:　　　　　$MgIn^- + H_2Y \rightleftharpoons MgY + HIn + H^+$
　　　　　　　(酒红色)　　　　　　(纯蓝色)

(三) 试剂

EDTA 标准溶液(0.05mol/L),NH₃-NH₄Cl 缓冲溶液(pH 10),铬黑 T 指示剂。

(四) 实验步骤

1. EDTA 标准溶液(0.01mol/L) 的配制　用移液管吸取 EDTA 标准溶液(0.05mol/L)50.00ml,置于 250ml 容量瓶中,加水稀释至刻度,算出 EDTA 的准确浓度。

2. 水硬度的测定　精密量取 100.0ml 水样,置锥形瓶中,加入 NH₃-NH₄Cl 缓冲溶液

5ml、铬黑 T 指示剂少许,用 EDTA 标准溶液滴定至溶液由酒红色变为纯蓝色,即为终点。记下消耗 EDTA 溶液的体积。

重复测定 3 份试样。

当水的硬度较大时,在 pH=10 时会析出 $CaCO_3$ 沉淀,使溶液浑浊。

$$HCO_3^- + Ca^{2+} + OH^- \rightleftharpoons CaCO_3 \downarrow + H_2O$$

这种情况下,滴定至终点时出现返回现象,使终点难以确定,测定结果重现性差。

为了防止 Ca^{2+}、Mg^{2+} 的沉淀,可量取水样 100.0ml,放入一小块刚果红试纸,用 1:1 盐酸酸化至试纸变蓝色,振摇两分钟后,再如前述进行测定。

(五)水硬度的表示方法及其计算

测定水硬度,实际上是测定水中钙镁离子的总量,常将其折算成每升水中含碳酸钙的毫克数表示。

计算公式如下:

$$CaCO_3(mg/L) = \frac{(cV)_{EDTA} \cdot M_{CaCO_3} \cdot 1\,000}{V_{水样}}$$

$$(M_{CaCO_3} = 100.09g/mol)$$

(六)思考题

为什么测定水硬度用 0.01mol/L EDTA 标准溶液而不用 0.05mol/L EDTA 标准溶液?

实验十二 KMnO₄ 标准溶液的配制与标定

(一)实验目的

1. 掌握 KMnO₄ 标准溶液的配制方法及注意事项。
2. 掌握标定 KMnO₄ 溶液的原理、方法、条件。

(二)实验原理

市售的 KMnO₄ 试剂常含有少量杂质,同时,由于 KMnO₄ 是强氧化剂,容易与水中有机物、空气中尘埃等还原性物质反应以及自身能自动分解,因此 KMnO₄ 标准溶液只能采用间接法配制。配好的标准溶液应在棕色玻璃瓶中密闭保存。

标定 KMnO₄ 溶液常用 $Na_2C_2O_4$ 基准物,KMnO₄ 作自身指示剂。其反应式如下:

$$2MnO_4^- + 5C_2O_4^{2-} + 16H^+ \rightleftharpoons 2Mn^{2+} + 10CO_2 \uparrow + 8H_2O$$

该反应速率较慢,故滴定应在热溶液中进行以提高反应速率。开始滴定时加入的 KMnO₄ 不能立即褪色,但反应一经开始有 Mn^{2+} 生成,而 Mn^{2+} 对反应起催化作用,使反应速率加快。

(三)仪器与试剂

垂熔玻璃漏斗,棕色试剂瓶,KMnO₄(A.R),$Na_2C_2O_4$ 基准物质,H_2SO_4 溶液(2mol/L)。

(四)实验步骤

1. KMnO₄ 标准溶液(0.02mol/L)的配制 取 KMnO₄ 1.6~1.8g,溶于 500ml 新煮沸并冷至室温的蒸馏水中,摇匀溶解后置棕色带塞试剂瓶中,于暗处放置 7~10 天,用垂熔玻璃漏斗过滤至另一棕色试剂瓶中待标定。

2. KMnO₄ 标准溶液(0.02mol/L)的标定 取于 105~110℃ 干燥至恒重的 $Na_2C_2O_4$ 基准品约 0.2g,精密称定,置 250ml 锥形瓶中,加新沸过的冷却蒸馏水 20ml 使溶解,再加 2mol/L H_2SO_4 溶液 30ml 并加热至 75~85℃,立即用 KMnO₄ 溶液滴定至溶液呈浅红色,30 秒不褪色为终点。平行测定 3 次。

$$c_{KMnO_4} = \frac{m_{Na_2C_2O_4} \cdot 1\,000}{M_{Na_2C_2O_4} \times V_{KMnO_4}} \times \frac{2}{5}$$

$$(M_{Na_2C_2O_4} = 134.0\text{g/mol})$$

(五) 注意事项

1. 用 $KMnO_4$ 溶液滴定 $Na_2C_2O_4$ 时,开始反应较慢,故此时滴定速度不宜太快;Mn^{2+} 对该反应有催化作用,故亦可在滴定前加入几滴 $MnSO_4$ 以加快反应速率。

2. 加热温度不可太高,否则会导致 $Na_2C_2O_4$ 分解。

3. 滴定自始至终最好使溶液温度不低于 $55\,^{\circ}\text{C}$,这样既可提高反应速率,又有利于终点的观察。

(六) 思考题

1. 配制好的 $KMnO_4$ 标准溶液为什么要放置数天？ $KMnO_4$ 溶液为什么要过滤后才能保存？ 是否可以用滤纸过滤？

2. 为何用 H_2SO_4 控制溶液的酸性而不用 HCl 或 HNO_3？

3. 用 $KMnO_4$ 滴定时,速度应如何控制？ 为什么？

实验十三　过氧化氢含量的测定

(一) 实验目的
1. 熟悉高锰酸钾滴定法测定 H_2O_2 含量的原理、方法。
2. 了解 H_2O_2 的性质与应用。
3. 进一步掌握高锰酸钾滴定法的操作。

(二) 实验原理
H_2O_2 在酸性溶液中能够定量还原 $KMnO_4$,因此可用高锰酸钾滴定法测定 H_2O_2 的含量。其反应式如下:

$$2MnO_4^- + 5H_2O_2 + 6H^+ \rightleftharpoons 2Mn^{2+} + 5O_2 \uparrow + 8H_2O$$

上述反应进行缓慢,开始滴定时加入的 $KMnO_4$ 不能立即褪色,一旦反应生成 Mn^{2+} 后,因 Mn^{2+} 对上述反应有催化作用,则反应速率加快,故能顺利地滴定到呈现稳定的微红色,指示终点到达。

H_2O_2 在工业、生物、医药等方面应用广泛。若 H_2O_2 试样系工业产品,用上述方法测定误差较大,因工业产品中常加入少量乙酰苯胺等有机物作稳定剂,此类有机物亦消耗 $KMnO_4$。遇此情况应采用碘量法或铈(Ⅳ)量法为宜。

(三) 试剂
H_2O_2 试液(3%),H_2SO_4 溶液(1mol/L),$KMnO_4$ 标准溶液(0.02mol/L)。

(四) 实验步骤
精密量取 3% H_2O_2 试液 1.00ml,置贮有 20ml 蒸馏水的锥形瓶中,加 1mol/L H_2SO_4 20ml,用 0.02mol/L $KMnO_4$ 溶液滴定至微红色,30 秒不褪色即为终点。平行测定 3 次。

$$\omega_{H_2O_2} = \frac{(cV)_{KMnO_4} \times \frac{5}{2} \times \frac{M_{H_2O_2}}{1\,000}}{V_S} \times 100\%$$

（五）注意事项

1. 移取 H_2O_2 时应注意安全,不可用嘴吸移液管。

2. 滴定时可先加入少许 $KMnO_4$ 溶液,待褪色后再慢慢滴加。可事先加入少量 $MnSO_4$ 作催化剂。

（六）思考题

1. 为什么要将 H_2O_2 供试液移取至贮有 20ml 蒸馏水的锥形瓶中?

2. 何时应用碘量法测定 H_2O_2 含量?

实验十四　$Na_2S_2O_3$ 标准溶液的配制与标定

（一）实验目的

1. 掌握 $Na_2S_2O_3$ 标准溶液的配制方法。

2. 了解置换滴定法的操作过程。

3. 学习使用碘量瓶,正确判断淀粉指示液指示终点。

（二）实验原理

硫代硫酸钠标准溶液通常用 $Na_2S_2O_3 \cdot 5H_2O$ 配制。由于 $Na_2S_2O_3$ 遇酸迅速分解产生硫,配制时若水中含有较多 CO_2,则 pH 偏低,容易使配得的 $Na_2S_2O_3$ 变混浊。若水中有微生物也能慢慢分解 $Na_2S_2O_3$,因此配制 $Na_2S_2O_3$ 溶液常用新煮沸放冷的蒸馏水,并加入少量 Na_2CO_3,使其浓度约为 0.02%,以防止 $Na_2S_2O_3$ 分解。

标定 $Na_2S_2O_3$ 可用 $K_2Cr_2O_7$、$KBrO_3$、KIO_3、$KMnO_4$ 等氧化剂,使用 $K_2Cr_2O_7$ 最为方便。采用置换滴定法,先使 $K_2Cr_2O_7$ 与过量的 KI 作用,再用待标定的 $Na_2S_2O_3$ 溶液滴定析出的 I_2。第一步反应为:

$$Cr_2O_7^{2-} + 14H^+ + 6I^- \rightleftharpoons 3I_2 + 2Cr^{3+} + 7H_2O$$

酸度较低时反应完成较慢,酸度太高使 KI 被空气氧化成 I_2,故酸度应控制在 0.6mol/L 附近,避光放置 10 分钟,反应才能定量完成。第二步反应为:

$$I_2 + 2S_2O_3^{2-} \rightleftharpoons 2I^- + S_4O_6^{2-}$$

第一步反应析出的 I_2 用 $S_2O_3^{2-}$ 溶液滴定,用淀粉溶液作指示剂,以蓝色消失为终点。由于淀粉强烈吸附碘,终点拖后,因此必须在近终点时加入淀粉指示剂。

$Na_2S_2O_3$ 与 I_2 的反应只能在中性或弱酸性溶液中进行,在碱性溶液中会发生副反应。

$$S_2O_3^{2-} + 4I_2 + 10OH^- \rightleftharpoons 2SO_4^{2-} + 8I^- + 5H_2O$$

而在强酸性溶液中 $Na_2S_2O_3$ 又易分解。

$$S_2O_3^{2-} + 2H^+ \rightleftharpoons S \downarrow + SO_2 \uparrow + H_2O$$

因此,在用 $Na_2S_2O_3$ 溶液滴定前应将溶液稀释。用水稀释溶液除降低酸度外,还可使溶液中 Cr^{3+} 颜色不致太深而影响终点观察。

（三）仪器与试剂

碘量瓶,淀粉溶液(0.5%:取可溶淀粉 0.5g 加水 5ml 搅匀后,缓缓滴入 100ml 沸水中,随加随搅拌,继续煮沸 2 分钟,放冷,倾取上层清液即得,用时新鲜配制,不能放置过久),HCl(1:2),Na_2CO_3(A.R),$Na_2S_2O_3 \cdot 5H_2O$(A.R),KI(A.R),$K_2Cr_2O_7$(基准试剂)。

（四）实验步骤

1. $Na_2S_2O_3$ 标准溶液(0.1mol/L)的配制　在 500ml 新煮沸并冷却的蒸馏水中加入 0.1g Na_2CO_3,溶解后加入 12.5g $Na_2S_2O_3 \cdot 5H_2O$ 充分混合溶解后,倒入棕色瓶中放置 2 周再标定。

2. $Na_2S_2O_3$ 标准溶液(0.1mol/L)的标定 取于 120℃ 干燥至恒重的基准 $K_2Cr_2O_7$ 约 0.12g,精密称定,置碘量瓶中,加蒸馏水 25ml 使溶解,加入 KI 2g,溶解后加蒸馏水 25ml,HCl 溶液 5ml,摇匀、密塞、封水,在暗处放置 10 分钟,用 50ml 蒸馏水稀释溶液,用 $Na_2S_2O_3$ 溶液滴定至近终点时,加淀粉指示液 2ml,继续滴定至蓝色消失而显亮绿色为终点,平行测定 3 次。

根据终点时消耗 $Na_2S_2O_3$ 标准溶液的体积,按下式计算硫代硫酸钠标准溶液的浓度。

$$c_{Na_2S_2O_3} = \frac{m_{K_2Cr_2O_7} \times 1\,000 \times 6}{M_{K_2Cr_2O_7} \times V_{Na_2S_2O_3}} \quad (M_{K_2Cr_2O_7} = 294.18g/mol)$$

(五) 注意事项

1. KI 必须过量,其作用有:①降低 E_{I_2/I^-} 的电极电位,使电位差加大,加速反应并定量完成;②使生成的 I_2 溶解;③防止 I_2 的挥发,但浓度不能超过 2%~4%,因 $[I^-]$ 太高,淀粉指示剂的颜色转变不灵敏。

2. 酸度对滴定有影响,要求在滴定过程中控制在 0.2~0.4mol/L,因此滴定前应用水稀释。

(六) 思考题

1. 配制 $Na_2S_2O_3$ 溶液时,为什么加 Na_2CO_3?为什么用新煮沸放冷的蒸馏水?

2. 称取 $K_2Cr_2O_7$、KI,量取 H_2O 及 HCl 各用什么量器?

3. 为什么滴定至近终点时才加入淀粉指示剂,过早加入会出现什么现象?

实验十五　胆矾中硫酸铜的含量测定

(一) 实验目的

1. 掌握置换碘量法测定铜盐含量的原理和方法。

2. 巩固碘量法操作。

(二) 实验原理

在弱酸性溶液中 Cu^{2+} 与过量 KI 作用生成 I_2。

$$2Cu^{2+} + 4I^- \rightleftharpoons 2CuI \downarrow + I_2$$

生成 I_2 的量决定于试样中 Cu^{2+} 的含量。析出的 I_2 可以淀粉为指示剂,用 $Na_2S_2O_3$ 标准溶液滴定。

$$I_2 + 2S_2O_3^{2-} \rightleftharpoons 2I^- + S_4O_6^{2-}$$

(三) 试剂

胆矾试样,KI(A.R),硫氰化钾(A.R),乙酸(A.R.,36%~37%,g/g),$Na_2S_2O_3$ 标准溶液(0.1mol/L),淀粉指示液(0.5%),硫氰化钾(10%)。

(四) 实验步骤

取胆矾试样约 0.5g,精密称定,置碘量瓶中,加入蒸馏水 50ml,溶解后加乙酸 4ml,碘化钾 2g,立即密塞摇匀。用 $Na_2S_2O_3$ 标准溶液(0.1mol/L)滴定,滴定至淡黄色时加入淀粉指示液 2ml,继续滴定至淡蓝色时,加硫氰化钾溶液 5ml,摇动,此时溶液蓝色变深,再用 $Na_2S_2O_3$ 标准溶液继续滴定至蓝色消失。平行测定 3 次。

根据终点时消耗 $Na_2S_2O_3$ 标准溶液的体积,按下式计算硫酸铜的含量。

$$\omega_{CuSO_4 \cdot 5H_2O} = \frac{c_{Na_2S_2O_3} V_{Na_2S_2O_3} M_{CuSO_4 \cdot 5H_2O}}{S \times 1\,000} \times 100\%$$

$$(M_{CuSO_4 \cdot 5H_2O} = 249.68g/mol)$$

(五) 注意事项

1. 为了防止铜盐水解,需加乙酸成微酸性。

2. 反应中生成的 CuI 沉淀吸附 I_2,使终点难以观察而影响结果的准确度。若在近终点时加入硫氰化钾或硫氰化铵,可以使 CuI 转变为溶解度更小的 CuSCN 沉淀,使原来吸附在 CuI 沉淀上的 I_2 释放出来,从而使反应完全,终点易观察。

(六) 思考题

1. 本实验为什么在弱酸性溶液中进行? 能否在强酸性(或碱性)溶液中进行?

2. 滴定 $CuSO_4 \cdot 5H_2O$ 时,为什么不能过早加入淀粉溶液?

实验十六　I_2 标准溶液的配制与标定

(一) 实验目的

1. 掌握 I_2 标准溶液的配制与标定方法及注意事项。

2. 掌握比较法标定标准溶液浓度的含义及方法。

3. 熟悉直接碘量法、间接碘量法的操作及终点的判断。

(二) 实验原理

因为 I_2 在水中的溶解度很小,约为 0.02g/100ml,所以在配制 I_2 溶液时通常是将 I_2 溶解在过量 KI 的水溶液中。此时 I_2 与过量的 I^- 形成可溶性的 I_3^-,增大了 I_2 的溶解度,降低了 I_2 的挥发性,使溶液更加稳定。KI 中常含有微量的 KIO_3,为消除其影响,在配制 I_2 标准溶液时,常加入少许 HCl,这也有利于中和 $Na_2S_2O_3$ 标准溶液配制时加入的稳定剂 Na_2CO_3。

I_2 可以用升华法纯化,但因其具有挥发性和腐蚀性,不能在分析天平上精密称量,故常采用间接配制法,先配成近似浓度,然后再进行标定。

标定 I_2 溶液可采用比较法和基准物质法。

比较法,用 $Na_2S_2O_3$ 标准溶液标定 I_2 溶液。

$$I_2 + 2S_2O_3^{2-} \rightleftharpoons 2I^- + S_4O_6^{2-}。$$

基准物质法,以 As_2O_3 基准物质标定 I_2 溶液,但由于 As_2O_3 有剧毒,故不常用。

$$As_2O_3 + 6NaOH \rightleftharpoons 2Na_3AsO_3 + 3H_2O$$

在控制溶液 pH=8.0 时,反应可以向右定量进行完全。

$$I_2 + AsO_3^{3-} + H_2O \rightleftharpoons AsO_4^{3-} + 2I^- + 2H^+$$

(三) 试剂

I_2(A.R),KI(A.R),浓 HCl(A.R),$Na_2S_2O_3$ 标准溶液(0.1mol/L),淀粉指示剂,As_2O_3(基准物质),NaOH 溶液(1mol/L),$NaHCO_3$(A.R),H_2SO_4 溶液(1mol/L),酚酞指示剂。

(四) 实验步骤

1. I_2 标准溶液(0.05mol/L)的配制　取 7g I_2 和 18g KI 及 25ml 水,充分搅拌并使之溶解,加浓 HCl 3 滴。以蒸馏水稀释至 500ml,摇匀,用垂熔玻璃漏斗过滤,滤液贮存于棕色试剂瓶中,待标定。

2. I_2 标准溶液(0.05mol/L)的标定

(1) 用 $Na_2S_2O_3$ 标准溶液比较法标定:精密量取 I_2 溶液 25.00ml,加蒸馏水 100ml,HCl(1:2)溶液 5ml,用 $Na_2S_2O_3$ 标准溶液(0.1mol/L)滴定至近终点,加淀粉指示剂 2ml,继续滴定至蓝色恰好消失即为终点。平行测定 3 次。根据 $Na_2S_2O_3$ 标准溶液(0.1mol/L)的用量和浓度及 I_2 溶液的体积,计算 I_2 溶液的浓度。

$$c_{I_2}=\frac{(cV)_{Na_2S_2O_3}}{2V_{I_2}}$$

（2）用 As_2O_3 基准物质标定：取于 105℃干燥至恒重的 As_2O_3 基准物质约 0.1g，精密称量，加入 NaOH 溶液（1mol/L）10ml 使溶解，加蒸馏水 20ml 及酚酞指示剂 1 滴，滴加 H_2SO_4 溶液（1mol/L）至酚酞红色恰好褪去，然后加 $NaHCO_3$ 2g、蒸馏水 50ml、淀粉指示剂 2ml，用待标定的 I_2 溶液滴定至浅蓝色（30 秒不褪色）为终点。平行测定 3 次。根据 As_2O_3 的质量克数、I_2 溶液的用量及 I_2 与 As_2O_3 的计量关系，计算 I_2 溶液的浓度。

$$c_{I_2}=\frac{2\times m_{As_2O_3}\times 1\,000}{M_{As_2O_3}/V_{I_2}}\,(M_{As_2O_3}=197.84\text{g/mol})$$

（五）注意事项

1. 配制 I_2 溶液时，需待 I_2 溶解于 KI 的水溶液后再稀释。
2. 配制好的 I_2 溶液应避光保存，故应贮存于棕色试剂瓶中，玻璃塞密闭避光放置。
3. 用比较法标定 I_2 溶液时，$Na_2S_2O_3$ 标准溶液滴定至近终点（略带棕黄色），适时加入淀粉指示剂。
4. 用 As_2O_3 基准物质标定 I_2 溶液时，因 As_2O_3 为剧毒性危险品，操作时应格外小心、仔细，勿使 As_2O_3 沾到手上，亦不可使之撒落于台面、地面上。若发生上述情况，应及时予以清洁并妥善处理。

（六）思考题

1. 配制 I_2 溶液时为什么将一定量的 I_2 溶解于 KI 溶液中？
2. 标定 I_2 溶液时，能否用 I_2 溶液滴定 $Na_2S_2O_3$ 标准溶液？淀粉指示剂应何时加入？为什么？
3. 盛放 I_2 溶液的滴定管、容量瓶有何要求？

实验十七　维生素 C 的含量测定

（一）实验目的

1. 通过维生素 C 的含量测定进一步熟悉直接碘量法。
2. 进一步掌握碘量法操作。

（二）实验原理

用 I_2 标准溶液可以直接测定一些还原性物质。在稀酸性溶液中维生素 C 与 I_2 反应如下：

维生素 C 分子中的烯二醇基被 I_2 氧化成二酮基，反应进行得很完全。由于维生素 C 的还原性很强，易被空气氧化，特别在碱性溶液中更易被氧化，所以加稀 HAc 保持在稀酸性溶液中，以减少副反应。

（三）试剂

维生素 C 药片，I_2 标准溶液（0.05mol/L），稀 HAc，淀粉指示液（0.5%）。

（四）实验步骤

取维生素 C 药品 0.8g，精密称定，置 100ml 容量瓶中，加新煮沸并冷却至室温的蒸馏水及稀 HAc 25ml 至刻度，振摇使维生素 C 溶解。用干燥滤纸迅速过滤，弃去初滤液，精密量取续滤液 25ml 于碘量瓶中,加淀粉指示液 1ml,立即用 I_2 标准溶液(0.05mol/L)滴定至呈持续蓝色为终点。平行测定 3 次。

根据终点时消耗 I_2 标准溶液的体积,按下式计算维生素 C 的含量。

$$\omega_{C_6H_8O_6} = \frac{c_{I_2} V_{I_2} M_{C_6H_8O_6}}{S \times 1\,000} \times 100\% \quad (M_{C_6H_8O_6} = 176.12g/mol)$$

(五)注意事项

1. 维生素 C 在稀酸(pH 4.5~6)溶液中较稳定,但试样溶于稀 HAc 后仍应立即滴定。
2. 维生素 C 在有水和潮湿情况下易分解成糖醛。

(六)思考题

1. 为什么维生素 C 含量可以用直接碘量法测定?
2. 溶解试样时为什么用新煮沸过的冷蒸馏水?
3. 维生素 C 本身就是一个酸,为什么测定时还要加酸?
4. 分析片剂中的维生素 C,过滤时为何要弃去初滤液?是否要对漏斗中的残渣进行洗涤?

实验十八　银量法标准溶液的配制和标定

(一)实验目的

1. 学会用基准物质 NaCl 标定 $AgNO_3$ 溶液的浓度的方法;学会用比较法标定 NH_4SCN 标准溶液的方法。
2. 掌握铬酸钾指示剂法,正确判断铬酸钾指示剂的终点。
3. 掌握铁铵矾指示剂法,正确判断滴定终点。

(二)实验原理

1. 用基准物质 NaCl 标定 $AgNO_3$ 溶液采用铬酸钾作指示剂的方法　以 $AgNO_3$ 标准溶液滴定 NaCl 溶液,滴定时由于 AgCl 的溶解度小于 Ag_2CrO_4 的溶解度,当 Ag^+ 进入浓度较大的 Cl^- 溶液中时,AgCl 将首先沉淀,而 Ag_2CrO_4 将不能形成沉淀,若适当控制 K_2CrO_4 指示剂的浓度,使在 AgCl 沉淀恰好完成后,立即出现砖红色沉淀,指示终点到达。

反应如下:

终点前:　　　　　　　$Ag^+ + Cl^- \rightleftharpoons AgCl \downarrow$(白)

终点时:　　　　　　$2Ag^+ + CrO_4^{2-} \rightleftharpoons Ag_2CrO_4 \downarrow$(砖红色)

2. 用比较法标定 NH_4SCN 标准溶液　采用铁铵矾为指示剂,用 NH_4SCN 溶液滴定已知浓度的 $AgNO_3$ 溶液,产生 AgSCN 白色沉淀,终点时,过量的 SCN^- 与溶液中的 Fe^{3+} 形成红色配合物,指示终点到达。

反应如下:　　　　　　$Ag^+ + SCN^- \rightleftharpoons AgSCN \downarrow$(白色)

终点前:　　　　　　$Fe^{3+} + SCN^- \rightleftharpoons Fe(SCN)^{2+}$(红色)

(三)仪器与试剂

容量瓶(250ml),移液管,酸式滴定管,硝酸银(A.R),氯化钠[A.R 在 110℃干燥至恒重(2015 年版《中华人民共和国药典》)],铁铵矾指示剂(40%),硫氰酸铵(A.R),铬酸剂指示剂[5%(W/V)水溶液]。

(四)实验步骤

1. $AgNO_3$ 标准溶液(0.1mol/L)的配制　取 $AgNO_3$ 9g 置 250ml 烧杯中,加蒸馏水 100ml

溶解,再转移入棕色磨口瓶中,加蒸馏水稀释至 500ml,摇匀,塞紧备用。

2. NH$_4$SCN 标准溶液(0.1mol/L)的配制 取 NH$_4$SCN 4g,置 250ml 烧杯中,加蒸馏水 100ml 溶解,再转移入棕色磨口瓶中,加蒸馏水稀释至 500ml,摇匀。

3. AgNO$_3$ 标准溶液(0.1mol/L)的标定 取于 110℃ 干燥至恒重基准 NaCl 约 0.13g,精密称定,置 250ml 锥形瓶中,加蒸馏水 50ml 使溶解。加铬酸钾指示剂 1ml(约 20 滴),用 AgNO$_3$ 溶液(0.1mol/L)滴定至混悬液呈微砖红色为终点。平行操作 3 次。

4. NH$_4$SCN 标准溶液(0.1mol/L)的标定 精密量取 AgNO$_3$ 溶液(0.1mol/L)25.00ml,置 250ml 锥形瓶中,加蒸馏水 20ml、6mol/L HNO$_3$ 溶液 5ml、铁铵矾指示液 2ml,用 NH$_4$SCN 溶液(0.1mol/L)滴定至溶液呈淡红棕色,剧烈振摇后仍不褪色即为终点。平行操作 3 次。

(五) 注意事项

1. 配制 AgNO$_3$ 标准溶液的水不应含有 Cl$^-$,否则配成的 AgNO$_3$ 溶液会出现白色混浊,不能应用。

2. 加入 HNO$_3$ 溶液是为了防止铁铵矾中 Fe^{3+} 的水解,所用的 HNO$_3$ 不应含有氮的低价氧化物,因为它能与 SCN$^-$ 或 Fe^{3+} 反应生成红色物质。如 NO、SCN、Fe(NO)$^{3+}$ 影响终点观察。用新煮沸放冷的 HNO$_3$ 即可。

3. 标定 NH$_4$SCN 溶液(0.1mol/L)时必须强烈振摇,因为析出的沉淀 AgSCN 吸附 Ag$^+$,如不振摇充分;终点会提前出现。

(六) 思考题

1. 按指示终点的方法不同,AgNO$_3$ 标准溶液的标定分为几种方法? 说明每种方法的原理及滴定条件。

2. 配制 AgNO$_3$ 溶液前应注意检查什么? 为什么? 应如何检查?

3. 铁铵矾指示剂法中,能否用 Fe(NO$_3$)$_3$ 或 FeCl$_3$ 作为指示剂?

实验十九 莫尔法测定可溶性氯化物中氯的含量

(一) 实验目的

1. 掌握莫尔法测定氯化物的基本原理。
2. 掌握莫尔法测定的反应条件。

(二) 实验原理

莫尔法是在中性或弱酸性溶液中,以 K$_2$CrO$_4$ 为指示剂,用 AgNO$_3$ 标准溶液直接滴定待测试液中的 Cl$^-$。主要反应如下:

$$Ag^+ + Cl^- \rightleftharpoons AgCl \downarrow (白色)$$

由于 AgCl 的溶解度小于 Ag$_2$CrO$_4$,所以当 AgCl 定量沉淀后,微过量的 Ag$^+$ 即与 CrO$_4^{2-}$ 形成砖红色的 Ag$_2$CrO$_4$ 沉淀,而且它与白色的 AgCl 沉淀一起,使溶液略带橙红色即为终点。

(三) 试剂

AgNO$_3$ 标准溶液(0.10mol/L),K$_2$CrO$_4$ 溶液(50g/L)。

(四) 实验步骤

准确称取含氯试样(含氯质量分数约为 60%)1.6g 左右于小烧杯中,加水溶解后,定量转入 250ml 容量瓶中,稀释至刻度,摇匀。准确移取 25.00ml 此试液 3 份,分别置于 250ml 锥形瓶中,加水 20ml、50g/L K$_2$CrO$_4$ 溶液 1ml,在不断摇动下,用 AgNO$_3$ 标准溶液滴定至溶液呈橙红色即为终点。根据试样质量、AgNO$_3$ 标准溶液的浓度和滴定中消耗的体积,计算

试样中 Cl^- 的含量。

必要时进行空白测定,即取 25.00ml 蒸馏水按上述同样操作测定,计算时应扣除空白测定所耗 $AgNO_3$ 标准溶液的体积。

(五) 注意事项

1. 适宜 pH 为 6.5~10.5,若有铵盐存在,pH 应控制在 6.5~7.2。

2. $AgNO_3$ 需保存在棕色瓶中,勿使 $AgNO_3$ 与皮肤接触。

3. 实验结束后,盛装 $AgNO_3$ 的滴定管先用蒸馏水冲洗 2~3 次,再用自来水冲洗,含银废液予以回收。

(六) 思考题

1. 配制好的 $AgNO_3$ 溶液要贮于棕色瓶中,并置于暗处,为什么?

2. 空白测定有何意义? K_2CrO_4 溶液的浓度大小或用量多少对测定结果有何影响?

3. 能否用莫尔法以 NaCl 标准溶液直接滴定 Ag^+? 为什么?

实验二十　溴化钾的含量测定

(一) 实验目的

1. 掌握沉淀滴定法中铬酸钾指示剂法和吸附指示剂法的原理及应用。

2. 正确判断铬酸钾指示剂及曙红指示剂的终点。

(二) 实验原理

KBr 是一种镇静药,可用沉淀滴定法中的铬酸钾(K_2CrO_4)指示剂法或吸附指示剂法测定含量。

K_2CrO_4 指示剂法是以 K_2CrO_4 作指示剂,用 $AgNO_3$ 溶液滴定溴化物。其滴定反应是:

$$Br^- + Ag^+ \rightleftharpoons AgBr \downarrow (淡黄色)$$
$$2Ag^+ + CrO_4^{2-} \rightleftharpoons Ag_2CrO_4 \downarrow (砖红色)$$

根据分步沉淀原理,计量点前先沉淀的是溶解度小的 AgBr,达到计量点时,待 Br^- 全部被 Ag^+ 结合为 AgBr 后,稍微过量一点,Ag^+ 就与 CrO_4^{2-} 结合生成砖红色的 Ag_2CrO_4 沉淀,来指示终点。

滴定只能在中性或弱碱性溶液中进行。若在酸性溶液中,则 CrO_4^{2-} 浓度降低,影响 Ag_2CrO_4 沉淀的生成。

$$2CrO_4^{2-} + 2H^+ \rightarrow 2HCrO_4^- \longrightarrow Cr_2O_7^{2-} + H_2O$$

如碱性太强,则与 OH^- 生成 Ag_2O 沉淀。

$$2Ag^+ + 2OH^- \rightleftharpoons Ag_2O \downarrow + H_2O$$

本法只适用于 pH 6.5~10.5 的溶液,若溶液酸性太大,可用硼砂或碳酸氢钠等中和。

吸附指示剂法测定 Br^-,采用曙红作指示剂,用 $AgNO_3$ 溶液滴定。滴定终点为由红色溶液转为桃红色凝乳状沉淀。

(三) 试剂

$AgNO_3$ 标准溶液(0.1mol/L),KBr 试样,K_2CrO_4 指示剂(5%),曙红钠指示剂(0.5%),糊精溶液(2%)。

(四) 实验步骤

1. 方法一　取 KBr 约 3g,精密称定,置烧杯中加少量蒸馏水溶解,定量转入 250ml 容量瓶中,加蒸馏水定容,摇匀。

精密吸取 25.00ml 上述 KBr 溶液置于 250ml 锥形瓶中,加蒸馏水 25ml 稀释,再加 K_2CrO_4 指示剂 1ml,在不断振摇下,用 $AgNO_3$ 溶液(0.1mol/L)滴定,直至浑浊溶液由淡黄色转变为橙红色。平行操作 3 次。计算 KBr 含量。

$$KBr = \frac{c_{AgNO_3} V_{AgNO_3} M_{KBr}}{S \times \dfrac{25}{100} \times 1\,000} \times 100\% \quad (M_{KBr} = 119.00\,g/mol)$$

2. 方法二 取 KBr 约 0.2g,精密称定,置 250ml 锥形瓶中加 100ml 蒸馏水溶解,再加稀 HAc 溶液 10ml 及曙红钠指示液 10 滴,用 $AgNO_3$ 溶液(0.1mol/L)滴定,至出现桃红色凝乳状沉淀为终点。每 1ml 的 $AgNO_3$ 溶液(0.1mol/L)相当于 11.90mg 的 KBr。

(五) 注意事项

1. 滴定过程中生成的 AgBr 沉淀,强烈吸附 Br^-,所以必须用力振摇。特别是用 K_2CrO_4 指示终点时,在快达终点时更需强烈振摇。

2. 用 K_2CrO_4 作指示剂指示终点时要做空白试验 用 50ml 蒸馏水加 1ml 指示剂及少量 $CaCO_3$(需不含 Cl^-、Br^-)混合后,用硝酸银标准溶液滴定至溶液显橙红色(与测定液颜色相同)为止。此项校正数应在 0.05ml 以内。由上面测定中所需硝酸银标准溶液的体积减去此项校正数,即为用于滴定 KBr 时真正所消耗之量。

(六) 思考题

1. 测定 KBr 的含量除采用沉淀滴定法外,还可选用哪些指示剂?

2. 为何在滴定过程中要不断振摇溶液?

实验二十一　葡萄糖干燥失重的测定

(一) 实验目的

1. 掌握干燥失重的测定原理与方法。

2. 熟练掌握挥发重量分析法的基本操作。

3. 掌握恒重的概念。

(二) 实验原理

干燥失重是利用挥发法测定药物干燥至恒重后减失的重量,这里的被测组分包括吸湿水、结晶水和在该条件下能挥发的物质。"恒重"系指药物连续两次干燥或灼烧后称得的重量差在 0.3mg 以下。

葡萄糖含有 1 分子结晶水和少量吸湿水,当温度达到 100℃以上时转化为水蒸气逸出,此时,葡萄糖试样中的挥发性组分也会气化逸出。《中华人民共和国药典》规定,葡萄糖在 105℃干燥至恒重,减失重量不得超过 9.5%。

(三) 仪器与试剂

分析天平,扁形称量瓶,干燥器,电热恒温箱,葡萄糖试样。

(四) 实验步骤

1. 称量瓶的干燥失重 将洗净的扁形称量瓶置于电热恒温箱中,打开瓶盖并置于称量瓶旁,于 105℃进行干燥,取出称量瓶加盖,置于干燥器中,冷却至室温,精密称定重量至恒量。

2. 试样的干燥失重测定 将 1g 混合均匀的葡萄糖试样(若试样结晶较大,应先迅速捣碎至 2mm 以下的颗粒)平铺于扁形称量瓶中,厚度不得超过 5mm,加盖,精密称定质量。置电热恒温箱中,打开瓶盖,逐渐升温,分别先60℃干燥1小时,再调至105℃干燥至恒重,然后转至干燥器中冷却至室温。平行测定3次。

由下式计算试样的干燥失重:

$$\omega_{\text{葡萄糖干燥失重}} = \frac{(\text{试样重}+\text{称量瓶重})-(\text{恒重后试样重}+\text{称量瓶重})}{\text{试样重}} \times 100\%$$

(五) 注意事项

1. 任何经过烘干的物体如称量瓶和试样,必须放置到室温后,才可以在天平上称量。如果放在空气中冷却会重新吸收水分,也会受到尘埃或其他有害烟雾的侵蚀,因此都必须放在干燥器中冷却,且试样每次在干燥器中冷却时间均应相同。

2. 称量过程应迅速完成,否则干燥试样或称量瓶在空气中露置过久吸潮而不易达到恒重。

(六) 思考题

1. 为什么葡萄糖干燥失重不宜直接置于105℃中干燥至恒重?

2. 求出的干燥失重与理论含水量相比有何不同? 为什么?

3. 什么叫恒重? 影响恒重的因素有哪些? 恒重时,几次称量数据中哪一次为真实质量?

实验二十二 芒硝中硫酸钠的含量测定

(一) 实验目的

1. 掌握沉淀、过滤、洗涤及灼烧等沉淀法的基本操作技术。

2. 掌握沉淀法的计算方法。

3. 了解晶形沉淀的条件。

(二) 实验原理

在HCl酸性溶液中,以$BaCl_2$作沉淀剂使硫酸盐生成难溶的$BaSO_4$晶形沉淀析出,经过滤、干燥、灼烧后称定$BaSO_4$质量,从而计算硫酸钠的含量。

(三) 仪器与试剂

马沸炉,坩埚,坩埚钳,无灰滤纸,$BaCl_2$溶液(5%),HCl溶液(2mol/L),$AgNO_3$(0.1mol/L)试液,稀硝酸(6mol/L),芒硝试样。

(四) 实验步骤

取芒硝试样约0.4g,精密称定,置于烧杯中,加蒸馏水200ml使溶解,加HCl(2mol/L)溶液2ml,加热至近沸,在不断搅拌下缓慢加入5%$BaCl_2$溶液(约1滴/s),直至不再产生沉淀(约15~20ml),放置过夜或置水浴上加热30分钟,静置1小时(陈化)。用无灰滤纸以倾泻法过滤,将沉淀转移到滤纸上,再用蒸馏水洗涤沉淀直至洗液不再显现Cl^-反应(用$AgNO_3$的稀硝酸溶液检查)。将沉淀干燥后转入恒重的坩埚中,灰化、灼烧至恒重。平行测定2次,按下式计算Na_2SO_4的含量。

$$\omega_{Na_2SO_4} = \frac{m \times M_{Na_2SO_4}}{S \times M_{BaSO_4}} \times 100\%$$

$M_{Na_2SO_4} = 142.04\text{g/mol}, M_{BaSO_4} = 233.38\text{g/mol}$

m:$BaSO_4$称量形式质量(g);S:芒硝试样质量(g)。

(五) 注意事项

1. 试样中若有水不溶性残渣,应将其滤除,并用稀盐酸洗涤数次,再用蒸馏水洗至不含

Cl⁻ 为止。

2. 若试样中含有 Fe^{3+} 等干扰离子,可在加 $BaCl_2$ 之前加入少量 EDTA 溶液掩蔽。

3. 为了控制晶形沉淀的条件,除试液应稀释加热外,沉淀剂 $BaCl_2$ 也可加水稀释并加热。

4. 检查试液中有无 Cl⁻ 的方法:用小试管收集 1~2ml 滤液,加入 1 滴 HNO_3(6mol/L)酸化,再加入 2 滴 $AgNO_3$ 溶液(0.1mol/L),无白色浑浊产生,则表示 Cl⁻ 已洗涤干净。

5. 坩埚放入马弗炉前,应用滤纸吸去其底部及周围的水,以免坩埚骤然受热而炸裂。

(六) 思考题

1. 结合实验说明形成晶形沉淀的条件有哪些?

2. 加 HCl 溶液的作用是什么? 若 HCl 溶液加入过多,对计算结果会有什么影响?

3. 实验中哪个步骤检查沉淀是否完全? 又在哪个步骤检查洗涤是否完全? 为什么?

实验二十三　盐酸小檗碱的含量测定

(一) 实验目的

1. 了解晶形沉淀的形成条件

2. 了解重量法的基本操作

(二) 实验原理

盐酸小檗碱为季胺型小檗碱的盐酸盐($C_{20}H_{18}O_4N \cdot Cl \cdot 2H_2O$),在冷水中微溶,在热水中易溶。在酸性条件下,以三硝基苯酚为沉淀剂,可形成苦味酸小檗碱沉淀($C_{20}H_{17}O_4N \cdot C_6H_3O_7N_3$)。

$$C_{20}H_{18}O_4N \cdot Cl + C_6H_3O_7N_3 \rightleftharpoons C_{20}H_{17}O_4N \cdot C_6H_3O_7N_3 \downarrow + HCl$$

沉淀经过滤、洗涤、干燥后,测定重量,即可计算 $C_{20}H_{18}O_4N \cdot Cl$ 的含量。

(三) 仪器与试剂

4 号垂熔玻璃漏斗,盐酸溶液(0.1mol/L),三硝基苯酚饱和水溶液,三硝基苯酚小檗碱饱和水溶液,盐酸小檗碱。

(四) 实验步骤

取盐酸小檗碱试样约 0.2g,精密称定,置 250ml 烧杯中,加入热蒸馏水 100ml 使溶解,加盐酸溶液(0.1mol/L)10ml,立即缓缓加入三硝基苯酚饱和溶液 30ml,水浴加热 15 分钟,静置 2 小时以上,用干燥至恒重的 4 号垂熔玻璃漏斗过滤,沉淀用三硝基苯酚小檗碱的饱和水溶液洗涤,然后用水洗涤 3 次,每次 15ml,抽滤至干。将坩埚置于烘箱中 100℃干燥至恒重。平行测定 2 次,按下式计算盐酸小檗碱的含量。

$$\omega_{C_{20}H_{18}O_4N \cdot Cl} = \frac{m_{C_{20}H_{17}O_4N \cdot C_6H_3O_7N_3} \times 0.658\,7}{S} \times 100\%$$

($M_{C_{20}H_{18}O_4N \cdot Cl \cdot 2H_2O} = 407.58 \text{g/mol}$, $M_{C_{20}H_{17}O_4N \cdot C_6H_3O_7N_3} = 564.56 \text{g/mol}$)

m:称量形式三硝基苯酚小檗碱质量(g);S:试样盐酸小檗碱质量(g);0.658 7:换算因子。

(五) 注意事项

1. 应缓慢加入沉淀剂,并注意搅拌。

2. 过滤前应注意检查沉淀是否完全。

(六) 思考题

1. 试样称取的克数是由什么决定的?

2. 如何检查沉淀是否完全?

3. 沉淀洗涤的方法有哪些? 哪种方法洗涤效果较好?

实验二十四　pH 测定

(一) 实验目的

1. 了解电位分析法测定溶液 pH 的原理。

2. 学会用 pH 计测定溶液 pH 的方法。

3. 通过实验,加深对溶液 pH 测定原理和方法的理解。

(二) 实验原理

直接电位滴定法测定溶液 pH,常选用 pH 玻璃电极为指示电极,饱和甘汞电极(SCE)为参比电极,与待测溶液组成原电池。

$(-)$ Ag,Ag(s),内充液|玻璃膜|试液‖KCl(饱和)|Hg_2Cl_2(s),Hg(+)

其电池电动势为:

$$E = E_{SCE} - E_{玻} = E_{SCE} - \left(K - \frac{2.303RT}{F}pH \right) = K' + \frac{2.303RT}{F}pH$$

式中,K' 是饱和甘汞电极电位、玻璃电极常数等的复合常数,在一定条件下为定值。故电池电动势与试液 pH 之间呈线性关系,pH 每变化 1 个 pH 单位,电池电动势将改变 $\frac{2.303RT}{F}$(V)。这就是直接电位法测定 pH 的理论依据。

在 25℃时,$E = K' + 0.059pH$

试液 pH 每变化 1 个单位,电池电动势将改变 0.059V。通过测定 E 就可以求出溶液的 pH 或 H^+ 的浓度,但在实际中,由于每一支玻璃电极的电极常数各不相同,同时由于试液组成的变化,利用盐桥消除液体接界电位也存在着不确定性等诸多不确定因素,使得 K' 成为一个难以预知的常数。因此,在 pH 测量中通常采用两次测量法。

即在相同条件下,首先测量 pH 准确已知的标准缓冲溶液,然后测量待测试液的 pH。设 pH_S 和 pH_X 分别表示为标准缓冲液的已知 pH 和试液的未知 pH,E_S 和 E_X 分别表示在 25℃时测量标准缓冲液和试液的电池电动势,由测量原理可知:

$$E_S = K' + 0.059pH_S$$
$$E_X = K' + 0.059pH_X$$

因在同样条件下使用同样电极对进行测量,可以认为两个 K' 近似相同,故有:

$$pH_X = pH_S + \frac{E_X - E_S}{0.059}$$

根据上式,只要测出 E_S 和 E_X,即可得到试液的 pH_X。

在两次测量法中,由于 SCE 在标准缓冲溶液和试液中的液体接界电位不可能完全相同,两者之差称为残余液体接界电位。因此,选择标准缓冲液 pH_S 应尽可能地与待测 pH_X 相接近,以减少残余液体接界电位造成的测量误差。

市售 pH 计型号很多,如 pHS-2 型、pHS-3C 型等。这些 pH 计上都有 mV 换挡按键,即可直接读出 pH,也可作为电位计直接测量电池电动势。目前,组合 pH 玻璃电极(将玻璃电极和甘汞电极组合在一起的电极体)的使用,使溶液 pH 测定更为方便。

(三) 仪器与试剂

精密 pH 计,组合玻璃电极,烧杯,碱式滴定管,移液管,被测试液,酚酞指示剂,pH 标准

笔记栏

缓冲溶液。

（四）实验步骤

1. 按照所使用的酸度计和电极的说明书操作方法进行操作,将组合电极插入相应的插座中。

2. 按下电源开关,预热仪器 30 分钟使之达到稳定。

3. pH 计的调零与校正、定位(校准) 按照仪器使用说明,调节零点;再将电极系统插入邻苯二甲酸氢钾(pH 4.003,25℃)、磷酸二氢钾 / 磷酸氢二钠标准缓冲溶液(pH 6.864,25℃)或硼砂(pH 9.182,25℃)等标准溶液中校正仪器,使 pH 读数(仪器示值)为 pH$_S$。

4. 被测试液 pH 的测定 将电极取出,用被测液将电极和烧杯冲洗 6~8 次,将电极浸于被测液中,待读数稳定后,读取并记录 pH$_x$。

5. 测定完毕,仪器旋钮复位,切断电源,将电极洗净,妥善保存。

（五）注意事项

1. 电极浸于标准缓冲液或被测液中时,请捏住电极快速搅拌数次或晃动电极支架,以使敏感玻璃及盐桥周围充满溶液。

2. pH 电极存放时应将组合电极的玻璃探头部分套在盛有氯化钾溶液(3mol/L)的塑料套内。

3. 玻璃电极的玻璃球泡玻璃膜极薄,容易破碎,应避免与硬物相接触。

（六）思考题

1. pH 计为何要使用 pH 已知的标准缓冲溶液进行校准? 校准时应注意什么问题?

2. 某被测试液的 pH 约为 9,用 pH 计准确测量其 pH 时应选用何种标准缓冲溶液进行校正?

实验二十五 乙酸电位滴定和酸常数的测定

（一）实验目的

1. 通过乙酸的电位滴定,掌握电位滴定的基本操作和滴定终点的计算方法。

2. 学会用电位滴定法测定弱酸的 pK_a。

3. 熟练掌握用 pH 计测定溶液 pH 的操作。

（二）实验原理

电位滴定法是在滴定过程中根据指示电极电位的变化来确定终点的方法。乙酸为一元弱酸,可用 NaOH 标准溶液滴定,随着滴定剂的不断加入,被测物与滴定剂发生反应,溶液 pH 不断变化,就能确定滴定终点。滴定过程中,每加一次滴定剂,测一次 pH。在接近化学计量点时,每次滴定剂加入量要小到 0.10ml 且体积相同,滴定到超过化学计量点为止。这样就得到一系列滴定剂用量 V 和相应的 pH 数据。

常用的确定滴定终点的方法有以下几种:

(1)pH-V 曲线法:以滴定剂用量 V 为横坐标,以 pH 为纵坐标,绘制 pH-V 曲线。做两条与滴定曲线相切的 45° 倾斜的直线,等分线与直线的交点即为滴定终点,如图 12-1(a)所示。

(2)一级微商[(ΔpH/ΔV)-V]曲线法:ΔpH/ΔV 代表 pH 的变化值一次微商与对应的加入滴定剂体积的增量(ΔV)的比。绘制(ΔpH/ΔV)-V 曲线的最高点即为滴定终点,如图 12-1(b)所示。

(3)二级微商法[(Δ^2pH/ΔV^2)-V]曲线法:Δ^2pH/ΔV^2 等于零时,即为滴定终点法,如图

12-1(c)所示。该法也可不经绘图而直接由内插法计算确定滴定终点。

电位滴定法还可以测定弱酸(碱)的电离常数，从 pH-V 曲线上查出 HAc 被滴定至 $1/2V_{ep}$ 时对应的 pH，即为乙酸的 pK_a。乙酸在水溶液中电离如下：

$$HAc \longleftrightarrow H^+ + A^-$$

$$K_a = \frac{[H^+][A^-]}{[HA]}$$

当乙酸被中和了一半时，溶液中 $[Ac^-]=[HAc]$，则：

$$K_a = [H^+]_{1/2V_{ep}}$$

$$pK_a = pH_{1/2V_{ep}}$$

(三) 仪器和试剂

pH 计，电磁搅拌器，组合玻璃电极(或玻璃电极和饱和甘汞电极)，25ml 碱式滴定管，200ml 小烧杯，10ml 移液管，HAc(0.1mol/L)样品溶液，NaOH(0.100 0mol/L)标准溶液，pH 4.00(25℃)的标准缓冲溶液。

(四) 实验步骤

1. 用 pH 4.003(25℃)的缓冲溶液将 pH 计定位。

2. 准确移取乙酸样品溶液 10.00ml 于小烧杯中，加水适量。放入搅拌磁子，浸入组合玻璃电极。开启电磁搅拌器，用 NaOH(0.100 0mol/L)标准溶液进行滴定，滴定开始时每点隔 1.0ml 读数一次，待到化学计量点附近时间隔 0.05ml 读数一次。记录 V_{NaOH}、pH，并按以下格式处理数据。

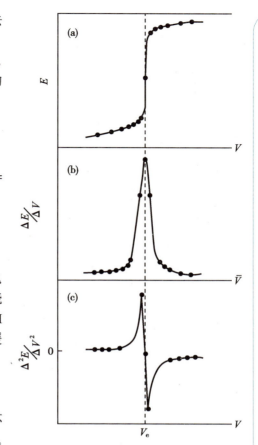

图 12-1　电位滴定法终点的确定示意图

V_{NaOH}/ml	pH	ΔpH	ΔV	ΔpH/ΔV	Δ(ΔpH/ΔV)	Δ(ΔpH/ΔV)/ΔV	Δ^2pH/ΔV^2

3. 结果

(1)绘制 pH-V 曲线，确定滴定点 V_{ep}。

(2)用二级微商法由内插法确定终点 V_{ep}。

(3)由 $1/2V_{ep}$ 法计算 HAC 的电离常数 K_a，并与文献值比较($K_a=1.7 \times 10^{-5}$)，分析产生误差的原因。

(4)计算乙酸样品溶液的浓度(mol/L)。

(五) 注意事项

1. 玻璃电极在使用前的活化，玻璃电极膜很薄易碎，使用时应十分小心。

2. 滴定开始时滴定管中 NaOH 应调节在零刻度上，滴定剂每次应准确放至相应的刻度线上。滴定过程中，读数一直保持打开，直至滴定结束，电极离开被测液时应及时将读数开关关闭。

3. 切勿把搅拌磁子同废液一起倒掉。

(六) 思考与讨论

1. 用电位滴定法确定终点与指示剂法相比有何优缺点？

2. 当乙酸完全被氢氧化钠中和时,反应终点的 pH 是否等于 7 ? 为什么?

3. 通过实验和数据处理,如何体会计量点前后若干滴时加入的小体积以相等为好?

实验二十六 永停滴定法的应用

(一) 实验目的

1. 掌握永停滴定法的原理、操作及终点的确定。

2. 熟悉永停滴定法的实验装置和操作方法。

(二) 实验原理

永停滴定法又称双指示电极电流滴定法。测定时,把两支相同的指示电极(常用微铂电极)插入试液中,在两个电极间外加一个小电压(10~200mV),然后进行滴定,观察滴定过程中两个电极的电流变化,根据滴定过程中两个电极的电流变化确定滴定终点。

终点确定方法:

1. 不可逆电对滴定可逆电对 如 $Na_2S_2O_3$ 滴定含有过量 KI 的 I_2 溶液,滴定反应为:

$$2S_2O_3^{2-} + I_2 \rightleftharpoons 2I^- + S_4O_6^{2-}$$

滴定开始至计量点前,溶液中存在 I_2/I^-,在微小的外加电压作用下,发生如下反应:

$$阳极:2I^- - 2e^- \rightleftharpoons I_2 \qquad 阴极:I_2 + 2e^- \rightleftharpoons 2I^-$$

电流计示有电流流过,并随着滴定剂体积逐渐增加,$[I_2]$ 逐渐减小,电流随之下降。计量点时,溶液中没有 I_2,电流降到最小。计量点后,随着滴定剂体积过量,产生 $S_2O_3^{2-}/S_4O_6^{2-}$,为不可逆电对,溶液中没有电流产生,滴定过程中电流(I)随滴定剂体积(V)变化曲线如图 12-2(a)所示,电流下降至零点或零点附近不动即为滴定终点。

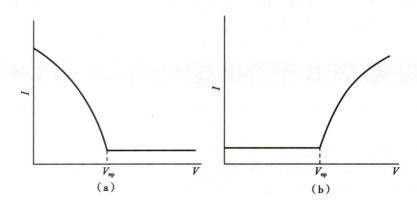

图 12-2 两种类型滴定终点判断

2. 可逆电对滴定不可逆电对 如 I_2 滴定 $Na_2S_2O_3$ 溶液:滴定开始至计量点前,由于溶液中只存在不可逆电对 $S_2O_3^{2-}/S_4O_6^{2-}$,所以电流计显示无电流通过。

计量点时,依旧无电流产生,计量点后,随着滴定剂 I_2 浓度的增大,电流增大,滴定过程中电流(I)随滴定剂体积(V)变化曲线如图 12-2(b)所示,电流由零点开始转动上升的点即为滴定终点。

(三) 仪器与试剂

永停滴定仪,铂电极,电磁搅拌器,酸式滴定管,烧杯,磁子,$Na_2S_2O_3$ 标准溶液(0.1mol/L),

I_2 标准溶液(0.05mol/L)。

(四)实验步骤

1. 安装仪器,开启仪器电源,预热至仪器稳定,调节各旋钮。

2. $Na_2S_2O_3$ 滴定 I_2 从酸式滴定管中放出约 20ml I_2 标准溶液(0.05mol/L)于干净的 100ml 小烧杯中,放入磁子,置于电磁搅拌器上。在溶液中插入两根铂电极,接上永停滴定仪,打开电源开关,调至电流最大值开始滴定。用 $Na_2S_2O_3$ 标准溶液(0.1mol/L)滴定,随时观察电流的变化情况,当电流指针不动时即为终点,记录 I_2 和 $Na_2S_2O_3$ 溶液的体积。重复滴定两次,根据所给 $Na_2S_2O_3$ 标准溶液的浓度,计算碘液的浓度。

3. I_2 滴定 $Na_2S_2O_3$ 从酸式滴定管中放出约 20ml $Na_2S_2O_3$ 标准溶液(0.1mol/L)于干净的 100ml 小烧杯中,如上操作,打开电源开关,调至电流为零开始滴定。用 I_2 标准溶液(0.05mol/L)滴定,随时观察电流的变化情况,当电流指针突然偏转很大且不再回到原位时即为终点,记录 I_2 和 $Na_2S_2O_3$ 溶液的体积。重复滴定两次,计算碘液的浓度。

(五)注意事项

1. 实验前,应检查永停滴定仪的检流计灵敏度是否适合。若灵敏度不够,必须更换;若灵敏度太高,必须衰减后使用。

2. 电极经过多次测量后钝化(电极反应不灵敏),须对铂电极进行活化处理。方法是在 HNO_3 中加入少量 $FeCl_3$,浸泡 30 分钟以上。浸泡时需将铂电极插入溶液,但勿接触器皿底部,以免弯折受损。

3. 实验结束时,要将检流计和永停装置的电流切断,将检流计置于短路。

(六)思考与讨论

1. 什么是可逆电对和不可逆电对?

2. 什么是指示电极和参比电极?本实验中使用的两个铂电极是什么电极?

3. 永停滴定法的基本原理是什么?

(陈美玲)

第十三章

设计性实验

前期基础实验技能的学习和操作,注重于培养学生掌握基本的实验理论与操作技能,中后期的设计性实验在进一步提升学生的实验理论与操作水平基础上,着重培养学生灵活运用所学分析化学基本理论、基本知识解决实际问题的能力,提升学生的全分析能力和综合实验素质,激发学生学习的自主性和积极性,培育学生的创新精神。

设计性实验是指给定实验目的、要求,由学生自行设计实验方案并加以实施的实验。它既不是基础实验的重复,又有别于毕业论文和科学研究,是在学生掌握了相关的理论知识、原理、基本实验方法与技巧,完成一定综合性实验并能分析解决一定实际问题的基础上,利用已学的理论知识和方法原理,针对特定的所要分析和解决的问题,进行实验方案的设计、优化。设计性实验不但要求学生综合多学科理论知识和实验原理来设计实验方案,还要求学生能运用已有知识分析和解决问题。因此,通过设计性实验,可以将理论课程学习与解决实际问题相结合,培养学生创新科学思维。设计性实验还有助于调动学生学习的主动性,激发学生的创造性思维,提高学生的综合实践能力。

设计性实验要求学生在确定实验选题后,根据选题的要求运用已学的理论知识、实验技能,基于现有实验设备,考虑安全性、可行性、经济性等原则,自主查阅有关书籍和资料设计实验方案。实验方案的设计应考虑以下问题:①根据选题的目的和要求,结合现有的设备及实验条件,选择简单可行的分析方法,所得到结果能够达到选题的要求;②根据试样的性质和检测要求,选择合适的试剂并确定其相关的浓度;③讨论检测中所涉及的试样处理、干扰消除、待测组分的含量范围、测定方法及对准确度的要求等。

设计性实验的实验方案应包含以下内容:①实验名称。②实验原理。包括样品处理、干扰消除、测试分析原理及数据分析原理。③仪器与试剂。列出所需的仪器设备、试剂的规格及浓度。④实验步骤。包括需要进行的条件试验;预处理(如提取、分离、纯化、鉴定及含量测定中干扰组分影响的消除等)的方法;试样的制备;试剂的配制;测试方法、测定过程、测定次数等。⑤数据处理。列出相关计算公式,并设计规范的数据记录表格。⑥参考文献。

拟定好的实验方案交指导教师评阅通过后,方可进行实验。

设计性实验的实验报告除包括上述实验方案内容外,应增加以下内容:①数据记录与处理。包括实验的原始数据、实验现象、实验数据处理和实验结果。②结果分析评价。对实验现象的讨论和对设计方案和实验结果的评价。

设计性实验完成后,教师应及时组织学生进行交流和总结,使学生的研究性学习成果得以升华。无论设计实验的成败如何,从查阅文献、设计方案、完成实验、写出实验报告到完成结果评价的全分析过程都是学生很好的学习和锻炼机会,为学生今后独立进行研究性工作奠定初步基础。

选题一　酸碱滴定设计实验

（一）题目
磷酸氢二钠 - 磷酸二氢钠混合物试样中各组分的含量测定。

（二）目的要求
　　加深学生对酸碱滴定理论的理解,掌握混合酸碱分步滴定的基本原理,进一步提高学生实验操作技能水平,培养学生查阅相关文献、资料的能力,强化学生运用酸碱滴定分析法并针对分析任务设计分析方案、解决实际问题的综合能力,实现单元教学目标。

　　本实验要求学生按照给定的酸(碱)混合试样及检测目标,先自行查阅有关资料,设计好完整实验方案,经实验指导老师审阅通过后再进行实验。

（三）提示
　　Na_2HPO_4 与 NaH_2PO_4 都是两性化合物,互为共轭酸碱对。可考虑采用酸碱滴定分析法,以及直接滴定方式。

　　1. 根据 H_3PO_4 的解离平衡,查出各级离解平衡常数分别为 $pK_{a_1}^{\ominus} = 2.12$,$pK_{a_1}^{\ominus} = 7.20$,$pK_{a_1}^{\ominus} = 12.36$；$pK_{b_1}^{\ominus} = 1.64$,$pK_{b_2}^{\ominus} = 6.80$,$pK_{b_3}^{\ominus} = 11.88$。应用弱酸(弱碱)能否被准确滴定和分步滴定的判断式 $cK_{a(b)}^{\ominus} \geqslant 10^{-8}$ 和 $K_{a_1}/K_{a_2} \geqslant 10^4$ 等进行判断。显然,NaH_2PO_4 可用 NaOH 标准溶液直接滴定到 Na_2HPO_4,而 Na_2HPO_4 则不能继续用 NaOH 标准溶液滴定;同理,Na_2HPO_4 可用 HCl 标准溶液直接滴定到 NaH_2PO_4,而 NaH_2PO_4 则不能继续用 HCl 标准溶液滴定。

　　2. 采用直接滴定的方式,滴定的操作方法也不是唯一的。例如,可用上述方法,在同一份试液中分别用 NaOH 和 HCl 标准溶液进行两次滴定;也可以取两份等量的试液,分别用 NaOH 和 HCl 标准溶液进行滴定。

　　3. Na_2HPO_4 也可以先加入适量氯化钙固体,定量置换出氢离子,再用氢氧化钠标准溶液滴定。

$$2Na_2HPO_4 + 3CaCl_2 \rightleftharpoons Ca_3(PO_4)_2 \downarrow + 4NaCl + 2HCl$$

　　4. 指示剂一般是根据滴定反应到达计量点时产物溶液的 pH 来选择的。如果计量点时产物为 Na_2HPO_4,其溶液的 $pH \approx 9.7$,则可选用酚酞(变色区间为 pH=8.0~10.0)或百里酚酞(变色区间为 pH=9.4~10.6)为指示剂;当产物为 NaH_2PO_4 时,其溶液的 $pH \approx 4.7$,则可选用甲基红(变色区间为 pH=4.4~6.2)或溴甲酚绿(变色区间为 pH=4.0~5.6)为指示剂。

　　实验方案设计还需考虑以下问题:

　　(1)可用哪几种方法进行测定? 选用的方法有哪些优势?

　　(2)按常量滴定的要求,试样取样量、处理和配制方法。

　　(3)所用试剂、标准溶液如何配制和标定?

　　(4)待测组分和标准物质之间的计量关系如何表述? 各组分含量的计算公式是什么? 含量以什么单位表示?

　　(5)实验操作的注意事项,可能出现的问题及解决方法。

选题二　配位滴定设计实验

（一）题目
Bi^{3+}、Fe^{3+} 混合溶液中 Bi^{3+} 和 Fe^{3+} 含量的测定。

(二) 目的要求

加深学生对配位滴定理论的理解,掌握返滴定法、置换滴定法以及分离掩蔽等基本方法,进一步提高学生实验操作技能水平,培养学生查阅相关文献、资料的能力,提高学生自主学习、分析解决实际问题的综合能力,实现单元教学目标。

本实验要求学生按照给定的金属离子混合试样及检测目标,先自行查阅有关资料,设计好完整实验方案,经实验指导老师审阅通过后再进行实验。

(三) 提示

金属离子含量测定的方法,可考虑采用配位滴定分析法。目前,基于配位滴定的方式有直接滴定、返滴定、置换滴定、间接滴定等。

1. 乙二胺四乙酸(EDTA)是配位滴定常用的试剂,配制溶液后,必须确定其准确浓度。可用 Zn^{2+}、$CaCO_3$ 等基准物质标定 EDTA。

2. 查出 $\lg K_{BiY} = 27.94$;$\lg K_{FeY} = 25.10$。应用金属离子能否被准确滴定和选择性滴定的判断式 $\lg c_M K'_{MY} \geqslant 6$ 和 $\Delta (\lg c_M K^\ominus_{MY}) \geqslant 6$ 等进行判断。Bi^{3+} 和 Fe^{3+} 与 EDTA 配合物的稳定性相当,不能利用控制酸度的方法分别滴定,可以考虑使用掩蔽法进行测定。利用盐酸羟胺、抗坏血酸等还原剂对 Fe^{3+} 进行掩蔽后,先选择性滴定 Bi^{3+},然后再测定还原产物 Fe^{2+}。也可另外测定 Bi^{3+}、Fe^{3+} 总量。

3. 金属指示剂一般是根据滴定反应所用的 pH 来选择的。如铬黑 T 指示剂适用酸度范围为 pH=9.0~10.5 ;二甲酚橙指示剂适用酸度范围为 pH<6。金属指示剂在多种离子分别测定时也可连续使用。

实验方案设计还需考虑以下问题:

(1) 可用哪几种方法进行测定? 选用的方法有哪些优势?

(2) 如何控制溶液的酸度,保证两种离子的准确滴定?

(3) 如何合理选择使用指示剂,保障准确指示终点?

(4) 实验操作的注意事项,可能出现的问题及解决方法。

选题三 氧化还原滴定设计实验

(一) 题目
中药昆布中碘含量的测定。

(二) 目的要求

加深学生对氧化还原滴定法定量分析的思路与方法的理解,进一步提高学生实验操作技能水平,考查学生灵活运用知识分析、解决问题的能力,提高学生自主学习能力,实现单元教学目标。

本实验要求学生按照给定的选题及检测目标,先自行查阅有关资料,设计好完整实验方案,经实验指导老师审阅通过后再进行实验。

(三) 提示

中药昆布为翅藻科植物,具有软坚散结作用。昆布中富含碘,一般采用间接碘量法测定碘含量。可参考以下反应进行设计:

$$BrO_3^- + 5Br^- + 6H^+ \rightleftharpoons 3Br_2 + 3H_2O$$

$$I^- + 3Br_{2(过量)} + 3H_2O \rightleftharpoons IO_3^- + 6Br^- + 6H^+$$

$$Br_{2(余)} + HCOONa \rightleftharpoons CO_2 + NaBr + HBr$$

$$IO_3^- + 5I^-_{(过量)} + 6H^+ \rightleftharpoons 3I_2 + 3H_2O$$

$$I_2 + 2S_2O_3^{2-} \rightleftharpoons S_4O_6^{2-} + 2I^-$$

实验方案设计还需考虑以下问题：

(1) 分析中药植物药或矿物药时，药物中含有泥沙等外来杂质如何处理？

(2) 根据昆布中碘含量要求估算取样量，并处理样品使碘游离出来。

(3) 测定所用滴定剂、指示剂是什么？采用何种滴定方式？

(4) 标准溶液如何配制和标定？

选题四　电位分析法与永停滴定法设计实验

(一) 题目
苯巴比妥含量测定。

(二) 目的要求
熟悉电位滴定法终点确定方法原理、特点和应用，掌握电位分析法滴定原理和方法。考查学生灵活运用知识分析、解决问题的能力，提高学生自主学习能力，实现单元教学目标。

本实验要求学生按给定的选题先自行查阅有关资料，并设计好实验方案，经实验指导老师审阅通过后再进行实验。

(三) 提示
1. 可用硝酸银标准溶液滴定苯巴比妥，首先形成可溶性的一银盐。继续用硝酸银标准溶液滴定，稍过量的银离子与苯巴比妥形成难溶的二银盐沉淀，溶液呈现浑浊状态，可以此指示滴定终点。但是由于接近终点时反应较慢，观察出现浑浊的终点较难掌握，所以常采用电位滴定法确定滴定终点。

2. 可使用银电极为指示电极，饱和甘汞电极为参比电极。为避免饱和甘汞电极中 Cl^- 进入试样溶液产生干扰，需采用外加硝酸钾盐桥的双液接电极。由于滴定前加入浓度较高的碳酸钠溶液，滴定过程中溶液的 pH 可保持稳定不变，故实际工作中常用银电极为指示电极，pH 玻璃电极为参比电极。

苯巴比妥分子结构

225

3. 滴定终点的确定 ①以电动势(E)为纵坐标,以消耗的标准溶液体积(V)为横坐标,绘制 E-V 曲线,此曲线的拐点所对应的体积即为滴定终点。②采用一阶导数法确定终点。以 $\Delta E/\Delta V$(即 E-V 曲线上相邻两数据的电动势差值与消耗标准溶液的体积差值之比)为纵坐标,以 $\bar{V}$(即相邻两数据所消耗标准溶液体积的平均值)为横坐标,绘制($\Delta E/\Delta V$)-$\bar{V}$ 曲线,$\Delta E/\Delta V$ 的极大值所对应的体积即为滴定终点。③采用二阶导数法确定终点。根据($\Delta E/\Delta V$)-$\bar{V}$ 曲线,再次求导,绘制($\Delta^2 E/\Delta^2 V$)-$\bar{V}$ 曲线,$\Delta^2 E/\Delta^2 V$ 为零时所对应的体积即为滴定终点。也可用二阶微商内插法计算终点体积。

实验方案设计还需考虑以下问题:

(1)电位分析法时所使用的玻璃仪器均应预先洗净并干燥。

(2)含量测定中为什么要用新制的无水碳酸钠溶液?

(3)滴定必须严格控制温度,《中华人民共和国药典》(2020 年版)规定在 15~20℃进行。

(4)硝酸银标准溶液的配制与保存。

选题五 沉淀滴定设计实验

(一) 题目

盐酸麻黄碱含量测定。

(二) 目的要求

加深学生对沉淀滴定法定量分析的思路与方法的理解,进一步提高学生实验操作技能水平,考查学生灵活运用知识,分析、解决问题的能力,提高学生自主学习能力,实现单元教学目标。

本实验要求学生按照给定的选题及检测目标,先自行查阅有关资料,设计好完整实验方案,经实验指导老师审阅通过后再进行实验。

(三) 提示

1. 根据试样中待测物盐酸麻黄碱(B·HCl)的性质可选择的化学分析方法有多种,其中以酸碱非水滴定法和沉淀滴定法较为常用。

盐酸麻黄碱的结构

2. 沉淀滴定法 用银量法测定盐酸麻黄碱的含量,采用吸附指示剂法,以溴酚蓝(HBs)为指示剂,硝酸银为滴定剂,终点时浑浊液由黄绿色转变为灰紫色。为了让氯化银保持较强的吸附能力,应使沉淀保持胶体状态,为此,可将溶液适当稀释并加入糊精溶液保护胶体状态,终点颜色变化明显。其滴定反应为:

$$B·HCl + AgNO_3 \rightleftharpoons B·HNO_3 + AgCl \downarrow$$

终点前: Cl^-(过量) $\qquad (AgCl)Cl^- \mid M^+$

终点时: Ag^+(过量) $\qquad (AgCl)Ag^- \mid M^+$

$\qquad\quad Bs^-$(黄绿色) $\qquad (AgCl)Ag^- \mid Bs^-$(灰紫色)

实验方案设计还需考虑以下问题:

(1)银量法滴定时应剧烈振摇,使 AgCl 沉淀吸附的 Cl^- 释放出来,防止终点提前。

（2）银量法测定盐酸麻黄碱时加入乙酸和糊精的作用是什么？

选题六 综合设计实验

（一）题目

自然铜中 FeS_2 的含量测定。

（二）目的要求

学习掌握复杂样品含量分析测定，考查学生实验操作技能水平，考查学生查阅相关文献资料的能力，考查学生综合运用所学理论知识分析、解决实际问题的能力。

本实验要求学生按照给定的选题及检测目标，先自行查阅有关资料，设计好完整实验方案，经实验指导老师审阅通过后再进行实验。

（三）提示

1. 自然铜为硫化物类铁矿族矿物黄铁矿，又名石髓铅（《雷公炮炙论》）、方块铜（《药材学》）。自然铜属于等轴晶系的晶体，主要成分为二硫化铁（FeS_2），还有少量铜、镍、砷、锑等杂质。采挖后除去杂质，洗净、干燥、砸碎，或以火煅、醋淬至表面呈黑褐色、光泽消失、酥松为度，晒干，碾粗末。它是历版《中华人民共和国药典》收载的中医临床伤科常用药之一，已有一千多年的药用历史，是常用活血化瘀止痛药物，有散瘀止痛、续筋接骨的功效。

2. 本选题为非常见实验课程选题。根据样品性质、目的要求，有多种实验方案。可采用氧化还原滴定法如重铬酸钾或者高锰酸钾滴定法进行测定；也可以将样品二硫化铁氧化后转化成 Fe^{3+} 与硫酸根，然后用沉淀法测定铁或者硫。请运用所学知识，查找文献自行设计实验方案，应该遵循简单、可行、经济、安全原则。

设计实验方案还需考虑以下问题：

（1）样品如何采集？如何预处理？

（2）样品成分复杂，干扰成分的影响如何消除？

（3）实验过程较为复杂，最后的实验结果如何处理？

（陈 慧）

◇◇◇ 附 录 ◇◇◇

附录 1 元素的相对原子质量

[按照原子序数排列，以 $Ar(^{12}C)=12$ 为基准]

元素			原子序	相对原子质量	元素			原子序	相对原子质量
符号	名称	英文名			符号	名称	英文名		
H	氢	hydrogen	1	[1.007 8,1.008 2]	V	钒	vanadium	23	50.942
He	氦	helium	2	4.002 6	Cr	铬	chromium	24	51.996
Li	锂	lithium	3	[6.938,6.997]	Mn	锰	manganese	25	54.938
Be	铍	beryllium	4	9.012 2	Fe	铁	iron	26	55.845(2)
B	硼	boron	5	[10.806,10.821]	Co	钴	cobalt	27	58.933
C	碳	carbon	6	[12.009,12.012]	Ni	镍	nickel	28	58.693
N	氮	nitrogen	7	[14.006,14.008]	Cu	铜	copper	29	63.546(3)
O	氧	oxygen	8	[15.999,16.000]	Zn	锌	zinc	30	65.38(2)
F	氟	fluorine	9	18.998	Ga	镓	gallium	31	69.723
Ne	氖	neon	10	20.180	Ge	锗	germanium	32	72.630(8)
Na	钠	sodium	11	22.990	As	砷	arsenic	33	74.922
Mg	镁	magnesium	12	[24.304,24.307]	Se	硒	selenium	34	78.971(8)
Al	铝	aluminum	13	26.982	Br	溴	bromine	35	[79.901,79.907]
Si	硅	silicon	14	[28.084,28.086]	Kr	氪	krypton	36	83.798(2)
P	磷	phosphorus	15	30.974	Rb	铷	rubidium	37	85.468
S	硫	sulphur	16	[32.059,32.076]	Sr	锶	strontium	38	87.62
Cl	氯	chlorine	17	[35.446,35.457]	Y	钇	yttrium	39	88.906
Ar	氩	argon	18	[39.792,39.963]	Zr	锆	zirconium	40	91.224(2)
K	钾	potassium	19	39.098	Nb	铌	niobium	41	92.906
Ca	钙	calcium	20	40.078(4)	Mo	钼	molybdenum	42	95.95
Sc	钪	scandium	21	44.956	Tc	锝	technetium	43	[97]
Ti	钛	titanium	22	47.867	Ru	钌	ruthenium	44	101.07(2)

续表

符号	名称	英文名	原子序	相对原子质量	符号	名称	英文名	原子序	相对原子质量
Rh	铑	rhodium	45	102.91	Pb	铅	lead	82	207.2
Pd	钯	palladium	46	106.42	Bi	铋	bismuth	83	208.98
Ag	银	silver	47	107.87	Po	钋	polonium	84	[209]
Cd	镉	cadmium	48	112.41	At	砹	astatine	85	[210]
In	铟	indium	49	114.82	Rn	氡	radon	86	[222]
Sn	锡	tin	50	118.71	Fr	钫	francium	87	[223]
Sb	锑	antimony	51	121.76	Ra	镭	radium	88	[226]
Te	碲	tellurium	52	127.60(3)	Ac	锕	actinium	89	[227]
I	碘	iodine	53	126.90	Th	钍	thorium	90	232.04
Xe	氙	xenon	54	131.29	Pa	镤	protactinium	91	231.04
Cs	铯	cesium	55	132.91	U	铀	uranium	92	238.03
Ba	钡	barium	56	137.33	Np	镎	neptunium	93	[237]
La	镧	lanthanum	57	138.91	Pu	钚	plutonium	94	[244]
Ce	铈	cerium	58	140.12	Am	镅	americium	95	[243]
Pr	镨	praseodymium	59	140.91	Cm	锔	curium	96	[247]
Nd	钕	neodymium	60	144.24	Bk	锫	berkelium	97	[247]
Pm	钷	promethium	61	[145]	Cf	锎	californium	98	[251]
Sm	钐	samarium	62	150.36(2)	Es	锿	einsteinium	99	[252]
Eu	铕	europium	63	151.96	Fm	镄	fermium	100	[257]
Gd	钆	gadolinium	64	157.25(3)	Md	钔	mendelevium	101	[258]
Tb	铽	terbium	65	158.93	No	锘	nobelium	102	[259]
Dy	镝	dysprosium	66	162.50	Lr	铹	lawrencium	103	[262]
Ho	钬	holmium	67	164.93	Rf	𬬻	rutherfordium	104	[267]
Er	铒	erbium	68	167.26	Db	𬭊	dubnium	105	[268]
Tm	铥	thulium	69	168.93	Sg	𬭳	seaborgium	106	[271]
Yb	镱	ytterbium	70	173.05	Bh	𬭛	bohrium	107	[270]
Lu	镥	lutetium	71	174.97	Hs	𬭶	hassium	108	[277]
Hf	铪	hafnium	72	178.49(2)	Mt	鿏	meitnerium	109	[276]
Ta	钽	tantalum	73	180.95	Ds	𫟼	darmstadtium	110	[281]
W	钨	tungsten	74	183.84	Rg	𬬭	roentgenium	111	[282]
Re	铼	rhenium	75	186.21	Cn	鿔	copernicium	112	[285]
Os	锇	osmium	76	190.23(3)	Nh	𬭶	nihonium	113	[285]
Ir	铱	iridium	77	192.22	Fl	铁	flerovium	114	[289]
Pt	铂	platinum	78	195.08	Mc	镆	moscovium	115	[289]
Au	金	gold	79	196.97	Lv	𫟷	livermorium	116	[293]
Hg	汞	mercury	80	200.59	Ts	鿬	tennessine	117	[294]
Tl	铊	thallium	81	[204.38, 204.39]	Og	𫠆	oganesson	118	[294]

注: 参考 2018 年 IUPAC 国际相对原子质量表。( )表示最后一位的不确定性。[a,b]表示原子质量的区间范围,例如,某元素 E 的原子质量为[a,b],即表示 $a \leqslant Ar(E) \leqslant b$。[ ]中的数值为没有稳定同位素元素的半衰期最长同位素的质量数。

附录 2　常用化合物的相对分子质量

[根据元素的相对原子质量(2018)计算]

分子式	相对分子质量	分子式	相对分子质量
AgBr	187.77	$KBrO_3$	167.00
AgCl	143.32	KCl	74.548
AgI	234.77	$KClO_4$	138.54
$AgNO_3$	169.87	K_2CO_3	138.20
Al_2O_3	101.96	K_2CrO_4	194.19
As_2O_3	197.84	$K_2Cr_2O_7$	294.18
$BaCl_2 \cdot 2H_2O$	244.26	KH_2PO_4	136.08
BaO	153.33	$KHSO_4$	136.16
$Ba(OH)_2 \cdot 8H_2O$	315.46	KI	166.00
$BaSO_4$	233.38	KIO_3	214.00
$CaCO_3$	100.09	$KIO_3 \cdot HIO_3$	389.91
CaO	56.077	$KMnO_4$	158.03
$Ca(OH)_2$	74.092	KNO_2	85.103
CO_2	44.009	KOH	56.105
CuO	79.545	K_2PtCl_6	485.98
Cu_2O	143.09	KSCN	97.176
$CuSO_4 \cdot 5H_2O$	249.68	$MgCO_3$	84.313
FeO	71.844	$MgCl_2$	95.205
Fe_2O_3	159.69	$MgSO_4 \cdot 7H_2O$	246.47
$FeSO_4 \cdot 7H_2O$	278.01	$MgNH_4PO_4 \cdot 6H_2O$	245.40
$FeSO_4 \cdot (NH_4)_2SO_4 \cdot 6H_2O$	392.12	MgO	40.304
H_3BO_3	61.831	$Mg(OH)_2$	58.319
HCl	36.458	$Mg_2P_2O_7$	222.55
$HClO_4$	100.45	$Na_2B_4O_7 \cdot 10H_2O$	381.36
HNO_3	63.012	NaBr	102.89
H_2O	18.015	NaCl	58.440
H_2O_2	34.014	Na_2CO_3	105.99
H_3PO_4	97.994	$NaHCO_3$	84.006
H_2SO_4	98.072	$Na_2HPO_4 \cdot 12H_2O$	358.14
I_2	253.81	$NaNO_2$	68.995
$KAl(SO_4)_2 \cdot 12H_2O$	474.37	Na_2O	61.979
KBr	119.00	NaOH	39.997

续表

分子式	相对分子质量	分子式	相对分子质量
$Na_2S_2O_3$	158.10	SO_2	64.058
$Na_2S_2O_3 \cdot 5H_2O$	248.17	SO_3	80.057
NH_3	17.031	ZnO	81.379
NH_4Cl	53.489	CH_3COOH（乙酸）	60.052
NH_4OH	35.046	$H_2C_2O_4 \cdot 2H_2O$	126.06
$(NH_4)_3PO_4 \cdot 12MoO_3$	1876.6	$KHC_4H_4O_6$（酒石酸氢钾）	188.18
$(NH_4)_2SO_4$	132.13	$KHC_8H_4O_4$（邻苯二甲酸氢钾）	204.22
$PbCrO_4$	323.19	$Na_2C_2O_4$（草酸钠）	134.00
PbO_2	239.20	$NaC_7H_5O_2$（苯甲酸钠）	144.10
$PbSO_4$	303.26	$Na_3C_6H_5O_7 \cdot 2H_2O$（枸橼酸钠）	294.10
P_2O_5	141.94	$Na_2H_2C_{10}H_{12}O_8N_2 \cdot 2H_2O$（EDTA二钠二水合物）	372.24
SiO_2	60.083		

附录 3　中华人民共和国法定计量单位

我国法定计量单位包括：
(1) 国际单位制（SI）的基本单位
(2) 国际单位制的辅助单位
(3) 国际单位制中具有专门名称的导出单位
(4) 国家选定的非国际单位制单位
(5) 由以上单位构成的组合形式的单位
(6) 由词头和以上单位所构成的十进倍数和分数单位

附表 3-1　国际单位制（SI）的基本单位

量的名称	单位名称	单位符号
长度	米	m
质量	千克	kg
时间	秒	s
电流强度	安［培］	A
热力学温度	开［尔文］	K
发光强度	坎［德拉］	cd
物质的量	摩［尔］	mol

附表 3-2　国际单位制的辅助单位

量的名称	单位名称	单位符号
平面角	弧度	rad
立体角	球面度	sr

附表 3-3　国际单位制中具有专门名称的导出单位

量的名称	单位名称	单位符号	用其他国际制单位表示的关系式	用国际制基本单位表示的关系式
频率	赫［兹］	Hz		s^{-1}
力, 重力	牛［顿］	N		$m \cdot kg \cdot s^{-2}$
压力, 压强, 应力	帕［斯卡］	Pa	N/m^2	$m^{-1} \cdot kg \cdot s^{-2}$
能, 功, 热量	焦［耳］	J	$N \cdot m$	$m^2 \cdot kg \cdot s^{-2}$
功率, 辐射通量	瓦［特］	W	J/s	$m^2 \cdot kg \cdot s^{-3}$
电量, 电荷	库［仑］	C	—	$s \cdot A$
电位, 电压, 电动势	伏［特］	V	W/A	$m^2 \cdot kg \cdot s^{-3} \cdot A^{-1}$
电容	法［拉］	F	C/V	$m^{-2} \cdot kg^{-1} \cdot s^4 \cdot A^2$
电阻	欧［姆］	Ω	V/A	$m^2 \cdot kg \cdot s^{-3} \cdot A^{-2}$
电导	西［门子］	S	A/V	$m^{-2} \cdot kg^{-1} \cdot s^3 \cdot A^2$
磁通量	韦［伯］	Wb	$V \cdot s$	$m^2 \cdot kg \cdot s^{-2} \cdot A^{-1}$
磁通量密度, 磁感应强度	特［斯拉］	T	Wb/m^2	$kg \cdot s^{-2} \cdot A^{-1}$
电感	亨［利］	H	Wb/A	$m^2 \cdot kg \cdot s^{-2} \cdot A^{-2}$
摄氏温度	摄氏度	℃	—	—
光通量	流［明］	lm	—	$cd \cdot sr$
［光］照度	勒［克斯］	lx	lm/m^2	$m^{-2} \cdot cd \cdot sr$
［放射性］活度	贝可［勒尔］	Bq	—	s^{-1}
吸收计量	戈［瑞］	Gy	J/kg	$m^2 \cdot s^{-2}$
剂量当量	希［沃特］	Sv	J/kg	$m^2 \cdot s^{-2}$

附表 3-4　国家选定的非国际单位制单位

量的名称	单位名称	单位符号	换算关系和说明
时间	分	min	1min=60s
	［小］时	h	1h=60min=3 600s
	天（日）	d	1d=24h=86 400s
平面角	［角］秒	(″)	$1'' = (\pi/648\,000) \text{rad}$
	［角］分	(′)	$1' = 60'' = (\pi/10\,800) \text{rad}$
	度	(°)	$1° = 60' = (\pi/180) \text{rad}$
旋转速度	转/分	r/min	$1\text{r/min} = (1/60) s^{-1}$
长度	海里	n mile	1n mile=1 852m（只用于航程）
速度	节	kn	1kn=1n mile/h=（1 852/3 600）m/s（只用于航程）
质量	吨	t	$1t = 10^3 kg$
	原子质量单位	u	$1u \approx 1.660\,538\,921(73) \times 10^{-27} kg$

续表

量的名称	单位名称	单位符号	换算关系和说明
体积	升	L	$1L=1dm^3=10^{-3}m^3$
能量	电子伏	eV	$1eV \approx 1.602\,176\,565(35) \times 10^{-19}J$
级差	分贝	dB	$1tex=1g/km$
线密度	特[克斯]	tex	

附表 3-5　用于构成十进倍数和分数单位的词头

因数	词头名称	词头符号	因数	词头名称	词头符号
10^{18}	艾[可萨](exa)	E	10^{-1}	分(deci)	d
10^{15}	拍[它](peta)	P	10^{-2}	厘(centi)	c
10^{12}	太[拉](tera)	T	10^{-3}	毫(milli)	m
10^{9}	吉[咖](giga)	G	10^{-6}	微(micro)	μ
10^{6}	兆(mega)	M	10^{-9}	纳[诺](nano)	n
10^{3}	千(kilo)	K	10^{-12}	皮[可](pico)	p
10^{2}	百(hecto)	h	10^{-15}	飞[母托](femto)	f
10^{1}	十(deca)	da	10^{-18}	阿[托](atto)	a

附录 4　国际制(SI)单位与 cgs 单位换算及常用物理化学常数

附表 4-1　国际制(SI)单位与 cgs 单位换算表

物理量	cgs 单位		SI 单位		由 cgs 换算成 SI
	名称	符号	名称	符号	
长度	厘米	cm	米	m	$10^{-2}m$
	埃	Å			$10^{-10}m$
	微米	μm			$10^{-6}m$
	纳米	nm			$10^{-9}m$
质量	克	g	千克	kg	$10^{-3}kg$
	吨	t			$10^{3}kg$
	磅	lb			$0.453\,592\,37kg$
	原子质量单位	u			$1.660\,538\,921(73) \times 10^{-27}kg$
时间	秒	s	秒	s	
电流	安培	A	安培	A	
面积	平方厘米	cm^2	平方米	m^2	$10^{-4}m^2$
体积	升	L	立方米	m^3	$10^{-3}m^3$
	立方厘米	cm^3			$10^{-6}m^3$
能量	尔格	erg	焦耳	J	$10^{-7}J$
功率	瓦特	W	瓦特	W	
密度		$g\cdot cm^{-3}$		$kg\cdot m^{-3}$	$10^{3}kg\cdot m^{-3}$
浓度	摩尔浓度	M(mol/L)	摩尔每立方米	$mol\cdot m^{-3}$	$10^{3}mol\cdot m^{-3}$

附表 4-2　常用物理和化学常数

常数名称	换算关系
电子的电荷	$e=1.602\ 176\ 565(35)\times10^{-19}C$
Plank 常数	$h=6.626\ 069\ 57(29)\times10^{-34}J\cdot s$
光速（真空）	$c=2.997\ 924\ 58\times10^{8}m\cdot s^{-1}$
摩尔气体常数	$R=8.314\ 462\ 1(75)J\cdot mol^{-1}\cdot K^{-1}$
Avogadro 常数	$N_A=6.022\ 141\ 29(27)\times10^{23}mol^{-1}$
Fraday 常数	$F=96\ 485.336\ 5(21)C\cdot mol^{-1}$
电子静止质量	$m_e=9.109\ 382\ 91(40)\times10^{-31}kg$
Bohr 半径	$a_o=0.529\ 177\ 210\ 92(17)\times10^{-10}m$
元素的相对原子质量	$lu=1.660\ 538\ 921(73)\times10^{-27}kg$

注: 常数值扩号中的数字代表该数值的误差（最末 1~2 位），例如：$h=6.626\ 069\ 57(29)\times10^{-34}J\cdot s$，即 $h=(6.626\ 069\ 57\pm0.000\ 000\ 29)\times10^{-34}J\cdot s$。其他类推。

附录 5　常用酸、碱在水中的离解常数（25℃）

化合物	英文名称	分子式	分步	K_a	pK_a
无机酸					
砷酸	arsenic acid	H_3AsO_4	1	5.5×10^{-3}	2.26
			2	1.7×10^{-7}	6.76
			3	3.2×10^{-12}	11.29
亚砷酸	arsenious acid	H_2AsO_3		5.1×10^{-10}	9.29
硼酸	boric acid	H_3BO_3	1	5.4×10^{-10}	9.27（20℃）
			2		>14（20℃）
碳酸	carbonic acid	H_2CO_3	1	4.5×10^{-7}	6.35
			2	4.7×10^{-11}	10.33
铬酸	chromic acid	H_2CrO_4	1	0.18	0.74
			2	3.2×10^{-7}	6.49
氢氟酸	hydrofluoric acid	HF		6.3×10^{-4}	3.20
氢氰酸	hydrocyanic acid	HCN		6.2×10^{-10}	9.21
氢硫酸	hydrogen sulfide	H_2S	1	8.9×10^{-8}	7.05
			2	1.0×10^{-19}	19
过氧化氢	hydrogen peroxide	H_2O_2		2.4×10^{-12}	11.62
次溴酸	hypobromous acid	HBrO		2.8×10^{-9}	8.55
次氯酸	hypochlorous acid	HClO		4.0×10^{-8}	7.40
次碘酸	hypoiodous acid	HIO		3.2×10^{-11}	10.50
碘酸	iodic acid	HIO_3		0.17	0.78

化合物	英文名称	分子式	分步	K_a	pK_a
亚硝酸	nitrous acid	HNO_2		5.6×10^{-4}	3.25
高氯酸	perchloric acid	$HClO_4$			$-1.6(20℃)$
高碘酸	periodic acid	HIO_4		2.3×10^{-2}	1.64
磷酸	phosphoric acid	H_3PO_4	1	6.9×10^{-3}	2.16
			2	6.2×10^{-8}	7.21
			3	4.8×10^{-13}	12.32
亚磷酸	phosphorous acid	H_3PO_3	1	5.0×10^{-2}	$1.30(20℃)$
			2	2.0×10^{-7}	$6.70(20℃)$
焦磷酸	pyrophosphoric acid	$H_4P_2O_7$	1	0.12	0.91
			2	7.9×10^{-3}	2.10
			3	2.0×10^{-7}	6.70
			4	4.8×10^{-10}	9.32
硅酸	silicic acid	H_4SiO_4	1	1.6×10^{-10}	$9.9(30℃)$
			2	1.6×10^{-12}	$11.8(30℃)$
			3	1.0×10^{-12}	$12.0(30℃)$
			4	1.0×10^{-12}	$12.0(30℃)$
硫酸	sulfuric acid	H_2SO_4		1.0×10^{-2}	1.99
亚硫酸	sulfurous acid	H_2SO_3	1	1.4×10^{-2}	1.85
			2	6.3×10^{-8}	7.20
水	water	H_2O		1.01×10^{-14}	13.995
无机碱					
氨水	ammonia	$NH_3 \cdot H_2O$		5.6×10^{-10}	9.25
羟胺	hydroxylamine	NH_2OH		1.1×10^{-6}	5.94
钙离子	calcium(Ⅱ)ion	Ca^{2+}		2.5×10^{-13}	12.6
铝离子	aluminum(Ⅲ)ion	Al^{3+}		1.0×10^{-5}	5.0
钡离子	barium(Ⅱ)ion	Ba^{2+}		4.0×10^{-14}	13.4
钠离子	sodium ion	Na^+		1.6×10^{-15}	14.8
镁离子	magnesium(Ⅱ)ion	Mg^{2+}		4.0×10^{-12}	11.4
有机酸					
甲酸	formic acid	$HCOOH$		1.8×10^{-4}	3.75
乙酸	acetic acid	CH_3COOH		1.7×10^{-5}	4.76
丙烯酸	acrylic acid	$H_2CCHCOOH$		5.6×10^{-5}	4.25
苯甲酸	benzoic acid	C_6H_5COOH		6.3×10^{-5}	4.20
氯乙酸	chloroacetic acid	$CH_2ClCOOH$		1.3×10^{-3}	2.87
二氯乙酸	dichloroacetic acid	$CHCl_2COOH$		4.5×10^{-2}	1.35

续表

化合物	英文名称	分子式	分步	K_a	pK_a
三氯乙酸	trichloroacetic acid	CCl_3COOH		0.22	0.66
草酸（乙二酸）	oxalic acid	$H_2C_2O_4$	1	5.6×10^{-2}	1.25
			2	1.5×10^{-4}	3.81
己二酸	adipic acid	$(CH_2CH_2COOH)_2$	1	3.9×10^{-5}	4.41（18℃）
			2	3.9×10^{-6}	5.41（18℃）
丙二酸	malonic acid	$CH_2(COOH)_2$	1	1.4×10^{-3}	2.85
			2	2.0×10^{-6}	5.70
琥珀酸（丁二酸）	succinic acid	$(CH_2COOH)_2$	1	6.2×10^{-5}	4.21
			2	2.3×10^{-6}	5.64
马来酸（顺丁烯二酸）	maleic acid	$C_2H_2(COOH)_2$	1	1.2×10^{-2}	1.92
			2	5.9×10^{-7}	6.23
富马酸（反丁烯二酸）	fumaric acid	$C_2H_2(COOH)_2$	1	9.5×10^{-4}	3.02
			2	4.2×10^{-5}	4.38
邻苯二甲酸	phthalic acid	$C_6H_4(COOH)_2$	1	1.1×10^{-3}	2.94
			2	3.7×10^{-6}	5.43
内消旋酒石酸	*meso*-tartaric acid	$(CHOHCOOH)_2$	1	6.8×10^{-4}	3.17
			2	1.2×10^{-5}	4.91
水杨酸（邻羟基苯甲酸）	salicylic acid（2-Hydroxybenzoic acid）	$C_6H_4OHCOOH$	1	1.0×10^{-3}	2.98（20℃）
			2	2.5×10^{-14}	13.6（20℃）
苹果酸（羟基丁二酸）	malic acid	$HOCHCH_2(COOH)_2$	1	4.0×10^{-4}	3.40
			2	7.8×10^{-6}	5.11
柠檬酸	citric acid	$C_3H_4OH(COOH)_3$	1	7.4×10^{-4}	3.13
			2	1.7×10^{-5}	4.76
			3	4.0×10^{-7}	6.40
抗坏血酸	ascorbic acid	$C_6H_8O_6$	1	9.1×10^{-5}	4.04
			2	2.0×10^{-12}	11.7（16℃）
苯酚	phenol	C_6H_5OH		1.0×10^{-10}	9.99
乙醇酸（羟基乙酸）	glycolic acid（hydroxy-acetic acid）	$HOCH_2COOH$		1.5×10^{-4}	3.83
对羟基苯甲酸	*p*-hydroxy-benzoic acid	HOC_6H_5COOH	1	3.3×10^{-5}	4.48（19℃）
			2	4.8×10^{-10}	9.32（19℃）
甘氨酸	glycine	H_2NCH_2COOH	1	4.5×10^{-3}	2.35
			2	1.7×10^{-10}	9.78
丙氨酸	alanine	H_3CCHNH_2COOH	1	4.6×10^{-3}	2.34
			2	1.3×10^{-10}	9.87

续表

化合物	英文名称	分子式	分步	K_a	pK_a
L- 丝氨酸	serine	$HOCH_2CHNH_2COOH$	1	6.5×10^{-3}	2.19
			2	6.2×10^{-10}	9.21
L- 苏氨酸	threonine	$H_3CCHOHCHNH_2COOH$	1	8.1×10^{-3}	2.09
			2	7.9×10^{-10}	9.10
L- 甲硫氨酸（蛋氨酸）	methionine	$H_3CSC_3H_5NH_2COOH$	1	7.4×10^{-3}	2.13
			2	5.4×10^{-10}	9.27
L- 谷氨酸	glutamic acid	$C_3H_5NH_2(COOH)_2$	1	7.4×10^{-3}	2.13
			2	4.9×10^{-5}	4.31
			3	2.1×10^{-10}	9.67
苦味酸(2,4,6- 三硝基苯酚)	picric acid(2,4,6-trinitrophenol)	$C_6H_2OH(NO_2)_3$		0.38	0.42
* 乙二胺四乙酸	ethylenediaminetetraacetic acid	$H_6\text{-EDTA}^{2+}$	1	0.13	0.9
		$H_5\text{-EDTA}^+$	2	3.0×10^{-2}	1.6
		$H_4\text{-EDTA}$	3	1.0×10^{-2}	2.0
		$H_3\text{-EDTA}^-$	4	2.1×10^{-3}	2.67
		$H_2\text{-EDTA}^{2-}$	5	6.9×10^{-7}	6.16
		$H\text{-EDTA}^{3-}$	6	5.5×10^{-11}	10.3
有机碱					
甲胺	methylamine	CH_3NH_2		2.0×10^{-11}	10.7
正丁胺	butylamine	$CH_3(CH_2)_3NH_2$		2.5×10^{-11}	10.6
二乙胺	diethylamine	$(C_2H_5)_2NH$		1.6×10^{-11}	10.8
二甲胺	dimethylamine	$(CH_3)_2NH$		2.0×10^{-11}	10.7
乙胺	ethylamine	$C_2H_5NH_2$		2.5×10^{-11}	10.6
乙二胺	1,2-ethanediamine	$H_2NCH_2CH_2NH_2$	1	1.2×10^{-10}	9.92
			2	1.4×10^{-7}	6.86
三乙胺	triethylamine	$(C_2H_5)_3N$		1.6×10^{-11}	10.8
* 六亚甲基四胺	hexamethylenetetramine	$(CH_2)_6N_4$		7.1×10^{-6}	5.15
乙醇胺	ethanolamine	$HOCH_2CH_2NH_2$		3.2×10^{-10}	9.50
苯胺	aniline	$C_6H_5NH_2$		1.3×10^{-5}	4.87
联苯胺	benzidine	$(C_6H_4NH_2)_2$	1	2.2×10^{-5}	4.65(20℃)
			2	3.7×10^{-4}	3.43(20℃)
α- 萘胺	1-naphthylamine	$C_{10}H_9N$		1.2×10^{-4}	3.92
β- 萘胺	2-naphthylamine	$C_{10}H_9N$		6.9×10^{-5}	4.16
对甲氧基苯胺	p-anisidine	$CH_3OC_6H_4NH_2$		4.5×10^{-5}	4.35

续表

化合物	英文名称	分子式	分步	K_a	pK_a
尿素	urea	NH_2CONH_2		0.79	0.10
吡啶	pyridine	C_5H_5N		5.9×10^{-6}	5.23
马钱子碱	brucine	$C_{23}H_{26}N_2O_4$	1	9.1×10^{-7}	6.04
			2	7.9×10^{-12}	11.1
可待因	codeine	$C_{18}H_{21}NO_3$		6.2×10^{-9}	8.21
吗啡	morphine	$C_{17}H_{19}NO_3$	1	6.2×10^{-9}	8.21
			2	1.4×10^{-10}	9.85(20℃)
烟碱	nicotine	$C_{10}H_{14}N_2$	1	9.5×10^{-9}	8.02
			2	7.6×10^{-4}	3.12
毛果芸香碱	pilocarpine	$C_{11}H_{16}N_2O_2$	1	2.5×10^{-2}	1.60
			2	1.3×10^{-7}	6.90
8-羟基喹啉	8-quinolinol	$C_9H_6N(OH)$	1	1.2×10^{-5}	4.91
			2	1.6×10^{-10}	9.81
奎宁	quinine	$C_{20}H_{24}N_2O_2$	1	3.0×10^{-9}	8.52
			2	7.4×10^{-5}	4.13
番木鳖碱(士的宁)	strychnine	$C_{21}H_{22}N_2O_2$		5.5×10^{-9}	8.26

数据参考:W.M.Haynes.CRC Handbook of Chemistry and Physics [M].95th ed.Boca Raton:The Chemical Rubber Company Press,2014.

* 数据参考:武汉大学.分析化学[M].6 版.北京:高等教育出版社,2016 :393.

附录6　金属配合物的稳定常数

金属离子	离子强度(I)/ (mol/L)	n	$\lg\beta_n$
氨配合物			
Ag^+	0.5	1,2	3.24,7.05
Cd^{2+}	2	1,…,6	2.65,4.75,6.19,7.12,6.80,5.14
Co^{2+}	2	1,…,6	2.11,3.74,4.79,5.55,5.73,5.11
Cu^{2+}	2	1,…,5	4.31,7.98,11.02,13.32,12.86
Ni^{2+}	2	1,…,6	2.80,5.04,6.77,7.96,8.71,8.74
Zn^{2+}	2	1,…,4	2.37,4.81,7.31,9.46
氟配合物			
Al^{3+}	0.5	1,…,6	6.15,11.15,15.00,17.75,19.37,19.84
Fe^{3+}	0.5	1,…,6	5.28,9.30,12.06,—,15.77,—
Th^{4+}	0.5	1,2,3	7.65,13.46,18.0
TiO_2^{2+}	3	1,…,4	5.4,9.8,13.7,18.0
Sn^{4+}	*	6	25
ZrO_2^{2+}	2	1,…,3	8.80,16.12,21.94

金属离子	离子强度$(I)/$ (mol/L)	n	$\lg\beta_n$
氯配合物			
Ag^+	0.2	1,2,4	3.04,5.04,5.30
Hg^2	0.5	1,…,4	6.74,13.22,14.07,15.07
碘配合物			
Cd^{2+}	0	1,…,4	2.10,3.43,4.49,5.41
Hg^{2+}	0.5	1,…,4	12.87,23.82,27.60,29.83
氰配合物			
Ag^+	0	1,…,4	—,21.1,21.7,20.6
Hg^2	3	1,…,4	5.5,10.6,15.3,18.9
Cu^{2+}	0	1,…,4	—,24.0,28.59,30.30,
Fe^{2+}	0	6	35.0
Fe^{3+}	0	6	42.0
Hg^{2+}	0.1	1,…,4	18.0,34.7,38.5,1.5
Ni^{2+}	0.1	4	31.3,
Zn^{2+}	0.1	1,…,4	5.3,11.70,16.70,21.60
硫氰酸配合物			
Fe^{2+}	0.5	1,2	2.95,3.36
Hg^{2+}	1	1,…,4	—,17.47,—,21.23
硫代硫酸配合物			
Ag^+	0	1,…,3	8.82,13.46,14.15
Hg^{2+}	0	1,…,4	—,29.86,32.26,33.61
柠檬酸配合物			
Al^{3+}	0.5	1	20.0
Cu^{2+}	0.5	1	14.2
Fe^{3+}	0.5	1	25.0
Ni^{2+}	0.5	1	14.3
Pb^{2+}	0.5	1	12.3
Zn^{2+}	0.5	1	11.4
磺基水杨酸配合物			
Al^{3+}	0.1	1,2,3	13.20,22.83,28.89
Fe^{3+}	3	1,2,3	14.4,25.2,32.2
乙酰丙酮配合物			
Al^{3+}	0	1,2,3	8.60,15.5,21.30
Cu^{2+}	0.1	1,2	8.27,16.34
Fe^{3+}	0.1	1,2,3	11.4,22.1,26.7

金属离子	离子强度$(I)/$ (mol/L)	n	$\lg\beta_n$
邻二氮菲配合物			
Ag^+	0.1	1,2	5.02,12.07
Cd^{2+}	0.1	1,2,3	6.4,11.6,15.8
Co^{2+}	0.1	1,2,3	7.0,13.7,20.1
Cu^{2+}	0.1	1,2,3	9.1,15.8,21.0
Fe^{3+}	0.1	1,2,3	5.9,11.1,21.3
Hg^{2+}	0.1	1,2,3	—,19.65,23.35
Ni^{2+}	0.1	1,2,3	8.8,17.1,24.8
Zn^{2+}	0.1	1,2,3	6.4,12.15,17.0
乙二胺配合物			
Ag^+	0.1	1,2	4.70,7.70
Cd^{2+}	0.5	1,2,3	5.47,10.09,12.09
Cu^{2+}	1	1,2,3	10.67,20.00,21.00
Co^{2+}	1	1,2,3	5.91,10.64,13.94
Hg^{2+}	0.1	1,2	14.3,23.3
Ni^{2+}	1	1,2,3	7.52,13.80,18.06
Zn^{2+}	1	1,2,3	5.77,10.83,14.11

附录 7　金属离子的 $\lg\alpha_{M(OH)}$

金属离子	离子强度$(I)/$ (mol/L)	pH													
		1	2	3	4	5	6	7	8	9	10	11	12	13	14
Al^{3+}	2					0.4	1.3	5.3	9.3	13.3	17.3	21.3	25.3	29.3	33.3
Bi^{3+}	3	0.1	0.5	1.4	2.4	3.4	4.4	5.4							
Ca^{2+}	0.1													0.3	1.0
Cd^{2+}	3								0.1	0.5	2.0	4.5	8.1	12.0	
Co^{2+}	0.1								0.1	0.4	1.1	2.2	4.2	7.2	10.2
Cu^{2+}	0.1								0.2	0.8	1.7	2.7	3.7	4.7	5.7
Fe^{2+}	1									0.1	0.6	1.5	2.5	3.5	4.5
Fe^{3+}	3			0.4	1.8	3.7	5.7	7.7	9.7	11.7	13.7	15.7	17.7	19.7	21.7
Hg^{2+}	0.1			0.5	1.9	3.9	5.9	7.9	9.9	11.9	13.9	15.9	17.9	19.9	21.9
La^{3+}	3										0.3	1.0	1.9	2.9	3.9
Mg^{2+}	0.1											0.1	0.5	1.3	2.3

续表

金属离子	离子强度(I)/ (mol/L)	pH												
		1	2	3	4	5	6	7	8	9	10	11	12	13	14
Mn^{2+}	0.1										0.1	0.5	1.4	2.4	3.4
Ni^{2+}	0.1									0.1	0.7	1.6			
Pb^{2+}	0.1							0.1	0.5	1.4	2.7	4.7	7.4	10.4	13.4
Th^{4+}	1			0.2	0.8	1.7	2.7	3.7	4.7	5.7	6.7	7.7	8.7	9.7	
Zn^{2+}	0.1									0.2	2.4	5.4	8.5	11.8	15.5

附录 8　金属指示剂的 $\lg\alpha_{In(H)}$ 及变色点的 pM（即 pM_t）

附表 8-1　铬黑 T 的 $\lg\alpha_{In(H)}$ 及 pM_t

pH	6.0	7.0	8.0	9.0	10.0	11.0	稳定常数
$\lg\alpha_{In(H)}$	6.0	4.6	3.6	2.6	1.6	0.7	$\lg K_{a2}^{H}=6.3$；$\lg K_{a3}^{H}=11.6$
pCa_t（至红）			1.8	2.8	3.8	4.7	$\lg K_{CaIn}$ 5.4
pMg_t（至红）	1.0	2.4	3.4	4.4	5.4	6.3	$\lg K_{MgIn}$ 7.0
pMn_t（至红）	3.6	5.0	6.2	7.8	9.7	11.5	$\lg K_{MgIn}$ 9.6
pZn_t（至红）	6.9	8.3	9.3	10.5	12.2	13.9	$\lg K_{ZnIn}$ 12.9

附表 8-2　二甲酚橙的 $\lg\alpha_{In(H)}$ 及 pM_t

pH	0.0	1.0	2.0	3.0	4.0	4.5	5.0	5.5	6.0	稳定常数
$\lg\alpha_{In(H)}$	35.0	30.0	25.1	20.7	17.3	15.7	14.2	12.8	11.3	$\lg K_{a5}^{H}=6.3$
pBi_t（至红）		4.0	5.4	6.8						
pCd_t（至红）						4.0	4.5	5.0	5.5	
pHg_t（至红）							7.4	8.2	9.0	
pLa_t（至红）						4.0	4.5	5.0	5.6	
pPb_t（至红）				4.2	4.8	6.2	7.0	7.6	8.2	
pTh_t（至红）		3.6	4.9	6.3						
pZn_t（至红）						4.1	4.8	5.7	6.5	
pZr_t（至红）	7.5									

数据参考：武汉大学．分析化学［M］.6 版．北京：高等教育出版社，2016：406.

附录 9 电 极 电 位

附表 9-1 标准电极电位（$E^{\ominus}$）（18~25℃）

电极反应	$E^{\ominus}$/V
$F_2(气) + 2H^+ + 2e^- \rightleftharpoons 2HF$	3.053
$O_3 + 2H^+ + 2e^- \rightleftharpoons O_2 + H_2O$	2.076
$S_2O_8^{2-} + 2e^- \rightleftharpoons 2SO_4^{2-}$	2.010
$H_2O_2 + 2H^+ + 2e^- \rightleftharpoons 2H_2O$	1.776
$Ce^{4+} + e^- \rightleftharpoons Ce^{3+}$	1.72
$PbO_2(固) + SO_4^{2-} + 4H^+ + 2e^- \rightleftharpoons PbSO_4(固) + 2H_2O$	1.691 3
$MnO_4^- + 4H^+ + 3e^- \rightleftharpoons MnO_2(固) + 2H_2O$	1.679
$HClO_2 + 2H^+ + 2e^- \rightleftharpoons HClO + H_2O$	1.645
$HClO + H^+ + e^- \rightleftharpoons 1/2Cl_2 + H_2O$	1.611
$H_5IO_6 + H^+ + 2e^- \rightleftharpoons IO_3^- + 3H_2O$	1.601
$HBrO + H^+ + e^- \rightleftharpoons 1/2Br_2 + H_2O$	1.574
$MnO_4^- + 8H^+ + 5e^- \rightleftharpoons Mn^{2+} + 4H_2O$	1.507
$Au(Ⅲ) + 3e^- \rightleftharpoons Au$	1.498
$BrO_3^- + 6H^+ + 5e^- \rightleftharpoons 1/2Br_2 + 3H_2O$	1.482
$HClO + H^+ + 2e^- \rightleftharpoons Cl^- + H_2O$	1.482
$ClO_3^- + 6H^+ + 5e^- \rightleftharpoons 1/2Cl_2 + 3H_2O$	1.47
$PbO_2(固) + 4H^+ + 2e^- \rightleftharpoons Pb^{2+} + 2H_2O$	1.455
$ClO_3^- + 6H^+ + 6e^- \rightleftharpoons Cl^- + 3H_2O$	1.451
$2HIO + 2H^+ + 2e^- \rightleftharpoons I_2 + 2H_2O$	1.439
$BrO_3^- + 6H^+ + 6e^- \rightleftharpoons Br^- + 3H_2O$	1.423
$Au(Ⅲ) + 2e^- \rightleftharpoons Au(Ⅰ)$	1.401
$ClO_4^- + 8H^+ + 7e^- \rightleftharpoons 1/2Cl_2 + 4H_2O$	1.39
$Cr_2O_7^{2-} + 14H^+ + 6e^- \rightleftharpoons 2Cr^{3+} + 7H_2O$	1.36
$Cl_2(气) + 2e^- \rightleftharpoons 2Cl^-$	1.358 27
$O_2(气) + 4H^+ + 4e^- \rightleftharpoons 2H_2O$	1.229
$MnO_2(固) + 4H^+ + 2e^- \rightleftharpoons Mn^{2+} + 2H_2O$	1.224
$IO_3^- + 6H^+ + 5e^- \rightleftharpoons 1/2I_2 + 3H_2O$	1.195
$ClO_4^- + 2H^+ + 2e^- \rightleftharpoons ClO_3^- + H_2O$	1.189
$Br_2(水) + 2e^- \rightleftharpoons 2Br^-$	1.087 3
$Br_2(液) + 2e^- \rightleftharpoons 2Br^-$	1.066
$NO_2 + H^+ + e^- \rightleftharpoons HNO_2$	1.065
$VO_2^+ + 2H^+ + e^- \rightleftharpoons VO^{2+} + H_2O$	0.991

电极反应	$E^{\ominus}/V$
$HIO + H^+ + 2e^- \Longrightarrow I^- + H_2O$	0.987
$HNO_2 + H^+ + e^- \Longrightarrow NO(气) + H_2O$	0.983
$NO_3^- + 3H^+ + 2e^- \Longrightarrow HNO_2 + H_2O$	0.934
$H_2O_2 + 2e^- \Longrightarrow 2OH^-$	0.878
$Cu^{2+} + I^- + e^- \Longrightarrow CuI(固)$	0.86
$Hg^{2+} + 2e^- \Longrightarrow Hg$	0.851
$ClO^- + H_2O + 2e^- \Longrightarrow Cl^- + 2OH^-$	0.841
$NO_3^- + 2H^+ + e^- \Longrightarrow NO_2 + H_2O$	0.80
$Ag^+ + e^- \Longrightarrow Ag$	0.799 6
$Hg_2^{2+} + 2e^- \Longrightarrow 2Hg$	0.797 3
$Fe^{3+} + e^- \Longrightarrow Fe^{2+}$	0.771
$BrO^- + H_2O + 2e^- \Longrightarrow Br^- + 2OH^-$	0.761
$O_2(气) + 2H^+ + 2e^- \Longrightarrow H_2O_2$	0.695
$AsO_2^- + 2H_2O + 3e^- \Longrightarrow As + 4OH^-$	0.68
$2HgCl_2 + 2e^- \Longrightarrow Hg_2Cl_2(固) + 2Cl^-$	0.63
$Hg_2SO_4(固) + 2e^- \Longrightarrow 2Hg + SO_4^{2-}$	0.612 5
$MnO_4^- + 2H_2O + 3e^- \Longrightarrow MnO_2(固) + 4OH^-$	0.595
$H_3AsO_4(固) + 2H^+ + 2e^- \Longrightarrow HAsO_2 + 2H_2O$	0.560
$MnO_4^- + e^- \Longrightarrow MnO_4^{2-}$	0.558
$I_3^- + 2e^- \Longrightarrow 3I^-$	0.536
$I_2(固) + 2e^- \Longrightarrow 2I^-$	0.535 5
$Mo(VI) + e^- \Longrightarrow Mo(V)$	0.53
$Cu^+ + e^- \Longrightarrow Cu$	0.521
$4SO_2(水) + 4H^+ + 6e^- \Longrightarrow S_4O_6^{2-} + 2H_2O$	0.51
$HgCl_4^{2-} + 2e^- \Longrightarrow Hg + 4Cl^-$	0.48
$2SO_2(水) + 2H^+ + 4e^- \Longrightarrow S_2O_3^{2-} + H_2O$	0.40
$Fe(CN)_6^{3-} + e^- \Longrightarrow Fe(CN)_6^{4-}$	0.358
$Cu^{2+} + 2e^- \Longrightarrow Cu$	0.337
$VO^{2+} + 2H^+ + e^- \Longrightarrow V^{3+} + H_2O$	0.337
$BiO^+ + 2H^+ + 3e^- \Longrightarrow Bi + H_2O$	0.320
$Hg_2Cl_2(固) + 2e^- \Longrightarrow 2Hg + 2Cl^-$	0.268 08
$HAsO_2 + 3H^+ + 3e^- \Longrightarrow As + 2H_2O$	0.248
$AgCl(固) + e^- \Longrightarrow Ag + Cl^-$	0.222 33
$SbO^+ + 2H^+ + 3e^- \Longrightarrow Sb + H_2O$	0.212
$SO_4^{2-} + 4H^+ + 2e^- \Longrightarrow SO_2(水) + 2H_2O$	0.172

续表

电极反应	$E^{\ominus}/V$
$Cu^{2+} + e^- \rightleftharpoons Cu^+$	0.153
$Sn^{4+} + 2e^- \rightleftharpoons Sn^{2+}$	0.151
$S + 2H^+ + 2e^- \rightleftharpoons H_2S(气)$	0.142
$Hg_2Br_2 + 2e^- \rightleftharpoons 2Hg + 2Br^-$	0.139 23
$TiO^{2+} + 2H^+ + e^- \rightleftharpoons Ti^{3+} + H_2O$	0.1
$S_4O_6^{2-} + 2e^- \rightleftharpoons 2S_2O_3^{2-}$	0.08
$AgBr(固) + e^- \rightleftharpoons Ag + Br^-$	0.071 33
$2H^+ + 2e^- \rightleftharpoons H_2$	0.000 00
$O_2 + H_2O + 2e^- \rightleftharpoons HO_2^- + OH^-$	−0.076
$TiOCl^+ + 2H^+ + 3Cl^- + e^- \rightleftharpoons TiCl_4^- + H_2O$	−0.09
$Pb^{2+} + 2e^- \rightleftharpoons Pb$	−0.126 2
$Sn^{2+} + 2e^- \rightleftharpoons Sn$	−0.137 5
$AgI(固) + e^- \rightleftharpoons Ag + I^-$	−0.152 24
$Ni^{2+} + 2e^- \rightleftharpoons Ni$	−0.257
$H_3PO_4 + 2H^+ + 2e^- \rightleftharpoons H_3PO_3 + H_2O$	−0.276
$Co^{2+} + 2e^- \rightleftharpoons Co$	−0.28
$Tl^+ + e^- \rightleftharpoons Tl$	−0.336
$In^{3+} + 3e^- \rightleftharpoons In$	−0.338 2
$PbSO_4(固) + 2e^- \rightleftharpoons Pb + SO_4^{2-}$	−0.350 5
$SeO_3^{2-} + 3H_2O + 4e^- \rightleftharpoons Se + 6OH^-$	−0.366
$Se + 2H^+ + 2e^- \rightleftharpoons H_2Se$	−0.399
$Cd^{2+} + 2e^- \rightleftharpoons Cd$	−0.403 0
$Cr^{3+} + e^- \rightleftharpoons Cr^{2+}$	−0.407
$Fe^{2+} + 2e^- \rightleftharpoons Fe$	−0.447
$S + 2e^- \rightleftharpoons S^{2-}$	−0.476 27
$2CO_2 + 2H^+ + 2e^- \rightleftharpoons H_2C_2O_4$	−0.49
$H_3PO_3 + 2H^+ + 2e^- \rightleftharpoons H_3PO_2 + H_2O$	−0.499
$Sb + 3H^+ + 3e^- \rightleftharpoons SbH_3$	−0.510
$HPbO_2^- + H_2O + 2e^- \rightleftharpoons Pb + 3OH^-$	−0.537
$Ga^{3+} + 3e^- \rightleftharpoons Ga$	−0.549
$TeO_3^{2-} + 3H_2O + 4e^- \rightleftharpoons Te + 6OH^-$	−0.57
$2SO_3^{2-} + 3H_2O + 4e^- \rightleftharpoons S_2O_3^{2-} + 6OH^-$	−0.571
$As + 3H^+ + 3e^- \rightleftharpoons AsH_3$	−0.608
$SO_3^{2-} + 3H_2O + 4e^- \rightleftharpoons S + 6OH^-$	−0.66
$Se + 2e^- \rightleftharpoons Se^{2-}$	−0.670
$Ag_2S(固) + 2e^- \rightleftharpoons 2Ag + S^{2-}$	−0.691

续表

电极反应	$E^{\ominus}/V$
$AsO_4^{3-} + 2H_2O + 2e^- \rightleftharpoons AsO_2^- + 4OH^-$	−0.71
$Zn^{2+} + 2e^- \rightleftharpoons Zn$	−0.762 8
$2H_2O + 2e^- \rightleftharpoons H_2 + 2OH^-$	−0.827 7
$HSnO_2^- + H_2O + 2e^- \rightleftharpoons Sn + 3OH^-$	−0.909
$Cr^{2+} + 2e^- \rightleftharpoons Cr$	−0.913
$Sn(OH)_6^{2-} + 2e^- \rightleftharpoons HSnO_2^- + H_2O + 3OH^-$	−0.93
$CNO^- + H_2O + 2e^- \rightleftharpoons CN^- + 2OH^-$	−0.97
$Mn^{2+} + 2e^- \rightleftharpoons Mn$	−1.185
$ZnO_2^{2-} + 2H_2O + 2e^- \rightleftharpoons Zn + 4OH^-$	−1.215
$Al^{3+} + 3e^- \rightleftharpoons Al$	−1.676
$H_2AlO_3^- + H_2O + 3e^- \rightleftharpoons Al + 4OH^-$	−2.33
$Mg^{2+} + 2e^- \rightleftharpoons Mg$	−2.372
$Na^+ + e^- \rightleftharpoons Na$	−2.71
$Ca^{2+} + 2e^- \rightleftharpoons Ca$	−2.868
$Sr^{2+} + 2e^- \rightleftharpoons Sr$	−2.899
$Ba^{2+} + 2e^- \rightleftharpoons Ba$	−2.912
$K^+ + e^- \rightleftharpoons K$	−2.931
$Li^+ + e^- \rightleftharpoons Li$	−3.040 1

附表 9-2　某些氧化还原电对的条件电极电位（$E^{\ominus}{}'$）

电极反应	$E^{\ominus}{}'/V$	介质
$Ag(II) + e^- \rightleftharpoons Ag(I)$	1.927	4mol/L HNO₃
$Ce(IV) + e^- \rightleftharpoons Ce(III)$	1.74	1mol/L HClO₄
	1.44	0.5mol/L H₂SO₄
	1.28	1mol/L HCl
$Co^{3+} + e^- \rightleftharpoons Co^{2+}$	1.84	3mol/L HNO₃
$Co(乙二胺)_3^{3+} + e^- \rightleftharpoons Co(乙二胺)_3^{2+}$	−0.2	0.1mol/L KNO₃ + 0.1mol/L 乙二胺
$Cr(III) + e^- \rightleftharpoons Cr(II)$	−0.40	5mol/L HCl
$Cr_2O_7^{2-} + 14H^+ + 6e^- \rightleftharpoons 2Cr^{3+} + 7H_2O$	1.08	3mol/L HCl
	1.15	4mol/L H₂SO₄
	1.025	1mol/L HClO₄
$CrO_4^{2-} + 2H_2O + 3e^- \rightleftharpoons CrO_2^- + 4OH^-$	−0.12	1mol/L NaOH
$Fe(III) + e^- \rightleftharpoons Fe(II)$	0.767	1mol/L HClO₄
	0.71	0.5mol/L HCl
	0.68	1mol/L HCl
	0.68	1mol/L H₂SO₄
	0.46	2mol/L H₃PO₄
	0.51	1mol/L HCl + 0.25mol/L H₃PO₄

续表

电极反应	$E^{\ominus\prime}/V$	介质
$Fe(EDTA)^{3+} + e^- \rightleftharpoons Fe(EDTA)^{2+}$	0.12	0.1mol/L EDTA, pH=4~6
$Fe(CN)_6^{3-} + e^- \rightleftharpoons Fe(CN)_6^{4-}$	0.56	0.1mol/L HCl
$FeO_4^{2-} + 2H_2O + 3e^- \rightleftharpoons FeO_2^- + 4OH^-$	0.55	10mol/L NaOH
$I_3^- + 2e^- \rightleftharpoons 3I^-$	0.544 6	0.5mol/L H_2SO_4
$I_2(水) + 2e^- \rightleftharpoons 2I^-$	0.627 6	0.5mol/L H_2SO_4
$MnO_4^- + 8H^+ + 5e^- \rightleftharpoons Mn^{2+} + 4H_2O$	1.45	1mol/L $HClO_4$
$SnCl_6^{2-} + 2e^- \rightleftharpoons SnCl_4^{2-} + 2Cl^-$	0.14	1mol/L HCl
$Sb(V) + 2e^- \rightleftharpoons Sb(III)$	0.75	3.5mol/L HCl
$Sb(OH)_6^- + 2e^- \rightleftharpoons SbO_2^- + 2OH^- + 2H_2O$	−0.428	3mol/L NaOH
$SbO_2^- + 2H_2O + 3e^- \rightleftharpoons Sb + 4OH^-$	−0.675	10mol/L KOH
$Ti(IV) + e^- \rightleftharpoons Ti(III)$	−0.01	0.2mol/L H_2SO_4
	0.12	2mol/L H_2SO_4
	−0.04	1mol/L HCl
	−0.05	1mol/L H_3PO_4
$Pb(II) + 2e^- \rightleftharpoons Pb$	−0.32	1mol/L NaAc

数据参考：W.M.Haynes.CRC Handbook of Chem stry and Physics [M].95th ed.Boca Raton:The Chemical Rubber Company Press,2014.

附录 10　难溶化合物的溶度积（K_{sp}）（18~25℃，$I = 0$）

难溶化合物	$K_{sp}^{\ominus}$	难溶化合物	$K_{sp}^{\ominus}$	难溶化合物	$K_{sp}^{\ominus}$
$Ag_2C_2O_4$	5.40×10^{-12}	*As_2S_3	2.1×10^{-22}	$CaC_2O_4 \cdot H_2O$	2.32×10^{-9}
Ag_2CO_3	8.46×10^{-12}	*$BaC_2O_4 \cdot H_2O$	2.3×10^{-8}	$CaCO_3$	3.36×10^{-9}
Ag_2CrO_4	1.12×10^{-12}	$BaCO_3$	2.58×10^{-9}	CaF_2	3.45×10^{-11}
Ag_2S	6×10^{-30}	$BaCrO_4$	1.17×10^{-10}	$CaSO_4$	4.93×10^{-5}
Ag_2SO_4	1.20×10^{-5}	BaF_2	1.84×10^{-7}	*$Cd(OH)_2$	7.2×10^{-14}
Ag_3PO_4	8.89×10^{-17}	$BaSO_4$	1.08×10^{-10}	$CdC_2O_4 \cdot 3H_2O$	1.42×10^{-8}
$AgBr$	5.35×10^{-13}	*$Bi(OH)_3$	4×10^{-31}	$CdCO_3$	1.0×10^{-12}
$AgCl$	1.77×10^{-10}	*Bi_2S_3	1×10^{-97}	$Co(OH)_2$	5.92×10^{-15}
AgI	8.52×10^{-17}	BiI_3	7.71×10^{-19}	*$Co(OH)_3$	2×10^{-44}
*$AgOH$	2.0×10^{-8}	*$BiOCl$	1.8×10^{-31}	$Co_3(PO_4)_2$	2.05×10^{-35}
$AgSCN$	1.03×10^{-12}	*$BiPO_4$	1.3×10^{-23}	*$CoCO_3$	1.4×10^{-13}
*$Al(OH)_3$（无定形）	1.3×10^{-33}	$Ca(OH)_2$	5.02×10^{-6}	*$CoS(\alpha\text{-}CoS)$	4×10^{-21}
$AlPO_4$	9.84×10^{-21}	$Ca_3(PO_4)_2$	2.07×10^{-33}	*$CoS(\beta\text{-}CoS)$	2×10^{-25}

续表

难溶化合物	$K_{sp}^{\ominus}$	难溶化合物	$K_{sp}^{\ominus}$	难溶化合物	$K_{sp}^{\ominus}$
*Cr(OH)$_3$	6×10^{-31}	Hg$_2$SO$_4$	6.5×10^{-7}	PbCl$_2$	1.70×10^{-5}
Cu(IO$_3$)$_2 \cdot$H$_2$O	6.94×10^{-8}	HgS(黑色)	2×10^{-32}	PbCO$_3$	7.40×10^{-14}
*Cu(OH)$_2$	2.2×10^{-20}	HgS(红色)	4×10^{-33}	*PbCrO$_4$	2.8×10^{-13}
*Cu$_2$S	2×10^{-48}	K$_2$[PtCl$_6$]	7.48×10^{-6}	PbF$_2$	3.3×10^{-8}
Cu$_3$(PO$_4$)$_2$	1.40×10^{-37}	Mg(OH)$_2$	5.61×10^{-12}	PbI$_2$	9.8×10^{-9}
CuBr	6.27×10^{-9}	Mg$_3$(PO$_4$)$_2$	1.04×10^{-24}	*PbS	3×10^{-7}
CuCl	1.72×10^{-7}	MgCO$_3$	6.82×10^{-6}	PbSO$_4$	2.53×10^{-8}
CuCN	3.47×10^{-20}	MgCO$_3 \cdot$3H$_2$O	2.38×10^{-6}	*Sb$_2$S$_3$	2×10^{-93}
*CuCO$_3$	1.4×10^{-10}	MgCO$_3 \cdot$5H$_2$O	3.79×10^{-6}	*Sn(OH)$_2$	5.45×10^{-27}
CuI	1.27×10^{-2}	MgF$_2$	5.16×10^{-11}	*Sn(OH)$_4$	1×10^{-56}
*CuOH	1×10^{-14}	*MgNH$_4$PO$_4$	2×10^{-13}	*SnS	1×10^{-5}
CuS	6×10^{-16}	*Mn(OH)$_2$	2.1×10^{-13}	*SnS$_2$	2.5×10^{-27}
CuSCN	1.77×10^{-13}	MnCO$_3$	2.24×10^{-11}	*Sr$_3$(PO$_4$)$_2$	4.1×10^{-28}
Fe(OH)$_2$	4.87×10^{-17}	*MnS(晶形)	2×10^{-13}	SrCO$_3$	5.60×10^{-10}
Fe(OH)$_3$	2.79×10^{-39}	*MnS(无定形)	2×10^{-10}	*SrCrO$_4$	2.2×10^{-5}
FeCO$_3$	3.13×10^{-11}	Ni(OH)$_2$	5.48×10^{-16}	SrF$_2$	4.33×10^{-9}
FePO$_4 \cdot$2H$_2$O	9.91×10^{-16}	Ni$_3$(PO$_4$)$_2$	4.74×10^{-32}	SrSO$_4$	3.44×10^{-7}
*FeS	6×10^{2}	NiCO$_3$	1.42×10^{-7}	*Ti(OH)$_3$	1×10^{-40}
*Hg(OH)$_2$	3.0×10^{-25}	*NiS(α-NiS)	3×10^{-19}	Zn(OH)$_2$	3×10^{-17}
*Hg$_2$(OH)$_2$	2×10^{-24}	*NiS(β-NiS)	1×10^{-24}	*Zn$_2$[Fe(CN)$_6$]	4.1×10^{-16}
Hg$_2$(SCN)$_2$	3.2×10^{-20}	*NiS(γ-NiS)	2×10^{-26}	*Zn$_3$(PO$_4$)$_2$	9.1×10^{-33}
Hg$_2$Cl$_2$	1.43×10^{-18}	Pb(OH)$_2$	1.43×10^{-20}	ZnCO$_3$	1.46×10^{-10}
Hg$_2$CO$_3$	3.6×10^{-17}	*Pb(OH)$_4$	3×10^{-66}	*ZnS	2×10^{-22}
Hg$_2$I$_2$	5.2×10^{-29}	*Pb$_3$(PO$_4$)$_2$	8.0×10^{-43}		
*Hg$_2$S	1×10^{-47}	PbBr$_2$	6.60×10^{-6}		

数据参考：W.M.Haynes.CRC Handbook of Chemistry and Physics [M].95th ed.Boca Raton：The Chemical Rubber Company Press，2014.

* 数据参考：武汉大学．分析化学[M].6 版．北京：高等教育出版社，2016：411.

（陈 慧）

主要参考书目

1. 国家药典委员会 . 中华人民共和国药典(2020 年版) [M]. 北京:中国医药科技出版社,2020.
2. 武汉大学 . 分析化学 [M].6 版 . 北京:高等教育出版社,2016.
3. 张梅 . 分析化学 [M].2 版 . 北京:人民卫生出版社,2016.
4. 柴逸峰,邸欣 . 分析化学 [M].8 版 . 北京:人民卫生出版社,2016.
5. 彭崇慧,冯建章,张锡瑜 . 分析化学:定量化学分析简明教程 [M].3 版 . 北京:北京大学出版社,2009.
6. 胡育筑,孙毓庆 . 分析化学 [M].3 版 . 北京:科学出版社,2011.
7. 华中师范大学,东北师范大学,陕西师范大学,等 . 分析化学 [M].4 版 . 北京:高等教育出版社,2011.
8. 张梅,池玉梅 . 分析化学 [M].2 版 . 北京:中国医药科技出版社,2018.
9. 张凌 . 分析化学(上) [M].10 版 . 北京:中国中医药出版社,2016.
10. 高鸿 . 分析化学前沿 [M]. 北京:科学出版社,1991.
11. 汪尔康 .21 世纪的分析化学 [M]. 北京:科学出版社,1999.
12. R.Kellner,J.-M.Mermet,M.Otto,等 . 分析化学 [M]. 李克安,金钦汉,等译 . 北京:北京大学出版社,2001.
13. L. 罗森堡,M. 爱泼斯坦 . 大学化学习题精解 [M]. 孙家跃,杜海燕,译 . 北京:科学出版社,2002.
14. J.A. 迪安 . 分析化学手册 [M]. 常文保,等译 . 北京:科学出版社,2003.
15. 吴性良,孔继烈 . 分析化学原理 [M].2 版 . 北京:化学工业出版社,2010.
16. 潘祖亭,黄朝表 . 分析化学 [M]. 武汉:华中科技大学出版社,2011.
17. 李克安 . 分析化学教程 [M]. 北京:北京大学出版社,2005.
18. 陈恒武 . 分析化学简明教程 [M]. 北京:高等教育出版社,2010.
19. 孟凡昌 . 化学分析教程 [M]. 武汉:武汉大学出版社,2009.
20. 薛华,李隆弟,郁鉴源,等 . 分析化学 [M].2 版 . 北京:清华大学出版社,1994.
21. W.M.Haynes.CRC Handbook of Chemistry and Physics [M].95th ed.Boca Raton:The Chemical Rubber Company Press, 2014.
22. 武汉大学 . 分析化学实验 [M].4 版 . 北京:高等教育出版社,2001.
23. 四川大学化工学院,浙江大学化学系 . 分析化学实验 [M].3 版 . 北京:高等教育出版社,2003.
24. 王淑美 . 分析化学实验 [M].9 版 . 北京:中国中医药出版社,2013.

复习思考
题与习题
答案要点

模拟试卷
及答案